Formeln und Aufgaben zur Technischen Mechanik 1

Prof. Dr.-Ing. Dietmar Gross studierte Angewandte Mechanik und promovierte an der Universität Rostock. Er habilitierte an der Universität Stuttgart und ist seit 1976 Professor für Mechanik an der TU Darmstadt. Seine Arbeitsgebiete sind unter anderen die Festkörper- und Strukturmechanik sowie die Bruchmechanik. Hierbei ist er auch mit der Modellierung mikromechanischer Prozesse befasst. Er ist Mitherausgeber mehrerer internationaler Fachzeitschriften sowie Autor zahlreicher Lehr- und Fachbücher.

Prof. Dr.-Ing. Dr. h. c. Wolfgang Ehlers studierte Bauingenieurwesen an der Universität Hannover, promovierte und habilitierte an der Universität Duisburg-Essen und war von 1991 bis 1995 Professor für Mechanik an der TU Darmstadt. Von 1995 bis 2019 war er Professor für Kontinuumsmechanik an der Universität Stuttgart. Seine Arbeitsgebiete umfassen die Kontinuumsmechanik, insbesondere die Theorie Poröser Medien, die Materialtheorie, die Experimentelle und die Numerische Mechanik. Seit Oktober 2019 ist er im Ruhestand.

Prof. Dr.-Ing. Peter Wriggers studierte Bauingenieurwesen, promovierte 1980 an der Universität Hannover und habilitierte dort 1986 im Fach Mechanik. Er war Gastprofessor an der UC Berkeley, USA, und Professor für Mechanik an der TH Darmstadt. Ab 1998 war er Professor für Baumechanik und Numerische Mechanik an der Universität Hannover, und wechselte in 2008 als Professor für Kontinuumsmechanik an die dortige Fakultät für Maschinenbau.

Prof. Dr.-Ing. Jörg Schröder studierte Bauingenieurwesen, promovierte an der Universität Hannover und habilitierte an der Universität Stuttgart. Nach einer Professur für Mechanik an der TU Darmstadt ist er seit 2001 Professor für Mechanik an der Universität Duisburg-Essen. Seine Arbeitsgebiete sind unter anderem die theoretische und die computerorientierte Kontinuumsmechanik sowie die phänomenologische Materialtheorie mit Schwerpunkten auf der Formulierung anisotroper Materialgleichungen und der Weiterentwicklung der Finite-Elemente-Methode

Prof. Dr.-Ing. Ralf Müller studierte Maschinenbau und Mechanik an der TU Darmstadt und promovierte dort 2001. Nach einer Juniorprofessur mit Habilitation im Jahr 2005 an der TU Darmstadt leitet er seit 2009 den Lehrstuhl für Technische Mechanik im Fachbereich Maschinenbau und Verfahrenstechnik der TU Kaiserslautern. Seine Arbeitsgebiete innerhalb der Festkörpermechanik sind unter anderem mehrskalige Materialmodellierung, gekoppelte Mehrfeldprobleme, Defekt- und Mikromechanik. Er beschäftigt sich im Rahmen numerischer Verfahren mit Randelemente- und Finite-Elemente-Methoden.

Dietmar Gross · Wolfgang Ehlers ·
Peter Wriggers · Jörg Schröder ·
Ralf Müller

Formeln und Aufgaben zur Technischen Mechanik 1

Statik

13., aktualisierte Auflage

Springer Vieweg

Dietmar Gross
Technische Universität Darmstadt
Darmstadt, Deutschland

Wolfgang Ehlers
Universität Stuttgart
Stuttgart, Deutschland

Peter Wriggers
Leibniz Universität Hannover
Hannover, Deutschland

Jörg Schröder
Universität Duisburg-Essen
Essen, Deutschland

Ralf Müller
Technische Universität Kaiserslautern
Kaiserslautern, Deutschland

ISBN 978-3-662-61863-9 ISBN 978-3-662-61864-6 (eBook)
https://doi.org/10.1007/978-3-662-61864-6

Die Deutsche Nationalbibliothek verzeichnet diese Publikation in der Deutschen Nationalbibliografie; detaillierte bibliografische Daten sind im Internet über http://dnb.d-nb.de abrufbar.

Springer Vieweg ist ein Imprint der eingetragenen Gesellschaft Springer-Verlag GmbH, DE und ist ein Teil von Springer Nature.
Die Anschrift der Gesellschaft ist: Heidelberger Platz 3, 14197 Berlin, Germany

Vorwort

Diese Aufgabensammlung soll dem Wunsch der Studierenden nach Hilfsmitteln zur Erleichterung des Studiums und zur Vorbereitung auf die Prüfung Rechnung tragen.

Entsprechend den meist üblichen dreisemestrigen Grundkursen in Technischer Mechanik an Universitäten und Hochschulen besteht die Sammlung aus drei Bänden. Der erste Band (Statik) umfasst das Stoffgebiet des ersten Semesters. Dabei haben wir bei allen Aufgaben das Finden des Lösungswegs und die Aufstellung der Grundgleichungen der numerischen Ausrechnung übergeordnet.

Erfahrungsgemäß bereitet die Technische Mechanik gerade dem Anfänger oft große Schwierigkeiten. In diesem Fach soll er exemplarisch lernen, ein technisches Problem auf ein mathematisches Modell abzubilden, dieses mit mathematischen Methoden zu analysieren und das Ergebnis in Hinblick auf die ingenieurwissenschaftliche Anwendung auszuwerten. Der Weg zu diesem Ziel kann erfahrungsgemäß nur über die selbständige Bearbeitung von Aufgaben führen. Wir warnen deshalb dringend vor der Illusion, dass ein reines Nachlesen der Lösungen zum Verständnis der Mechanik führt. Sinnvoll wird diese Sammlung nur dann genutzt, wenn der Studierende zunächst eine Aufgabe allein zu lösen versucht und nur beim Scheitern auf den angegebenen Lösungsweg schaut.

Selbstverständlich kann diese Sammlung kein Lehrbuch ersetzen. Wem die Begründung einer Formel oder eines Verfahrens nicht geläufig ist, der muss auf sein Vorlesungsmanuskript oder auf die vielfältig angebotene Literatur zurückgreifen. Eine kleine Auswahl ist auf Seite IX angegeben.

Die freundliche Aufnahme der 12. Auflage machte eine Neuauflage notwendig; diese haben wir für Ergänzungen und zur redaktionellen Überarbeitung genutzt.

Wir danken dem Springer-Verlag, in dem auch die teilweise von uns mitverfassten Lehrbücher zur Technischen Mechanik erschienen sind, für die gute Zusammenarbeit und die ansprechende Ausstattung des Buchs. Auch dieser Auflage wünschen wir eine freundliche Aufnahme bei der interessierten Leserschaft.

Darmstadt, Stuttgart, Hannover,
Essen und Kaiserslautern, im Sommer 2021

D. Gross
W. Ehlers
P. Wriggers
J. Schröder
R. Müller

Inhaltsverzeichnis

Literaturhinweise

Lehrbücher

Gross, D., Hauger, W., Schröder, J., Wall, W. Technische Mechanik, Band 1: Statik, 14. Auflage. Springer-Verlag, Berlin 2019

Hagedorn, P., Wallaschek, J. Technische Mechanik, Band 1: Statik, 7. Auflage. Edition Harri Deutsch, Verlag Europa-Lehrmittel, 2018

Balke, H., Einführung in die Technische Mechanik, Statik, 3. Auflage. Springer-Verlag, Berlin 2010

Müller, W. H., Ferber, F., Technische Mechanik für Ingenieure, 5. Auflage. Carl Hanser Verlag, München 2019

Richard, H. A., Sander, M., Technische Mechanik, Statik, 5. Auflage. Springer-Verlag, Berlin 2016

Hibbeler, R.C., Technische Mechanik 1, Statik, 14. Auflage. Pearson Studium 2018

Magnus, K., Müller-Slany, H. H., Grundlagen der Technischen Mechanik, 7. Auflage. Vieweg-Teubner, 2005

Wriggers, P., Nackenhorst, U., et al., Technische Mechanik kompakt, 2. Auflage. Teubner, Wiesbaden 2006

Gross, D., Hauger, W., Schröder, J., Wall, Rajapakse, N., Engineering Mechanics 1, Statics, 2nd Edition. Springer, Dordrecht 2013

Hibbeler, R. C., Engineering Mechanics, Statics, 14th Edition. Pearson, 2016

Aufgabensammlungen

Hauger, W., Krempaszky, W., Wall, W., Werner, E., Aufgaben zu Technische Mechanik 1-3, 10. Auflage. Springer-Verlag, Berlin 2020

Müller, W. H., Ferber, F., Übungsaufgaben zur Technischen Mechanik, 3. Auflage. Carl Hanser Verlag, München 2015

Hagedorn, P., Aufgabensammlung Technische Mechanik, 2. Auflage. Teubner, Stuttgart 1992

Dankert, H, Dankert, J., Technische Mechanik, 7. Auflage. Springer Vieweg, Wiesbaden 2013

Bezeichnungen

Bei den Lösungen der Aufgaben wurden folgende Symbole verwendet:

$\uparrow$: Abkürzung für *Summe aller Kräfte in Pfeilrichtung gleich Null.*

$\overset{\curvearrowleft}{A}$: Abkürzung für *Summe aller Momente um den Bezugspunkt A (mit vorgegebener Drehrichtung) gleich Null.*

$\leadsto$ Abkürzung für *hieraus folgt.*

Kapitel 1

Gleichgewicht

1

Zentrale Kräftegruppen in der Ebene

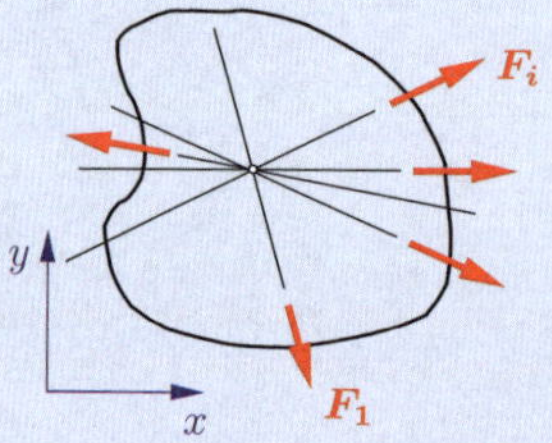

Eine zentrale Kräftegruppe kann durch die *Resultierende*

$$\boldsymbol{R} = \sum \boldsymbol{F}_i$$

ersetzt werden. Es herrscht *Gleichgewicht*, wenn

$$\sum \boldsymbol{F}_i = \boldsymbol{0}$$

oder in Komponenten

$$\sum F_{ix} = 0\,, \qquad \sum F_{iy} = 0\,.$$

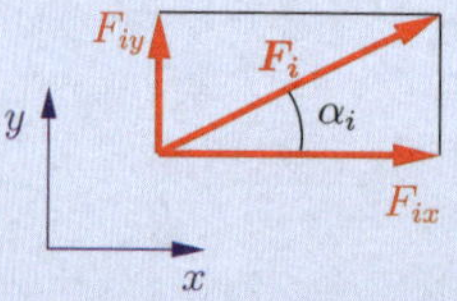

Darin sind

$$\boldsymbol{F}_i = F_{ix}\boldsymbol{e}_x + F_{iy}\boldsymbol{e}_y\,,$$

$$F_{ix} = F_i \cos\alpha_i\,,$$

$$F_{iy} = F_i \sin\alpha_i\,,$$

$$|\boldsymbol{F}_i| = F_i = \sqrt{F_{ix}^2 + F_{iy}^2}\,.$$

Bei der *grafischen Lösung* verlangt die Gleichgewichtsbedingung, dass das Krafteck „geschlossen" ist.

Lageplan

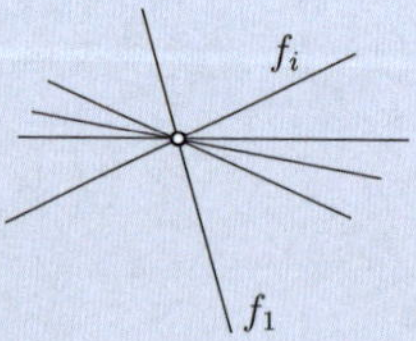

Kräfteplan = Krafteck

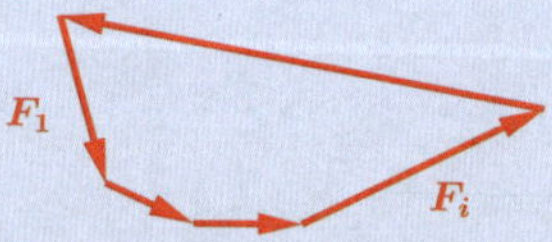

Zentrale Kräftegruppen im Raum

Gleichgewicht herrscht, wenn die Resultierende $\boldsymbol{R} = \sum \boldsymbol{F}_i$ verschwindet, d.h. wenn $\sum \boldsymbol{F}_i = \boldsymbol{0}$ oder in Komponenten

$$\sum F_{ix} = 0\,, \quad \sum F_{iy} = 0\,, \quad \sum F_{iz} = 0\,.$$

D. Gross et al., *Formeln und Aufgaben zur Technischen Mechanik 1*,
https://doi.org/10.1007/978-3-662-61864-6_1

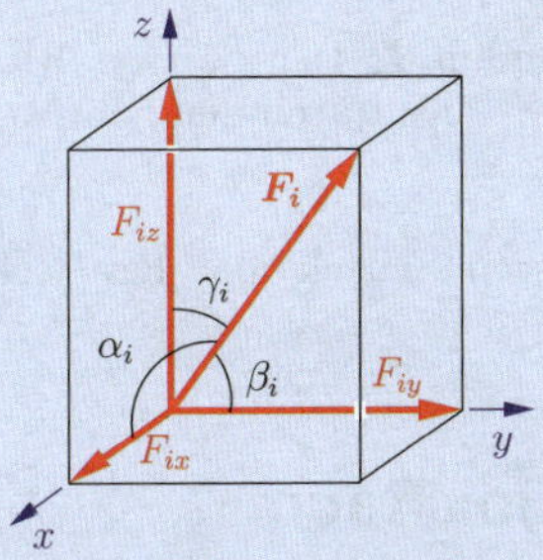

Darin sind

$$\boldsymbol{F_i} = F_{ix}\boldsymbol{e}_x + F_{iy}\boldsymbol{e}_y + F_{iz}\boldsymbol{e}_z \ ,$$

$$F_{ix} = F_i \cos\alpha_i \ ,$$

$$F_{iy} = F_i \cos\beta_i \ ,$$

$$F_{iz} = F_i \cos\gamma_i \ ,$$

$$\cos^2\alpha_i + \cos^2\beta_i + \cos^2\gamma_i = 1 \ ,$$

$$|\boldsymbol{F}_i| = F_i = \sqrt{F_{ix}^2 + F_{iy}^2 + F_{iz}^2} \ .$$

Allgemeine Kräftegruppen in der Ebene

Die Kräftegruppe lässt sich ersetzen durch die Resultierende $\boldsymbol{R} = \sum \boldsymbol{F_i}$ und ein resultierendes Moment $M_R^{(A)}$ um einen beliebig gewählten Bezugspunkt A. Es herrscht Gleichgewicht, wenn

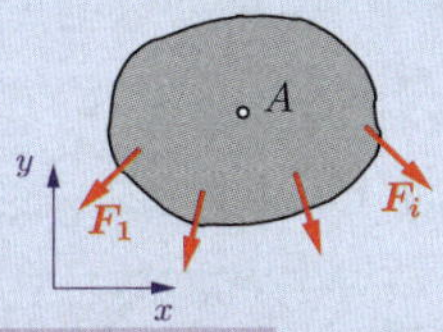

$$\sum F_{ix} = 0 \, , \qquad \sum F_{iy} = 0 \, , \qquad \sum M_i^{(A)} = 0 \, .$$

Anstelle der beiden Kräftegleichgewichtsbedingungen können zwei weitere Momentenbedingungen um andere Bezugspunkte (z.B. B und C) verwendet werden. Dabei dürfen A, B und C *nicht* auf *einer* Geraden liegen.

Grafisch erhält man die Resultierende mit Hilfe des Seilecks und des Kraftecks.

Seileck im Lageplan

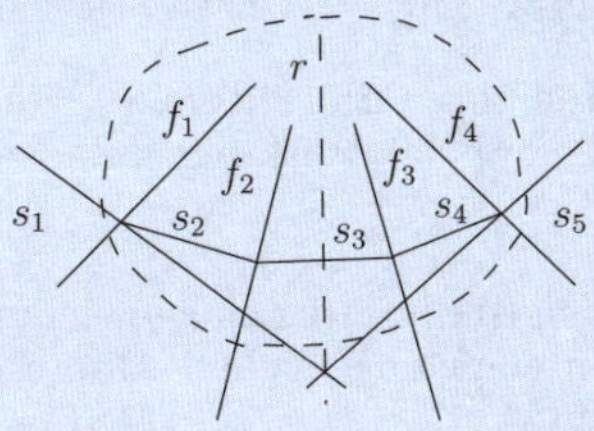

Krafteck

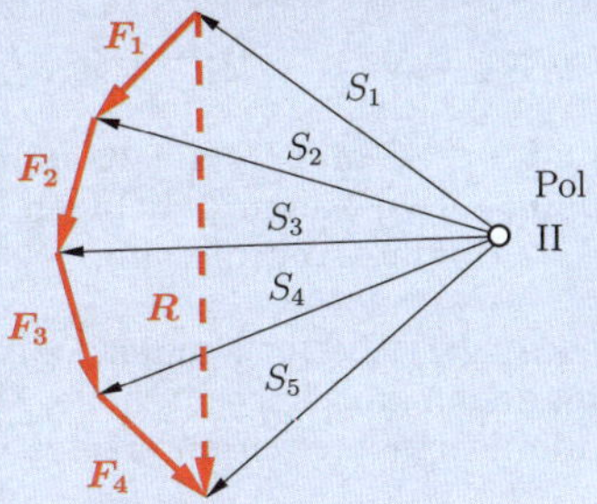

- Die Seilstrahlen s_i sind parallel zu den Polstrahlen S_i im Krafteck.
- Die Wirkungslinie r der Resultierenden $\boldsymbol{R}$ (Größe und Richtung folgt aus dem Krafteck) verläuft im Seileck durch den Schnittpunkt der äußeren Seilstrahlen s_1 und s_5.
- Damit Gleichgewicht herrscht, müssen Seileck und Krafteck „geschlossen“ sein.

Allgemeine Kräftegruppen im Raum

Es herrscht *Gleichgewicht*, wenn die Resultierende

$$\boldsymbol{R} = \sum \boldsymbol{F_i}$$

und das resultierende Moment

$$\boldsymbol{M_R^{(A)}} = \sum \boldsymbol{r_i} \times \boldsymbol{F_i}$$

um einen beliebigen Bezugspunkt A verschwinden:

$$\sum \boldsymbol{F_i} = \boldsymbol{0}\,, \qquad \sum \boldsymbol{M_i^{(A)}} = \boldsymbol{0}$$

oder in Komponenten

$$\sum F_{ix} = 0\,, \qquad \sum F_{iy} = 0\,, \qquad \sum F_{iz} = 0\,,$$

$$\sum M_{ix}^{(A)} = 0\,, \qquad \sum M_{iy}^{(A)} = 0\,, \qquad \sum M_{iz}^{(A)} = 0$$

mit

$$M_{ix}^{(A)} = y_i F_{iz} - z_i F_{iy}\,, \quad M_{iy}^{(A)} = z_i F_{ix} - x_i F_{iz}\,, \quad M_{iz}^{(A)} = x_i F_{iy} - y_i F_{ix}\,.$$

Darin sind x_i, y_i und z_i die Komponenten des Ortsvektors $\boldsymbol{r_i}$ vom Bezugspunkt A zu einem beliebigen Punkt auf der Wirkungslinie der Kraft $\boldsymbol{F_i}$ (z.B. zum Angriffspunkt).

Anmerkung: Wie im ebenen Fall können die Kräftegleichgewichtsbedingungen durch zusätzliche Momentengleichgewichtsbedingungen um geeignete Achsen ersetzt werden.

Aufgabe 1.1 Eine Kugel vom Gewicht G hängt an einem Seil an einer glatten Wand. Das Seil ist im Kugelmittelpunkt befestigt. **A1.1**

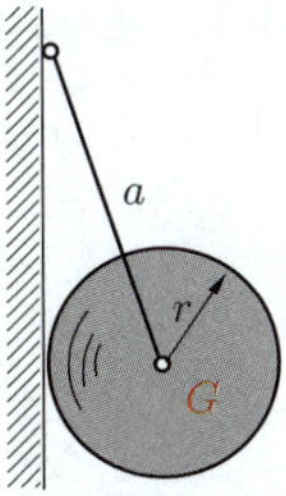

Gesucht ist die Seilkraft.

Gegeben: $a = 60$ cm, $r = 20$ cm.

Lösung a) *analytisch:* Um alle auf die Kugel wirkenden Kräfte angeben zu können, denken wir uns das Seil geschnitten und die Kugel von der Wand getrennt. An den Trennstellen führen wir die Seilkraft S und die Normalkraft N der Wand auf die Kugel als äußere Kräfte ein und erhalten so das dargestellte Freikörperbild.

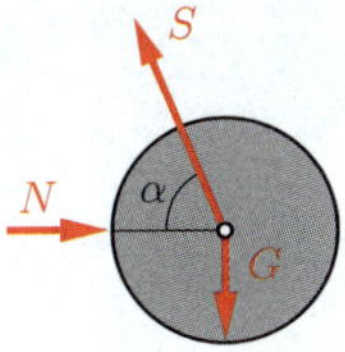

Die Gleichgewichtsbedingungen lauten mit dem Hilfswinkel α:

$$\rightarrow: \quad N - S\cos\alpha = 0\,,$$

$$\uparrow: \quad S\sin\alpha - G = 0\,.$$

Hieraus folgen

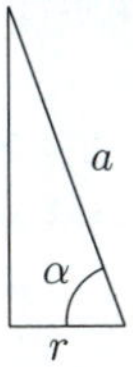

$$S = \frac{G}{\sin\alpha}\,,$$

$$N = S\cos\alpha = G\cot\alpha\,.$$

Aus der Geometrie liest man ab:

$$\cos\alpha = \frac{r}{a} = \frac{20}{60} = \frac{1}{3} \qquad \text{und} \qquad \sin\alpha = \sqrt{1-\left(\frac{1}{3}\right)^2} = \frac{1}{3}\sqrt{8}\,.$$

Damit ergibt sich

$$\underline{\underline{S}} = \frac{3}{\sqrt{8}}\,G \approx \underline{\underline{1,06\,G}}\,.$$

b) *grafisch:* Wir zeichnen ein geschlossenes Krafteck aus der nach *Größe* und *Richtung* bekannten Kraft G und den zwei Kräften S und N, deren Richtungen bekannt sind. Am Dreieck liest man ab:

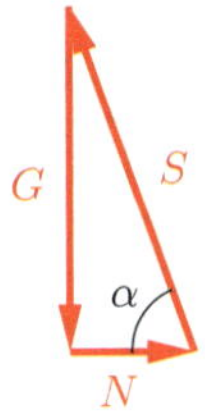

$$\underline{\underline{S = \frac{G}{\sin\alpha}}}\,, \qquad N = G\cot\alpha\,.$$

A1.2 **Aufgabe 1.2** Eine glatte Straßenwalze (Gewicht G, Radius r) stößt an ein Hindernis der Höhe h.

Welche Kraft F muss im Mittelpunkt angreifen, um die Walze über das Hindernis zu ziehen?

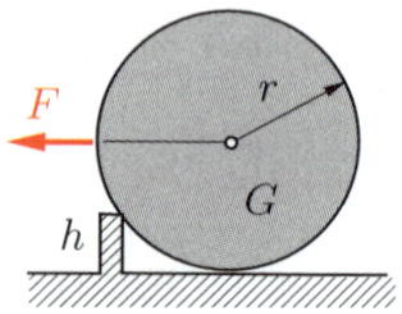

Lösung a) *analytisch:* Das Freikörperbild zeigt die auf die Walze wirkenden Kräfte. Dementsprechend lauten die Gleichgewichtsbedingungen

$$\rightarrow: \quad N_2 \sin\alpha - F = 0\,,$$

$$\uparrow: \quad N_1 + N_2 \cos\alpha - G = 0\,,$$

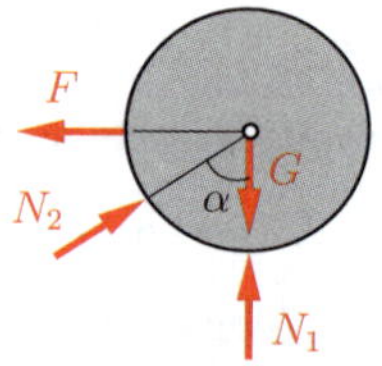

wobei der Winkel α aus der gegebenen Geometrie folgt:

$$\cos\alpha = \frac{r-h}{r}\,.$$

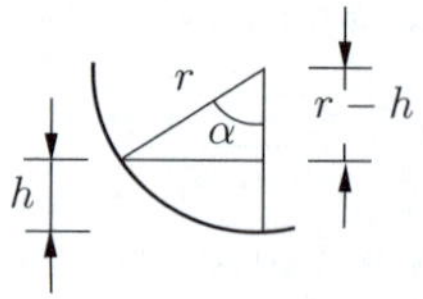

Die zwei Gleichgewichtsbedingungen enthalten noch drei Unbekannte:

$$N_1\,, \quad N_2 \quad \text{und} \quad F\,.$$

Die Kraft, welche die Walze über das Hindernis zieht, bewirkt ein Abheben der Walze vom Boden. Dann veschwindet die Normalkraft N_1 :

$$N_1 = 0 \quad \rightsquigarrow \quad N_2 = \frac{G}{\cos\alpha}\,.$$

Damit folgt

$$\underline{\underline{F}} = N_2 \sin\alpha = \underline{\underline{G\tan\alpha}}\,.$$

b) *grafisch:* Wegen $N_1 = 0$ kann das Krafteck aus dem gegebenen Gewicht G und den bekannten Richtungen von N_2 und F gezeichnet werden. Am Dreieck liest man ab:

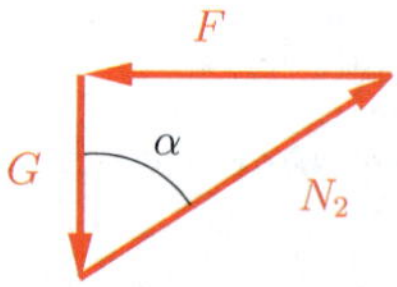

$$N_2 = \frac{G}{\cos\alpha}\,, \qquad \underline{\underline{F = G\tan\alpha}}\,.$$

Aufgabe 1.3 Eine große zylindrische Walze (Gewicht $4G$, Radius $2r$) liegt auf zwei kleinen zylindrischen Walzen (Gewicht jeweils G, Radius r), die durch ein Seil S (Länge $3r$) miteinander verbunden sind. Alle Walzen seien ideal glatt. **A1.3**

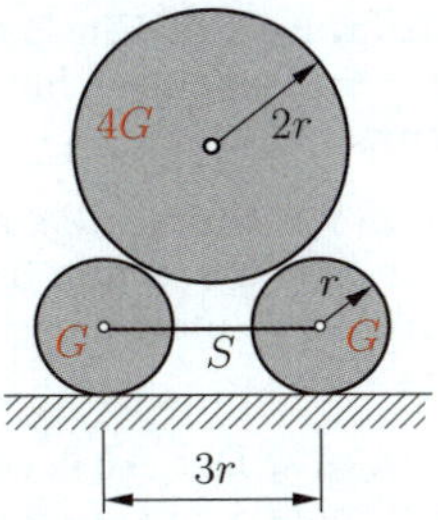

Gesucht sind alle Reaktionskräfte.

Lösung Im Freikörperbild trennen wir die Körper und tragen die wirkenden Kräfte an. An jedem Körper (Teilsystem) gehen die Kräfte durch einen Punkt. Wegen der im Freikörperbild berücksichtigten Symmetrie haben wir für die obere Walze eine und für eine untere Walze zwei Gleichgewichtsbedingungen für die drei unbekannten Kräfte N_1, N_2 und S:

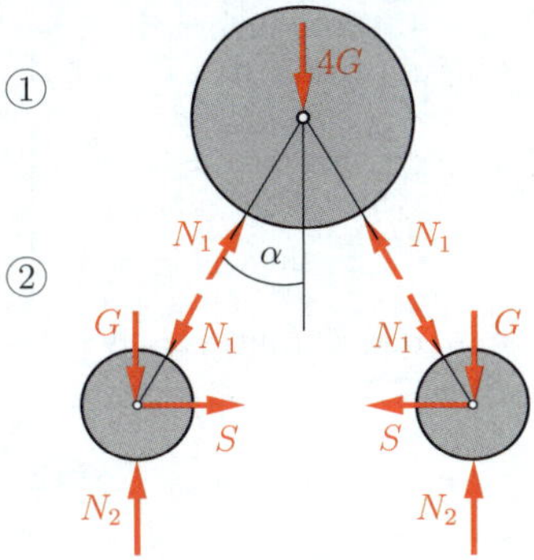

$$① \uparrow: \quad 2N_1 \cos\alpha - 4G = 0\,,$$

$$② \rightarrow: \quad S - N_1 \sin\alpha = 0\,,$$

$$\uparrow: \quad N_2 - N_1 \cos\alpha - G = 0\,.$$

Für den Winkel α folgt aus der gegebenen Geometrie

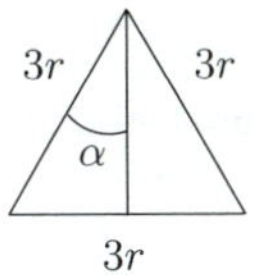

$$\sin\alpha = \frac{3r/2}{3r} = \frac{1}{2} \quad \rightsquigarrow \quad \alpha = 30°$$

$$\rightsquigarrow \quad \cos\alpha = \frac{\sqrt{3}}{2}\,, \quad \tan\alpha = \frac{\sqrt{3}}{3}\,.$$

Damit erhält man

$$\underline{\underline{N_1 = \frac{2G}{\cos\alpha} = \frac{4\sqrt{3}}{3}\,G}}\,, \quad \underline{\underline{S = 2G\tan\alpha = \frac{2\sqrt{3}}{3}\,G}}\,, \quad \underline{\underline{N_2}} = 2G + G = \underline{\underline{3G}}\,.$$

Anmerkung: Die Reaktionskraft N_2 hätte auch aus dem Gleichgewicht am Gesamtsystem ermittelt werden können:

$$\uparrow: \quad 2N_2 - 2G - 4G = 0 \quad \rightsquigarrow \quad \underline{\underline{N_2 = 3G}}\,.$$

A1.4 **Aufgabe 1.4** Ein Bagger wurde zu einem Abbruchgerät umgerüstet.

Man bestimme die Kräfte in den Seilen 1, 2 und 3 sowie im Ausleger infolge des Gewichtes G.

Hinweis: Der Ausleger nimmt nur eine Kraft in Längsrichtung auf (Pendelstütze).

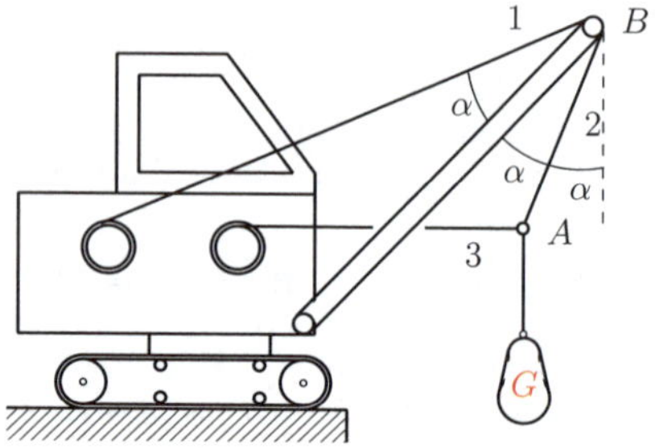

Lösung Wir schneiden die Punkte A und B frei. Dann liefern die Gleichgewichtsbedingungen für den Punkt A

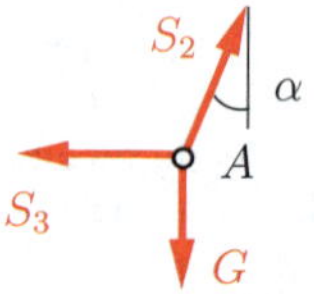

$$\left.\begin{aligned} \uparrow:&\quad S_2\cos\alpha - G = 0\,,\\ \rightarrow:&\quad S_2\sin\alpha - S_3 = 0\,,\end{aligned}\right\}\quad \begin{aligned} S_2 &= \frac{G}{\cos\alpha}\,,\\ S_3 &= G\tan\alpha\end{aligned}$$

und den Punkt B: (N ist die Kraft im Ausleger)

$$\rightarrow:\quad -S_2\sin\alpha + N\sin 2\alpha - S_1\sin 3\alpha = 0\,,$$

$$\uparrow:\quad -S_2\cos\alpha + N\cos 2\alpha - S_1\cos 3\alpha = 0\,.$$

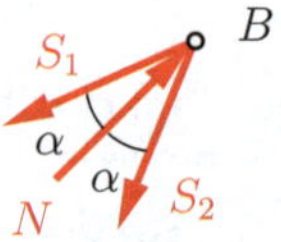

Alternativ ergibt sich für den Punkt B bei *geschickterer* Wahl der Koordinatenrichtungen

$$\nearrow:\quad N - S_2\cos\alpha - S_1\cos\alpha = 0\,,$$

$$\nwarrow:\quad S_1\sin\alpha - S_2\sin\alpha = 0\,.$$

Aus den $2\times 2 = 4$ Gleichgewichtsbedingungen erhält man für die 4 Unbekannten S_1, S_2, S_3, N zusammenfassend die Ergebnisse

$$\underline{\underline{S_1 = S_2 = \frac{G}{\cos\alpha}}}\,,\qquad \underline{\underline{S_3 = G\tan\alpha}}\,,\qquad \underline{\underline{N}} = 2S_2\cos\alpha = \underline{\underline{2G}}\,.$$

A1.5

Aufgabe 1.5 Eine Hochspannungsleitung wird über einen Isolator durch drei Stäbe gehalten. Die Zugkraft Z in der durchhängenden Leitung am Isolator beträgt 1000 N.

Wie groß sind die Kräfte in den 3 Stäben?

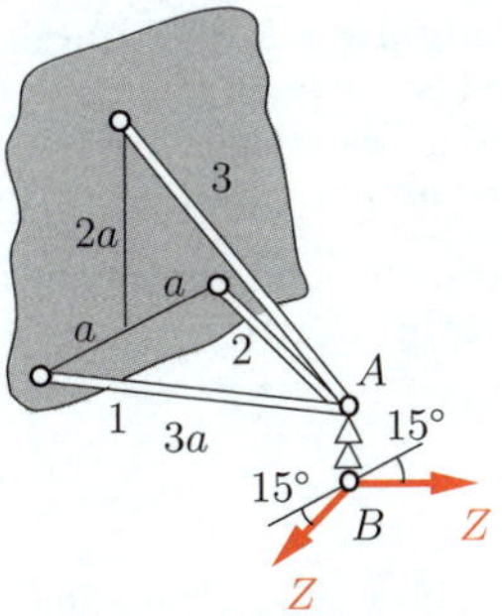

Lösung Gleichgewicht am Isolator B liefert (ebenes Teilproblem):

$$\uparrow: \quad S - 2Z\sin 15° = 0\,,$$

$$\rightsquigarrow \quad S = 2Z\sin 15° = 517\,\text{N}\,.$$

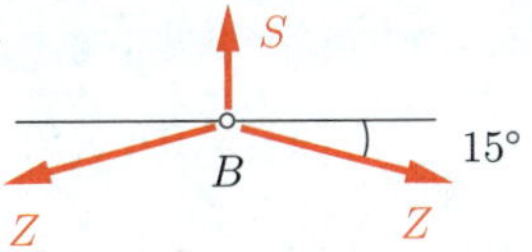

Mit dem nun bekannten S folgen die 3 Stabkräfte aus den 3 Gleichgewichtsbedingungen am Punkt A:

$$\sum F_x = 0: \qquad S_2\sin\alpha - S_1\sin\alpha = 0\,,$$

$$\sum F_y = 0: \quad S_1\cos\alpha + S_2\cos\alpha + S_3\cos\beta = 0\,,$$

$$\sum F_z = 0: \qquad S_3\sin\beta - S = 0\,.$$

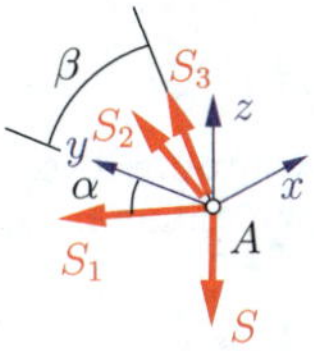

Die dabei verwendeten Hilfswinkel α und β ergeben sich aus der Geometrie:

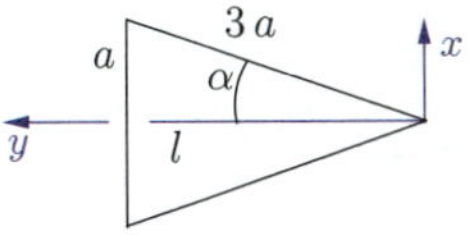

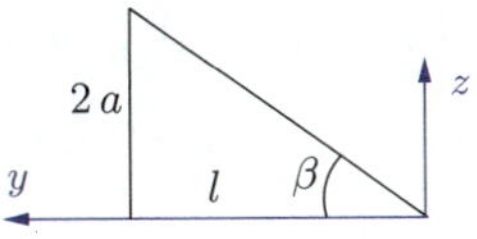

$$\sin\alpha = \frac{a}{3a} = \frac{1}{3} \rightsquigarrow \alpha = 19{,}5°, \quad \tan\beta = \frac{2a}{l} = \frac{2}{\sqrt{3^2-1^2}} \rightsquigarrow \beta = 35{,}3°.$$

Damit erhält man die Ergebnisse

$$\underline{\underline{S_3}} = \frac{S}{\sin\beta} = \underline{\underline{1{,}73\,S}} = \underline{\underline{895\,\text{N}}}\,,$$

$$\underline{\underline{S_1 = S_2}} = -S_3\frac{\cos\beta}{2\cos\alpha} = -\frac{S}{2\tan\beta\cos\alpha} = \underline{\underline{-0{,}75\,S}} = \underline{\underline{-388\,\text{N}}}\,.$$

Hinweis: Aufgrund der Symmetrie (Geometrie und Belastung) gilt $S_2 = S_1$.

A1.6

Aufgabe 1.6 Der durch die Kraft F belastete Stab 3 wird in einer räumlichen Ecke durch zwei waagrechte Seile 1 und 2 gehalten.

Gesucht sind die Stab- und die Seilkräfte.

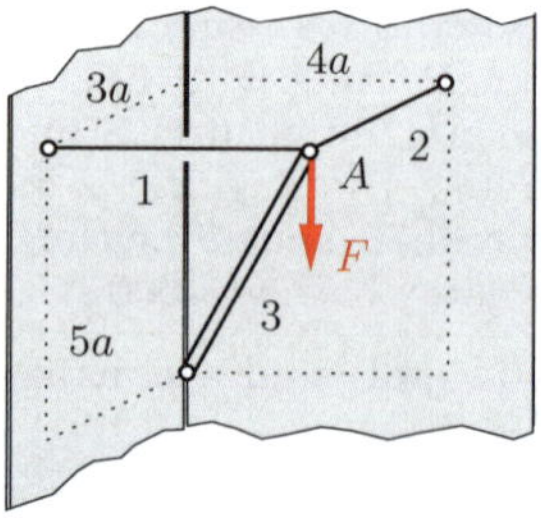

Lösung Wir schneiden den Punkt A frei und tragen alle Schnittkräfte an (Zugkraft positiv). Ein zweckmäßig gewähltes Koordinatensystem, dessen Richtungen mit denen der Seile 1 und 2 sowie der Kraft F übereinstimmen, erleichtert die Rechenarbeit. Damit lauten die Gleichgewichtsbedingungen

$$\sum F_x = 0 : \quad S_1 + S_{3x} = 0 \,,$$

$$\sum F_y = 0 : \quad S_2 + S_{3y} = 0 \,,$$

$$\sum F_z = 0 : \quad S_{3z} + F = 0 \,.$$

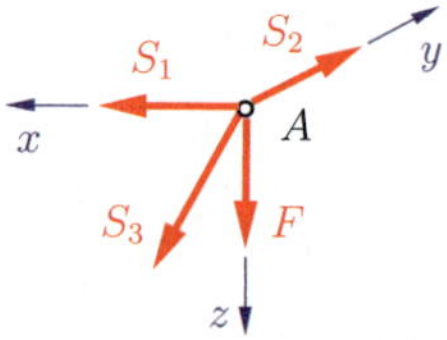

Die Komponenten von S_3 verhalten sich zu S_3 wie die analogen geometrischen Längen (L = Länge von Stab 3):

$$\frac{S_{3x}}{S_3} = \frac{4a}{L} \,, \qquad \frac{S_{3y}}{S_3} = \frac{3a}{L} \,, \qquad \frac{S_{3z}}{S_3} = \frac{5a}{L}$$

oder

$$S_{3x} : S_{3y} : S_{3z} = 4 : 3 : 5 \,.$$

Einsetzen in die Gleichgewichtsbedingungen liefert

$$S_{3z} = -F \,, \qquad \underline{\underline{S_2}} = -S_{3y} = -\frac{3}{5}\,S_{3z} = \underline{\underline{\frac{3}{5}\,F}} \,,$$

$$\underline{\underline{S_1}} = -S_{3x} = -\frac{4}{5}\,S_{3z} = \underline{\underline{\frac{4}{5}\,F}} \,,$$

$$\underline{\underline{S_3}} = S_{3z}\sqrt{\left(\frac{4}{5}\right)^2 + \left(\frac{3}{5}\right)^2 + 1^2} = \underline{\underline{-\sqrt{2}\,F}} \,.$$

Hinweis: Das Minuszeichen bei S_3 zeigt an, dass im Stab 3 Druck herrscht.

Alternative Lösungsvariante: Wir können die Aufgabe auch lösen, indem wir direkt von der Gleichgewichtsbedingung in Vektorform ausgehen:

$$\boldsymbol{S_1} + \boldsymbol{S_2} + \boldsymbol{S_3} + \boldsymbol{F} = \boldsymbol{0}\,.$$

Jede Kraft drücken wir nun durch ihren Betrag und ihren Richtungsvektor (Einheitsvektor) aus. Letzterer lautet zum Beispiel für die Stabkraft S_3:

$$\boldsymbol{e_3} = \frac{1}{\sqrt{4^2+3^2+5^2}}\begin{pmatrix}4\\3\\5\end{pmatrix} = \frac{1}{5\sqrt{2}}\begin{pmatrix}4\\3\\5\end{pmatrix}\,.$$

Auf diese Weise folgt für die Kräfte

$$\boldsymbol{S_1} = S_1\,\boldsymbol{e_1} = S_1\begin{pmatrix}1\\0\\0\end{pmatrix}\,, \qquad \boldsymbol{S_2} = S_2\,\boldsymbol{e_2} = S_2\begin{pmatrix}0\\1\\0\end{pmatrix}\,,$$

$$\boldsymbol{S_3} = S_3\,\boldsymbol{e_3} = S_3\,\frac{1}{5\sqrt{2}}\begin{pmatrix}4\\3\\5\end{pmatrix}\,, \qquad \boldsymbol{F} = F\,\boldsymbol{e_F} = F\begin{pmatrix}0\\0\\1\end{pmatrix}\,,$$

und die Gleichgewichtsbedingung lautet somit

$$S_1\begin{pmatrix}1\\0\\0\end{pmatrix} + S_2\begin{pmatrix}0\\1\\0\end{pmatrix} + S_3\,\frac{1}{5\sqrt{2}}\begin{pmatrix}4\\3\\5\end{pmatrix} + F\begin{pmatrix}0\\0\\1\end{pmatrix} = \boldsymbol{0}\,.$$

Hieraus ergibt sich für die Komponenten

$$S_1 + \frac{4}{5\sqrt{2}}\,S_3 = 0\,,$$

$$S_2 + \frac{3}{5\sqrt{2}}\,S_3 = 0\,,$$

$$\frac{5}{5\sqrt{2}}\,S_3 + F = 0\,,$$

woraus die gesuchten Kräfte folgen:

$$\underline{\underline{S_3 = -\sqrt{2}\,F}}\,, \qquad \underline{\underline{S_2 = \frac{3}{5}\,F}}\,, \qquad \underline{\underline{S_1 = \frac{4}{5}\,F}}\,.$$

A1.7 **Aufgabe 1.7** Eine glatte Kugel (Gewicht G) liegt auf drei Stützpunkten A, B, C auf und wird durch eine Kraft F belastet. Die Stützpunkte bilden in einer waagrechten Ebene die Ecken eines gleichseitigen Dreiecks mit der Höhe $3a = \frac{3}{4}\sqrt{3}\,R$.

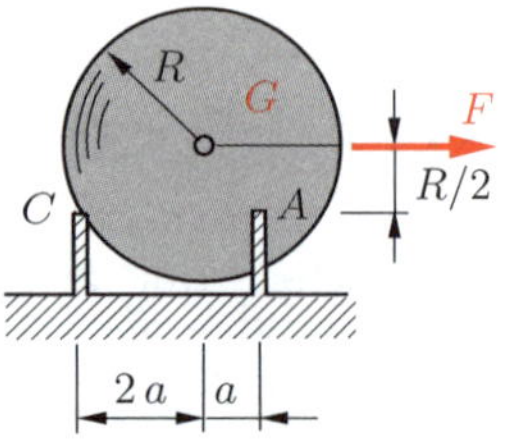

Wie groß sind die Kontaktkräfte in den Stützpunkten und bei welcher Kraft F hebt die Kugel vom Stützpunkt C ab?

Lösung Die Kontaktkräfte A, B und C stehen senkrecht zur *glatten* Kugeloberfläche und bilden mit G und F eine zentrale Kräftegruppe. Die Gleichgewichtsbedingung lautet daher in Vektorform

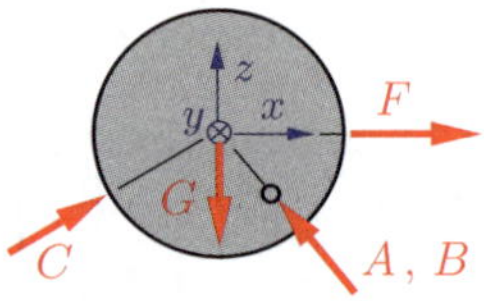

$$\boldsymbol{A} + \boldsymbol{B} + \boldsymbol{C} + \boldsymbol{G} + \boldsymbol{F} = \boldsymbol{0}\,.$$

Wir wählen zweckmäßig ein Koordinatensystem mit dem Ursprung im Kugelmittelpunkt und drücken jeden Kraftvektor durch Betrag und Richtungsvektor aus. Letzteren bestimmen wir bei den Kontaktkräften mit Hilfe der Koordinaten der Stützpunkte. Zu diesem Zweck führen wir die Hilfslänge b ein, für die wir aus der Geometrie ablesen:

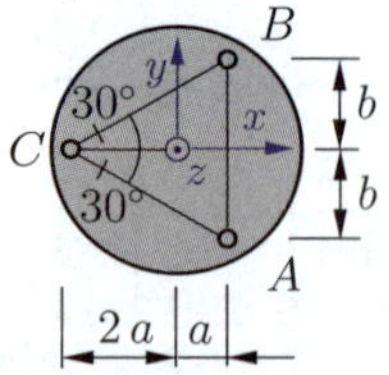

$$b = 3a \tan 30^\circ = \frac{3}{4}R\,.$$

Damit ergibt sich zum Beispiel für den Richtungsvektor der Kraft A (als Druckkraft angenommen!)

$$\boldsymbol{e}_A = \frac{1}{\sqrt{a^2 + b^2 + (R/2)^2}} \begin{pmatrix} -a \\ b \\ -(R/2) \end{pmatrix} = \frac{1}{4} \begin{pmatrix} -\sqrt{3} \\ 3 \\ 2 \end{pmatrix}.$$

Für $\boldsymbol{A}$ folgt somit die Darstellung

$$\boldsymbol{A} = A\,\boldsymbol{e}_A = \frac{A}{4} \begin{pmatrix} -\sqrt{3} \\ 3 \\ 2 \end{pmatrix},$$

und analog für die restlichen Kräfte

$$\boldsymbol{B} = \frac{B}{4}\begin{pmatrix} -\sqrt{3} \\ -3 \\ 2 \end{pmatrix}, \qquad \boldsymbol{C} = \frac{C}{4}\begin{pmatrix} 2\sqrt{3} \\ 0 \\ 2 \end{pmatrix},$$

$$\boldsymbol{G} = G\begin{pmatrix} 0 \\ 0 \\ -1 \end{pmatrix}, \qquad \boldsymbol{F} = F\begin{pmatrix} 1 \\ 0 \\ 0 \end{pmatrix}.$$

Einsetzen in die Gleichgewichtsbedingung liefert die drei Gleichungen

$$-\sqrt{3}\,A - \sqrt{3}\,B + 2\sqrt{3}\,C = -4\,F\,,$$

$$3\,A - 3\,B = 0\,,$$

$$2\,A + 2\,B + 2\,C = 4G\,.$$

Hieraus erhält man die gesuchten Kontaktkräfte:

$$\underline{\underline{A = B = \frac{2}{3}\left(G + \frac{1}{\sqrt{3}}\,F\right)}}\,, \qquad \underline{\underline{C = \frac{2}{3}\left(G - \frac{2}{\sqrt{3}}\,F\right)}}\,.$$

Wenn die Kugel vom Stützpunkt C abhebt, verschwindet dort die Kontaktkraft:

$$C = 0\,.$$

Aus dieser Bedingung ergibt sich für die notwendige Kraft F

$$G - \frac{2}{\sqrt{3}}\,F = 0 \qquad \rightsquigarrow \qquad \underline{\underline{F = \frac{\sqrt{3}}{2}\,G}}\,.$$

Anmerkung: Die für ein Abheben bei C erforderliche Kraft F kann man einfacher aus der Momentengleichgewichtsbedingung um eine Achse durch A und B bestimmen:

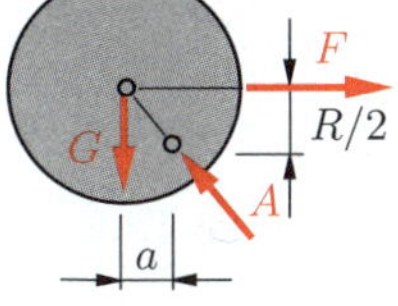

$$\sum M^{(\overline{AB})} = 0: \quad aG - \frac{R}{2}\,F = 0\,.$$

Hieraus folgt

$$\underline{\underline{F}} = \frac{2a}{R}\,G = \underline{\underline{\frac{\sqrt{3}}{2}\,G}}\,.$$

A1.8 **Aufgabe 1.8** An einem gleichschenkligen Dreieckskörper greifen die Kräfte F, P und die Gewichtskraft G an.

Die angreifenden Kräfte sollen zunächst durch eine resultierende Kraft und ein resultierendes Moment im Punkt A ersetzt werden (Reduktion im Punkt A).

Wie groß muss der Betrag der Kraft F sein, damit das Moment um den Punkt A verschwindet, der Körper also nicht kippt?

Gegeben: $G = 6$ kN, $P = \sqrt{2}\,\text{kN}$, $a = 1\,\text{m}$.

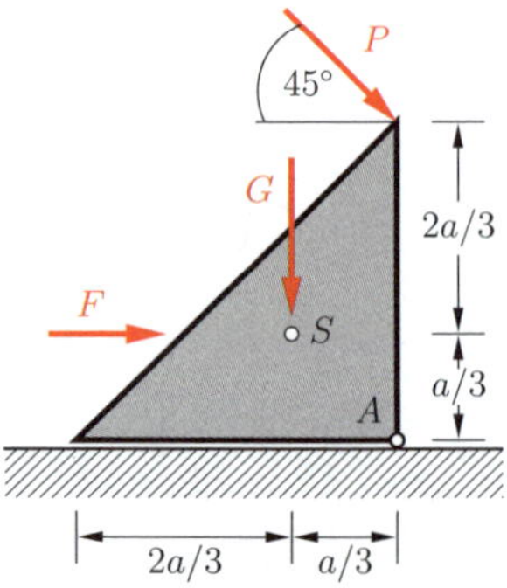

Lösung Die Reduktion eines Kräftesystems auf eine Kraft $\boldsymbol{R}$ und ein Moment $\boldsymbol{M}_A$ bezüglich eines beliebigen Bezugspunkts A wird auch als Reduktion auf eine *Dyname* in A bezeichnet.

Wir lösen die Aufgabe vektoriell und führen hierzu ein Koordinatensystem mit dem Urprung in A ein. Die resultierende Kraft $\boldsymbol{R}$ ergibt sich durch Addition der Einzelkräfte:

$$\boldsymbol{G} = -G\,\boldsymbol{e}_y\,, \quad \boldsymbol{F} = F\,\boldsymbol{e}_x\,, \quad \boldsymbol{P} = \frac{\sqrt{2}}{2}\,P(\boldsymbol{e}_x - \boldsymbol{e}_y)\,,$$

$$\boldsymbol{R} = \boldsymbol{G} + \boldsymbol{F} + \boldsymbol{P} = (F + \frac{\sqrt{2}}{2}\,P)\,\boldsymbol{e}_x - (G + \frac{\sqrt{2}}{2}\,P)\,\boldsymbol{e}_y\,.$$

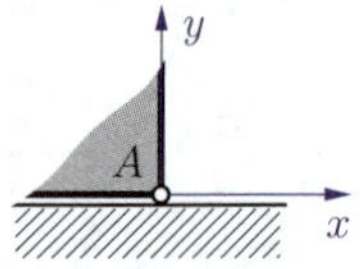

Das resultierende Moment $\boldsymbol{M}_A$ berechnet sich mit den Hebelarmen

$$\boldsymbol{r}_{AG} = -\frac{a}{3}\,\boldsymbol{e}_x + \frac{a}{3}\,\boldsymbol{e}_y\,, \quad \boldsymbol{r}_{AF} = -\frac{2\,a}{3}\,\boldsymbol{e}_x + \frac{a}{3}\,\boldsymbol{e}_y\,, \quad \boldsymbol{r}_{AP} = a\,\boldsymbol{e}_y$$

der jeweiligen Kräfte bezüglich A zu

$$\boldsymbol{M}_A = \boldsymbol{r}_{AG} \times \boldsymbol{G} + \boldsymbol{r}_{AF} \times \boldsymbol{F} + \boldsymbol{r}_{AP} \times \boldsymbol{P} = \frac{Ga}{3}\,\boldsymbol{e}_z - \frac{Fa}{3}\,\boldsymbol{e}_z - \frac{\sqrt{2}\,Pa}{2}\,\boldsymbol{e}_z.$$

Mit den gegebenen Werten für G, P und a kann der Betrag der Kraft $\boldsymbol{F}$ so gewählt werden, dass das Moment $\boldsymbol{M}_A$ verschwindet. Aus der Bedingung $\boldsymbol{M}_A \stackrel{!}{=} \boldsymbol{0}$ folgt:

$$\frac{Ga}{3} - \frac{Fa}{3} - \frac{\sqrt{2}\,Pa}{2} = 0 \quad \rightsquigarrow \quad \underline{\underline{F}} = G - \frac{3\sqrt{2}\,P}{2} = 6\,\text{kN} - 3\,\text{kN} = \underline{\underline{3\,\text{kN}}}.$$

Anmerkung: Das resultierende Moment hat im 2-dimensionalen Fall nur eine z-Komponente. Diese lässt sich einfacher unmittelbar aus der Summe der Einzelmomente bezüglich A berechnen (positive Drehrichtung beachten!) als durch Auswertung des Kreuzprodukts: $M_z^{(A)} = (a/3)G - (a/3)F - a(\sqrt{2}/2)P$.

Aufgabe 1.9 Ein homogener glatter Stab (Gewicht G, Länge $4a$) stützt sich bei A an eine Ecke und bei B an eine glatte Wand. **A1.9**

Für welchen Winkel ϕ ist der Stab im Gleichgewicht?

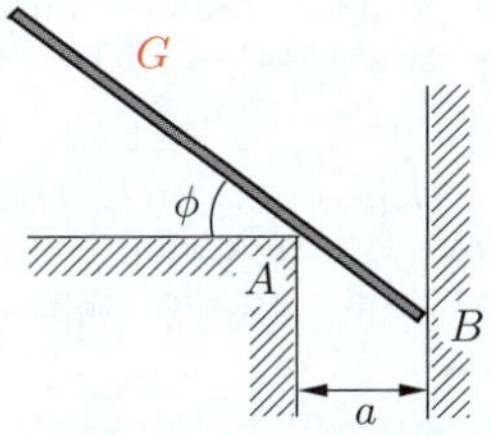

Lösung Wir zeichnen das Freikörperbild. Aus der Bedingung „*glatt*" folgen die Richtungen der unbekannten Kräfte N_1 und N_2; sie stehen senkrecht zur jeweiligen Berührungsebene. Damit lauten die Gleichgewichtsbedingungen:

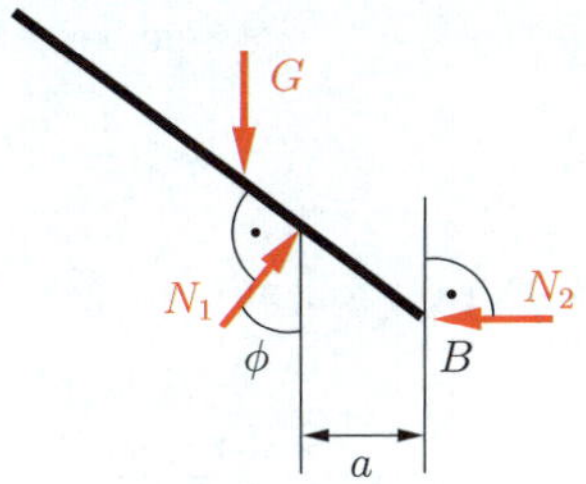

$$\rightarrow: \quad N_1 \sin\phi - N_2 = 0\,,$$

$$\uparrow: \quad N_1 \cos\phi - G = 0\,,$$

$$\overset{\curvearrowright}{B}: \quad \frac{a}{\cos\phi} N_1 - 2a\cos\phi\, G = 0\,.$$

Aus ihnen lassen sich die 3 Unbekannten N_1, N_2 und ϕ ermitteln. Die gesuchte Lösung für ϕ erhält man durch Einsetzen der 2. Gleichung in die 3. Gleichung:

$$\frac{a\,G}{\cos^2\phi} - 2a\cos\phi\, G = 0 \quad \leadsto \quad \underline{\underline{\cos^3\phi = \frac{1}{2}}}\,.$$

Einfacher findet man das Ergebnis mit Hilfe der Aussage: „*Drei Kräfte sind nur dann im Gleichgewicht, wenn ihre Wirkungslinien durch* **einen** *Punkt gehen*". Damit folgt aus der Geometrie:

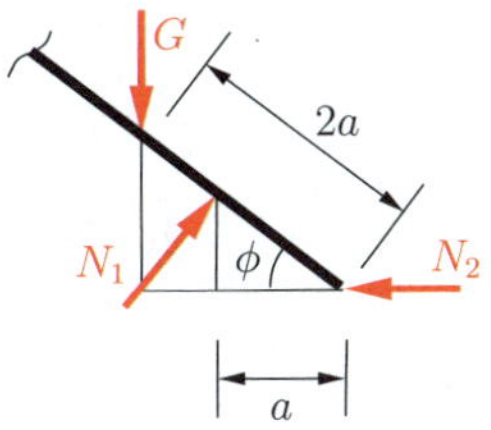

$$2a\cos\phi = \frac{a/\cos\phi}{\cos\phi}\,,$$

$$\leadsto \quad \underline{\underline{\cos^3\phi = \frac{1}{2}}}\,.$$

A1.10 **Aufgabe 1.10** Ein gewichtsloser Stab der Länge l wird horizontal zwischen zwei glatte schiefe Ebenen gelegt. Auf dem Stab liegt ein Klotz vom Gewicht G.

In welchem Abstand x muss G liegen, damit Gleichgewicht herrscht?
Wie groß sind die Lagerkräfte?

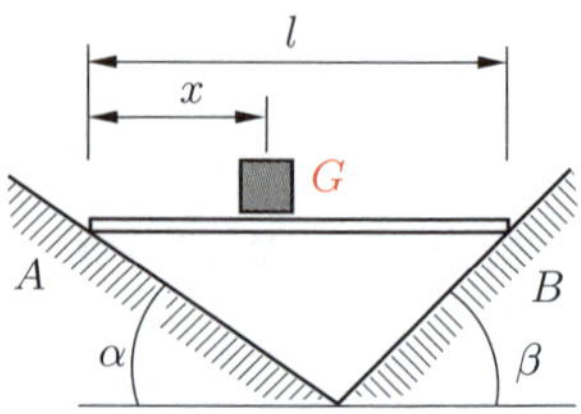

Lösung a) *analytisch:* Wir zeichnen das Freikörperbild und stellen die Gleichgewichtsbedingungen auf:

$$\uparrow: \quad A\cos\alpha + B\cos\beta - G = 0\,,$$

$$\rightarrow: \quad A\sin\alpha - B\sin\beta = 0\,,$$

$$\overset{\curvearrowright}{A}: \quad x\,G - l\,B\cos\beta = 0\,.$$

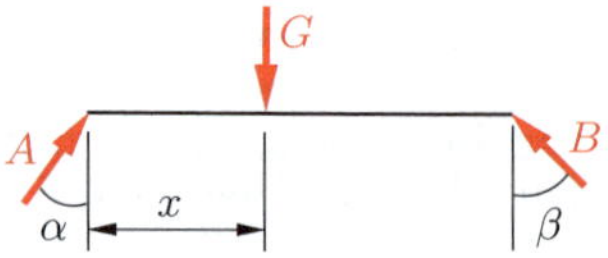

Daraus folgen

$$\underline{\underline{A = G\,\frac{\sin\beta}{\sin(\alpha+\beta)}}}\,, \qquad \underline{\underline{B = G\,\frac{\sin\alpha}{\sin(\alpha+\beta)}}}\,,$$

$$\underline{\underline{x}} = l\,\frac{\sin\alpha\cos\beta}{\sin(\alpha+\beta)} = \underline{\underline{\frac{l}{1+(\tan\beta/\tan\alpha)}}}\,.$$

b) *grafisch:* Drei Kräfte sind nur dann im Gleichgewicht, wenn sie durch einen Punkt gehen. Demnach folgt die Wirkungslinie g von G unmittelbar aus dem Schnittpunkt der Wirkungslinien a und b der Lagerkräfte A und B. Aus der Skizze kann abgelesen werden:

$$\left.\begin{aligned} h\tan\alpha + h\tan\beta &= l \\ h\tan\alpha &= x \end{aligned}\right\}$$

$$\leadsto \quad \underline{\underline{x = \frac{l}{1+\tan\beta/\tan\alpha}}}\,.$$

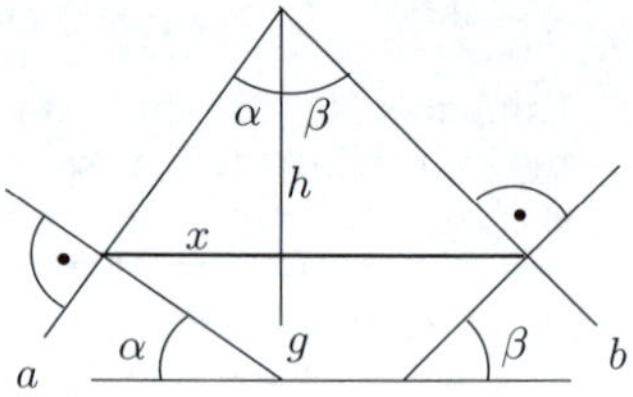

Die Lagerkräfte (z.B. die Kraft A) folgen aus dem Krafteck (Sinussatz):

$$\frac{A}{\sin\beta} = \frac{G}{\sin[\pi-(\alpha+\beta)]}\,,$$

$$\leadsto \quad \underline{\underline{A = G\,\frac{\sin\beta}{\sin(\alpha+\beta)}}}\,.$$

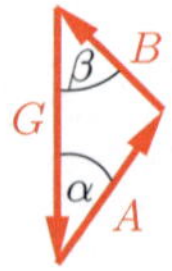

Aufgabe 1.11 Eine homogene Kreisscheibe (Gewicht G, Radius r) wird durch drei Stäbe gehalten und durch ein äußeres Moment M_0 belastet. **A1.11**

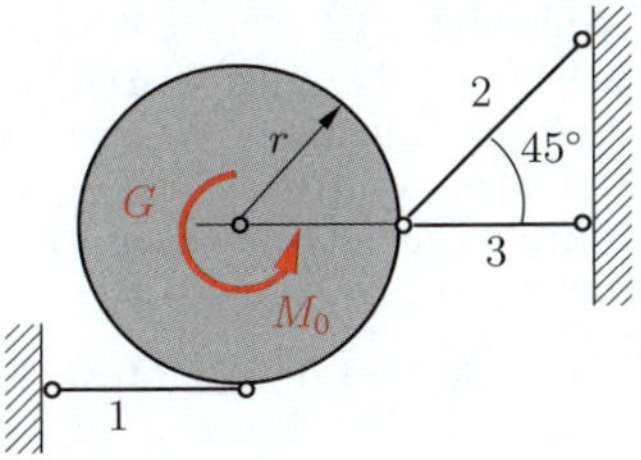

Man bestimme die Kräfte in den Stäben. Bei welchem Moment wird die Kraft im Stab 1 gerade Null?

Lösung Wir schneiden die Kreisscheibe frei und zeichnen in das Freikörperbild alle Kräfte ein. Dann lauten die Gleichgewichtsbedingungen

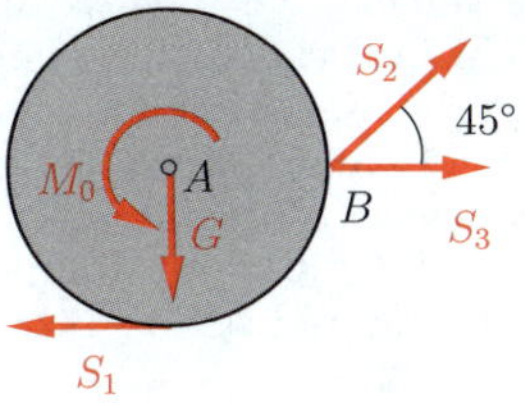

$$\rightarrow: \quad \frac{\sqrt{2}}{2} S_2 + S_3 - S_1 = 0\,,$$

$$\uparrow: \quad \frac{\sqrt{2}}{2} S_2 - G = 0\,,$$

$$\overset{\frown}{A}: \quad r\,\frac{\sqrt{2}}{2} S_2 - r\,S_1 + M_0 = 0\,.$$

Aus ihnen erhält man

$$\underline{\underline{S_1 = \frac{M_0}{r} + G}}\,, \qquad \underline{\underline{S_2 = \sqrt{2}\,G}}\,, \qquad \underline{\underline{S_3 = \frac{M_0}{r}}}\,.$$

Das gesuchte Moment folgt durch Nullsetzen von S_1:

$$S_1 = 0 \quad \rightsquigarrow \quad \underline{\underline{M_0 = -rG}}\,.$$

Anmerkungen:

- Anstelle des Bezugspunktes A ist es günstiger den Bezugspunkt B für die Momentengleichgewichtsbedingung zu verwenden, da dann nur eine einzige Unbekannte auftritt:

$$\overset{\frown}{B}: \quad rG - rS_1 + M_0 = 0 \quad \rightsquigarrow \quad S_1 = \frac{M_0}{r} + G\,.$$

- Alle Stabkräfte sind Zugkräfte.
- Die Stabkraft S_2 ist unabhängig von M_0.
- Dem Moment M_0 wird durch die beiden Stabkräfte S_1 und S_3 das Gleichgewicht gehalten.

A1.12 **Aufgabe 1.12** Ein Wagen vom Gewicht $G = 10\,\text{kN}$ und bekannter Schwerpunktslage S wird auf einer schiefen, glatten Ebene ($\alpha = 30°$) durch ein horizontal gespanntes Seil gehalten.

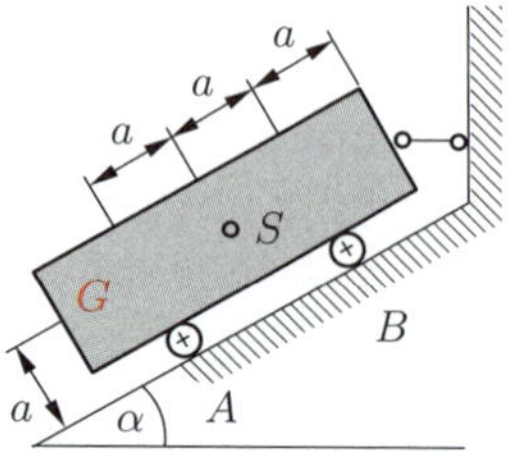

Gesucht sind die Raddruckkräfte.

Lösung Wir schneiden das Seil und trennen den Wagen von der Ebene. Dann erhalten wir das dargestellte Freikörperbild.

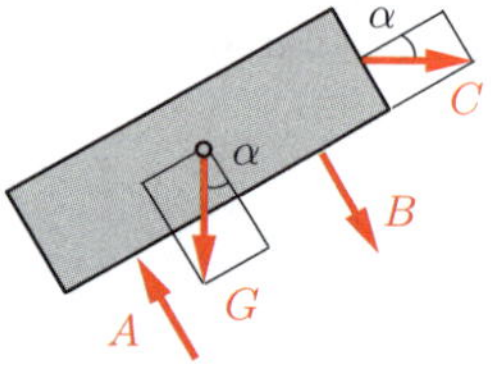

Als Gleichgewichtsbedingungen verwenden wir das Kräftegleichgewicht in Richtung der schiefen Ebene und die zwei Momentenbedingungen um A und um B. Für letztere zerlegen wir zweckmäßig die Kräfte G und C in ihre Komponenten in Richtung und senkrecht zur schiefen Ebene. Damit folgen

$$\nearrow: \quad C\cos\alpha - G\sin\alpha = 0\,,$$

$$\overset{\curvearrowleft}{A}: \quad -2aB + aG\sin\alpha - aG\cos\alpha - aC\cos\alpha - 3aC\sin\alpha = 0\,,$$

$$\overset{\curvearrowleft}{B}: \quad -2aA + aG\sin\alpha + aG\cos\alpha - aC\cos\alpha - aC\sin\alpha = 0\,.$$

Hieraus erhält man

$$C = G\tan\alpha = \frac{G}{\sqrt{3}} = 5{,}77\,\text{kN}\,,$$

$$\underline{\underline{B}} = \frac{G}{2}(\sin\alpha - \cos\alpha) - \frac{C}{2}(\cos\alpha + 3\sin\alpha) = -\frac{\sqrt{3}}{2}G = \underline{\underline{-8{,}66\,\text{kN}}}\,,$$

$$\underline{\underline{A}} = \frac{G}{2}(\sin\alpha + \cos\alpha) - \frac{C}{2}(\cos\alpha + \sin\alpha) = \frac{G}{2\sqrt{3}} = \underline{\underline{2{,}89\ \text{kN}}}\,.$$

Zur Kontrolle können wir eine zusätzliche Gleichgewichtsaussage verwenden:

$$\nwarrow: \quad A - B - G\cos\alpha - C\sin\alpha = 0$$

$$\leadsto \quad \frac{G}{2\sqrt{3}} + G\frac{\sqrt{3}}{2} - G\frac{\sqrt{3}}{2} - \frac{G}{2\sqrt{3}} = 0\,.$$

Aufgabe 1.13 Der Balkenzug (Rahmen) A bis E ist bei A drehbar gelagert und bei B und C über ein Seil gehalten, das reibungsfrei über zwei feststehende Rollen läuft. **A1.13**

Wie groß ist die Seilkraft bei einer Belastung durch die Kraft F? Das Eigengewicht des Rahmens kann vernachlässigt werden.

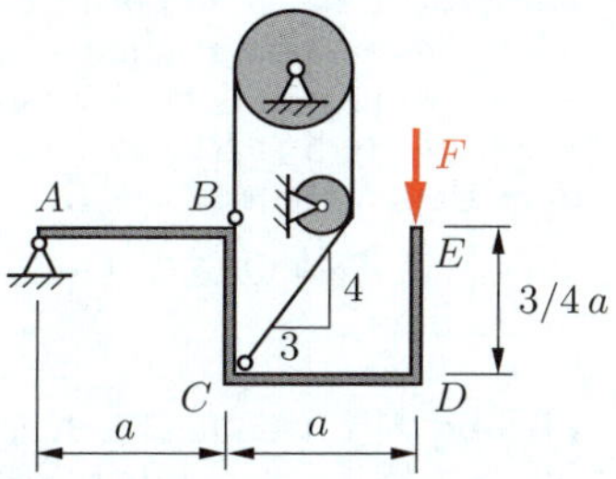

Lösung Wir schneiden das System auf und berücksichtigen beim Antragen der Kräfte, dass an den reibungsfreien Rollen die Seilkräfte an beiden Seiten gleich sind (die Radien der Rollen gehen daher in die Lösung nicht ein!):

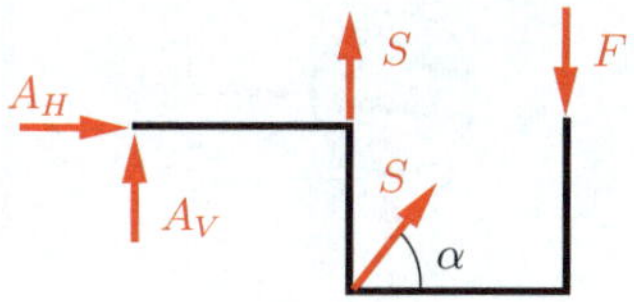

Damit der Balkenzug im Gleichgewicht ist, muss gelten:

$$\uparrow: \quad A_V + S + S\sin\alpha - F = 0\,,$$

$$\rightarrow: \quad A_H + S\cos\alpha = 0\,,$$

$$\overset{\curvearrowright}{A}: \quad 2aF - aS - a(S\sin\alpha) - \frac{3}{4}a(S\cos\alpha) = 0\,.$$

Mit

$$\cos\alpha = \frac{3}{\sqrt{3^2+4^2}} = \frac{3}{5}\,, \qquad \sin\alpha = \frac{4}{5}$$

folgen

$$\underline{\underline{S = \frac{8}{9}F}}\,, \qquad A_H = -\frac{8}{15}F\,, \qquad A_V = -\frac{3}{5}F\,.$$

Zur Probe bilden wir das Momentengleichgewicht um C:

$$\overset{\curvearrowright}{C}: \quad aA_V + \frac{3}{4}aA_H + aF = 0 \quad \leadsto \quad -\frac{3}{5}aF - \frac{3}{4}a\frac{8}{15}F + aF = 0\,.$$

A1.14 **Aufgabe 1.14** Zwei glatte Kugeln (Gewicht jeweils G, Radius r) liegen in einem dünnwandigen Kreisrohr (Gewicht Q, Radius R), das senkrecht auf dem Boden steht ($r = \frac{3}{4}R$).

Wie groß muss Q sein, damit das Rohr nicht kippt?

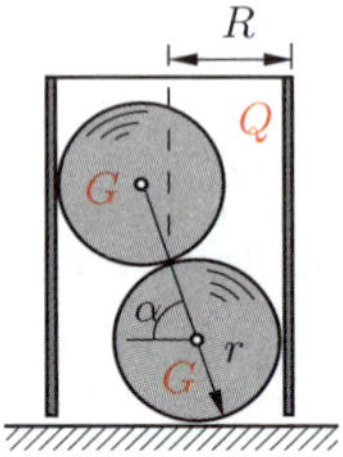

Lösung Wir trennen die Kugeln und das Rohr und zeichnen die Kräfte für den Fall ein, bei dem Kippen gerade eintritt. Dann liegt das Rohr nur noch im Punkt C auf, und dort wirkt die Einzelkraft N_5. (Wenn das Rohr dagegen nicht kippt, so ist die Kontaktkraft über den gesamten Rohrumfang verteilt.)

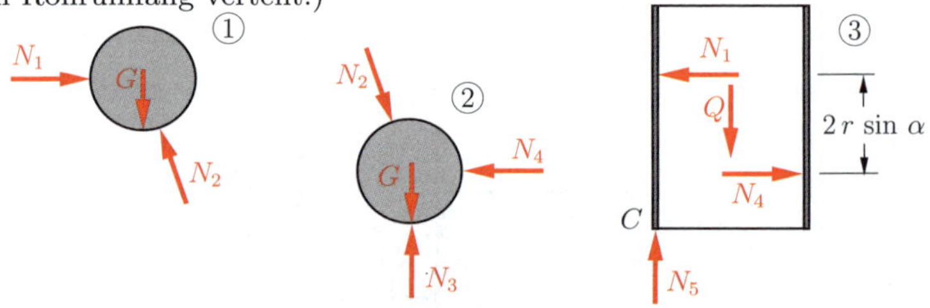

Die Gleichgewichtsbedingungen an den Kugeln und am Zylinder lauten:

$$\text{①}\ \uparrow:\quad N_2\sin\alpha - G = 0\,,\qquad \text{②}\ \uparrow:\quad N_3 - N_2\sin\alpha - G = 0\,,$$
$$\rightarrow:\quad N_1 - N_2\cos\alpha = 0\,,\qquad \rightarrow:\quad N_2\cos\alpha - N_4 = 0\,,$$

$$\text{③}\ \rightarrow:\quad N_4 - N_1 = 0\,,\qquad \uparrow:\quad N_5 - Q = 0\,,$$
$$\overset{\curvearrowleft}{C}:\quad (r + 2r\sin\alpha)N_1 - rN_4 - RQ = 0\,.$$

Aus ihnen folgt

$$N_1 = N_4 = \frac{G}{\tan\alpha},\quad N_2 = \frac{G}{\sin\alpha},\quad N_3 = 2G,\quad Q = N_5 = \frac{3}{2}\,G\cos\alpha.$$

Mit der geometrischen Beziehung

$$\cos\alpha = (R - r)/r = 1/3$$

erhält man daraus für das Gewicht, bei dem Kippen gerade eintritt

$$Q_{\text{Kippen}} = G/2\,.$$

Damit das Rohr nicht kippt, muss also gelten:

$$\underline{\underline{Q > Q_{\text{Kippen}} = G/2}}\,.$$

Aufgabe 1.15 Zwei glatte Walzen (Gewicht G, Radius r) sind durch ein dehnstarres Seil der Länge a miteinander verbunden. Über einen Hebel (Länge l) greift eine Kraft F an. **A1.15**

Wie groß sind die Kräfte zwischen Walzen und Boden?

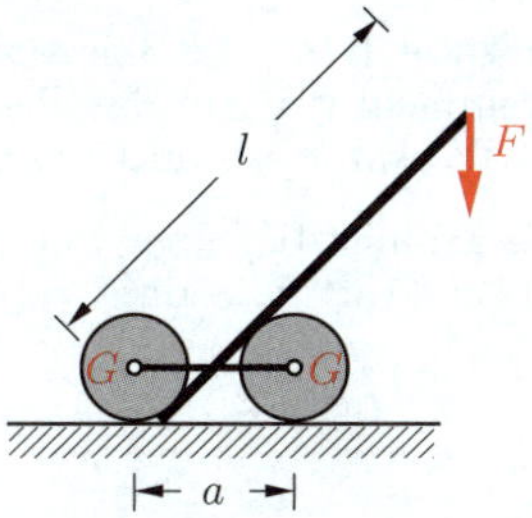

Lösung Wir schneiden die Walzen und den Hebel frei:

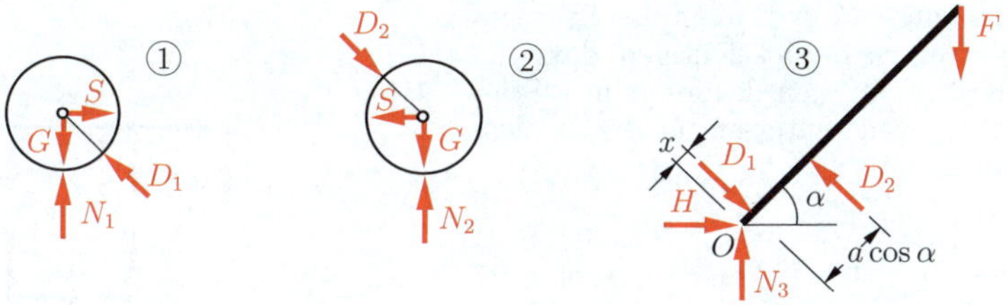

An den 3 Teilsystemen stehen $2 \times 2 + 1 \times 3 = 7$ Gleichungen für die 7 Unbekannten (D_1, D_2, N_1, N_2, N_3, H, S) zur Verfügung:

$$\text{①} \rightarrow: \quad S - D_1 \sin\alpha = 0\,, \qquad \uparrow: \quad N_1 - G + D_1 \cos\alpha = 0\,,$$

$$\text{②} \rightarrow: \quad D_2 \sin\alpha - S = 0\,, \qquad \uparrow: \quad N_2 - G - D_2 \cos\alpha = 0\,,$$

$$\text{③} \rightarrow: \quad H + D_1 \sin\alpha - D_2 \sin\alpha = 0\,,$$

$$\uparrow: \quad N_3 - D_1 \cos\alpha + D_2 \cos\alpha - F = 0\,,$$

$$\stackrel{\curvearrowleft}{O}: \quad l \cos\alpha\, F - (a\cos\alpha + x) D_2 + x D_1 = 0\,.$$

Der Winkel α folgt aus der Geometrie:

$$\sin\alpha = \frac{r}{a/2}\,,$$

$$\cos\alpha = \sqrt{1 - 4(r/a)^2}\,.$$

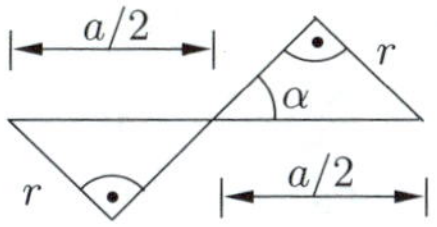

Addition der 1. und 3. Gleichung liefert $D_1 = D_2$. Damit folgt $H = 0$, $N_3 = F$ und aus der 7. Gleichung fällt der unbekannte Abstand x heraus. Auflösen ergibt

$$\underline{\underline{N_1 = G - F\frac{l}{a}\sqrt{1 - 4(\frac{r}{a})^2}}}\,, \qquad \underline{\underline{N_2 = G + F\frac{l}{a}\sqrt{1 - 4(\frac{r}{a})^2}}}\,.$$

A1.16

Aufgabe 1.16 Die Skizze zeigt in vereinfachter Form das Prinzip einer Werkstoffprüfmaschine.

Wie groß ist bei einer Belastung F die Zugkraft Z in der Probe?

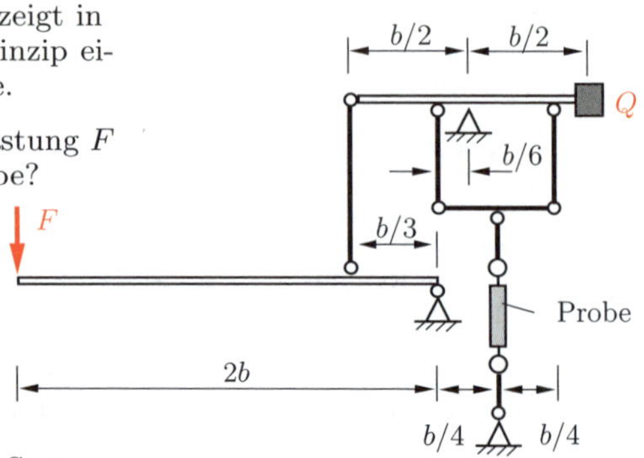

Lösung Wir trennen das System, wobei wir berücksichtigen, dass die Kräfte an den Enden eines Stabes jeweils entgegen gesetzt gleich sind:

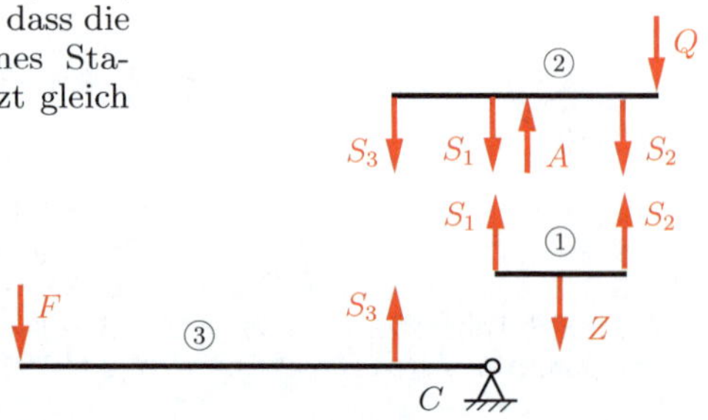

① $S_1 = S_2\,,$ (Symmetrie bzw. Momentengleichgewicht)

$\uparrow: \quad S_1 + S_2 = Z\,,$

② $\overset{\curvearrowright}{A}: \quad \frac{b}{2}Q + \left(\frac{b}{2} - \frac{b}{6}\right)S_2 - \frac{b}{6}S_1 - \frac{b}{2}S_3 = 0 \quad \rightsquigarrow \quad S_1 = 3S_3 - 3Q\,,$

③ $\overset{\curvearrowright}{C}: \quad \frac{b}{3}S_3 - 2\,b\,F = 0 \quad \rightsquigarrow \quad S_3 = 6F\,.$

Damit erhält man

$$\underline{\underline{Z}} = S_1 + S_2 = 6S_3 - 6Q = \underline{\underline{36F - 6Q}}\,.$$

Anmerkungen:

- Durch die Wahl geeigneter Momentenbezugspunkte treten die Lagerkräfte von A und C in der Rechnung nicht auf.
- Die Last Q dient bei der Prüfmaschine als Gegengewicht zu den hier vernachlässigten Eigengewichten der Hebel und Stangen.
- Durch den Hebelmechanismus wird die auf die Probe übertragene Kraft 36 mal so groß wie die aufgebrachte Belastung F.

A1.17

Aufgabe 1.17 Ein hydraulisch angetriebener Baggerarm soll so bemessen werden, dass er in der skizzierten Lage an der Schneide eine Reißkraft R ausübt.

Wie groß muss der Hebelarm b des Zylinders $Z2$ sein, damit dieser mit der gleichen Druckkraft wie der Zylinder $Z1$ betrieben werden kann?

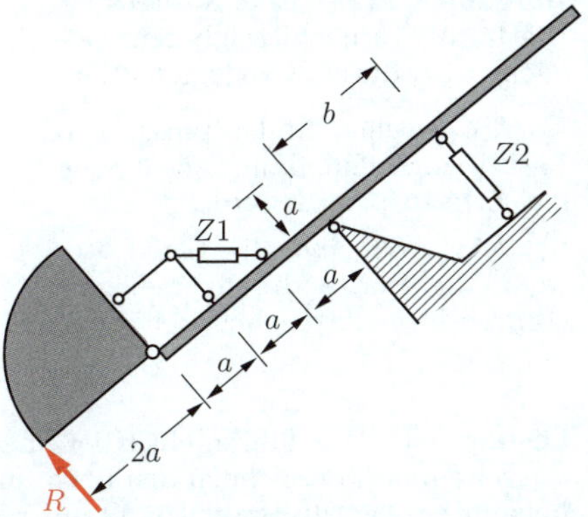

Lösung Wir trennen das System und zeichen das Freikörperbild. Dabei setzen wir von vornherein gleiche Druckkräfte P in den Zylindern voraus.

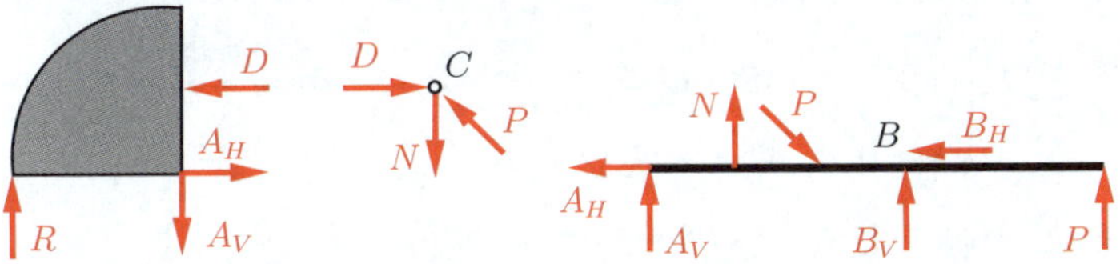

Dann lauten die Gleichgewichtsbedingungen für die Schaufel

$$\overset{\curvearrowright}{A}: \quad 2aR - aD = 0 \quad \rightsquigarrow \quad D = 2R\,,$$

$$\rightarrow: \quad A_H - D = 0 \quad \rightsquigarrow \quad A_H = 2R\,,$$

$$\uparrow: \quad R - A_V = 0 \quad \rightsquigarrow \quad A_V = R$$

und für den Punkt C

$$\rightarrow: \quad D - P\cos 45° = 0 \quad \rightsquigarrow \quad \underline{\underline{P}} = D\sqrt{2} = \underline{\underline{2\sqrt{2}R}}\,,$$

$$\uparrow: \quad P\sin 45° - N = 0 \quad \rightsquigarrow \quad N = 2R$$

sowie das Momentengleichgewicht für den Baggerarm

$$\overset{\curvearrowright}{B}: \quad 3\,aA_V + 2\,aN - a\,P\cos 45° - b\,P = 0\,.$$

Auflösen liefert den gesuchten Hebelarm:

$$\underline{\underline{b = \frac{5}{4}\sqrt{2}\,a\,.}}$$

Anmerkung: Die Lagerkräfte B_V und B_H können aus dem *Kräftegleichgewicht* am Baggerarm ermittelt werden.

A1.18 **Aufgabe 1.18** Eine rechteckige Platte mit vernachlässigbarem Gewicht wird durch 3 Seile gehalten.

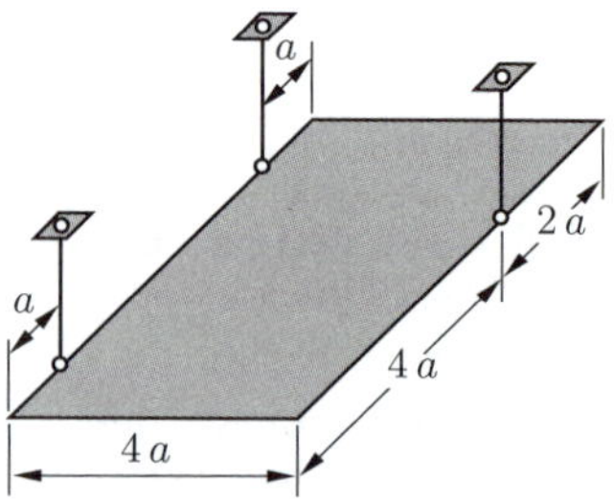

a) An welcher Stelle muss eine Last Q angreifen, damit alle 3 Seile gleich beansprucht werden?

b) Wie groß sind die Seilkräfte, wenn die Platte durch eine konstante Flächenlast p belastet wird?

Lösung a) Wir führen ein Koordinatensystem ein, bezeichnen den noch unbekannten Angriffspunkt von Q mit x_Q und y_Q und setzen die 3 Seilkräfte von vornherein als gleich voraus. Dann lauten die Gleichgewichtsbedingungen für die Gruppe paralleler Kräfte

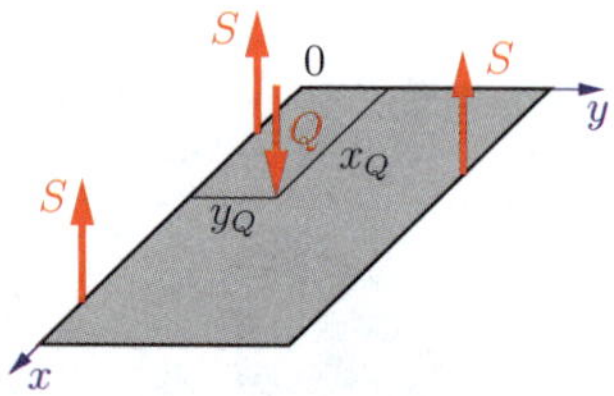

$$\sum F_z = 0 : \quad 3S - Q = 0 ,$$

$$\sum M_x^{(0)} = 0 : \quad 4\,aS - y_Q\,Q = 0 ,$$

$$\sum M_y^{(0)} = 0 : \quad -5\,aS - a\,S - 2aS + x_Q\,Q = 0 .$$

Hieraus folgen

$$S = \frac{Q}{3} , \qquad \underline{\underline{y_Q = \frac{4}{3}a}} , \qquad \underline{\underline{x_Q = \frac{8}{3}a}} .$$

b) Die 3 Seilkräfte sind jetzt verschieden. Die Flächenlast kann durch die Einzellast $F = 4 \cdot 6\,a^2p = 24\,pa^2$ im Schwerpunkt ersetzt werden. Damit lauten die Gleichgewichtsbedingungen nun:

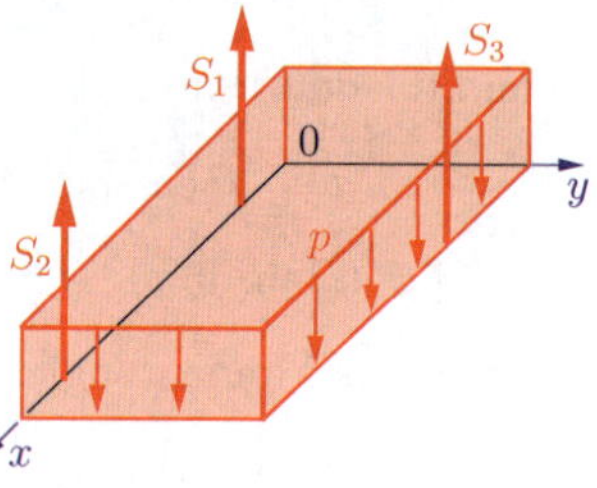

$$\sum F_z = 0 : \quad S_1 + S_2 + S_3 - 24\,pa^2 = 0 ,$$

$$\sum M_x^{(0)} = 0 : \quad 2\,a\,24\,pa^2 - 4\,aS_3 = 0 ,$$

$$\sum M_y^{(0)} = 0 : \quad 3\,a\,24\,pa^2 - 5\,aS_2 - aS_1 - 2\,aS_2 = 0 .$$

Hieraus erhält man

$$\underline{\underline{S_3 = 12\,pa^2}} , \qquad \underline{\underline{S_1 = 3\,pa^2}} , \qquad \underline{\underline{S_2 = 9\,pa^2}} .$$

Aufgabe 1.19 Ein rechteckiges Verkehrsschild vom Gewicht G ist an einer Wand mit zwei Seilen in A und B befestigt. Es wird in C durch ein Gelenk und in D durch einen Stab senkrecht zur Ebene des Schildes gehalten. Alle Maße sind in der Einheit Meter (m) gegeben. **A1.19**

Gesucht sind die Kräfte im Gelenk, in den Seilen und im Stab.

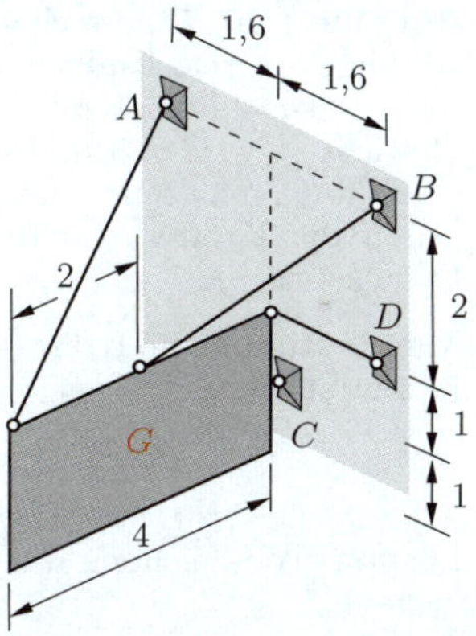

Lösung Wir schneiden das Schild frei und tragen im Freikörperbild die Komponenten aller Kräfte ein. Damit lauten die 6 Gleichgewichtsbedingungen im Raum:

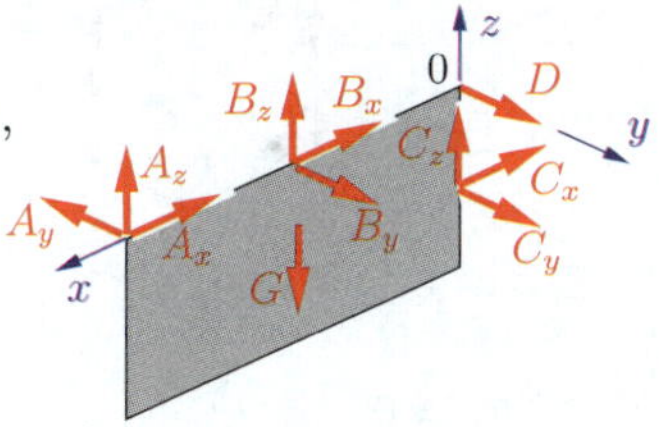

$$\sum F_x = 0 : \quad -A_x - B_x - C_x = 0\,,$$

$$\sum F_y = 0 : \quad -A_y + B_y + C_y + D = 0\,,$$

$$\sum F_z = 0 : \quad A_z + B_z + C_z - G = 0\,,$$

$$\sum M_x^{(0)} = 0 : \quad 1\,C_y = 0\,,$$

$$\sum M_y^{(0)} = 0 : \quad -4A_z - 2B_z + 2\,G + 1\,C_x = 0\,,$$

$$\sum M_z^{(0)} = 0 : \quad -4\,A_y + 2\,B_y = 0\,.$$

Dies sind 6 Gleichungen für zunächst noch 10 Unbekannte. Weitere $2 \times 2 = 4$ Gleichungen folgen aus der Komponentenzerlegung der Seilkräfte A und B (die Kraftkomponenten verhalten sich zueinander wie die entsprechenden Längen!):

$$\frac{A_x}{A_y} = \frac{4}{1,6}\,, \qquad \frac{A_x}{A_z} = \frac{4}{2}\,, \qquad \frac{B_x}{B_y} = \frac{2}{1,6}\,, \qquad \frac{B_x}{B_z} = \frac{2}{2}\,.$$

Die Auflösung ergibt schließlich:

$$\underline{\underline{A_x = B_x = \frac{G}{3}}}\,, \quad \underline{\underline{C_x = -\frac{2}{3}G}}\,, \quad \underline{\underline{A_y = \frac{2}{15}G}}\,, \quad \underline{\underline{B_y = \frac{4}{15}G}}\,,$$

$$\underline{\underline{C_y = 0}}\,, \quad \underline{\underline{A_z = \frac{G}{6}}}\,, \quad \underline{\underline{B_z = \frac{G}{3}}}\,, \quad \underline{\underline{C_z = \frac{G}{2}}}\,, \quad \underline{\underline{D = -\frac{2}{15}G}}\,.$$

Mit den Komponenten von A und B liegen die Seilkräfte fest.

A1.20 **Aufgabe 1.20** Eine rechtwinklige Dreiecksplatte mit vernachlässigbarem Gewicht wird durch 6 Stäbe gehalten und durch die Kräfte F und Q belastet.

Man bestimme die Kräfte in den Stäben.

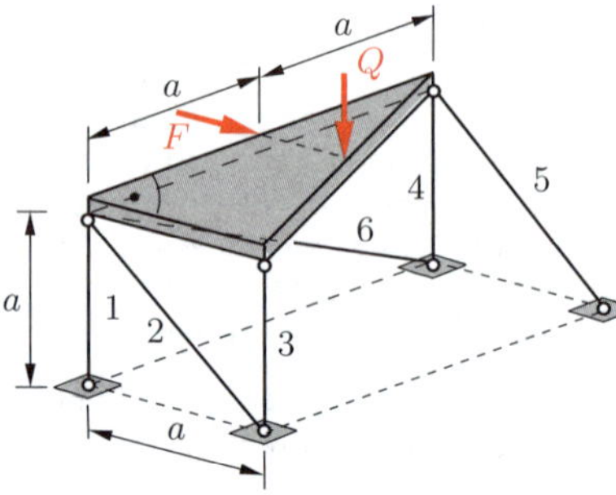

Lösung Wir zeichnen das Freikörperbild und wählen ein Koordinatensystem:

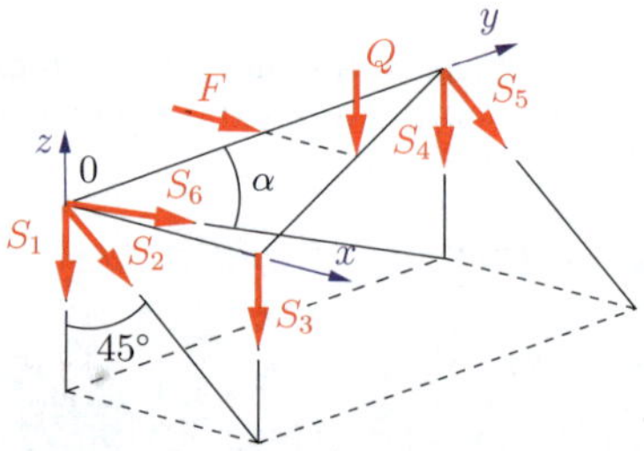

Damit erhält man die folgenden Gleichgewichtsbedingungen:

$$\sum F_x = 0 : \qquad \frac{\sqrt{2}}{2}\,S_2 + \frac{\sqrt{2}}{2}\,S_5 + F = 0\,,$$

$$\sum F_y = 0 : \qquad S_6 \cos\alpha = 0\,,$$

$$\sum F_z = 0 : \qquad -S_1 - \frac{\sqrt{2}}{2}\,S_2 - S_3 - S_6 \sin\alpha - S_4 - \frac{\sqrt{2}}{2}\,S_5 - Q = 0\,,$$

$$\sum M_x^{(0)} = 0 : \qquad -2aS_4 - 2a\,\frac{\sqrt{2}}{2}\,S_5 - a\,Q = 0\,,$$

$$\sum M_y^{(0)} = 0 : \qquad a\,S_3 + \frac{a}{2}\,Q = 0\,,$$

$$\sum M_z^{(0)} = 0 : \qquad -2a\,\frac{\sqrt{2}}{2}\,S_5 - aF = 0\,.$$

Auflösen liefert die gesuchten Stabkräfte:

$$\underline{\underline{S_1 = \frac{F}{2}}}\,, \qquad \underline{\underline{S_2 = -\frac{\sqrt{2}}{2}\,F}}\,, \qquad \underline{\underline{S_3 = -\frac{Q}{2}}}\,,$$

$$\underline{\underline{S_4 = \frac{1}{2}\,(F - Q)}}\,, \qquad \underline{\underline{S_5 = -\frac{\sqrt{2}}{2}\,F}}\,, \qquad \underline{\underline{S_6 = 0}}\,.$$

Aufgabe 1.21 An der Plattform eines Fernsehturms greifen infolge der Aufbauten und der Windlasten die in der Abbildung dargestellten Kräfte an. **A1.21**

Das angreifende Kräftesystem soll zunächst durch eine resultierende Kraft und ein resultierendes Moment im Lagerpunkt A der Plattform ersetzt werden.

Danach ist das Moment am Fußpunkt B des Turms mit Hilfe des *Versatzmoments* zu ermitteln.

Gegeben: $\alpha = 45°$.

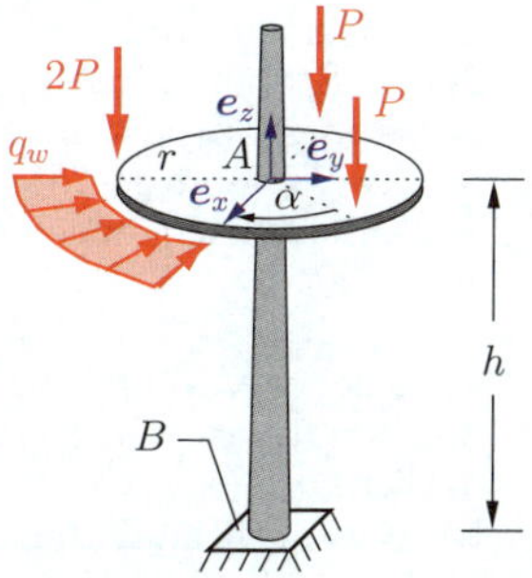

Lösung Um die resultierende Kraft und das resultierende Moment bezüglich des Punkts A zu berechnen, werden zunächst die einzelnen Kräfte und die zugehörigen Hebelarme benötigt. Für die vertikalen Einzelkräfte $\boldsymbol{F}_1$, $\boldsymbol{F}_2$ und $\boldsymbol{F}_3$ folgt mit dem angegebenen Basissystems:

$$\text{Kräfte:} \qquad \boldsymbol{F}_1 = -2\,P\,\boldsymbol{e}_z\,, \quad \boldsymbol{F}_2 = -P\,\boldsymbol{e}_z\,, \quad \boldsymbol{F}_3 = -P\,\boldsymbol{e}_z\,,$$

$$\text{Hebelarme:} \quad \boldsymbol{r}_{AF_1} = -r\,\boldsymbol{e}_y\,, \; \boldsymbol{r}_{AF_2} = -r\,\boldsymbol{e}_x\,, \; \boldsymbol{r}_{AF_3} = \frac{\sqrt{2}}{2}\,r\,(\boldsymbol{e}_x + \boldsymbol{e}_y)\,.$$

Da die Windbelastung q_w an jeder Stelle in radialer Richtung wirkt, übt sie kein Moment bezüglich des Punktes A aus. Für die resultierende Windkraft folgt damit

$$\boldsymbol{F}_w = \frac{\sqrt{2}}{2}\,\frac{\pi}{2}\,r\,q_w\,(-\boldsymbol{e}_x + \boldsymbol{e}_y)\,, \qquad \boldsymbol{r}_{AF_w} = \boldsymbol{0}\,.$$

Die Gesamtresultierende ergibt sich dann zu

$$\boldsymbol{R} = \boldsymbol{F}_1 + \boldsymbol{F}_2 + \boldsymbol{F}_3 + \boldsymbol{F}_w = \frac{\sqrt{2}}{2}\,\frac{\pi}{2}\,r\,q_w\,(-\boldsymbol{e}_x + \boldsymbol{e}_y) - 4\,P\,\boldsymbol{e}_z\,,$$

und für das resultierende Moment bezüglich A erhält man

$$\boldsymbol{M}^{(A)} = \sum_{i=1}^{3} \boldsymbol{r}_{AF_i} \times \boldsymbol{F}_i = P\,r\,(2 - \frac{\sqrt{2}}{2})\,\boldsymbol{e}_x + P\,r\,(\frac{\sqrt{2}}{2} - 1)\,\boldsymbol{e}_y\,.$$

Um anschließend das Moment bezüglich B zu ermitteln, muss zu $\boldsymbol{M}^{(A)}$ das *Versatzmoment* $\boldsymbol{M}_V = \boldsymbol{r}_{BA} \times \boldsymbol{R}$ addiert werden. Dieses berechnet sich mit dem Hebelarm $\boldsymbol{r}_{BA} = h\,\boldsymbol{e}_z$ zu

$$\boldsymbol{M}_V = \boldsymbol{r}_{BA} \times \boldsymbol{R} = \frac{\sqrt{2}}{2}\,\frac{\pi}{2}\,r\,q_w\,h\,(-\boldsymbol{e}_x - \boldsymbol{e}_y)\,.$$

Damit kann das Moment im Fußpunkt des Masts angegeben werden:

$$\boldsymbol{M}^{(B)} = \boldsymbol{M}^{(A)} + \boldsymbol{M}_V\,.$$

A1.22

Aufgabe 1.22 Ein System aus drei gelenkig verbundenen Stäben nimmt unter Belastung durch die beiden Kräfte F_1 und F_2 die dargestellte Gleichgewichtslage ein.

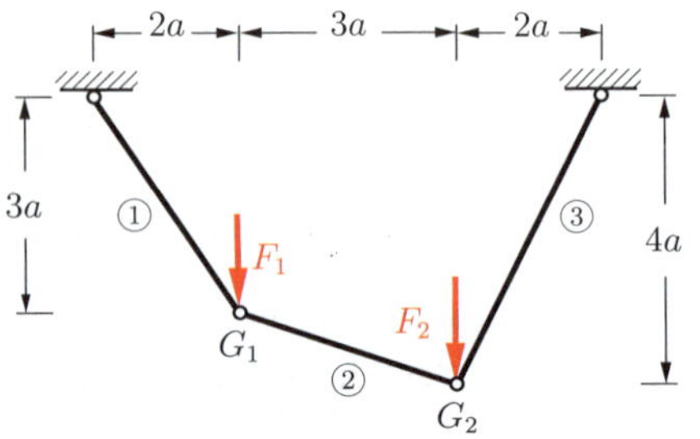

a) Welches Verhältnis F_1/F_2 der Kräfte ist hierzu erforderlich?
b) Wie groß sind die Stabkräfte S_1, S_2 und S_3?

Lösung Schneidet man die Gelenke G_1 und G_2 frei, so liegen jeweils zentrale Kräftesysteme vor, für die jeweils zwei Gleichgewichtsbedingungen gelten. Aus dem Freikörperbild für G_1 lesen wir ab

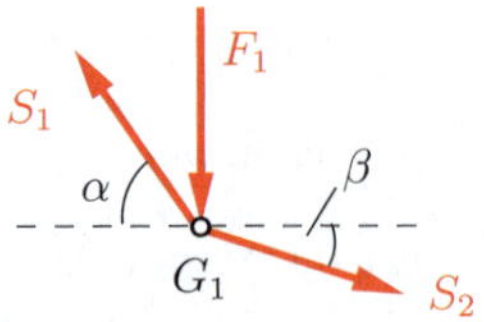

$$\rightarrow: \quad -S_1 \cos\alpha + S_2 \cos\beta = 0\,,$$

$$\uparrow: \quad S_1 \sin\alpha - S_2 \sin\beta - F_1 = 0\,.$$

Hieraus ergeben sich die Beziehungen

$$S_1 = S_2 \frac{\cos\beta}{\cos\alpha}\,,$$

$$S_2 \cos\beta \frac{\sin\alpha}{\cos\alpha} - S_2 \sin\beta - F_1 = 0 \quad \leadsto \quad S_2 = \frac{F_1}{\cos\beta\tan\alpha - \sin\beta}\,.$$

Aus den Gleichgewichtsbedingungen für G_2

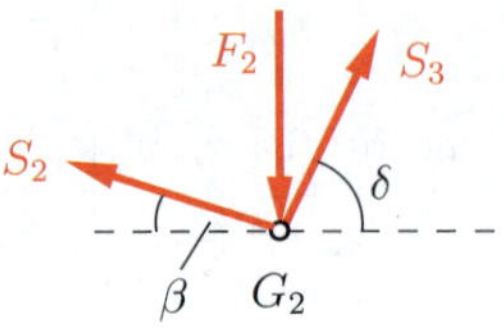

$$\rightarrow: \quad -S_2 \cos\beta + S_3 \cos\delta = 0\,,$$

$$\uparrow: \quad S_2 \sin\beta + S_3 \sin\delta - F_2 = 0\,,$$

ergibt sich

$$S_3 = S_2 \frac{\cos\beta}{\cos\delta}\,,$$

$$S_2 \sin\beta + S_2 \cos\beta \frac{\sin\delta}{\cos\delta} - F_2 = 0 \quad \leadsto \quad S_2 = \frac{F_2}{\sin\beta + \cos\beta\tan\delta}\,.$$

Somit liegen zwei Teillösungen für S_2 vor, einmal als Funktion der Kraft F_1 und als Funktion von F_2. Das Verhältnis der angreifenden Lasten

F_1/F_2 ergibt sich aus dem Gleichsetzen der Teillösungen:

$$\frac{F_1}{\cos\beta\tan\alpha-\sin\beta}=\frac{F_2}{\sin\beta+\cos\beta\tan\delta},$$

$$\rightsquigarrow\quad \underline{\underline{\frac{F_1}{F_2}}}=\frac{\cos\beta\tan\alpha-\sin\beta}{\sin\beta+\cos\beta\tan\delta}=\underline{\underline{\frac{\tan\alpha-\tan\beta}{\tan\beta+\tan\delta}}}.$$

Aus der Goemetrie der Gleichgewichtslage lesen wir für die Winkel ab:

$$\tan\alpha=\frac{3a}{2a}=\frac{3}{2},\quad \sin\alpha=\frac{3}{\sqrt{13}},\quad \cos\alpha=\frac{2}{\sqrt{13}},$$
$$\tan\beta=\frac{a}{3a}=\frac{1}{3},\quad \sin\beta=\frac{1}{\sqrt{10}},\quad \cos\beta=\frac{3}{\sqrt{10}},$$
$$\tan\delta=\frac{4a}{2a}=2,\quad \sin\delta=\frac{2}{\sqrt{5}},\quad \cos\delta=\frac{1}{\sqrt{5}}.$$

Damit ergibt sich

$$\underline{\underline{\frac{F_1}{F_2}}}=\frac{\frac{3}{2}-\frac{1}{3}}{\frac{1}{3}-2}=\frac{9-2}{2+12}=\underline{\underline{\frac{1}{2}}}.$$

Für die Stabkräfte folgt

$$\underline{\underline{S_2}}=\frac{F_1}{\frac{3}{\sqrt{10}}\frac{3}{2}-\frac{1}{\sqrt{10}}}=\frac{2\sqrt{10}}{7}F_1=\underline{\underline{0,903\,F_1}},$$

$$\underline{\underline{S_1}}=\frac{3}{\sqrt{10}}\frac{\sqrt{13}}{2}S_2=\underline{\underline{1,545\,F_1}},\qquad \underline{\underline{S_3}}=\frac{3}{\sqrt{10}}\frac{\sqrt{5}}{1}S_2=\underline{\underline{1,916\,F_1}}.$$

Wir können die Aufgabe auch grafisch lösen. Zu diesem Zweck zeichnen wir zuerst unter Verwendung der bekannten Winkel das geschlossene Kräftedreieck aus F_1, S_1 und S_2 für das Gelenk G_1. Der Kräftemaßstab kann dabei beliebig gewählt werden. Anschließend zeichnen wir das entsprechende Kräftedreieck für G_2, wobei wir den gleichen Kräftemaßstab zugrunde legen (Betrag von S_2 muss gleich und der Richtungssinn entgegengesetzt sein). Aus den beiden Kräftedreiecken lesen wir für das Verhältnis der Beträge von F_1 und F_2 ab:

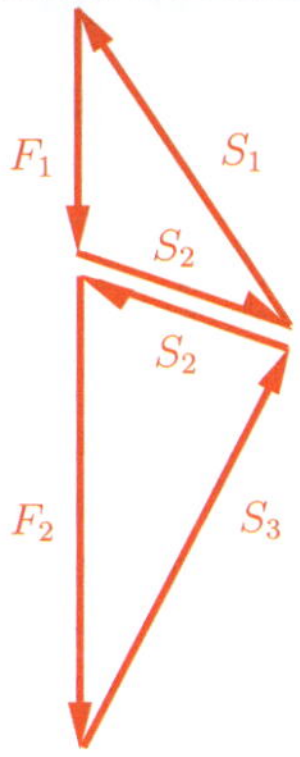

$$\underline{\underline{\frac{F_1}{F_2}\approx 0,5\,.}}$$

A1.23 **Aufgabe 1.23** Eine in B gelagerte Trapezscheibe (Eigengewicht vernachlässigbar) ist durch ein Gewicht G und eine Kraft F so belastet, dass sie im Gleichgewicht ist.

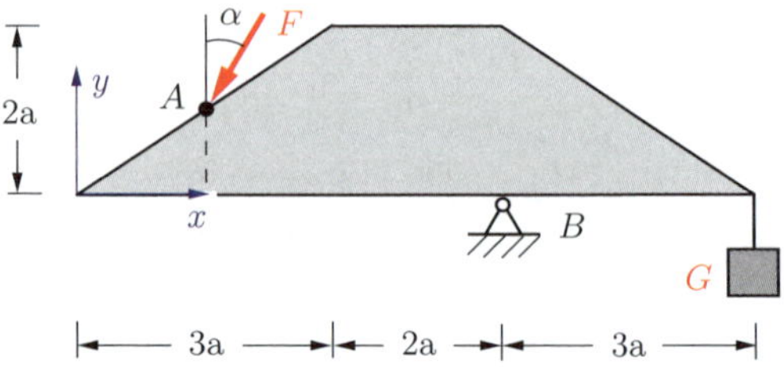

Die Koordinaten des Kraftangriffspunktes A am Scheibenrand sind zu bestimmen.

Gegeben: $G, F = \frac{3}{4}G, \alpha = 30°$

Lösung Wir zerlegen die Kraft F zweckmäßig in ihre Komponenten:

$$F_x = F \sin\alpha = \frac{3}{4}G \sin 30° = \frac{3}{4}G\frac{1}{2} = \frac{3}{8}G,$$

$$F_y = F \cos\alpha = \frac{3}{4}G \cos 30° = \frac{3}{4}G\frac{\sqrt{3}}{2} = \frac{3\sqrt{3}}{8}G.$$

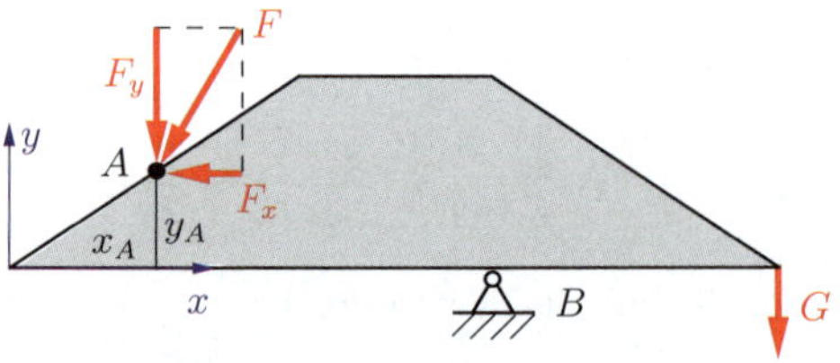

Damit lautet das Momentengleichgewicht um B:

$$\overset{\curvearrowleft}{B}: \quad y_A F_x + (5a - x_A)F_y - 3aG = 0.$$

Mit

$$\frac{y_A}{x_A} = \frac{2a}{3a} \quad \rightsquigarrow \quad y_A = \frac{2}{3}x_A$$

und den Kraftkomponenten erhält man daraus

$$\frac{2}{3}x_A\frac{3}{8}G + (5a - x_A)\frac{3\sqrt{3}}{8}G - 3aG = 0$$

und nach Auflösen

$$(\frac{1}{4} - \frac{3\sqrt{3}}{8})x_A = (3 - \frac{15\sqrt{3}}{8})a$$

$$\rightsquigarrow \quad \underline{\underline{x_A}} = \frac{24 - 15\sqrt{3}}{2 - 3\sqrt{3}}a = \underline{\underline{0,619a}}.$$

Damit ergibt sich für die y-Koordinate

$$\underline{\underline{y_A}} = \frac{2}{3}x_A = \underline{\underline{0,413a}}.$$

Kapitel 2

Schwerpunkt

2

Volumenschwerpunkt

Für einen Körper mit dem Volumen V ermittelt man die Koordinaten des Schwerpunktes S (Volumenmittelpunkt) aus

$$x_S = \frac{\int x \, \mathrm{d}V}{\int \mathrm{d}V}\,,$$

$$y_S = \frac{\int y \, \mathrm{d}V}{\int \mathrm{d}V}\,,$$

$$z_S = \frac{\int z \, \mathrm{d}V}{\int \mathrm{d}V}\,.$$

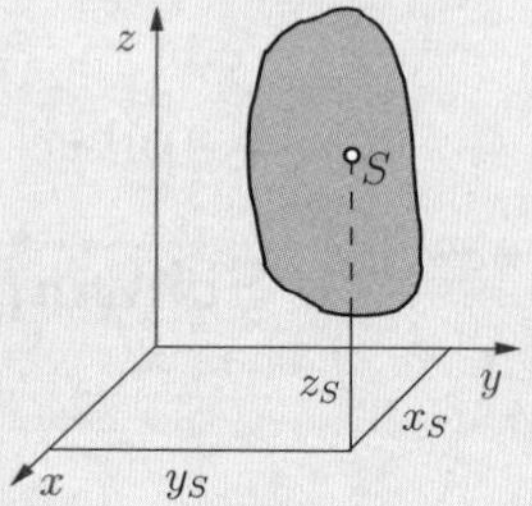

Flächenschwerpunkt

$$x_S = \frac{\int x \, \mathrm{d}A}{\int \mathrm{d}A}\,,$$

$$y_S = \frac{\int y \, \mathrm{d}A}{\int \mathrm{d}A}\,.$$

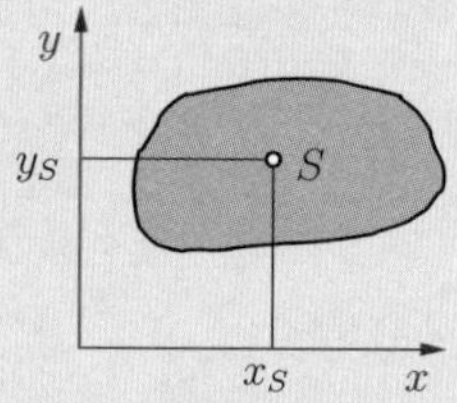

Hierbei ist $\int x \, \mathrm{d}A = S_y$ bzw. $\int y \, \mathrm{d}A = S_x$ das *statische Moment* der Fläche (=Flächenmoment 1. Ordnung) um die y- bzw. um die x-Achse.

Für *zusammengesetzte* Flächen, bei denen die Lage $(x_i,\, y_i)$ der Teilschwerpunkte S_i bekannt ist, gilt

$$x_S = \frac{\sum x_i A_i}{\sum A_i}\,,$$

$$y_S = \frac{\sum y_i A_i}{\sum A_i}\,.$$

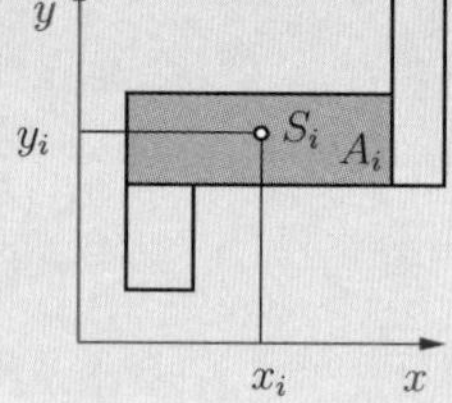

Anmerkungen:

- Bei Flächen (Körpern) mit Ausschnitten ist es oft zweckmäßig, mit negativen Flächen (Volumina) zu arbeiten.
- Sind Symmetrien vorhanden, dann liegt der Schwerpunkt auf den Symmetrieachsen.

D. Gross et al., *Formeln und Aufgaben zur Technischen Mechanik 1*,
https://doi.org/10.1007/978-3-662-61864-6_2

Linienschwerpunkt

$$x_S = \frac{\int x\,\mathrm{d}s}{\int \mathrm{d}s},$$

$$y_S = \frac{\int y\,\mathrm{d}s}{\int \mathrm{d}s}.$$

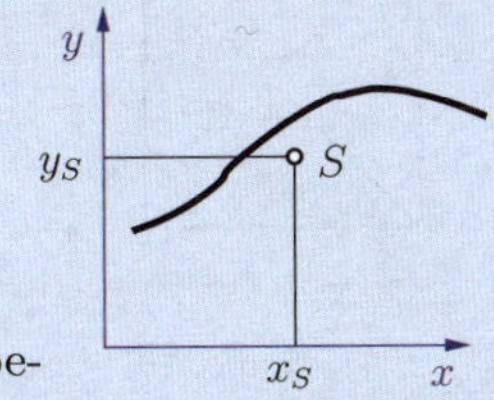

Besteht eine Linie aus Teilstücken bekannter Länge l_i mit bekannten Schwerpunktskoordinaten x_i, y_i, so folgt die Lage des Schwerpunktes aus

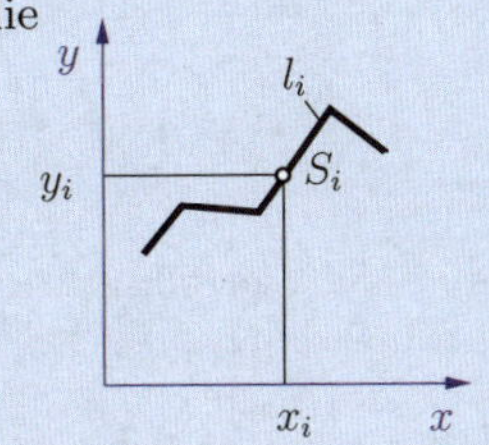

$$x_S = \frac{\sum x_i l_i}{\sum l_i},$$

$$y_S = \frac{\sum y_i l_i}{\sum l_i}.$$

Massenmittelpunkt

Die Koordinaten des Massenmittelpunkts eines Körpers mit der Dichteverteilung $\rho(x, y, z)$ erhält man aus

$$x_S = \frac{\int x\rho \mathrm{d}V}{\int \rho\,\mathrm{d}V}, \qquad y_S = \frac{\int y\rho \mathrm{d}V}{\int \rho\,\mathrm{d}V}, \qquad z_S = \frac{\int z\rho \mathrm{d}V}{\int \rho\,\mathrm{d}V}.$$

Besteht ein Körper aus Teilkörpern V_i der Dichte ρ_i mit bekannten Schwerpunktskoordinaten x_i, y_i und z_i, so gilt

$$x_S = \frac{\sum x_i \rho_i V_i}{\sum \rho_i V_i}, \qquad y_S = \frac{\sum y_i \rho_i V_i}{\sum \rho_i V_i}, \qquad z_S = \frac{\sum z_i \rho_i V_i}{\sum \rho_i V_i}.$$

Anmerkung:

Beim *homogenen* Körper ($\rho = \text{const}$) fallen Volumenschwerpunkt und Massenmittelpunkt zusammen.

Tabelle von Schwerpunktskoordinaten

Flächen

Dreieck

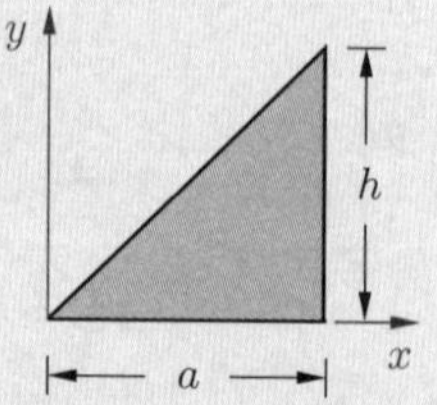

$x_S = \frac{2}{3}\,a$

$y_S = \frac{1}{3}\,h$

$A = \frac{1}{2}\,ah$

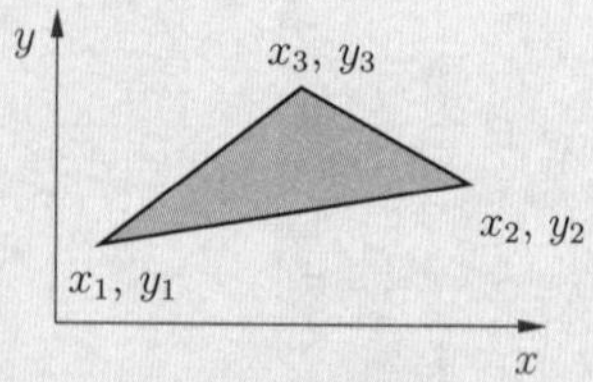

$x_S = \frac{1}{3}(x_1 + x_2 + x_3)$

$y_S = \frac{1}{3}(y_1 + y_2 + y_3)$

$$A = \frac{1}{2}\begin{vmatrix} x_2 - x_1 & y_2 - y_1 \\ x_3 - x_1 & y_3 - y_1 \end{vmatrix}$$

Halbkreis	Viertelkreis	quadr. Parabel	Viertelellipse
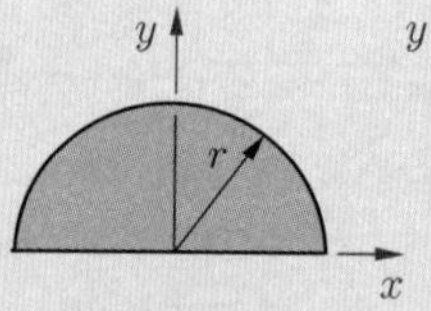	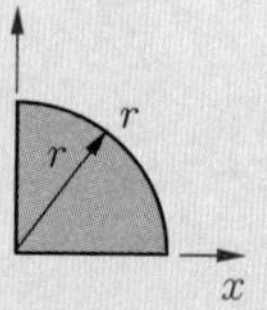	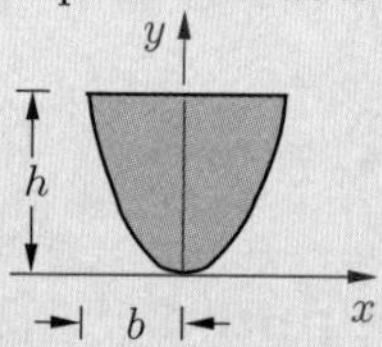	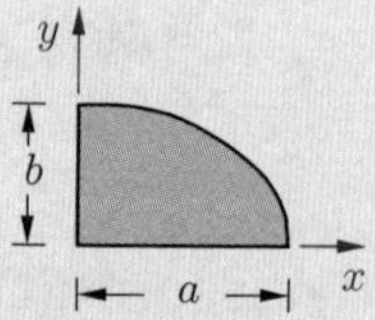
$x_S = 0$	$= \frac{4}{3\pi}\,r$	$= 0$	$= \frac{4}{3\pi}\,a$
$y_S = \frac{4}{3\pi}\,r$	$= \frac{4}{3\pi}\,r$	$= \frac{3}{5}\,h$	$= \frac{4}{3\pi}\,b$
$A = \frac{\pi}{2}\,r^2$	$= \frac{\pi}{4}\,r^2$	$= \frac{4}{3}\,bh$	$= \frac{\pi}{4}\,ab$

Körper

Kegel

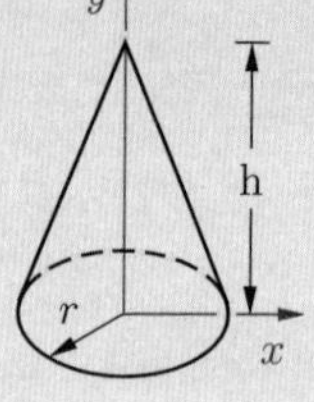

$x_S = 0$

$y_S = \frac{1}{4}\,h$

$V = \frac{1}{3}\,\pi r^2 h$

Halbkugel

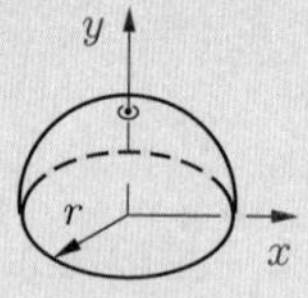

$x_S = 0$

$y_S = \frac{3}{8}\,r$

$V = \frac{2}{3}\,\pi r^3$

Linie

Kreisbogen

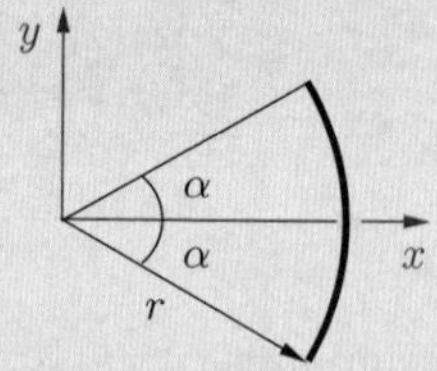

$x_S = \frac{\sin\alpha}{\alpha}\,r$

$y_S = 0$

$l = 2\,\alpha\,r$

A2.1

Aufgabe 2.1 Die dargestellte Fläche wird nach oben durch eine quadratische Parabel mit dem Scheitel bei $x = 0$ begrenzt.

Man ermittle die Schwerpunktskoordinaten.

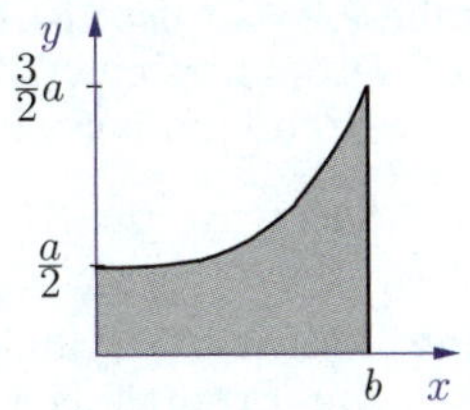

Lösung Wir stellen zunächst die Gleichung der Parabel auf:

$$y = \alpha x^2 + \beta\,.$$

Die Konstanten α und β folgen aus den Endpunkten $x_0 = 0$, $y_0 = a/2$ und $x_1 = b$, $y_1 = 3a/2$ zu $\beta = a/2$, $\alpha = a/b^2$. Damit wird

$$y = a\left(\frac{x}{b}\right)^2 + \frac{a}{2}\,.$$

Mit dem Flächenelement $\mathrm{d}A = y\,\mathrm{d}x$ folgt:

$$\underline{\underline{x_S}} = \frac{\int x\,\mathrm{d}A}{\int \mathrm{d}A} = \frac{\int x\,y\,\mathrm{d}x}{\int y\,\mathrm{d}x}$$

$$= \frac{\int\limits_0^b x\left[a\left(\frac{x}{b}\right)^2 + \frac{a}{2}\right]\mathrm{d}x}{\int\limits_0^b \left[a\left(\frac{x}{b}\right)^2 + \frac{a}{2}\right]\mathrm{d}x} = \frac{\frac{1}{2}\,ab^2}{\frac{5}{6}\,ab} = \underline{\underline{\frac{3}{5}\,b}}\,.$$

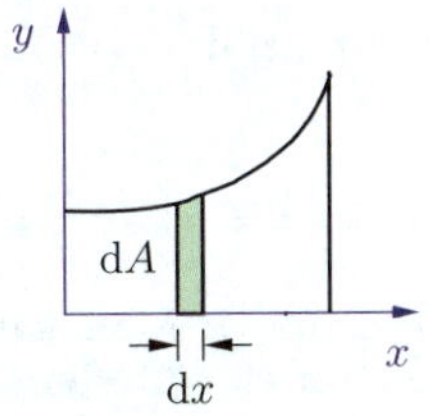

Wenn wir zur Ermittlung von y_S die Flächenelemente $(b - x)\mathrm{d}y$ verwenden, so treten komplizierte Integrale auf. Wir bleiben daher beim

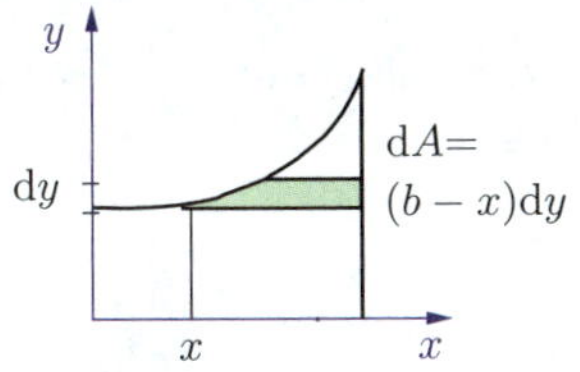

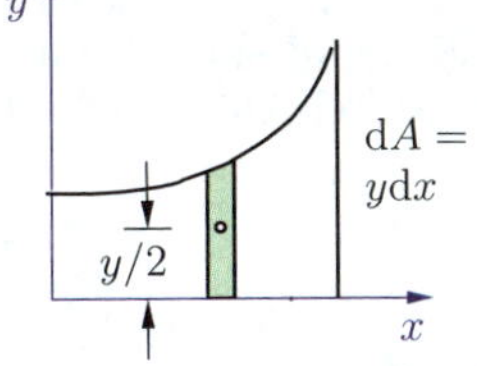

Flächenelement $\mathrm{d}A = y\,\mathrm{d}x$ und müssen nur berücksichtigen, dass sein Schwerpunkt in y-Richtung bei $y/2$ liegt. Dann gilt (die Fläche im Nenner ist dieselbe wie vorher):

$$\underline{\underline{y_S}} = \frac{\int \frac{y}{2}\,y\,\mathrm{d}x}{\frac{5}{6}\,ab} = \frac{6}{10\,ab}\int\limits_0^b \left(a^2\,\frac{x^4}{b^4} + \frac{a^2}{b^2}\,x^2 + \frac{a^2}{4}\right)\mathrm{d}x = \underline{\underline{\frac{47}{100}\,a}}\,.$$

A2.2 **Aufgabe 2.2** Gesucht ist die Lage des Schwerpunktes eines Kreisausschnittes vom Öffnungswinkel 2α.

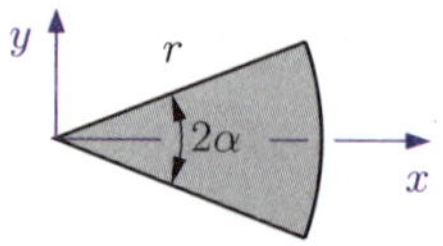

Lösung Wegen der Symmetrie liegt der Schwerpunkt auf der x-Achse: $y_S = 0$. Zur Ermittlung von x_S wählen wir als Flächenelement einen infinitesimalen Kreisausschnitt (= Dreieck) und integrieren über den Winkel θ. Dann folgt

$$\underline{\underline{x_S}} = \frac{\int\limits_{-\alpha}^{\alpha} \left(\frac{2}{3}\, r\cos\theta\right)\frac{1}{2}\, r\, r\, \mathrm{d}\theta}{\int\limits_{-\alpha}^{\alpha} \frac{1}{2}\, r\, r\, \mathrm{d}\theta} = \frac{r^3\, 2\sin\alpha}{3\, r^2\alpha}$$

$$\underline{\underline{= \frac{2}{3}\,\frac{\sin\alpha}{\alpha}\, r\,.}}$$

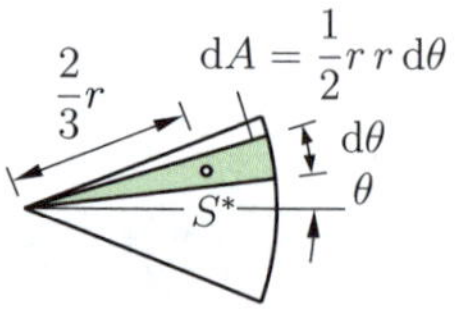

Im Grenzfall $\alpha = \pi/2$ folgt die Schwerpunktslage des Halbkreises zu

$$\underline{\underline{x_S = \frac{4}{3\pi}\, r\,.}}$$

Anmerkung: Man kann den Schwerpunkt auch durch Aufteilung der Fläche in Kreisringelemente und Integrationen über x ermitteln. Dann muss aber vorher die Schwerpunktlage S^* eines solchen Ringelementes bekannt sein oder erst berechnet werden.

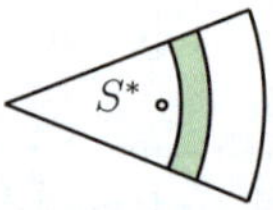

Die Schwerpunktskoordinate x_S eines *Kreisabschnittes* findet man mit obigem Ergebnis durch Differenzbildung:

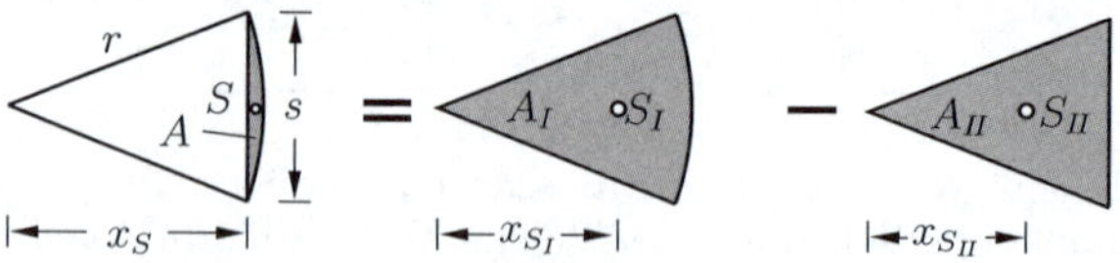

$$\underline{\underline{x_S}} = \frac{x_{S_I} A_I - x_{S_{II}} A_{II}}{A_I - A_{II}} = \frac{\frac{2\sin\alpha}{3\,\alpha}\, r\, r^2\alpha - \frac{1}{2}\, s\, r\cos\alpha\, \frac{2}{3}\, r\cos\alpha}{r^2\alpha - \frac{1}{2}\, s\, r\cos\alpha} = \underline{\underline{\frac{s^3}{12A}}}\,.$$

Aufgabe 2.3 Für die dargestellten Profile ermittle man die Lage der Schwerpunkte (Maße in mm). **A2.3**

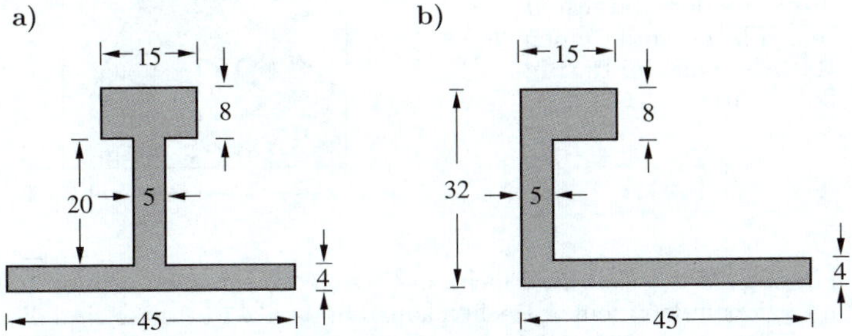

Lösung a) Wir wählen das Koordinatensystem so, dass die Symmetrieachse mit der y-Achse zusammenfällt. Dann gilt $x_S = 0$, und es muss nur noch y_S berechnet werden. Hierzu zerlegen wir das Profil in Rechtecke, deren einzelne Schwerpunktslagen bekannt sind. Damit folgt

$$\underline{\underline{y_S}} = \frac{\sum y_i A_i}{\sum A_i}$$

$$= \frac{2\,(4 \cdot 45) + 14(5 \cdot 20) + 28\,(8 \cdot 15)}{4 \cdot 45 + 5 \cdot 20 + 8 \cdot 15}$$

$$= \frac{5120}{400} = \underline{\underline{12,8 \text{ mm}}}\,.$$

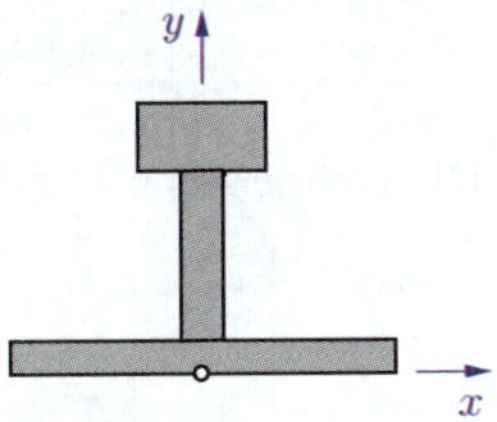

b) Wir legen das Koordinatensystem in die linke untere Ecke und finden durch Zerlegung in Teilrechtecke

$$\underline{\underline{x_S}} = \frac{22,5\,(4 \cdot 45) + 2,5\,(5 \cdot 20) + 7,5\,(8 \cdot 15)}{4 \cdot 45 + 5 \cdot 20 + 8 \cdot 15}$$

$$= \frac{5200}{400} = \underline{\underline{13 \text{ mm}}}\,,$$

$$\underline{\underline{y_S}} = \frac{2\,(4 \cdot 45) + 14\,(5 \cdot 20) + 28\,(8 \cdot 15)}{400}$$

$$= \underline{\underline{12,8 \text{ mm}}}\,.$$

Anmerkung: Beim Verschieben der Flächen in x-Richtung bleibt y_S unverändert.

A2.4

Aufgabe 2.4 Gesucht ist die Lage des Schwerpunktes der dargestellten Fläche mit einem Rechteckausschnitt (Maße in cm).

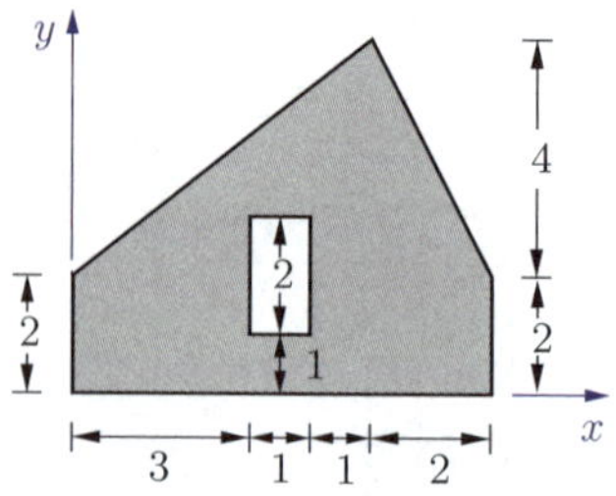

Lösung Wir teilen die Fläche in 2 Dreiecke sowie ein großes Rechteck und ziehen den kleinen Rechteckausschnitt ab. Für diese sind die Größe der Flächen und ihre Schwerpunktslagen bekannt.

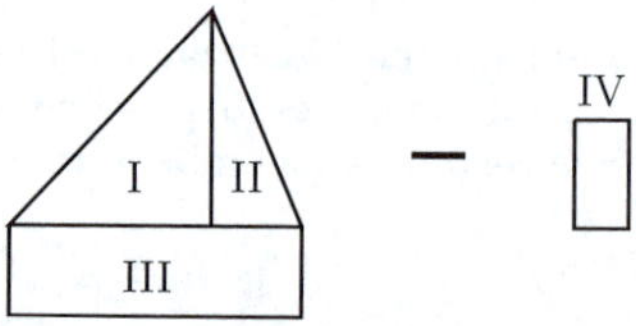

Die rechnerische Lösung erfolgt zweckmäßig mit Hilfe einer Tabelle.

Teilsystem i	A_i [cm^2]	x_i [cm]	x_iA_i [cm^3]	y_i [cm]	y_iA_i [cm^3]
I	10	$\frac{10}{3}$	$\frac{100}{3}$	$\frac{10}{3}$	$\frac{100}{3}$
II	4	$\frac{17}{3}$	$\frac{68}{3}$	$\frac{10}{3}$	$\frac{40}{3}$
III	14	$\frac{7}{2}$	49	1	14
IV	-2	$\frac{7}{2}$	-7	2	-4
	$A = \sum A_i = 26$		$\sum x_iA_i = 98$		$\sum y_iA_i = \frac{170}{3}$

Damit findet man

$$\underline{\underline{x_S}} = \frac{\sum x_iA_i}{A} = \frac{98}{26} = \underline{\underline{\frac{49}{13}}}\text{ cm}, \qquad \underline{\underline{y_S}} = \frac{\sum y_iA_i}{A} = \frac{170/3}{26} = \underline{\underline{\frac{85}{39}}}\text{ cm}.$$

Aufgabe 2.5 Ein Draht konstanter Dicke wurde zu nebenstehender Figur verformt (alle Längen in mm). **A2.5**

Wo liegt der Schwerpunkt?

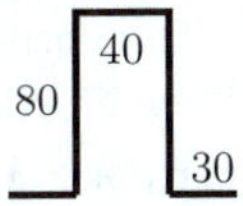

Lösung Wegen der Symmetrie der Figur liegt der Schwerpunkt auf der Symmetrielinie, die wir als y-Achse wählen, d.h. es gilt $x_S = 0$. Da die Schwerpunktslagen y_i der Teilstücke der Länge l_i bekannt sind, folgt die Lage y_S des Gesamtschwerpunkts aus

$$y_S = \frac{\sum y_i \, l_i}{\sum l_i} \, .$$

Wir wollen die Aufgabe mit drei verschiedenen Unterteilungen lösen. Dabei gilt

$$l = \sum l_i = 2 \cdot 30 + 2 \cdot 80 + 40 = 260 \text{ mm} \, .$$

1. Möglichkeit:

$$\underline{\underline{y_S}} = \frac{1}{260}(\underbrace{80 \cdot 40}_{I} + \underbrace{2 \cdot 40 \cdot 80}_{II})$$

$$= \frac{9600}{260} = \underline{\underline{36,92 \text{ mm}}} \, .$$

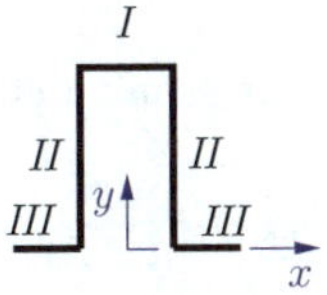

2. Möglichkeit:

$$\underline{\underline{y_S}} = \frac{1}{260}(\underbrace{40 \cdot 40}_{I} - \underbrace{2 \cdot 40 \cdot 30}_{III})$$

$$= \underline{\underline{-3,08 \text{ mm}}} \, .$$

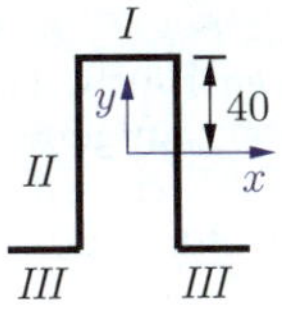

3. Möglichkeit: Wir wählen ein spezielles Teilstück IV so, dass sein Schwerpunkt in den Koordinatenursprung fällt:

$$\underline{\underline{y_S}} = \frac{1}{260}\big[\underbrace{2 \cdot (-40) \cdot 10}_{V}\big] = \underline{\underline{-3,08 \text{ mm}}} \, .$$

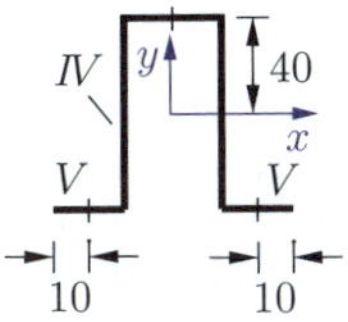

Die 3.Variante hat den Vorteil, dass nur das statische Moment *eines* Teilstücks V berücksichtigt werden muss.

A2.6 **Aufgabe 2.6** Ein dünner Draht wurde in Form einer Hyperbelfunktion gebogen.

Wo liegt der Schwerpunkt?

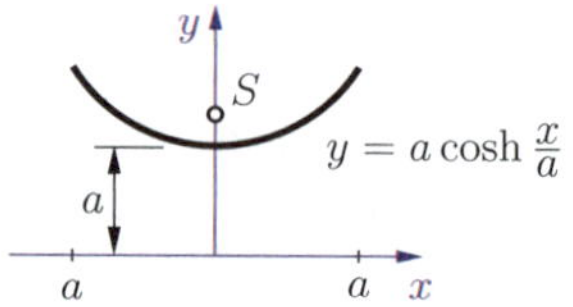

Lösung Aus Symmetriegründen liegt der Schwerpunkt auf der y-Achse. Mit der Ableitung $y' = \sinh\frac{x}{a}$ wird das Element der Bogenlänge

$$\mathrm{d}s = \sqrt{(\mathrm{d}x)^2 + (\mathrm{d}y)^2} = \sqrt{1 + (y')^2}\mathrm{d}x = \sqrt{1 + \sinh^2\frac{x}{a}}\mathrm{d}x = \cosh\frac{x}{a}\,\mathrm{d}x\,.$$

Integration ergibt die Bogenlänge

$$s = \int \mathrm{d}s = \int_{-a}^{+a} \cosh\frac{x}{a}\,\mathrm{d}x = 2\,a\sinh 1\,.$$

Das statische Moment um die x-Achse findet man zu

$$S_x = \int y\,\mathrm{d}s = \int a\cosh^2\frac{x}{a}\,\mathrm{d}x = a\int_{-a}^{+a} \frac{1+\cosh 2\frac{x}{a}}{2}\,\mathrm{d}x = a^2(1+\frac{1}{2}\sinh 2)\,.$$

Damit erhält man die Schwerpunktkoordinate

$$\underline{\underline{y_S}} = \frac{\int y\,\mathrm{d}s}{\int \mathrm{d}s} = \frac{a}{2}\,\frac{1+\frac{1}{2}\sinh 2}{\sinh 2} = \underline{\underline{1{,}197\,a}}\,.$$

A2.7 **Aufgabe 2.7** Aus einem dreieckigen Blech ABC, das in A drehbar aufgehängt ist, wird ein Dreieck CDE herausgeschnitten.

Wie groß muss x sein, damit sich $\overline{BC}$ horizontal einstellt?

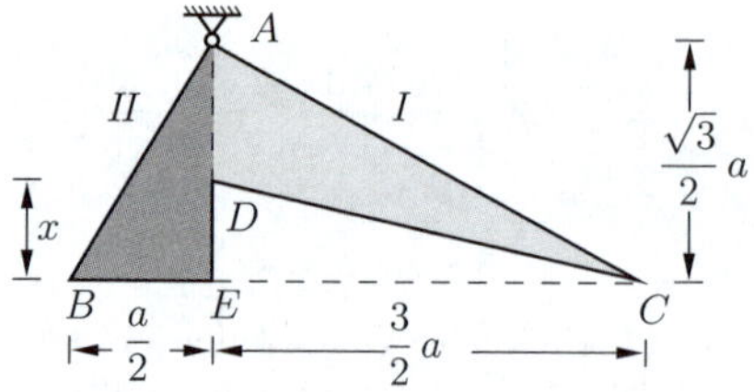

Lösung Das Dreieck hängt in der geforderten Lage, wenn sich der Schwerpunkt unter dem Lager A befindet. Das bedeutet, dass das statische Moment des Dreiecks ADC bezüglich der Drehachse durch A gleich sein muss dem des Dreiecks ABE:

$$\underbrace{\frac{1}{2}\left(\frac{\sqrt{3}}{2}a - x\right)\frac{3}{2}a}_{\text{Fläche } ADC}\;\underbrace{\frac{1}{3}\frac{3}{2}a}_{\text{Abstand}} = \underbrace{\frac{1}{2}\frac{a}{2}\frac{\sqrt{3}}{2}a}_{\text{Fläche } ABE}\;\underbrace{\frac{1}{3}\frac{a}{2}}_{\text{Abstand}} \quad\rightsquigarrow\quad \underline{\underline{x = \frac{4}{9}\sqrt{3}\,a}}\,.$$

Aufgabe 2.8 Ein Kreisring vom Gewicht G wird an drei Federwaagen aufgehängt, die in gleichen Abständen am Umfang angebracht sind. Sie zeigen folgende Kräfte an: $F_1 = 0,334\,G$, $F_2 = 0,331\,G$, $F_3 = 0,335\,G$. **A2.8**

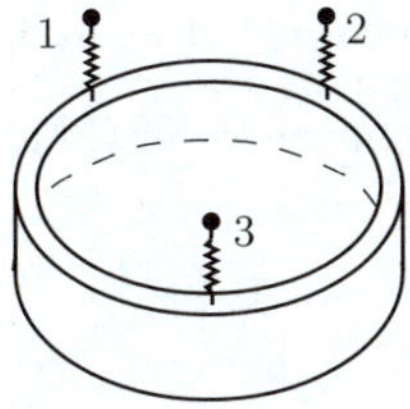

An welcher Stelle des Umfangs muss welches Zusatzgewicht angebracht werden, damit sich der Schwerpunkt in der Mitte befindet (= statisches Auswuchten)?

Lösung Aus den unterschiedlichen Anzeigen der Federwaagen erkennt man, dass das Gewicht ungleichmäßig über den Ring verteilt ist. Der *Schwerpunkt* S (=Ort der resultierenden Gewichtskraft) liegt daher nicht in der Mitte des Ringes, sondern fällt mit dem *Kräftemittelpunkt* (=Ort der resultierenden Federkräfte) zusammen. Wir ermitteln daher zunächst seine Lage. Sie folgt mit $\sum F_i = G$ aus dem Momentengleichgewicht um die x- und um die y-Achse:

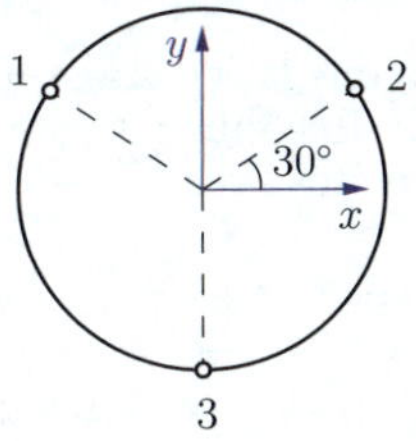

$$y_S\,G = r \sin 30^\circ (0,334\,G + 0,331\,G) - r\,0,335\,G\,,$$

$$\rightsquigarrow \quad y_S = -0,0025\,r\,,$$

$$x_S\,G = r \cos 30^\circ (0,331\,G - 0,334\,G)\,,$$

$$\rightsquigarrow \quad x_S = -0,0026\,r\,.$$

Damit der Schwerpunkt des Ringes *mit* Zusatzgewicht Z in der Mitte M liegt, muss Z am Umfang auf der Geraden angebracht werden, die durch M und S geht. Seine Größe folgt aus dem Momentengleichgewicht um die hierzu senkrechte Achse I:

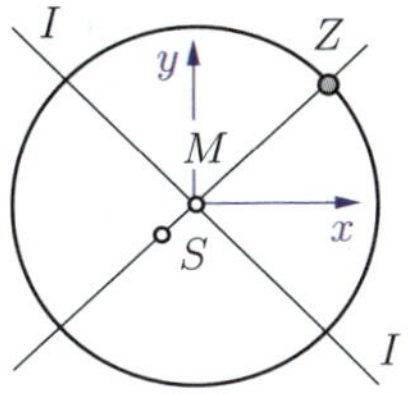

$$r\,Z = \overline{SM}\,G \quad \rightsquigarrow \quad r\,Z = \sqrt{x_S^2 + y_S^2}\,G$$

$$\rightsquigarrow \quad \underline{\underline{Z}} = \sqrt{(0,0025)^2 + (0,0026)^2}\,G = \underline{\underline{0,0036\,G}}\,.$$

A2.9

Aufgabe 2.9 Ein dünnes Blech konstanter Dicke, bestehend aus einem Quadrat und zwei Dreiecken, wurde zu nebenstehender Figur gebogen (Maße in cm).

Wo liegt der Schwerpunkt?

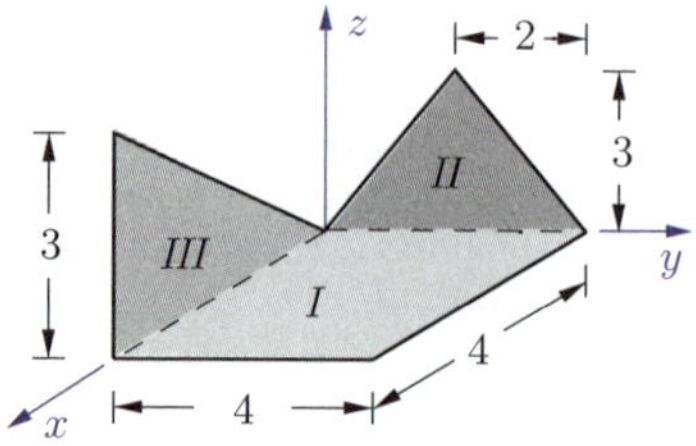

Lösung Der Körper besteht aus Teilen, deren einzelne Schwerpunktslagen bekannt sind. Die Lage des Gesamtschwerpunktes (Massenmittelpunkt) errechnet sich damit formal aus

$$x_S = \frac{\sum \rho_i x_i V_i}{\sum \rho_i V_i}\,, \quad y_S = \frac{\sum \rho_i y_i V_i}{\sum \rho_i V_i}\,, \quad z_S = \frac{\sum \rho_i z_i V_i}{\sum \rho_i V_i}\,.$$

Da das Blech konstante Dichte und Dicke hat, heben sich diese sich aus der Rechnung heraus, und wir können unmittelbar mit den Flächen arbeiten:

$$x_S = \frac{\sum x_i A_i}{\sum A_i}\,, \quad y_S = \frac{\sum y_i A_i}{\sum A_i}\,, \quad z_S = \frac{\sum z_i V_i}{\sum A_i}\,.$$

Die Gesamtfläche beträgt

$$A = \sum A_i = 4 \cdot 4 + \frac{1}{2} \cdot 4 \cdot 3 + \frac{1}{2} \cdot 4 \cdot 3 = 28 \text{ cm}^2\,.$$

Bei den statischen Momenten der Teilflächen fällt jeweils die Teilfläche heraus, deren Schwerpunkt den Abstand Null hat: $x_{II} = 0$, $y_{III} = 0$, $z_I = 0$. Damit ergibt sich

$$\underline{\underline{x_S}} = \frac{x_I A_I + x_{III} A_{III}}{A} = \frac{2 \cdot 16 + (\frac{2}{3} \cdot 4)\,6}{28} = \underline{\underline{1,71 \text{ cm}}}\,,$$

$$\underline{\underline{y_S}} = \frac{y_I A_I + y_{II} A_{II}}{A} = \frac{2 \cdot 16 + 2 \cdot 6}{28} = \underline{\underline{1,57 \text{ cm}}}\,,$$

$$\underline{\underline{z_S}} = \frac{z_{II} A_{II} + z_{III} A_{III}}{A} = \frac{(\frac{1}{3} \cdot 3)\,6 + (\frac{1}{3} \cdot 3)\,6}{28} = \underline{\underline{0,43 \text{ cm}}}\,.$$

Aufgabe 2.10 Ein halbkreisförmiger Transportkübel wurde aus Stahlblech (Wanddicke t, Dichte ϱ_S) gefertigt. **A2.10**

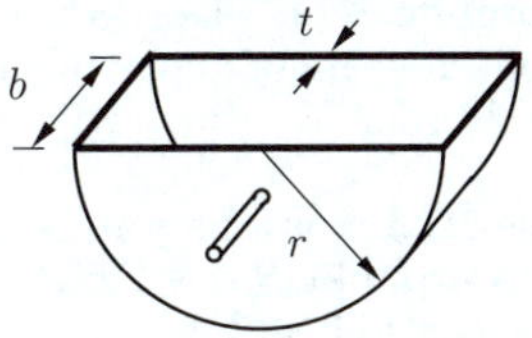

a) In welchem Abstand vom oberen Rand müssen die Lagerzapfen angebracht werden, damit sich der leere Kübel leicht kippen lässt?

b) Was ergibt die gleiche Forderung für den mit Material der Dichte ϱ_M vollgefüllten Kübel?

Man vergleiche die Ergebnisse speziell für $b = r$, $t = r/100$, $\varrho_M = \varrho_S/3$.

Lösung Der Kübel lässt sich am leichtesten kippen, wenn die Lagerzapfen auf einer Achse durch den Massenmittelpunkt liegen.

a) Beim leeren Kübel (= homogener Köper) fallen Massenmittelpunkt und Volumenmittelpunkt zusammen. Außerdem fällt die konstante Wanddicke aus der Berechnung heraus. Mit den Schwerpunktsabständen

für die Halbkreisfläche $\quad z_1 = \dfrac{4\,r}{3\,\pi}$

und für den Halbkreisbogen $\quad z_2 = \dfrac{2r}{\pi}$

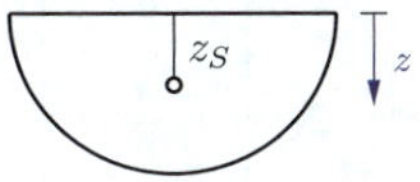

erhält man daher

$$\underline{\underline{z_{S_L}}} = \frac{z_1 A_1 + z_2 A_2}{A_1 + A_2} = \frac{\dfrac{4r}{3\pi}\, 2\, \dfrac{\pi r^2}{2} + \dfrac{2r}{\pi} \pi r b}{2\, \dfrac{\pi r^2}{2} + \pi r b} = \underline{\underline{\frac{4\,r + 6\,b}{3\,\pi (r+b)}}}\, r\,.$$

b) Beim gefüllten Kübel folgt mit der Kübelmasse $m_S = \pi\left(r^2 + rb\right) t \varrho_S$ und der Masse des Füllmaterials $m_M = \frac{1}{2}\pi r^2 b\, \varrho_M$ der gesuchte Abstand zum Massenmittelpunkt aus

$$\underline{\underline{z_{S_V}}} = \frac{z_{S_L} m_S + \dfrac{4r}{3\pi} m_M}{m_S + m_M} = \underline{\underline{\frac{4\,(2r+3b)\, t\, \varrho_S + 4\, r b\, \varrho_M}{3\pi\left[2\,(r+b)\, t\, \varrho_S + r\, b\, \varrho_M\right]}}}\, r\,.$$

Mit den gegebenen Abmessungsverhältnissen findet man

$$z_{S_L} = \frac{10}{3\pi \cdot 2}\, r = 0,53\, r\,, \qquad z_{S_V} = \frac{4 \cdot 5\, \dfrac{1}{100} + 4 \cdot \dfrac{1}{3}}{3\pi \left(4 \cdot \dfrac{1}{100} + \dfrac{1}{3}\right)}\, r = 0,44\, r\,.$$

Anmerkung: Da die Materialmasse wesentlich größer ist als die Kübelmasse, liegt der gemeinsame Massenmittelpunkt nur unwesentlich unter dem des Füllgutes: $z_{S_F} = 4r/(3\pi) = 0,424\, r$.

A2.11 **Aufgabe 2.11** Der skizzierte Rührer besteht aus einem abgewinkelten homogenen Draht, der um die vertikale Achse rotiert.

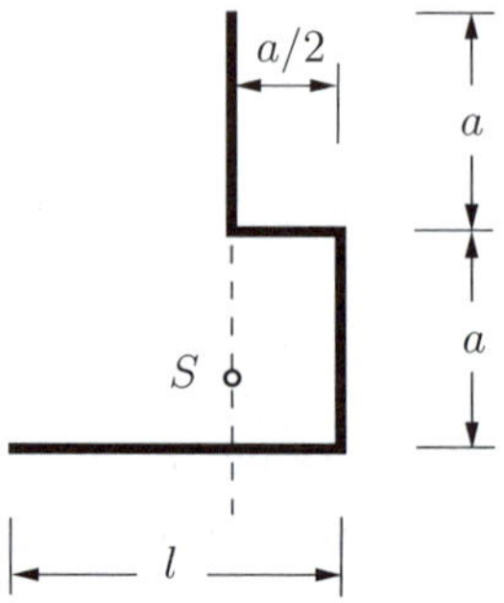

Wie groß muss die Länge l sein, damit der Schwerpunkt S des Rührers auf der Rotationsachse liegt?

Lösung Mit dem dargestellten Koordinatensystem und der Unterteilung des Rührers in vier Teilabschnitte gilt fr die Schwerpunktslage allgemein

$$x_S = \frac{\sum x_i\, l_i}{\sum l_i} \, .$$

Die Auswertung der Summen erfolgt zweckmäßig in einer Tabelle:

i	l_i	x_i	$x_i\, l_i$
1	a	0	0
2	$\frac{a}{2}$	$\frac{a}{4}$	$\frac{a^2}{8}$
3	a	$\frac{a}{2}$	$\frac{a^2}{2}$
4	l	$\frac{a}{2} - \frac{l}{2}$	$\frac{al}{2} - \frac{l^2}{2}$
$\sum$	$\frac{5a}{2} + l$	–	$\frac{5a^2}{8} + \frac{al}{2} - \frac{l^2}{2}$

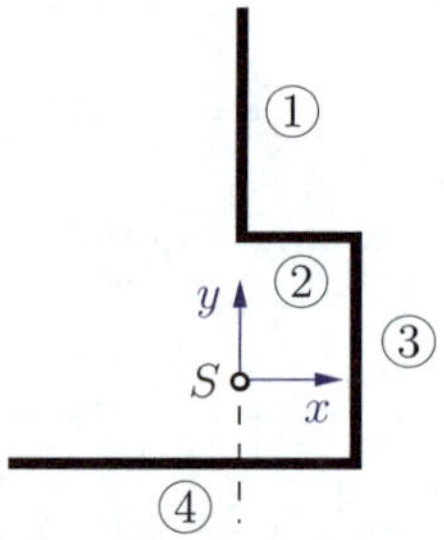

Der Schwerpunkt des Systems liegt auf der Rotationsachse, wenn die Koordinate $x_S = 0$ ist. Somit berechnet sich die Schenkellänge l des Rührers aus der Bedingung

$$\sum x_i\, l_i = \frac{5a^2}{8} + \frac{al}{2} - \frac{l^2}{2} = 0 \quad \leadsto \quad l^2 - al - \frac{5a^2}{4} = 0 \, .$$

Die quadratische Gleichung hat die beiden Lösungen

$$l_{1,2} = \frac{a}{2} \pm \sqrt{\frac{a^2}{4} + \frac{5a^2}{4}} = \frac{a}{2} \pm \frac{\sqrt{6}}{2} a \, ,$$

von denen nur die positive Länge (Pluszeichen) physikalisch sinnvoll ist:

$$\underline{\underline{l = \frac{a}{2}\,(1 + \sqrt{6}) \, .}}$$

Aufgabe 2.12 Für die Oberfläche einer Halbkugel vom Radius r ermittle man die Koordianten des Flächenschwerpunktes. **A2.12**

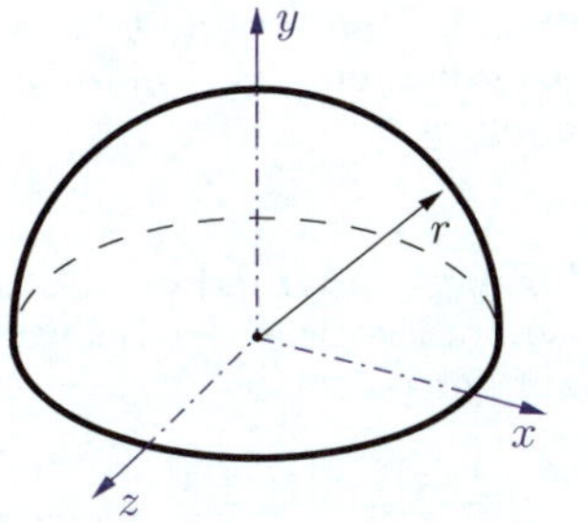

Lösung Wir wählen das dargestelllte Koordinatensystem mit y als Symmetrieachse. Aufgrund der Rotationssymmetrie liegt der Schwerpunkt auf der y-Achse:

$$\underline{\underline{x_S = 0}}\,, \qquad \underline{\underline{z_S = 0}}\,.$$

Für die Schwerpunktskoordinate y_S gilt allgemein

$$y_S = \frac{\int y \,\mathrm{d}A}{\int \mathrm{d}A}\,.$$

Als infinitesimales Flächenelement wählen wir den Kreisring mit der Breite $r\,\mathrm{d}\alpha$ und dem Umfang $2\pi\,R$:

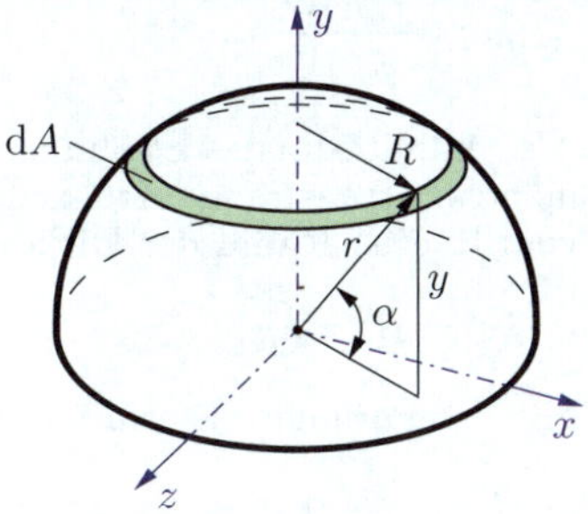

$$\mathrm{d}A = 2\pi\,R\,r\,\mathrm{d}\alpha\,.$$

Mit $R = r\,\cos\alpha$ und $y = r\,\sin\alpha$ folgt zunächst

$$\mathrm{d}A = 2\pi\,r^2\cos\alpha\,\mathrm{d}\alpha$$

und damit für die Oberfläche der Halbkugel

$$A = \int \mathrm{d}A = 2\pi\,r^2 \int_{\alpha=0}^{\pi/2} \cos\alpha\,\mathrm{d}\alpha = 2\pi\,r^2\,\sin\alpha\,\Big|_0^{\pi/2} = 2\pi\,r^2$$

und für das Flächenmoment 1. Ordnung

$$\int y\,\mathrm{d}A = 2\pi\,r^3 \int_{\alpha=0}^{\pi/2} \sin\alpha\,\underbrace{\cos\alpha\,\mathrm{d}\alpha}_{\mathrm{d}\sin\alpha} = 2\pi\,r^3\,\frac{1}{2}\sin^2\alpha\,\Big|_0^{\pi/2} = \pi\,r^3\,.$$

Für die Schwerpunktskoordinate ergibt sich damit

$$\underline{\underline{y_S}} = \frac{1}{A}\int y\,\mathrm{d}A = \underline{\underline{\frac{r}{2}}}\,.$$

A2.13 **Aufgabe 2.13** Für eine Halbkugel vom Radius r ermittle man die Koordianten des Volumenschwerpunktes.

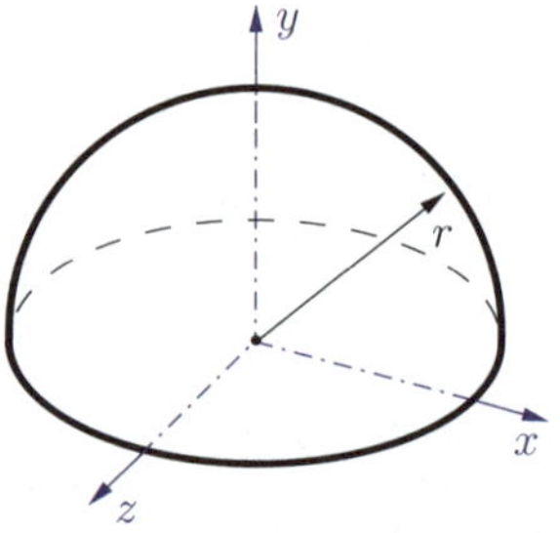

Lösung Aufgrund der Rotationssymmetrie liegt der Schwerpunkt auf der y-Achse:

$$\underline{\underline{x_S = 0}}\,, \quad \underline{\underline{z_S = 0}}\,.$$

Die verbleibende Schwerpunktskoordinate ergibt sich aus

$$y_S = \frac{\int y \,\mathrm{d}V}{\int \mathrm{d}V}\,.$$

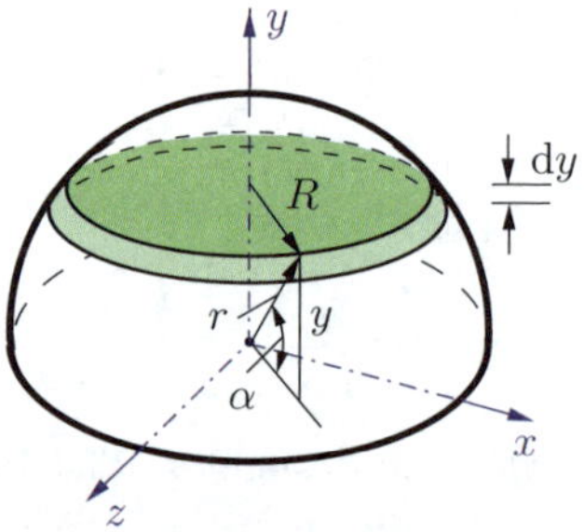

Als infinitesimales Volumenelement wählen wir eine Kreisscheibe vom Radius R und der Dicke $\mathrm{d}y$:

$$\mathrm{d}V = R^2\,\pi\,\mathrm{d}y\,.$$

Mit der Parameterisierung des Radius R und der y-Koordinate

$$R = r\,\cos\alpha\,, \quad y = r\,\sin\alpha \quad \rightsquigarrow \quad \mathrm{d}y = r\,\cos\alpha\,\mathrm{d}\alpha$$

ergibt sich das Volumen der Halbkugel zu

$$\begin{aligned} V &= \int \mathrm{d}V = \int_{\alpha=0}^{\pi/2} \pi\,r^3\,\cos^3\alpha\,\mathrm{d}\alpha = \int_{\alpha=0}^{\pi/2} \pi\,r^3\,(1-\sin^2\alpha)\underbrace{\cos\alpha\,\mathrm{d}\alpha}_{\mathrm{d}\sin\alpha} \\ &= \pi\,r^3\left(\sin\alpha - \frac{\sin^3\alpha}{3}\right)\Bigg|_0^{\pi/2} = \frac{2}{3}\,\pi\,r^3\,. \end{aligned}$$

Mit dem Volumenmoment 1. Ordnung

$$\int y\,\mathrm{d}V = \pi\,r^4 \int_{\alpha=0}^{\pi/2} \cos^3\alpha\,\underbrace{\sin\alpha\,\mathrm{d}\alpha}_{-\mathrm{d}\cos\alpha} = -\frac{\pi\,r^4}{4}\cos^4\alpha\,\Bigg|_0^{\pi/2} = \frac{\pi\,r^4}{4}$$

folgt die Koordinate des Schwerpunktes zu

$$\underline{\underline{y_S}} = \frac{1}{V}\int y\,\mathrm{d}V = \frac{\pi r^4}{4}\,\frac{3}{2\pi\,r^3} = \underline{\underline{\frac{3}{8}\,r}}\,.$$

Kapitel 3

Lagerreaktionen

3

Ebene Tragwerke

In der Ebene gibt es 3 Gleichgewichtsbedingungen. Dementsprechend treten bei einem statisch bestimmt gelagerten Körper in der Ebene nur 3 unbekannte Lagerreaktionen auf. Man unterscheidet folgende Lager:

Name	Symbol	Lagerreaktionen
verschiebliches Auflager		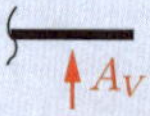
festes Auflager	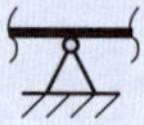	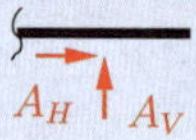
Einspannung	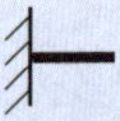	

Beachte: Am *freien Rand* treten *keine Kraft* und *kein Moment* auf.

Zwischen 2 Körpern können folgende Verbindungselemente auftreten:

Name	Symbol	übertragbare Schnittgrößen
Momentengelenk		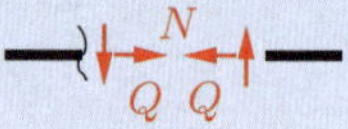
Querkraftgelenk		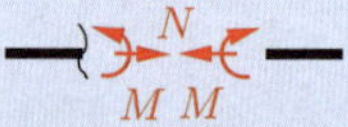
Normalkraftgelenk	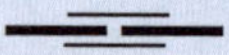	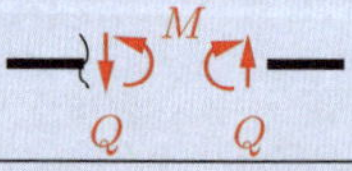
Pendelstütze		

Sind f = Anzahl der Freiheitsgrade, r = Anzahl der Lagerreaktionen, v = Anzahl der übertragenen Schnittgrößen (Verbindungsreaktionen) und n = Anzahl der Körper, so gilt

$$f = 3n - (r + v)\,.$$

Merke:

$$f \begin{cases} > 0: & f\text{-fach verschieblich,} \\ = 0: & \text{statisch bestimmt (notwendige Bedingung),} \\ < 0: & f\text{-fach statisch unbestimmt.} \end{cases}$$

D. Gross et al., *Formeln und Aufgaben zur Technischen Mechanik 1*,
https://doi.org/10.1007/978-3-662-61864-6_3

Räumliche Tragwerke

Im Raum gibt es 6 Gleichgewichtsbedingungen. Dementsprechend treten bei einem statisch bestimmt gelagerten Körper im Raum nur 6 unbekannte Lagerreaktionen auf. Man unterscheidet folgende Lager:

Name	Symbol	Lagerreaktionen 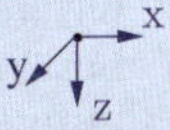
verschiebliches Auflager		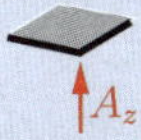
festes Auflager		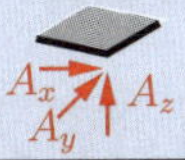
Einspannung	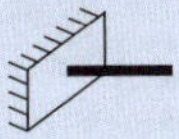	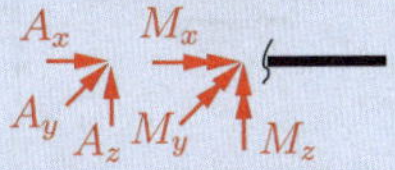

Zwischen 2 Körpern können folgende Verbindungselemente auftreten:

Name	Symbol	übertragbare Schnittgrößen 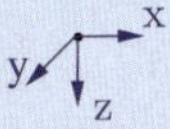
Momentengelenk		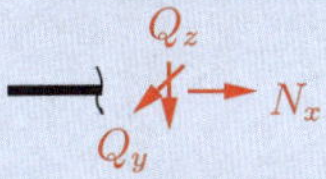
Biegemomentengelenk	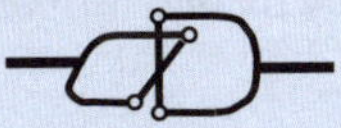	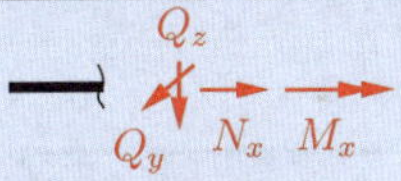
Scharnier		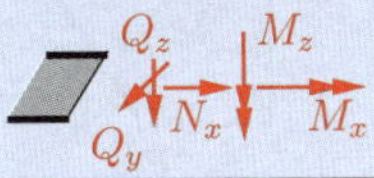

Sind f = Anzahl der Freiheitsgrade, r = Anzahl der Lagerreaktionen, v = Anzahl der übertragenen Schnittgrößen (Verbindungsreaktionen) und n = Anzahl der Körper, so gilt

$$f = 6n - (r + v).$$

Merke:

$$f \begin{cases} > 0: & f\text{-fach verschieblich,} \\ = 0: & \text{statisch bestimmt (notwendige Bedingung),} \\ < 0: & f\text{-fach statisch unbestimmt.} \end{cases}$$

A3.1 **Aufgabe 3.1** Für die nachfolgenden Tragwerke soll deren statische Bestimmtheit und Brauchbarkeit (kinematische Bestimmtheit) ermittelt werden. Dabei ist zu beachten, dass die Brauchbarkeit unabhängig von der statischen Bestimmtheit ist. Für die Tragwerke, bei denen das Abzählkriterium eine Verschieblichkeit ($f > 0$) ergibt, ist eine Brauchbarkeit des Systems von vornherein auszuschließen, bei den statisch bestimmten und unbestimmten Tragwerken muss diese jedoch separat untersucht werden.

a)

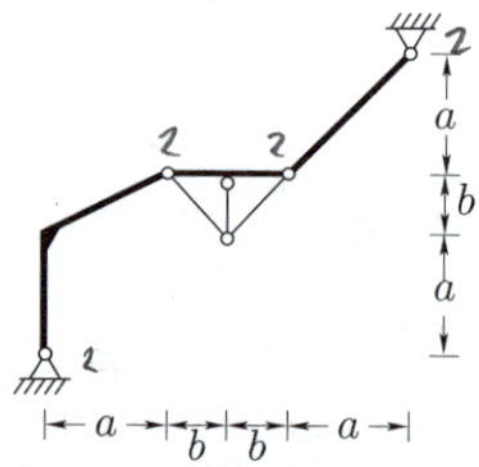

Lösung Mit $n = 3$ (Balken, Rahmen), $r = 4$ Lagerreaktionen und $v = 2 \cdot 2 + 3 = 7$ (2 Gelenke, 3 Stäbe) wird

$$f = 3 \cdot 3 - (4 + 7) = -2\,.$$

Das System ist danach statisch unbestimmt. Dass es auch kinematisch unbestimmt ist erkennt man, wenn man den Balken zwischen den beiden Gelenken zusammen mit dem Unterzug aus den 3 Stäben als einen einzigen (in sich unbeweglichen) Körper ansieht. Dann erhält man mit $n = 3$, $r = 4$ und $v = 2 \cdot 2$ das Ergebnis $f = 1$. Das Tragwerk besitzt somit einen kinematischen Freiheitsgrad und ist damit beweglich, d.h. nicht brauchbar.

b)

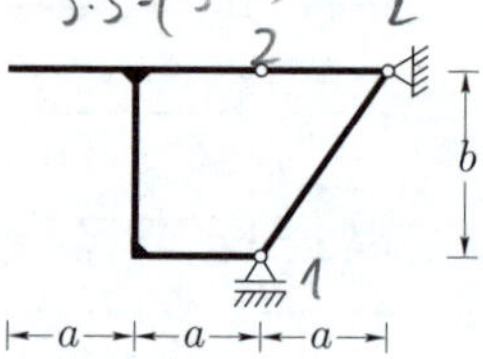

Lösung Mit $n = 3$ (Balken, Rahmen), $r = 3$ Lagerreaktionen und $v = 6$ (3 Gelenke) folgt

$$f = 3 \cdot 3 - (3 + 6) = 0\,.$$

Dieses Tragwerk ist statisch bestimmt und brauchbar. Auf den unverschieblichen schrägen Balken auf zwei Stützen ist ein Dreigelenkrahmen aufgesetzt, der sich ebenfalls nicht bewegen lässt.

c)

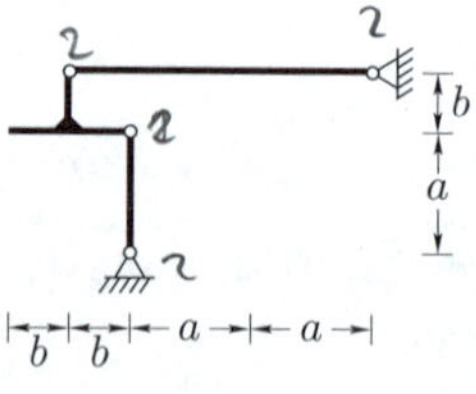

Lösung Das System besteht aus $n = 3$ Balken/Rahmen, besitzt $r = 4$ Lagerreaktionen und $v = 4$ Verbindungsreaktionen (2 Gelenke). Damit wird

$$f = 3 \cdot 3 - (4 + 4) = 1\,.$$

Das Tragwerk ist danach einfach verschieblich und dementsprechend unbrauchbar.

d)

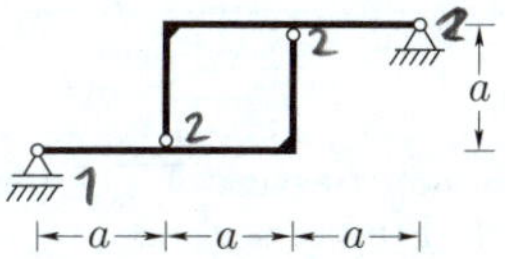

Lösung Mit $n = 2$ Rahmenteilen, $r = 3$ Lagerreaktionen und $v = 4$ Verbindungsreaktionen (2 Gelenke) gilt

$$f = 3 \cdot 2 - (3 + 4) = -1 .$$

Die beiden Winkel des einfach statisch unbestimmten Tragwerks sind unbeweglich miteinander verbunden, so dass das Tragwerk als ein einziger starrer Körper angesehen werden kann. Dieser Körper ist durch die beiden Lager statisch bestimmt gelagert. Da die statische Unbestimmtheit durch die Verbindung der beiden Winkel entsteht und eine äußerlich statisch bestimmte Lagerung vorliegt, werden solche Tragwerke auch als innerlich statisch unbestimmt bezeichnet.

e)

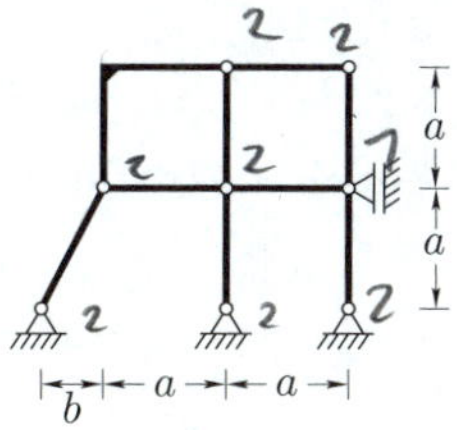

Lösung Mit $n = 9$, $r = 7$ und $v = 20$ (beachte: jeder zusätzlich am Gelenk angeschlossene Balken liefert 2 zusätzliche Verbindungsreaktionen) gilt

$$f = 3 \cdot 9 - (7 + 20) = 0 .$$

Dieses Tragwerk ist statisch bestimmt und brauchbar. Der vertikale rechte untere Balken ist durch seine Lagerung (unten zweiwertig, oben einwertig) fest gehalten. An diesen Balken schließen sich nach links zwei unbewegliche Dreigelenkrahmen an. An diesem brauchbaren Tragsystem werden oben (von links kommend) zwei weitere Dreigelenkrahmen angebracht.

f)

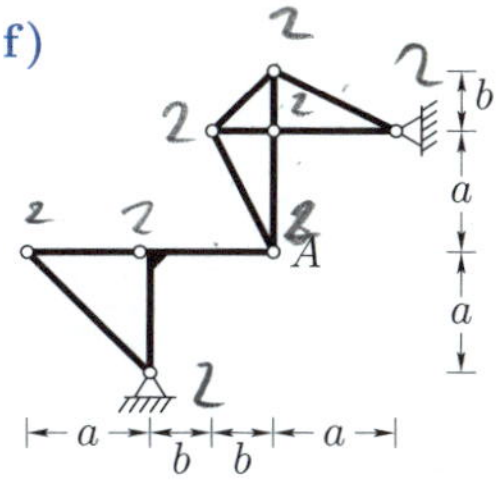

Lösung Es gilt

$$f = 3 \cdot 10 - (4 + 26) = 0 .$$

Dieses Tragwerk ist zwar statisch bestimmt allerdings nicht brauchbar. Hier liegt eine infinitessimale Verschieblichkeit vor. Aufgrund der geometrischen Anordnung liegen die Auflager und das Gelenk A, das die beiden statisch bestimmten Teiltragwerke verbindet, auf einer Geraden. Dadurch entsteht eine sehr „weiche“ und unbrauchbare Konstruktion.

A3.2 **Aufgabe 3.2** Für den dargestellten Balken ermittle man die Lagerreaktionen.

Gegeben: $F_1 = 4\,\text{kN}$, $F_2 = 2\,\text{kN}$, $F_3 = 3\,\text{kN}$, $M_0 = 4\,\text{kNm}$, $q_0 = 5\,\text{kN/m}$, $a = 1\,\text{m}$, $\alpha = 45°$.

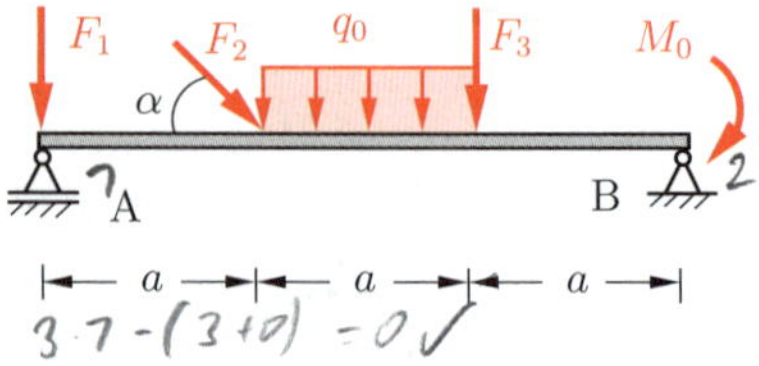

Lösung Der Balken ist statisch und kinematisch bestimmt gelagert. Freimachen von den Lagern liefert das folgende Freikörperbild:

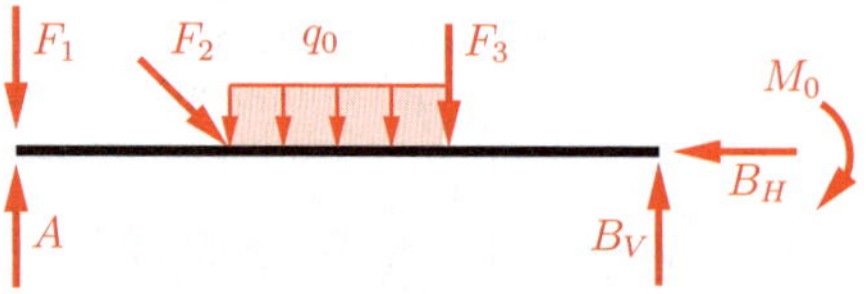

Damit können drei Gleichgewichtsbedingungen am Balken aufgestellt werden:

$$\overset{\curvearrowleft}{A}:\quad 3a\,B_V - M_0 - 2a\,F_3 - \frac{3}{2}a\,(q_0 a) - a\,F_2 \sin\alpha = 0\,,$$

$$\overset{\curvearrowleft}{B}:\quad -3a\,A + 3a\,F_1 + 2a\,F_2 \sin\alpha + \tfrac{3}{2}a\,(q_0 a) + a\,F_3 - M_0 = 0\,,$$

$$\rightarrow:\quad F_2 \cos\alpha - B_H = 0\,.$$

Hieraus folgt mit den gegebenen Zahlenwerten

$$\underline{\underline{B_V}} = \frac{4 + 6 + \frac{3}{2}\cdot 5 + 2\cdot\frac{1}{2}\sqrt{2}}{3} = \underline{\underline{6,30\ \text{kN}}}\,,$$

$$\underline{\underline{A}} = \frac{12 + 2\cdot 2\cdot\frac{1}{2}\sqrt{2} + \frac{3}{2}\cdot 5 + 3 - 4}{3} = \underline{\underline{7,11\ \text{kN}}}\,,$$

$$\underline{\underline{B_H}} = 2\cdot\frac{1}{2}\sqrt{2} = \underline{\underline{1,41\ \text{kN}}}\,.$$

Zur Probe verwenden wir die Kräftegleichgewichtsbedingung in vertikaler Richtung:

$$\uparrow:\quad A + B_V - F_1 - F_2 \sin\alpha - q_0\,a - F_3 = 0\,,$$

$$\rightsquigarrow\quad 6,30 + 7,11 - 4 - 2\cdot 0,71 - 5 - 3 = 0\,.$$

Anmerkung: Da die Lagerkräfte nur auf 2 Stellen hinter dem Komma angegeben werden, liegt der Fehler bei der Probe in der 2. Stelle.

Aufgabe 3.3 Es sind die Lagerreaktionen für die in a) und b) dargestellten Systeme zu bestimmen. **A3.3**

a)

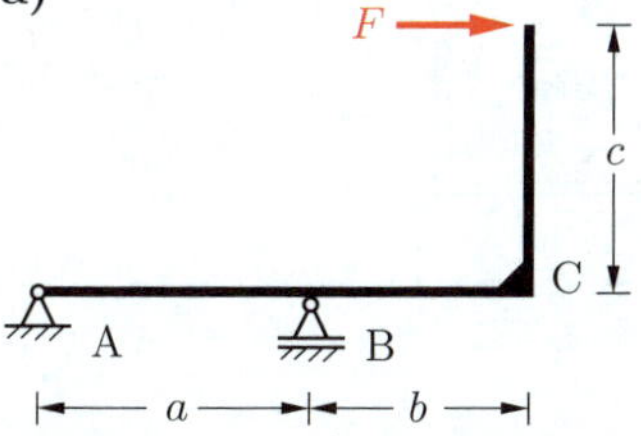

b)

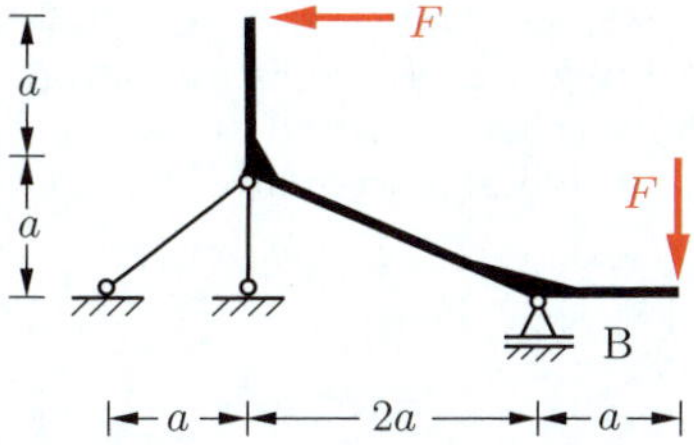

Lösung Wir skizzieren das jeweilige Freikörperbild und bestimmen aus den Gleichgewichtsbedingungen die Lagerreaktionen. Zur Probe setzen wir die Ergebnisse in eine vierte Gleichgewichtsbedingung ein, die dann identisch erfllt sein muss.

a)

$$\overset{\curvearrowleft}{A}: \quad a\,B - c\,F = 0 \quad \rightsquigarrow \quad \underline{\underline{B = \frac{c}{a}\,F}}\,,$$

$$\overset{\curvearrowleft}{B}: \quad -a\,A_V - c\,F = 0 \quad \rightsquigarrow \quad \underline{\underline{A_V = -\frac{c}{a}\,F}}\,,$$

$$\rightarrow: \quad A_H + F = 0 \quad \rightsquigarrow \quad \underline{\underline{A_H = -F}}\,.$$

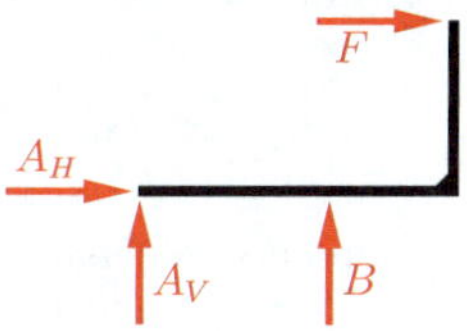

Probe:

$$\overset{\curvearrowleft}{C}: \quad -(a+b)\,A_V - b\,B - c\,F = 0$$

$$\rightsquigarrow \quad (c + \frac{b}{a}\,c)\,F - b\,\frac{c}{a}\,F - c\,F = 0\,.$$

b)

$$\overset{\curvearrowleft}{I}: \quad 2a\,B + a\,F - 3a\,F = 0 \quad \rightsquigarrow \quad \underline{\underline{B = F}}\,,$$

$$\rightarrow: \quad -F - S_1 \cos 45° = 0 \quad \rightsquigarrow \quad \underline{\underline{S_1 = -\sqrt{2}F}}\,,$$

$$\uparrow: \quad B - F - S_2 - S_1 \sin 45° = 0 \quad \rightsquigarrow \quad \underline{\underline{S_2 = F}}\,.$$

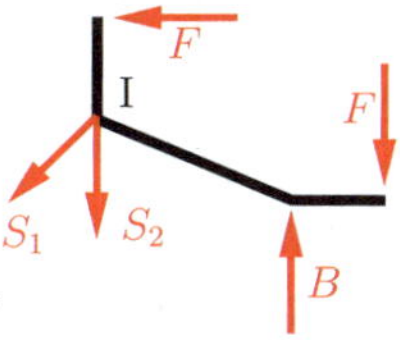

Probe:

$$\overset{\curvearrowleft}{B}: \quad 2a\,S_2 + a\,S_1 \cos 45° + 2a\,S_1 \sin 45° + 2a\,F - a\,F = 0$$

$$\rightsquigarrow \quad 2a\,F - a\,F - 2a\,F + 2a\,F - a\,F = 0\,.$$

A3.4

Aufgabe 3.4 Für die nebenstehende Konstruktion ermittle man die Lagerreaktionen. Dabei soll die Reibung am Rollenlager sowie zwischen Seil und Rolle vernachlässigt werden.

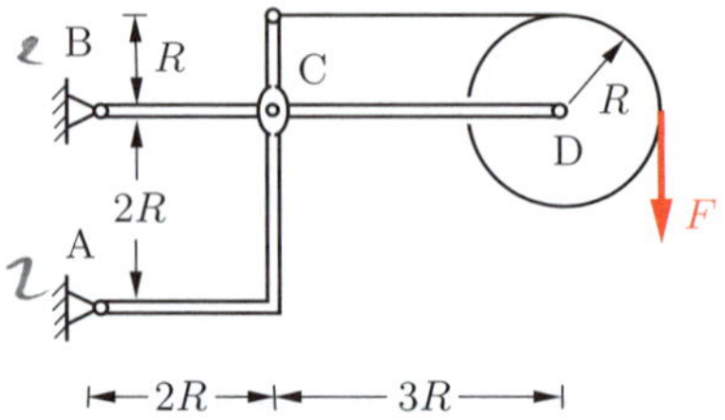

Lösung Wir überprüfen zunächst die notwendige Bedingung für statische Bestimmtheit. In der gegebenen Aufgabe sind

$r = 4$ (je 2 Lagerreaktionen bei A und B)
$n = 3$ (3 starre Körper)
$v = 5$ (Verbindungsgelenk 2, Rollenlager 2, Seil 1)

Damit führt die Abzählbedingung auf

$$f = \underbrace{3 \cdot 3}_{3n} - \underbrace{(4}_{r} + \underbrace{5)}_{v} = 0\,.$$

Dementsprechend ist das System der drei Körper statisch bestimmt.

Wir trennen das System und erhalten die folgenden Freikörperbilder:

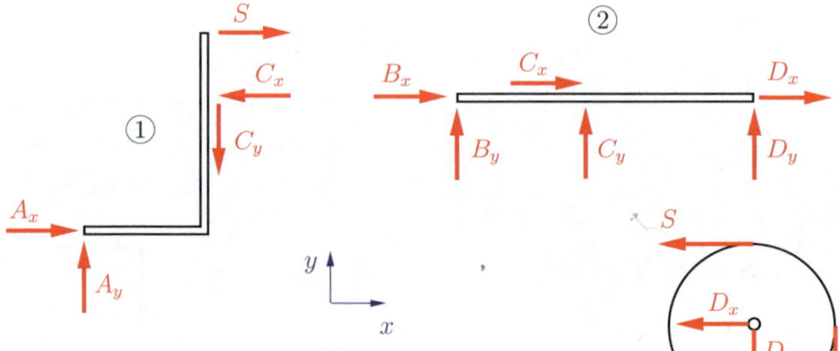

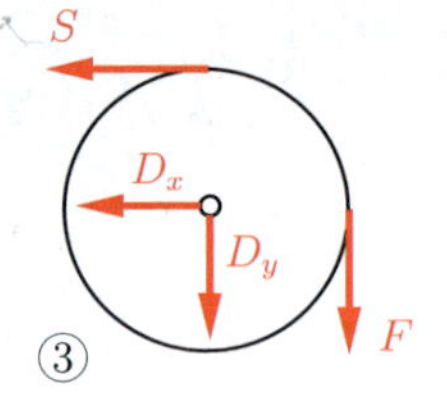

Dann liefern die Gleichgewichtsbedingungen für die Rolle ③

$$\overset{\curvearrowleft}{D}: \quad R\,S = R\,F \quad \rightsquigarrow \quad S = F\,,$$

$$\uparrow: \quad D_y = -F\,,$$

$$\rightarrow: \quad D_x = -F\,,$$

für den Hebel ①

$$\overset{\curvearrowleft}{A}: \quad 2R\,C_x - 2R\,C_y - 3R\,S = 0\,,$$

$$\uparrow: \quad A_y = C_y\,,$$

$$\rightarrow \quad A_x = C_x - S$$

und für den Hebel ② (unter Verwendung der Ergebnisse für die Rolle)

$$\overset{\curvearrowleft}{D}: \quad -5R\,B_y - 3R\,C_y = 0\,,$$

$$\uparrow: \quad B_y + C_y - F = 0\,,$$

$$\rightarrow: \quad B_x + C_x - F = 0\,.$$

Aus den letzten 6 Gleichungen folgt für die noch 6 Unbekannten (4 Lagerreaktionen, 2 Verbindungsreaktionen am Gelenk C)

$$\underline{\underline{B_y = -\frac{3}{2}\,F}}\,, \qquad C_y = \underline{\underline{A_y = \frac{5}{2}\,F}}\,,$$

$$C_x = 4\,F\,, \qquad \underline{\underline{B_x = -3\,F}}\,, \qquad \underline{\underline{A_x = 3\,F}}\,.$$

Die Lagerreaktionen in horizontaler Richtung lassen sich auch aus dem Gleichgewicht am Gesamtsystem ermitteln:

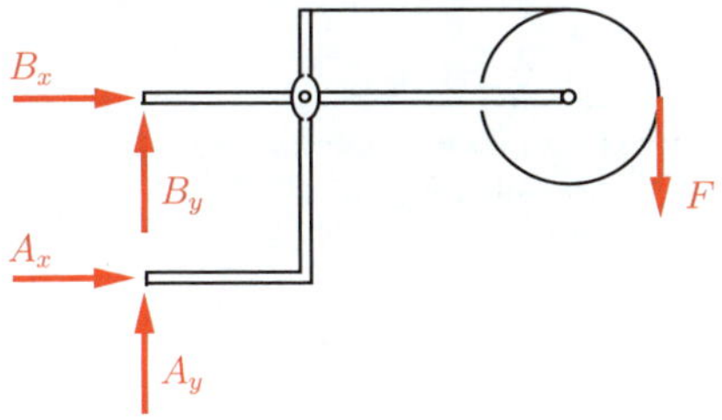

$$\overset{\curvearrowleft}{A}: \quad 6R\,F + 2R\,B_x = 0 \quad \rightsquigarrow \quad B_x = -3F\,,$$

$$\rightarrow: \quad A_x + B_x = 0 \quad \rightsquigarrow \quad A_x = 3F\,.$$

Zur Ermittlung der restlichen Lagerreaktionen A_y, B_y muss das System in jedem Fall geschnitten werden!

A3.5 **Aufgabe 3.5** Eine homogene Dreiecksscheibe (spezifisches Gewicht pro Dickeneinheit ρg) wird in der dargestellten Lage gehalten.

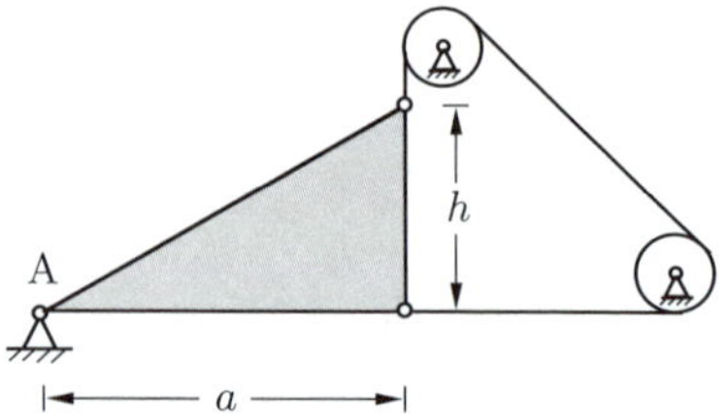

Es sind die Seilkraft und die Lagerreaktionen zu bestimmen. Dabei kann angenommen werden, dass zwischen den Rollen und dem Seil keine Reibung herrscht.

Lösung Wir schneiden die Scheibe frei und skizzieren das Freikörperbild. In ihm treten zunächst noch die 4 Unbekannten A_x, A_y, S_1, S_2 auf. Aus dem Gleichgewicht an den Rollen

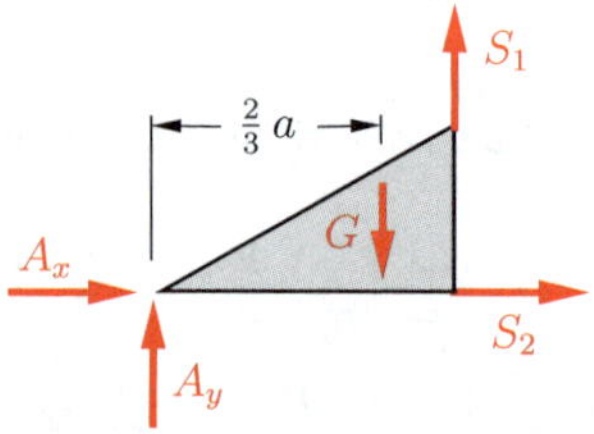

$$\left.\begin{aligned} S_3 &= S_1 \\ S_3 &= S_2 \end{aligned}\right\} \quad \rightsquigarrow \quad S_1 = S_2$$

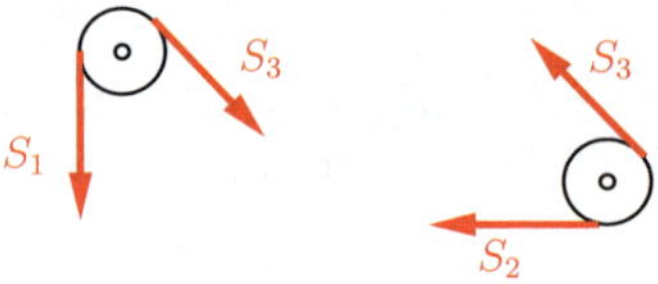

folgt aber wegen $S_1 = S_2 = S$, dass in Wirklichkeit nur 3 unbekannte Kräfte existieren. Das resultierende Gewicht

$$G = \frac{1}{2}\, ah\rho g$$

greift im Schwerpunkt an, der beim Dreieck bei $\frac{2}{3}\,a$ liegt. Damit folgt aus den Gleichgewichtsbedingungen

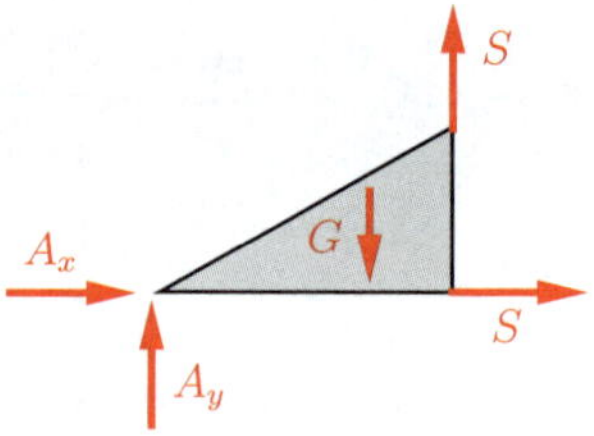

$$\overset{\curvearrowleft}{A}: \quad \frac{2}{3} a\, G - a\, S = 0\,,$$

$$\uparrow: \quad A_y - G + S = 0\,,$$

$$\rightarrow: \quad A_x + S = 0$$

für die gesuchten Kräfte

$$\underline{\underline{S}} = \frac{2}{3}\, G = \underline{\underline{\frac{1}{3}\, ah\rho g}}\,, \qquad \underline{\underline{A_y}} = \frac{1}{3}\, G = \underline{\underline{\frac{1}{6}\, ah\rho g}}\,, \qquad \underline{\underline{A_x = -\frac{1}{3}\, ah\rho g}}\,.$$

A3.6

Aufgabe 3.6 Für den nebenstehenden Rahmen ermittle man die Lagerreaktionen.

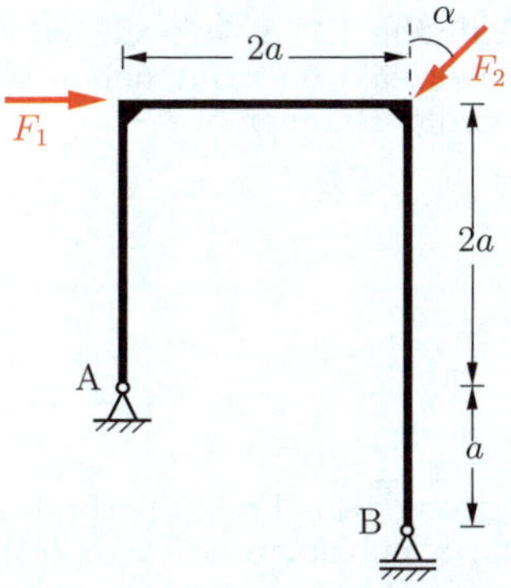

Gegeben: $F_1 = 2000$ N,
$F_2 = 3000\sqrt{2}$ N,
$\alpha = 45°$,
$a = 5$ m.

Lösung Das Freikörperbild zeigt, dass die Wirkungslinie von F_2 zufällig durch das Lager A geht. Daher bietet sich die Momentengleichung um A als erste Gleichgewichtsbedingung an:

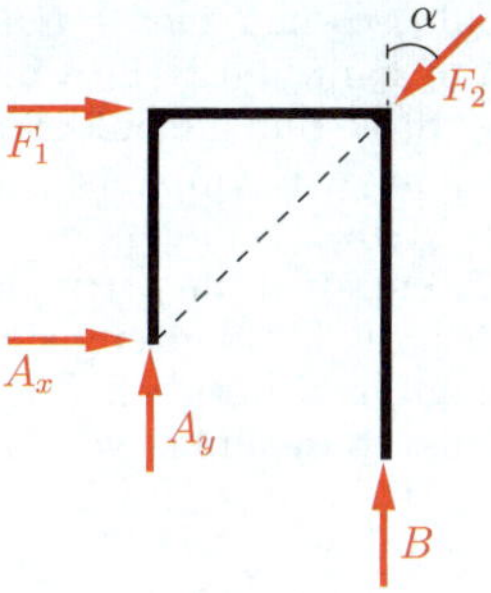

$$\overset{\curvearrowleft}{A}: \quad 2a\,B - 2a\,F_1 = 0 \quad \rightsquigarrow \quad B = F_1\,.$$

Aus dem Kräftegleichgewicht folgt dann:

$$\uparrow: \quad A_y + B - F_2 \cos\alpha = 0 \quad \rightsquigarrow \quad A_y = F_2 \cos\alpha - F_1\,,$$

$$\rightarrow: \quad A_x + F_1 - F_2 \sin\alpha = 0 \quad \rightsquigarrow \quad A_x = F_2 \sin\alpha - F_1\,.$$

Mit den gegebenen Zahlenwerten erhält man:

$$\underline{\underline{A_x}} = 3000\sqrt{2}\,\frac{1}{2}\,\sqrt{2} - 2000 = \underline{\underline{1000\text{ N}}}\,,$$

$$\underline{\underline{A_y}} = 3000\sqrt{2}\,\frac{1}{2}\,\sqrt{2} - 2000 = \underline{\underline{1000\text{ N}}}\,,$$

$$\underline{\underline{B}} \;= \underline{\underline{2000\text{ N}}}\,.$$

Probe:

$$\overset{\curvearrowleft}{B}: \quad 3a\,F_2 \sin\alpha - 3a\,F_1 - a\,A_x - 2a\,A_y = 0$$

$$\rightsquigarrow \quad 15 \cdot 3000\,\sqrt{2}\,\frac{1}{2}\,\sqrt{2} - 15 \cdot 2000 - 5 \cdot 1000 - 10 \cdot 1000 = 0\,.$$

A3.7 **Aufgabe 3.7** Wie groß sind die Lagerreaktionen für nebenstehenden Rahmen?

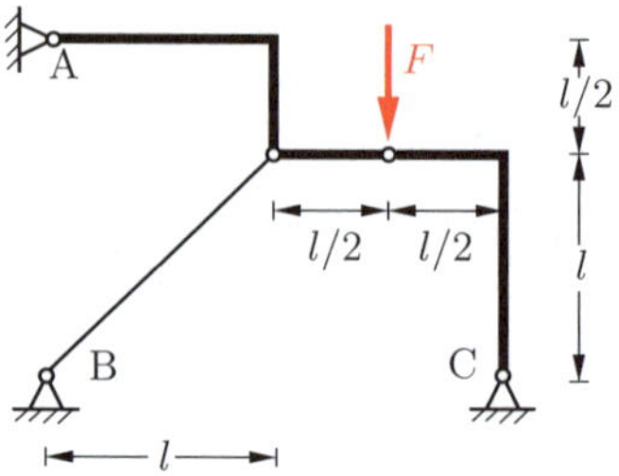

Lösung Das Freikörperbild zeigt die die 5 unbekannten Lagerkräfte (das Lager B ist wegen des gelenkigen Anschlusses in I eine Pendelstütze). Man kann die Kräfte berechnen, ohne dass die Gelenkkräfte eingehen, indem wir zunächst die Gleichgewichtsbedingungen für das Gesamtsystem aufstellen. Hinzu nehmen wir noch die Momentengleichgewichtsbedingungen bezglich I und II für das Teilsystem links von I und rechts von II:

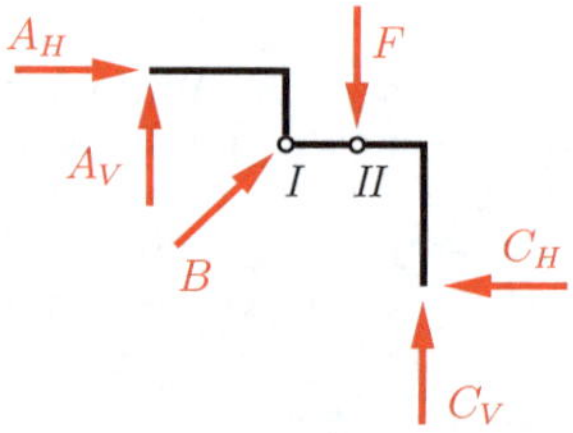

$$\stackrel{\curvearrowleft}{A}: \quad l\,B\frac{1}{2}\sqrt{2} + \frac{l}{2}\,B\frac{1}{2}\sqrt{2} - \frac{3}{2}l\,F - \frac{3}{2}l\,C_H + 2l\,C_V = 0\,,$$

$$\uparrow: \quad B\,\frac{1}{2}\sqrt{2} + C_V + A_V - F = 0\,,$$

$$\rightarrow: \quad A_H + B\,\frac{1}{2}\sqrt{2} - C_H = 0\,,$$

$$\stackrel{\curvearrowleft}{I}: \quad -l\,A_V - \frac{l}{2}\,A_H = 0\,,$$

$$\stackrel{\curvearrowleft}{II}: \quad \frac{l}{2}\,C_V - l\,C_H = 0\,.$$

Auflösen der 5 Gleichungen nach den 5 Unbekannten ergibt

$$\underline{\underline{A_H = \frac{F}{3}}}\,, \quad \underline{\underline{A_V = -\frac{F}{6}}}\,, \quad \underline{\underline{B = \frac{\sqrt{2}}{6}F}}\,, \quad \underline{\underline{C_H = \frac{F}{2}}}\,, \quad \underline{\underline{C_V = F}}\,.$$

Grafische Lösung: Die Resultierende R aus C und F muss waagrecht verlaufen, da das Rahmenteil I-II (da nur an den Gelenken belastet) ein Pendelstab ist.

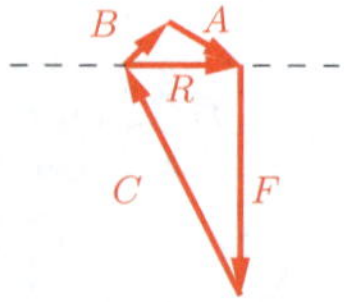

Aufgabe 3.8 Das skizzierte Hebelsystem kann zur Messung der Seilkraft F dienen, wenn die senkrechte Stütze $\overline{BC}$ mit einer geeigneten Messeinrichtung versehen wird. **A3.8**

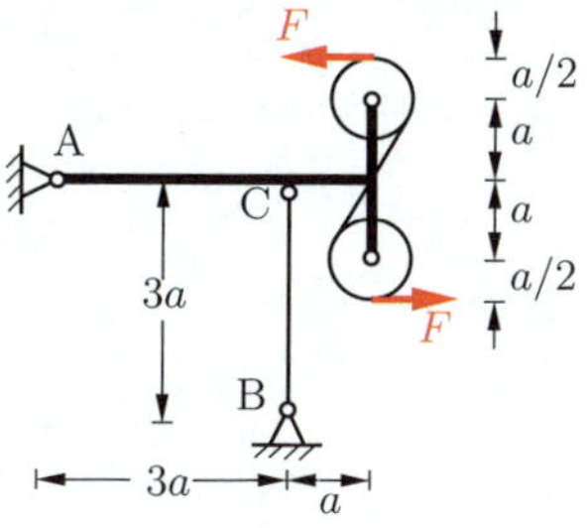

Unter Vernachlässigung möglicher Reibungskräfte zwischen den Rollen und dem Seil bestimme man

a) die Lagerreaktionen in A und B,

b) die Kräfte in den Rollenlagern.

Lösung **a)** Das Teil $\overline{BC}$ ist eine Pendelstütze. Die 3 Lagerreaktionen folgen aus den Gleichgewichtsbedingungen

$$\rightarrow: \quad A_H = 0\,,$$

$$\uparrow: \quad A_V + B = 0\,,$$

$$\stackrel{\curvearrowleft}{A}: \quad 3aB + 3aF = 0$$

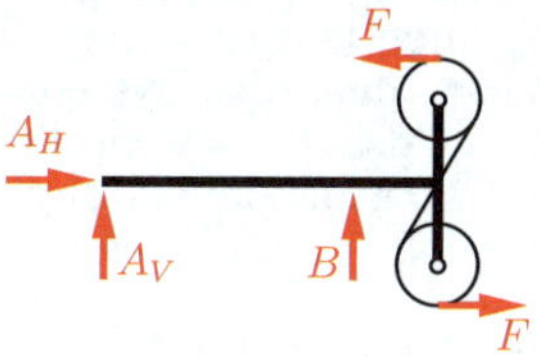

zu

$$\underline{\underline{B = -F}}\,, \quad \underline{\underline{A_V = F}}\,, \quad \underline{\underline{A_H = 0}}\,.$$

b) Wir schneiden eine der Rollen frei und führen die Lagerkräfte R_x und R_y ein. Aus der gegebenen Geometrie folgt für den Hilfswinkel α:

$$\sin\alpha = \frac{a/2}{a} = \frac{1}{2} \quad \rightsquigarrow \quad \alpha = 30^\circ\,.$$

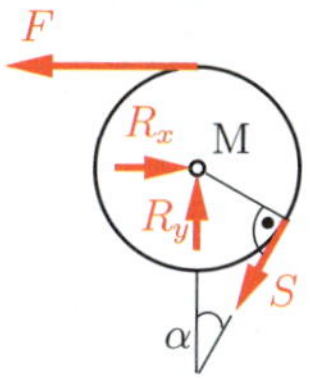

Damit liefern die Gleichgewichtsbedingungen:

$$\stackrel{\curvearrowleft}{M}: \quad \frac{a}{2}F - \frac{a}{2}S = 0 \quad \rightsquigarrow \quad \underline{\underline{S = F}}\,,$$

$$\uparrow: \quad R_y - S\cos\alpha = 0 \quad \rightsquigarrow \quad \underline{\underline{R_y = \frac{1}{2}\sqrt{3}\,F}}\,,$$

$$\rightarrow: \quad R_x - S\sin\alpha - F = 0 \quad \rightsquigarrow \quad \underline{\underline{R_x = \frac{3}{2}F}}\,.$$

A3.9

Aufgabe 3.9 Für das dargestellte Tragwerk ermittle man die Lagerreaktionen.

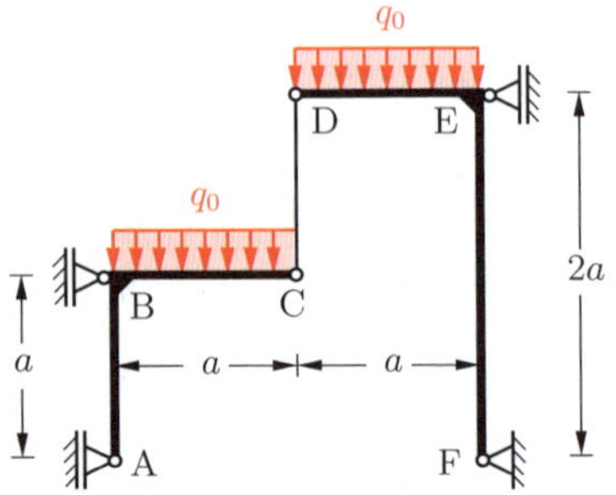

Lösung Die beiden Teilkörper $\overline{ABC}$ und $\overline{DEF}$ sind durch die Pendelstütze $\overline{CD}$ verbunden. Mit $n = 2$, $v = 1$ und $r = 3{\cdot}1+1{\cdot}2 = 5$ erhält man: $f = 3 \cdot 2 - (5 + 1) = 0$. Die notwendige Bedingung für statische Bestimmtheit ist danach erfüllt.

Wir trennen das System und skizzieren das Freikörperbild. Hieraus liest man für die Gleichgewichtsbedingungen ab:

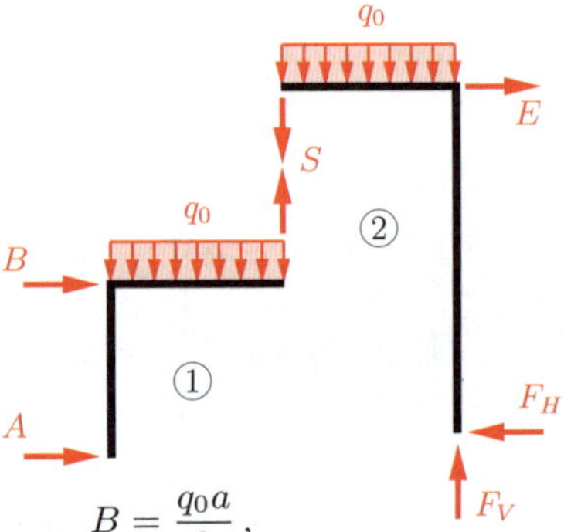

Gleichgewicht für Teilsystem ①:

$$\left.\begin{aligned} \rightarrow: &\quad A + B = 0 \\ \uparrow: &\quad S = q_0 a \\ \overset{\curvearrowleft}{A}: &\quad a\,S - \frac{q_0 a^2}{2} - a\,B = 0 \end{aligned}\right\} \rightsquigarrow \quad \underline{\underline{B = \frac{q_0 a}{2}}}\,, \quad \underline{\underline{A = -\frac{q_0 a}{2}}}\,.$$

Gleichgewicht für Teilsystem ②:

$$\left.\begin{aligned} \overset{\curvearrowleft}{F}: &\quad a\,S + \frac{q_0 a^2}{2} - 2aE = 0 \\ \uparrow: &\quad F_V - S - q_0 a = 0 \\ \rightarrow: &\quad E - F_H = 0 \end{aligned}\right\} \rightsquigarrow \quad \underline{\underline{F_V = 2q_0 a}}\,, \quad \underline{\underline{E = \frac{3}{4} q_0 a}}\,, \quad \underline{\underline{F_H = \frac{3}{4} q_0 a}}\,.$$

Probe: Momentengleichgewicht am Gesamtsystem

$$\overset{\curvearrowleft}{D}: \quad 2aA + aB + \frac{q_0 a^2}{2} - \frac{q_0 a^2}{2} - 2aF_H + aF_V = 0$$

$$\rightsquigarrow \quad -q_0 a^2 + \frac{q_0 a^2}{2} - \frac{3}{2} q_0 a^2 + 2q_0 a^2 = 0\,.$$

Aufgabe 3.10 Man ermittle die Lagerreaktionen des dargestellten Systems. **A3.10**

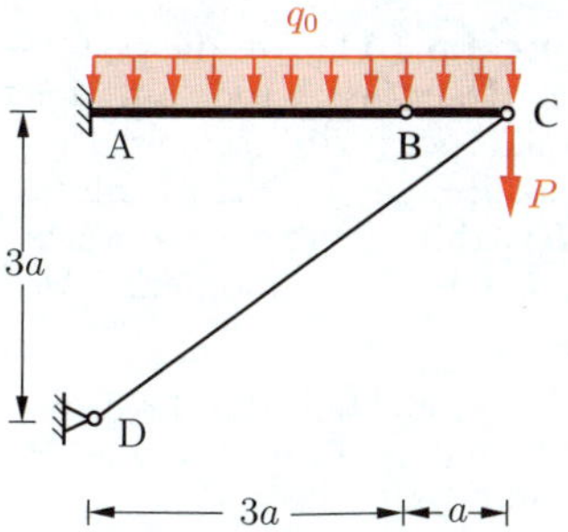

Lösung Das Freikörperbild zeigt die auf das System wirkenden Kräfte (der Körper $\overline{CD}$ wirkt wie eine Pendelstütze).
Damit lauten die Gleichgewichtsbedingungen für das Gesamtsystem bzw. für das Teilsystem ②

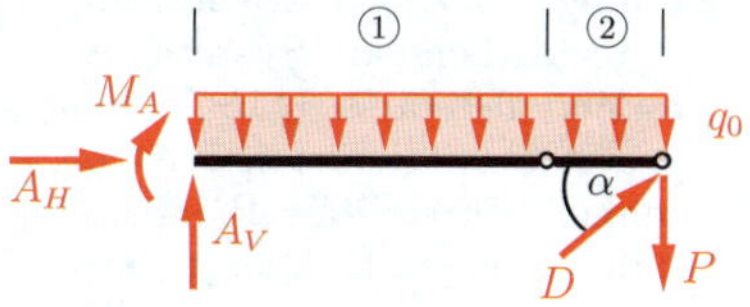

Gesamtsystem:

$$\downarrow: \quad -D\sin\alpha - A_V + P + q_0 4a = 0\,,$$

$$\rightarrow: \quad A_H + D\cos\alpha = 0\,,$$

$$\overset{\curvearrowleft}{A}: \quad -M_A + 4\,aD\sin\alpha - 2\,aq_0 4\,a - 4aP = 0\,,$$

Teilsystem ②:

$$\overset{\curvearrowleft}{B}: \quad a\,D\sin\alpha - Pa - \frac{1}{2}\,aq_0 a = 0\,.$$

Auflösung der 4 Gleichungen nach den 4 Unbekannten liefert mit $\sin\alpha = 3/5$ und $\cos\alpha = 4/5$ die gesuchten Lagerreaktionen:

$$\underline{\underline{D = \frac{5}{3}P + \frac{5}{6}q_0 a}}, \quad \underline{\underline{A_V = \frac{7}{2}q_0 a}}, \quad \underline{\underline{A_H = -\frac{4}{3}P - \frac{2}{3}q_0 a}}, \quad \underline{\underline{M_A = -6q_0 a^2}}.$$

A3.11 **Aufgabe 3.11** Am dargestellten Tragwerk wirkt auf den Teilkörper $\overline{BC}$ eine dreiecksförmige Streckenlast. Weiterhin greift im Bereich $\overline{AB}$ ein Einzelmoment M_0 an.

Wie groß sind die Lagerreaktionen in Punkt A und in Punkt C?

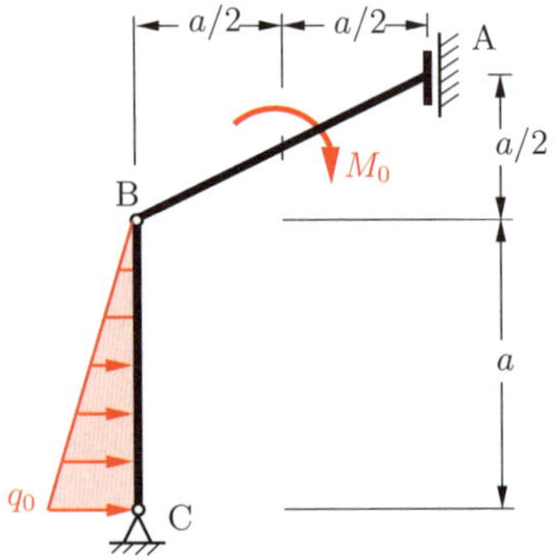

Lösung Das Freikörperbild zeigt sämtliche am System angreifenden Kräfte. Dabei wurde die dreiecksförmige Streckenlast durch ihre Resultierende R ersetzt. Damit lauten die Gleichgewichtsbedingungen für das Gesamtsystem und für das Teilsystem ②:

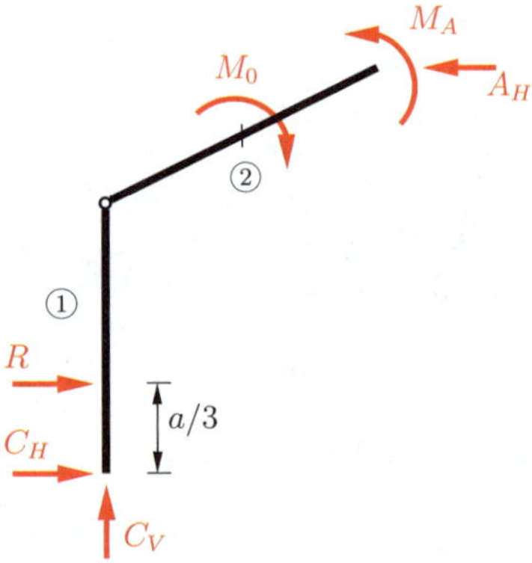

Gesamtsystem:

$$\uparrow: \quad C_V = 0\,,$$

$$\rightarrow: \quad -A_H + C_H + R = 0\,,$$

$$\overset{\curvearrowleft}{C}: \quad M_A - M_0 + \frac{3}{2}\,aA_H - \frac{1}{3}\,aR = 0\,,$$

Teilsystem ②:

$$\overset{\curvearrowleft}{B}: \quad -a\,C_H - \frac{2}{3}\,aR = 0\,.$$

Daraus folgt mit $R = \frac{1}{2}q_0 a$ für die Lagerreaktionen:

$$\underline{\underline{C_H = -\frac{1}{3}\,q_0 a}}\,, \quad \underline{\underline{C_V = 0}}\,, \quad \underline{\underline{A_H = \frac{1}{6}\,q_0 a}}\,, \quad \underline{\underline{M_A = M_0 - \frac{1}{12}\,q_0 a^2}}\,.$$

A3.12

Aufgabe 3.12 Am dargestellten Tragwerk greifen in den Punkten B, C und D die Einzelkräfte P_1, P_2 und P_3 an. Die Wirkungslinien der Kräfte sind jeweils parallel zu den Koordinatenachsen.

Wie groß sind die Lagerreaktionen an der Einspannstelle?

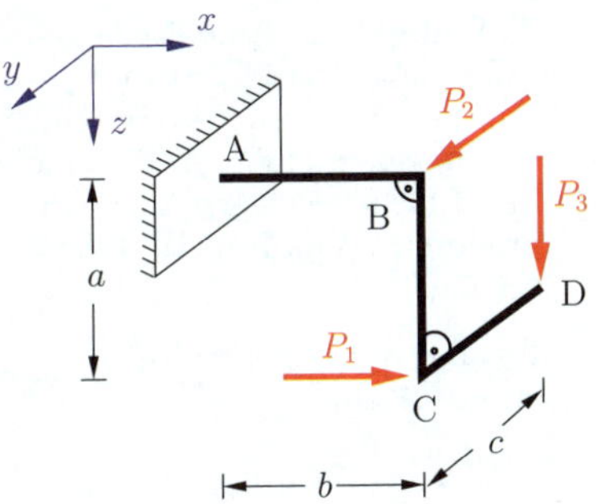

Lösung Aus dem Freikörperbild erkennt man, dass an der Einspannstelle A je drei Kraftkomponenten und drei Momentenkomponenten wirken. Damit ergibt sich aus dem Kräftegleichgewicht und aus dem Momentengleichgewicht:

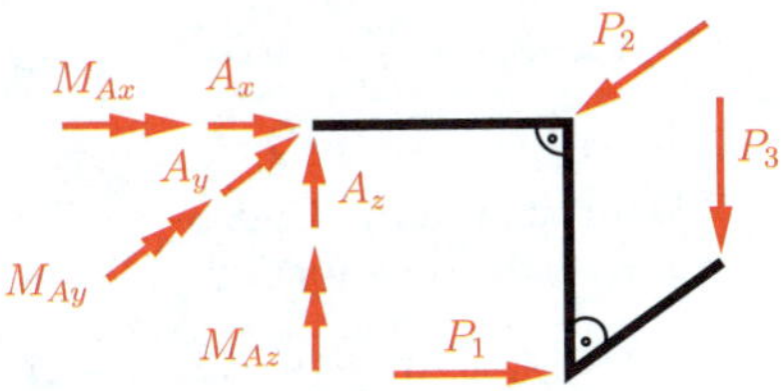

$$\sum F_x = 0 : \quad \underline{\underline{A_x = -P_1}} ,$$

$$\sum F_y = 0 : \quad \underline{\underline{A_y = P_2}} ,$$

$$\sum F_z = 0 : \quad \underline{\underline{A_z = P_3}} ,$$

$$\sum M_x^{(A)} = 0 : \quad \underline{\underline{M_{Ax} = c\,P_3}} ,$$

$$\sum M_y^{(A)} = 0 : \quad \underline{\underline{M_{Ay} = a\,P_1 - b\,P_3}} ,$$

$$\sum M_z^{(A)} = 0 : \quad \underline{\underline{M_{Az} = b\,P_2}} .$$

A3.13

Aufgabe 3.13 Eine Anzeigetafel wird durch Stäbe gehalten. Sie ist durch ihr Eigengewicht G und eine im Flächenschwerpunkt angreifende Windlast W belastet.

Es sind die Lagerkräfte zu ermitteln.

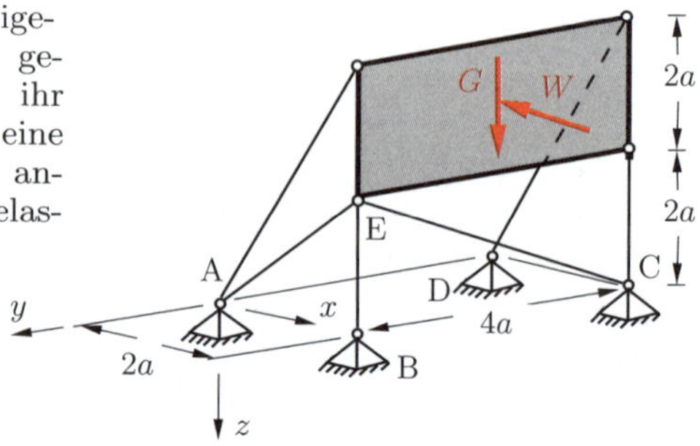

Lösung Aus der Geometrie ermitteln wir zunächst fr die Hilfswinkel

$$\cos\alpha_1 = \frac{1}{\sqrt{5}}, \quad \cos\alpha_2 = \frac{1}{\sqrt{5}},$$

$$\cos\alpha_3 = \frac{1}{\sqrt{2}}, \quad \cos\alpha_5 = \frac{2}{\sqrt{5}}.$$

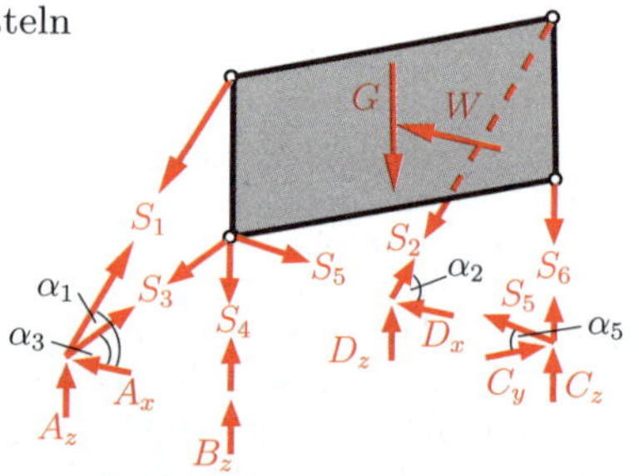

Dann lauten die Gleichgewichtsbedingungen:

$$\sum F_y = 0: \; -S_5\cos\alpha_5 = 0 \quad \rightsquigarrow \quad S_5 = 0,$$

$$\sum M_z^{(B)} = 0: \; -S_2\cos\alpha_2\, 4a - W\, 2a = 0 \quad \rightsquigarrow \quad S_2 = -\tfrac{1}{2}\sqrt{5}\,W,$$

$$\sum M_x^{(E)} = 0: \; -G\, 2a - S_6\, 4a - S_2\, \sin\alpha_2\, 4a = 0$$

$$\rightsquigarrow \quad S_6 = -\tfrac{1}{2}G + W,$$

$$\sum M_y^{(E)} = 0: \; +S_1\cos\alpha_1\, 2a + S_2\cos\alpha_2\, 2a + W a = 0 \quad \rightsquigarrow \quad S_1 = 0,$$

$$\sum F_x = 0: \; -S_1\cos\alpha_1 - S_3\cos\alpha_3 - S_2\cos\alpha_2 - W = 0$$

$$\rightsquigarrow \quad S_3 = -\tfrac{1}{2}\sqrt{2}\,W,$$

$$\sum F_z = 0: \; +G + S_4 + S_6 + S_2\sin\alpha_2 + S_5\sin\alpha_5$$

$$+S_1\sin\alpha_1 + S_3\sin\alpha_3 = 0 \quad \rightsquigarrow \quad S_4 = -\tfrac{1}{2}G + \tfrac{1}{2}W.$$

Damit folgt für die Lagerkräfte:

$$\underline{\underline{A_x = -\tfrac{1}{2}\,W}}, \qquad \underline{\underline{D_x = -\tfrac{1}{2}\,W}},$$

$$\underline{\underline{A_z = \tfrac{1}{2}\,W}} \qquad \underline{\underline{B_z = \tfrac{1}{2}\,G - \tfrac{1}{2}\,W}}, \quad \underline{\underline{C_z = \tfrac{1}{2}\,G - W}}, \quad \underline{\underline{D_z = W}}.$$

Alle übrigen Komponenten der Lagerkräfte sind Null.

Aufgabe 3.14 Man ermittle die Lagerkräfte für das dargestellte räumliche System. **A3.14**

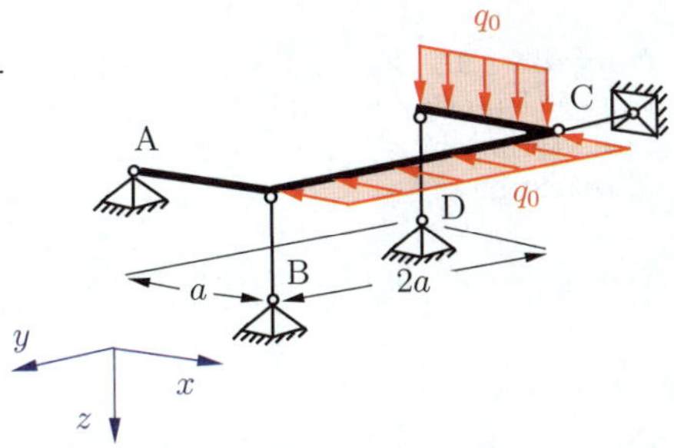

Lösung Wir schneiden das System frei und tragen die Lagerreaktionen sowie die auf das System einwirkenden äußeren Kräfte in das Freikörperbild ein. Die Lager B, C und D sind Pendelstützen und können daher nur Kräfte in Richtung der Anschlussstäbe aufnehmen.

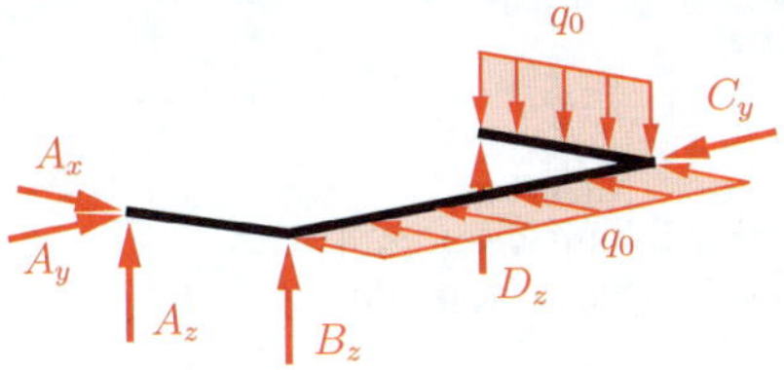

Mit Hilfe der 3 Kräfte- und der 3 Momentengleichgewichtsbedingungen ergeben sich die folgenden Ergebnisse für die 6 unbekannten Lagerreaktionen. Dabei ist es zweckmäßig auf eine geeignete Wahl der Momentenbezugspunkte zu achten:

$$\sum F_x = 0 : \quad A_x - 2q_0\, a = 0 \quad \rightsquigarrow \quad \underline{\underline{A_x = 2q_0\, a}}\,,$$

$$\sum M_x^{(A)} = 0 : \quad +D_z 2a - q_0\, a\, 2a = 0 \quad \rightsquigarrow \quad \underline{\underline{D_z = q_0\, a}}\,,$$

$$\sum M_y^{(A)} = 0 : \quad +B_z\, a - q_0\, a\, \frac{a}{2} = 0 \quad \rightsquigarrow \quad \underline{\underline{B_z = \frac{q_0\, a}{2}}}\,,$$

$$\sum M_z^{(A)} = 0 : \quad C_y a - 2q_0\, a\, a = 0 \quad \rightsquigarrow \quad \underline{\underline{C_y = 2q_0\, a}}\,,$$

$$\sum F_y = 0 : \quad -A_y + C_y = 0 \quad \rightsquigarrow \quad \underline{\underline{A_y = 2q_0\, a}}\,,$$

$$\sum F_z = 0 : \quad -A_z - B_z - D_z + q_0\, a = 0 \quad \rightsquigarrow \quad \underline{\underline{A_z = -q_0\, \frac{a}{2}}}\,.$$

A3.15 **Aufgabe 3.15** Ein halbkreisförmiger Kragträger (Radius a) wird durch eine konstante radiale Linienlast q_0 und eine vertikale Last F belastet.

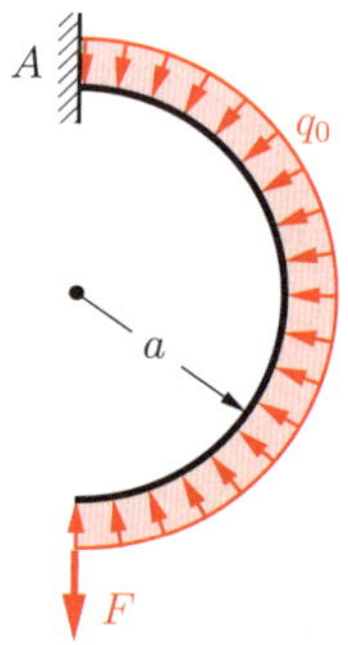

Wie groß sind die Lagerreaktionen?

Lösung Wir ersetzen die radiale Linienlast q_0 durch ihre Resultierende R. Zur Bestimmung ihrer Komponenten führen wir ein Koordinatensystem ein und ermitteln zunächst die Kraft auf einen infinitesimalen Abschnitt des Kreisbogens mit dem Öffnungswinkel $\mathrm{d}\alpha$. Die infinitesimale Resultierende in radialer Richtung ist

$$\mathrm{d}R = q_0\, a\, \mathrm{d}\alpha\,.$$

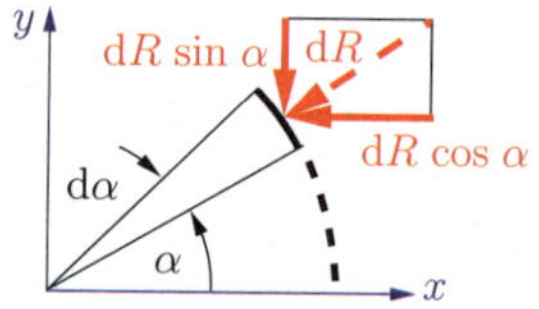

Die Komponenten der Resultierenden (positiv in positive Koordinatenrichtungen) lauten

$$\mathrm{d}R_x = -\mathrm{d}R\,\cos\alpha\,, \qquad \mathrm{d}R_y = -\mathrm{d}R\,\sin\alpha\,.$$

Integration über den Halbkreisbogen liefert

$$R_x = -\int_{-\pi/2}^{\pi/2} q_0\, a\,\cos\alpha\,\mathrm{d}\alpha = -q_0\, a\,\sin\alpha\Big|_{-\pi/2}^{\pi/2} = -2\, q_0\, a\,,$$

$$R_y = -\int_{-\pi/2}^{\pi/2} q_0\, a\,\sin\alpha\,\mathrm{d}\alpha = \quad q_0\, a\,\cos\alpha\Big|_{-\pi/2}^{\pi/2} = 0\,.$$

Die drei Lagereaktionen folgen aus den Gleichgewichtsbedingungen

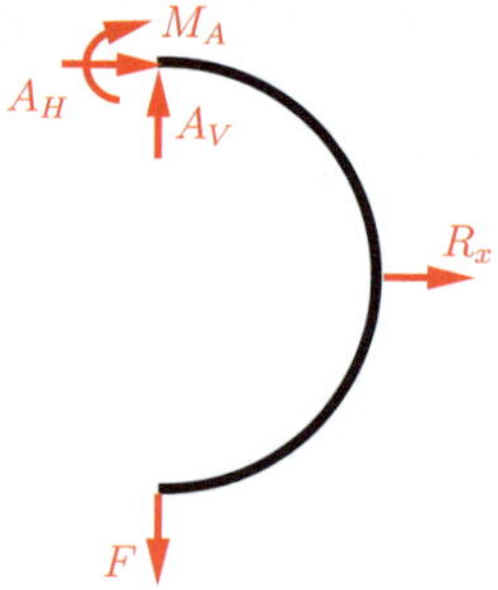

$$\rightarrow: \quad A_H + R_x = 0\,,$$

$$\uparrow: \quad A_V - F = 0\,,$$

$$\overset{\curvearrowleft}{A}: \quad -M_A + R_x\, a = 0$$

zu

$$\underline{\underline{A_H = 2\,q_0\, a}}\,, \quad \underline{\underline{A_V = F}}\,, \quad \underline{\underline{M_A = -2\,q_0\, a^2}}\,.$$

Aufgabe 3.16 Das räumliche System besteht aus zwei Platten (Eigengewicht vernachlässigbar), die durch ein Schanier miteinander verbunden sind. Das System wird durch die Einzellasten F_1 und F_2 beansprucht. **A3.16**

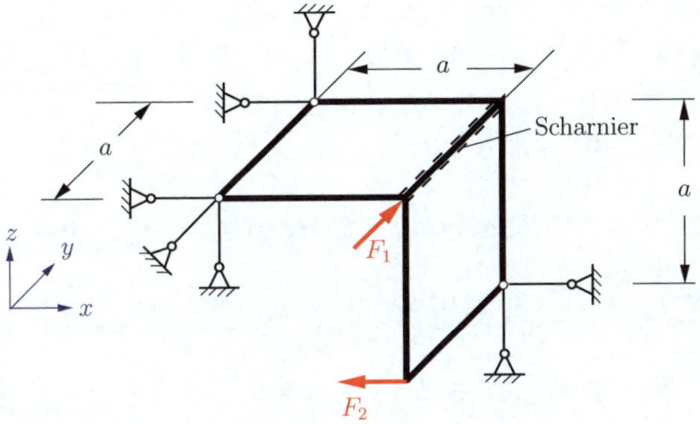

Wie groß sind die Lagerreaktionen?

Gegeben: $l = 4$ m, $F_1 = 3$ kN, $F_2 = 2$ kN .

Lösung Zunächst zeichnen wir das Freikörperbild und tragen die zu bestimmenden Lagerreaktionen an.

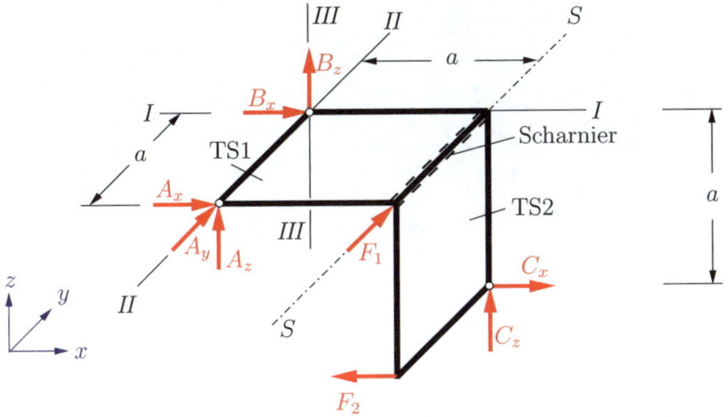

Es sind 7 Lagerreaktionen zu berechnen. Hierzu stehen die 6 Gleichgewichtsbedingungen am Gesamtsystem und eine weitere Momentenbedingung um das Schanier zur Verfügung. Aus der Momentenbedingung bzgl. des Schaniers (Achse $S-S$) am Teilsystem 2 (TS 2) folgt

$$\sum M^{(S\text{–}S)} = 0: \quad C_x\,a - F_2\,a = 0 \quad \leadsto \quad \underline{\underline{C_x = 2\,\text{kN}}}\,.$$

Die Auswertung der Gleichgewichtsbedingungen am Gesamtsystem liefert

$$\sum F_y = 0: \quad A_y + F_1 = 0 \quad \leadsto \quad \underline{\underline{A_y = -3\,\text{kN}}}\,,$$

$$\sum M^{(I\text{–}I)} = 0: \quad A_z\,a = 0 \quad \leadsto \quad \underline{\underline{A_z = 0}}\,,$$

$$\sum M^{(II\text{–}II)} = 0: \quad F_2\,a - C_x\,a - C_z\,a = 0 \quad \leadsto \quad \underline{\underline{C_z = 0}}\,,$$

$$\sum F_z = 0: \quad A_z + B_z + C_z = 0 \quad \leadsto \quad \underline{\underline{B_z = 0}}\,,$$

$$\sum M^{(III\text{–}III)} = 0: \quad A_x\,a + F_1\,a - F_2\,a = 0 \quad \leadsto \quad \underline{\underline{A_x = -1\,\text{kN}}}\,,$$

$$\sum F_x = 0: \quad A_x + B_x + C_x - F_2 = 0 \quad \leadsto \quad \underline{\underline{B_x = 1\,\text{kN}}}\,.$$

4

Kapitel 4

Fachwerke

Annahmen:

- Stäbe sind gerade
- Stäbe sind an den Knoten gelenkig miteinander verbunden
- Äußere Kräfte wirken nur an den Knoten

Ebenes Fachwerk: Sowohl Fachwerkstäbe als auch Kräfte liegen in ein und derselben Ebene.

Vorzeichenfestlegung:

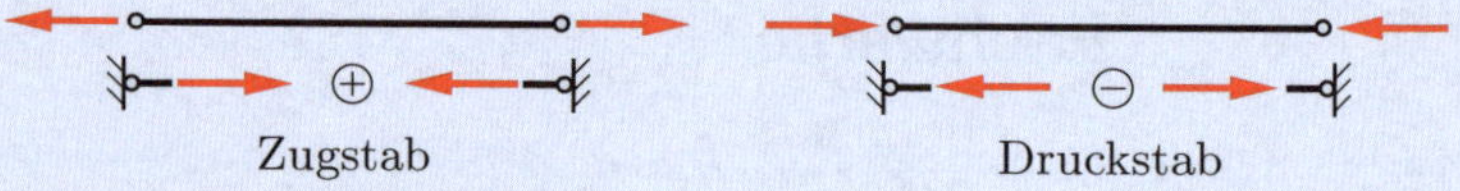

Kontrolle der statischen Bestimmtheit:

$$f = 2k - (s + r)$$ ebenes Fachwerk,

$$f = 3k - (s + r)$$ räumliches Fachwerk,

mit

f = Zahl der Freiheitsgrade, k = Zahl der Knoten,
s = Zahl der Stäbe, r = Zahl der Lagerreaktionen.

Merke:

$$f \begin{cases} > 0 & f\text{-fach verschieblich}\,, \\ = 0 & \text{statisch bestimmt}\,, \\ < 0 & f\text{-fach statisch unbestimmt}\,. \end{cases}$$

Nullstäbe: = Stäbe für welche die Stabkraft Null ist. Im ebenen Fall gilt:

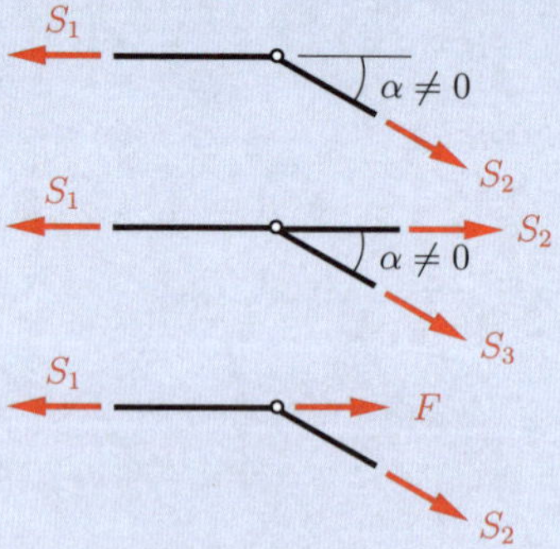

$S_1 = S_2 = 0$

$S_3 = 0$

$S_2 = 0$

D. Gross et al., *Formeln und Aufgaben zur Technischen Mechanik 1*,
https://doi.org/10.1007/978-3-662-61864-6_4

Zur Ermittlung der Stabkräfte können folgende Methoden verwendet werden:

Knotenpunktverfahren

Wird angewendet, wenn *alle* Stabkräfte gesucht sind.

a) Analytisches Lösungsverfahren

- Für jeden Knoten werden die Gleichgewichtsbedingungen formuliert. Auflösen liefert die Stabkräfte und Lagerreaktionen
- Bei vielen Knoten bzw. Stäben entstehen dann große Gleichungssysteme.

b) Grafisches Lösungsverfahren für ebene Fachwerke: CREMONA-Plan

1. Ermittlung der Lagerreaktionen.
2. Festlegung des Umfahrungssinnes: ↶ oder ↷ .
3. Zeichnen eines geschlossenen Kraftecks aus Lasten und Lagerreaktionen im Umfahrungssinn (Kraftmaßstab geeignet wählen!).
4. Stäbe numerieren und Nullstäbe ermitteln.
5. Beginnend an einem Knoten mit nur *zwei* unbekannten Stabkräften wird für jeden Knoten das Kräftepolygon gezeichnet. Die Kräfte werden dabei in der Reihenfolge aufgetragen, die durch den Umlaufsinn gegeben ist.
6. Richtung der Kräfte am Knoten ins Freikörperbild übertragen und feststellen, ob ein Zug- oder ein Druckstab vorliegt.
7. Die letzten Kraftecke dienen der Kontrolle.
8. Angabe aller Stabkräfte mit Vorzeichen in einer Tabelle.

RITTERsches Schnittverfahren

Kann beim ebenen (räumlichen) Fachwerk angewendet werden, wenn *einzelne* Stabkräfte gesucht sind.

1. Ermittlung der Lagerreaktionen.
2. Vollständige Trennung des Fachwerkes mit einem Schnitt durch *drei* Stäbe, die nicht durch *einen* Punkt gehen dürfen.
3. Die Gleichgewichtsbedingungen für die geschnittenen Teilen liefern die Kräfte in den geschnittenen Stäben.

A4.1 **Aufgabe 4.1** Für das dargestellte Fachwerk sind die Stabkräfte zu bestimmen.

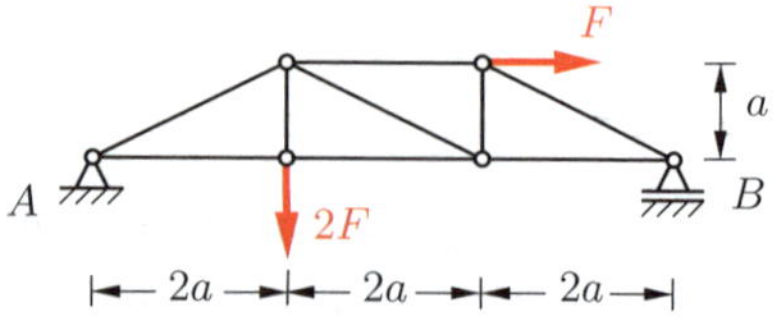

Wir skizzieren das Freikörperbild und nummerieren die Knoten sowie Stäbe. Die Lagerreaktionen ergeben sich aus den Gleichgewichtsbedingungen am Gesamtsystem:

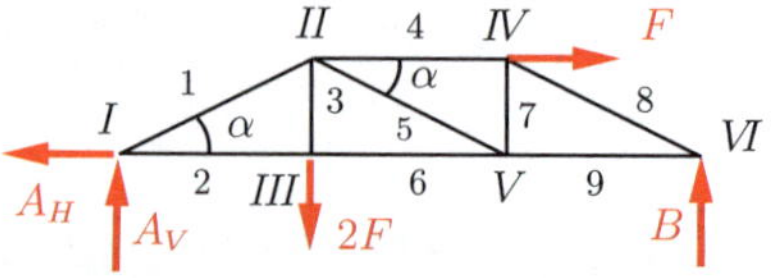

$$\stackrel{\curvearrowright}{A}: \quad 4aF + aF - 6aB = 0 \quad \leadsto \quad \underline{\underline{B = \frac{5}{6}F}},$$

$$\stackrel{\curvearrowright}{B}: \quad 6a\,A_V - 4a\,2F + a\,F = 0 \quad \leadsto \quad \underline{\underline{A_V = \frac{7}{6}F}},$$

$$\rightarrow: \quad -A_H + F = 0 \quad \leadsto \quad \underline{\underline{A_H = F}}.$$

Die Stabkräfte erhält man aus den Knotengleichgewichtsbedingungen. Mit

$$\sin\alpha = \frac{1}{\sqrt{5}}, \qquad \cos\alpha = \frac{2}{\sqrt{5}}$$

folgt

$$I \quad \uparrow: \quad A_V + S_1\frac{1}{\sqrt{5}} = 0,$$

$$\rightarrow: \quad S_2 + S_1\frac{2}{\sqrt{5}} - A_H = 0,$$

$$\leadsto \quad \underline{\underline{S_1 = -\frac{7\sqrt{5}}{6}F}}, \quad \underline{\underline{S_2 = \frac{10}{3}F}},$$

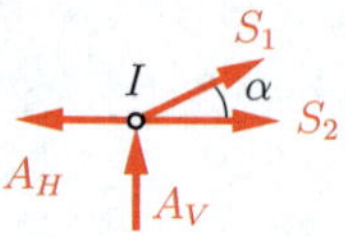

$$III \quad \rightarrow: \quad S_6 - S_2 = 0,$$

$$\uparrow: \quad S_3 - 2F = 0,$$

$$\leadsto \quad \underline{\underline{S_6 = \frac{10}{3}F}}, \quad \underline{\underline{S_3 = 2F}}.$$

$$II \quad \downarrow: \quad S_1 \frac{1}{\sqrt{5}} + S_5 \frac{1}{\sqrt{5}} + S_3 = 0\,,$$

$$\rightarrow: \quad -S_1 \frac{2}{\sqrt{5}} + S_5 \frac{2}{\sqrt{5}} + S_4 = 0\,,$$

$$\leadsto \quad \underline{\underline{S_5 = -\frac{5\sqrt{5}}{6}\,F}}\,, \quad \underline{\underline{S_4 = -\frac{2}{3}\,F}}\,.$$

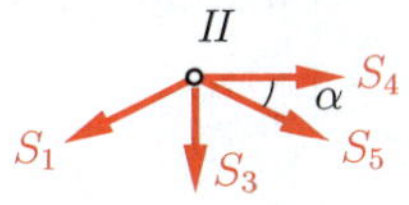

$$IV \quad \rightarrow: \quad -S_4 + F + S_8 \frac{2}{\sqrt{5}} = 0\,,$$

$$\downarrow: \quad S_7 + S_8 \frac{1}{\sqrt{5}} = 0\,,$$

$$\leadsto \quad \underline{\underline{S_8 = -\frac{5\sqrt{5}}{6}\,F}}\,, \quad \underline{\underline{S_7 = \frac{5}{6}\,F}}\,.$$

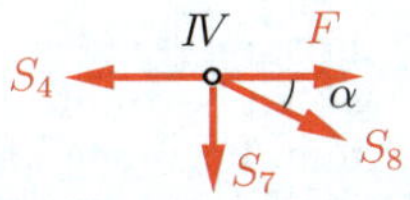

$$VI \quad \leftarrow: \quad S_9 + S_8 \frac{2}{\sqrt{5}} = 0\,,$$

$$\leadsto \quad \underline{\underline{S_9 = \frac{5}{3} F}}\,.$$

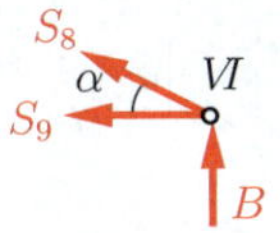

Zur Kontrolle überprüfen wir noch die zweite Gleichgewichtsbedingung am Knoten *VI* sowie die beiden Bedingungen am Knoten *V*:

$$VI \quad \uparrow: \quad S_8 \frac{1}{\sqrt{5}} + B = -\frac{5}{6}\,F + \frac{5}{6} F = 0\,,$$

$$V \quad \rightarrow: \quad S_9 - S_5 \frac{2}{\sqrt{5}} - S_6 = \frac{5}{3}\,F + \frac{5}{3}\,F - \frac{10}{3}\,F = 0\,,$$

$$\uparrow: \quad S_7 + S_5 \frac{1}{\sqrt{5}} = \frac{5}{6}\,F - \frac{5}{6}\,F = 0\,.$$

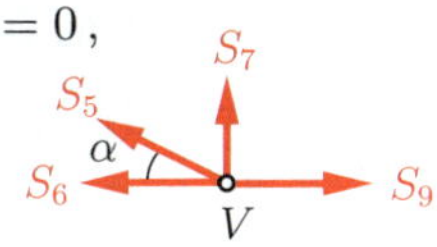

Die Ergebnisse sind in der Stabkrafttabelle zusammengefasst:

i	1	2	3	4	5	6	7	8	9
S_i/F	-2,61	3,33	2	-0,67	-1,86	3,33	0,83	-1,86	1,67

Die größten Kräfte treten in den Stäben 2 und 6 auf.

A4.2 **Aufgabe 4.2** Für das dargestellte Fachwerk sind alle Stabkräfte zu bestimmen.

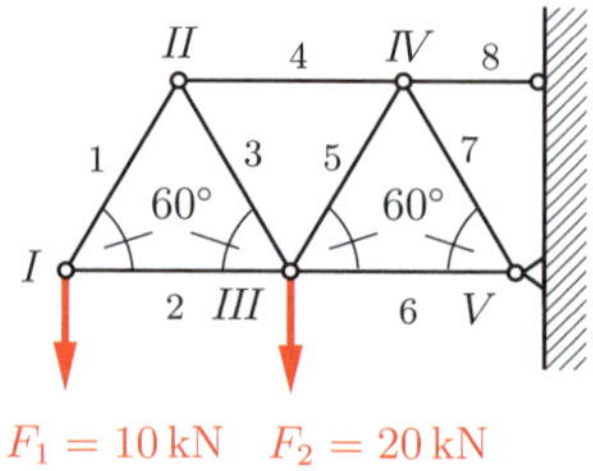

Lösung In diesem Fall ist es nicht erforderlich die Lagerreaktionen vorab zu bestimmen. Die Stabkräfte lassen sich vielmehr ermitteln, indem man beginnend am belasteten Knoten *I* der Reihe nach für alle Knoten die Gleichgewichtsbedingungen aufstellt:

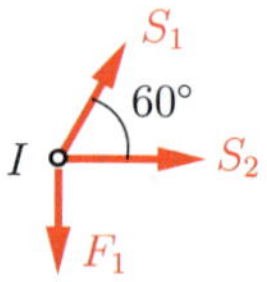

$$I \quad \uparrow: \quad S_1 \sin 60° - F_1 = 0\,,$$

$$\rightarrow: \quad S_2 + S_1 \cos 60° = 0\,,$$

$$\leadsto \quad \underline{\underline{S_1}} = -\frac{2}{\sqrt{3}} F_1 = \underline{\underline{11,6\ \mathrm{kN}}}\,, \quad \underline{\underline{S_2}} = -\frac{1}{2} S_1 = \underline{\underline{-5,8\ \mathrm{kN}}}\,.$$

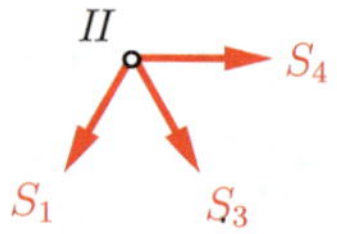

$$II \quad \downarrow: \quad S_1 \sin 60° + S_3 \sin 60° = 0\,,$$

$$\rightarrow: \quad S_4 - S_1 \cos 60° + S_3 \cos 60° = 0\,,$$

$$\leadsto \quad \underline{\underline{S_3}} = -S_1 = \underline{\underline{-11,6\ \mathrm{kN}}}\,, \quad \underline{\underline{S_4}} = S_1 = \underline{\underline{11,6\ \mathrm{kN}}}\,.$$

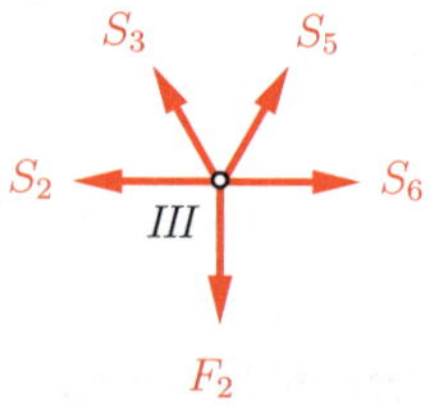

$$III \quad \uparrow: \quad (S_3 + S_5) \sin 60° - F_2 = 0\,,$$

$$\rightarrow: \quad -S_2 + (S_5 - S_3) \cos 60° + S_6 = 0\,,$$

$$\leadsto \quad \underline{\underline{S_5}} = \frac{2}{\sqrt{3}} (F_1 + F_2) = \underline{\underline{34,6\ \mathrm{kN}}}\,, \quad \underline{\underline{S_6}} = -\underline{\underline{28,9\ \mathrm{kN}}}\,.$$

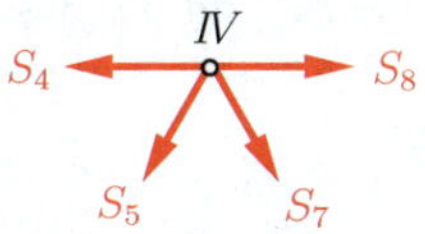

$$IV \quad \downarrow: \quad S_5 \sin 60^\circ + S_7 \sin 60^\circ = 0\,,$$

$$\rightarrow: \quad -S_4 + (S_7 - S_5)\cos 60^\circ + S_8 = 0\,,$$

$$\leadsto \quad \underline{\underline{S_7}} = -S_5 = \underline{\underline{-34,6\ \mathrm{kN}}}\,, \qquad S_8 = \underline{\underline{46,2\ \mathrm{kN}}}\,.$$

Stabkrafttabelle:

i	1	2	3	4	5	6	7	8
S_i/kN	11,6	-5,8	-11,6	11,6	34,6	-28,9	-34,6	46,2

Zur Probe bestimmen wir noch die Kräfte in den Stäben 6, 7 und 8 durch einen RITTER-Schnitt:

$$\overset{\curvearrowleft}{IV}: \quad \frac{3}{2}aF_1 + \frac{a}{2}F_2 + a\sin 60^\circ\, S_6 = 0\,,$$

$$\leadsto \quad \underline{\underline{S_6 = -28,9\ \mathrm{kN}}}\,,$$

$$\overset{\curvearrowleft}{V}: \quad 2a\,F_1 + a\,F_2 - a\sin 60^\circ\, S_8 = 0\,,$$

$$\leadsto \quad \underline{\underline{S_8 = 46,2\ \mathrm{kN}}}\,,$$

$$\downarrow: \quad F_1 + F_2 + S_7 \cos 30^\circ = 0\,,$$

$$\leadsto \quad \underline{\underline{S_7 = -34,6\ \mathrm{kN}}}\,.$$

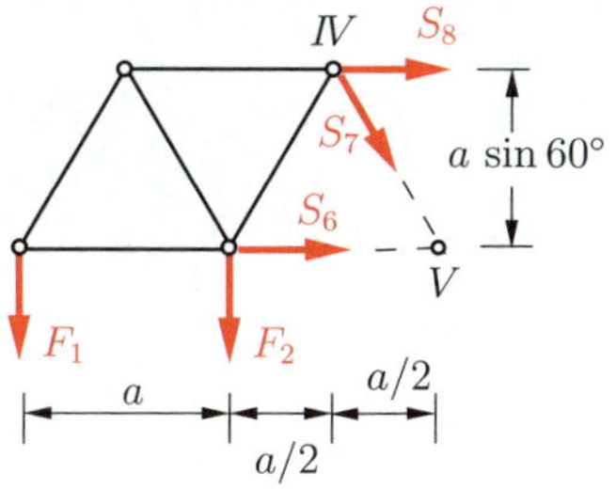

Anmerkung: Bei auskragenden Fachwerken kann man die Stabkräfte ohne vorherige Berechnung der Lagerkräfte ermitteln.

A4.3

Aufgabe 4.3 Für das dargestellte Fachwerk sind die Stabkräfte mit dem Knotenpunktverfahren zu bestimmen.

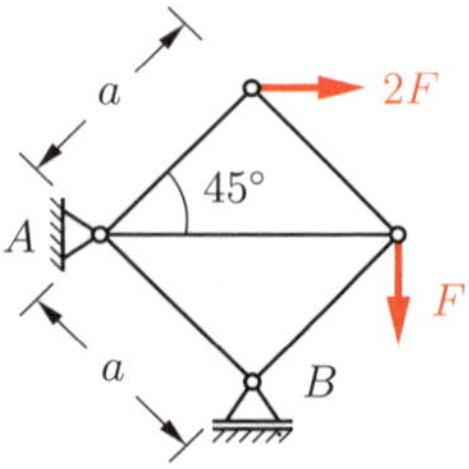

Lösung Die Lagerreaktionen ergeben sich aus den Gleichgewichtsbedingungen für das Gesamtsystem

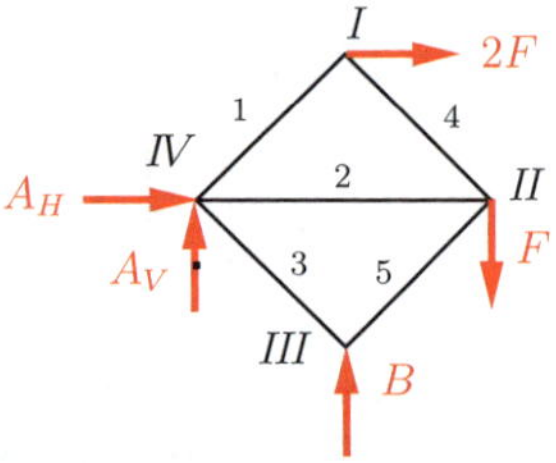

$$\rightarrow: \quad A_H + 2F = 0\,,$$

$$\uparrow: \quad A_V + B - F = 0\,,$$

$$\overset{\curvearrowright}{A}: \quad \sqrt{2}\,aF + \frac{\sqrt{2}}{2}\,a2F - \frac{\sqrt{2}}{2}\,aB = 0$$

zu

$$\underline{\underline{A_V = -3F}}\,, \quad \underline{\underline{A_H = -2F}}\,, \quad \underline{\underline{B = 4F}}\,.$$

Gleichgewicht an den Knoten I, III und II liefert:

$$I \swarrow: \quad S_1 - 2F\frac{\sqrt{2}}{2} = 0 \quad \rightsquigarrow \quad \underline{\underline{S_1 = \sqrt{2}\,F}}\,,$$

$$\searrow: \quad S_4 + 2F\frac{\sqrt{2}}{2} = 0 \quad \rightsquigarrow \quad \underline{\underline{S_4 = -\sqrt{2}\,F}}\,,$$

$$III \nwarrow: \quad S_3 + B\frac{\sqrt{2}}{2} = 0 \quad \rightsquigarrow \quad \underline{\underline{S_3 = -2\sqrt{2}\,F}}\,,$$

$$\nearrow: \quad S_5 + B\frac{\sqrt{2}}{2} = 0 \quad \rightsquigarrow \quad \underline{\underline{S_5 = -2\sqrt{2}\,F}}\,,$$

$$II \leftarrow: \quad S_2 + \frac{\sqrt{2}}{2}\,S_4 + \frac{\sqrt{2}}{2}S_5 = 0\,,$$

$$\underline{\underline{S_2 = 3F}}\,.$$

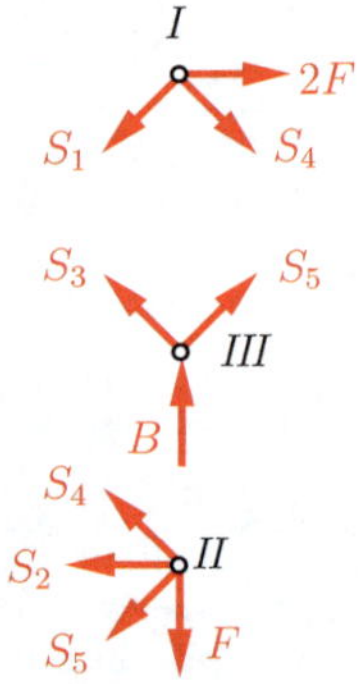

Zur Kontrolle überzeugen wir uns, dass die Gleichgewichtsbedingungen am Knoten IV erfüllt sind:

$$IV \rightarrow: \quad A_H + \frac{\sqrt{2}}{2}\,S_1 + S_2 + \frac{\sqrt{2}}{2}\,S_3 = -2F + F + 3F - 2F = 0\,,$$

$$\uparrow: \quad A_V + \frac{\sqrt{2}}{2}\,S_1 - \frac{\sqrt{2}}{2}\,S_3 = -3F + F + 2F = 0\,.$$

Tabelle:

i	1	2	3	4	5
S_i	$\sqrt{2}F$	$3F$	$-2\sqrt{2}F$	$-\sqrt{2}F$	$-2\sqrt{2}F$

Aufgabe 4.4 Für das dargestellte Fachwerk sollen die Lagerreaktionen und die Stabkräfte S_1, S_2 und S_3 bestimmt werden. **A4.4**

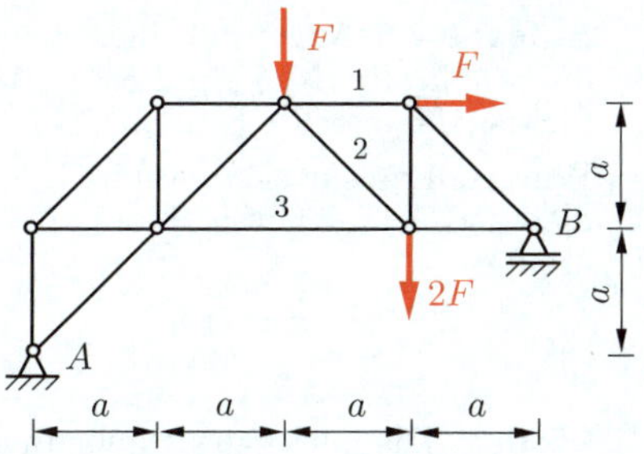

Lösung Die Lagerreaktionen bestimmen sich aus den Gleichgewichtsbedingungen für das Gesamtsystem:

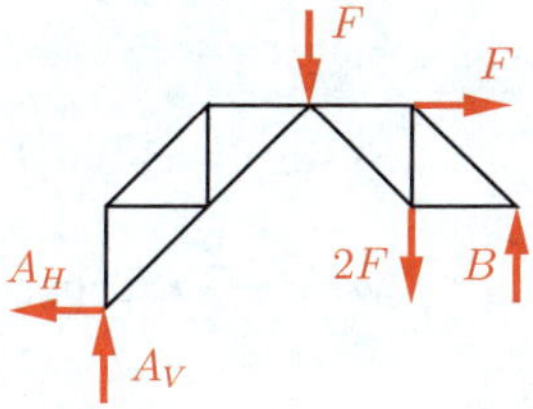

$$\rightarrow: \quad F - A_H = 0\,,$$

$$\uparrow: \quad A_V + B - F - 2F = 0\,,$$

$$\overset{\curvearrowright}{A}: \quad 2aF + 6aF + 2aF - 4aB = 0\,.$$

Man erhält hieraus

$$\underline{\underline{A_V = \frac{1}{2}F}}\,, \quad \underline{\underline{B = \frac{5}{2}F}}\,, \quad \underline{\underline{A_H = F}}\,.$$

Die gesuchten Stabkräfte folgen aus den Gleichgewichtsbedingungen für das geschnittene System. Der Einfachheit halber verwenden wir das rechte Teilsystem:

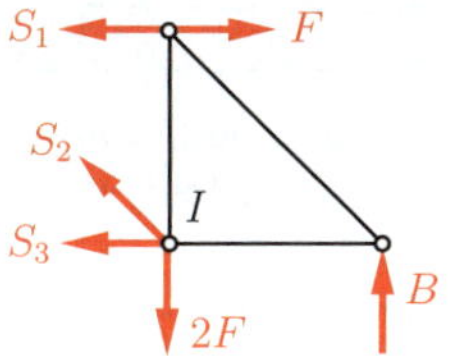

$$\uparrow: \quad \frac{\sqrt{2}}{2}S_2 + B - 2F = 0\,,$$

$$\rightsquigarrow \quad \underline{\underline{S_2 = -\frac{\sqrt{2}}{2}F}}\,,$$

$$\overset{\curvearrowright}{I}: \quad aF - aS_1 - aB = 0\,,$$

$$\rightsquigarrow \quad \underline{\underline{S_1 = -\frac{3}{2}F}}\,,$$

$$\leftarrow: \quad S_3 + S_1 + \frac{\sqrt{2}}{2}S_2 - F = 0\,,$$

$$\rightsquigarrow \quad \underline{\underline{S_3 = 3F}}\,.$$

Zur Kontrolle überprüfen wir die Gleichgewichtsbedingung in vertikaler Richtung für das linke Teilsystem:

$$\uparrow: \quad A_V - F - \frac{\sqrt{2}}{2}S_2 = \frac{1}{2}F - F + \frac{1}{2}F = 0\,.$$

A4.5 **Aufgabe 4.5** Wie groß sind die Stabkräfte S_1, S_2 und S_3 für das dargestellte System?

Wie ändern sie sich, wenn die Last F_2 im Knoten *II* angreift?

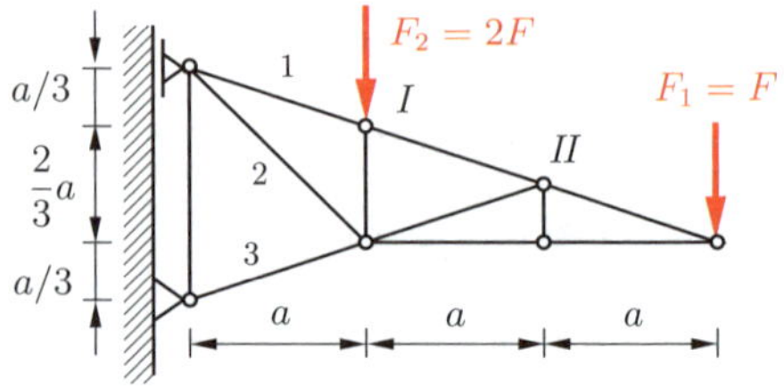

Lösung Die Gleichgewichtsbedingungen für das geschnittene System lauten nach Einführen der Hilfswinkel α und β

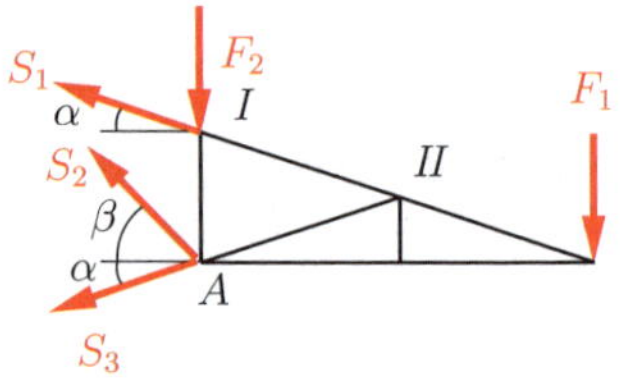

$$\leftarrow: \quad S_1 \cos\alpha + S_2 \cos\beta + S_3 \cos\alpha = 0\,,$$

$$\uparrow: \quad S_1 \sin\alpha + S_2 \sin\beta - S_3 \sin\alpha - F_1 - F_2 = 0\,,$$

$$\overset{\curvearrowright}{A}: \quad 2aF_1 - \frac{2}{3}aS_1 \cos\alpha = 0\,.$$

Mit

$$\sin\alpha = \frac{1}{\sqrt{10}}\,, \quad \cos\alpha = \frac{3}{\sqrt{10}}\,, \quad \sin\beta = \cos\beta = \frac{\sqrt{2}}{2}$$

folgen daraus

$$\underline{\underline{S_1 = \sqrt{10}F = 3{,}16\ F}}\,, \quad \underline{\underline{S_2 = \frac{3\sqrt{2}}{4}F = 1{,}06\ F}}\,,$$

$$\underline{\underline{S_3 = -\frac{5\sqrt{10}}{4}F = -3{,}95\ F}}\,.$$

Wird die Last F_2 in den Knoten *II* verschoben, so ändert sich nur die Momentengleichgewichtsbedingung:

$$\overset{\curvearrowright}{A}: \quad 2aF_1 + aF_2 - \frac{2}{3}aS_1 \cos\alpha = 0\,.$$

Für die Stabkräfte erhält man in diesem Fall

$$\underline{\underline{S_1 = 2\sqrt{10}F = 6{,}32\ F}}\,, \quad \underline{\underline{S_2 = -\frac{3\sqrt{2}}{4}F = -1{,}06\ F}}\,,$$

$$\underline{\underline{S_3 = -\frac{7\sqrt{10}}{4}F = -5{,}53\ F}}\,.$$

Anmerkung: Unter dem größeren Moment werden S_1 und S_3 größer und aus dem Zugstab S_2 wird jetzt ein Druckstab..

Aufgabe 4.6 Für das dargestellte Fachwerk sind die Kräfte in den Stäben 1 bis 7 zu bestimmen. A4.6

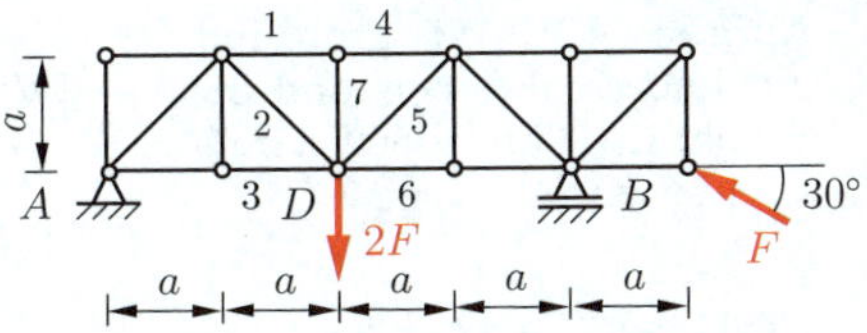

Lösung Die Lagerreaktionen folgen aus den Gleichgewichtsbedingungen am Gesamtsystem:

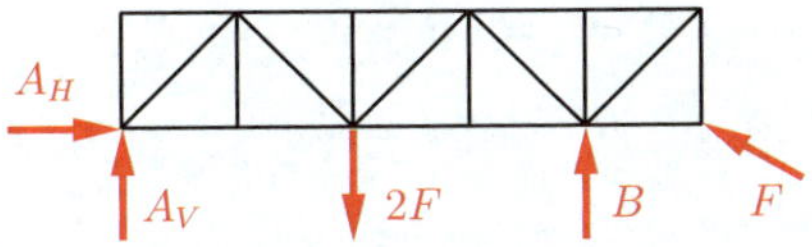

$$\overset{\curvearrowright}{A}: \quad 2a\,2F - 4a\,B - 5a\,\frac{1}{2}F = 0 \quad \rightsquigarrow \quad \underline{\underline{B = \frac{3}{8}F}}\,,$$

$$\uparrow: \quad A_V + B - 2F + \frac{1}{2}F = 0 \quad \rightsquigarrow \quad \underline{\underline{A_V = \frac{9}{8}F}}\,,$$

$$\rightarrow: \quad A_H - \frac{\sqrt{3}}{2}\,F = 0 \quad \rightsquigarrow \quad \underline{\underline{A_H = \frac{\sqrt{3}}{2}\,F}}\,.$$

Die Stabkräfte 1 bis 3 werden am geschnittenen System ermittelt:

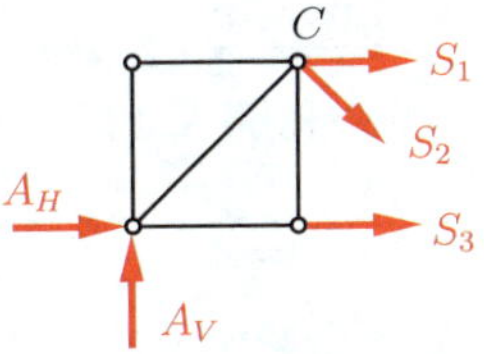

$$\overset{\curvearrowright}{C}: \quad a\,A_V - a\,A_H - a\,S_3 = 0\,,$$

$$\uparrow: \quad A_V - \frac{\sqrt{2}}{2}S_2 = 0\,,$$

$$\rightarrow: \quad A_H + S_1 + S_3 + \frac{\sqrt{2}}{2}S_2 = 0\,,$$

$$\rightsquigarrow \underline{\underline{S_3 = \left(\frac{9}{8} - \frac{\sqrt{3}}{2}\right)F}}\,, \quad \underline{\underline{S_2 = \frac{9}{8}\sqrt{2}F}}\,, \quad \underline{\underline{S_1 = -\frac{9}{4}F}}\,.$$

Der Stab 7 ist ein Nullstab: $S_7 = 0$. Außerdem gilt $S_4 = S_1$. Gleichgewicht am Knoten D liefert schließlich

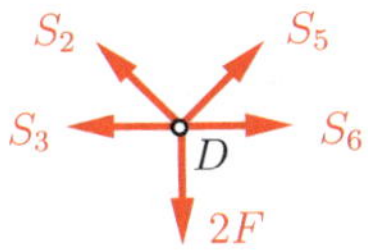

$$\uparrow: \quad \frac{\sqrt{2}}{2}S_2 + \frac{\sqrt{2}}{2}S_5 - 2F = 0\,,$$

$$\rightarrow: \quad \frac{\sqrt{2}}{2}S_5 - \frac{\sqrt{2}}{2}S_2 + S_6 - S_3 = 0\,,$$

$$\rightsquigarrow \quad \underline{\underline{S_5 = \frac{7}{8}\sqrt{2}\,F}}\,, \quad \underline{\underline{S_6 = \left(\frac{11}{8} - \frac{\sqrt{3}}{2}\right)F}}\,.$$

A4.7

Aufgabe 4.7 Wie groß sind die Lagerreaktionen und die Stabkräfte für den dargestellten Kranausleger?

Gegeben: $F_1 = 20$ kN ,
$F_2 = 10$ kN ,
$a = 1$ m .

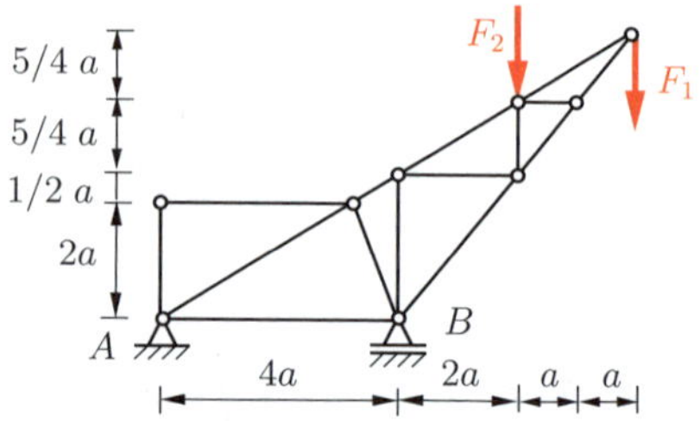

Lösung Aus den Gleichgewichtsbedingungen für das Gesamtsystem

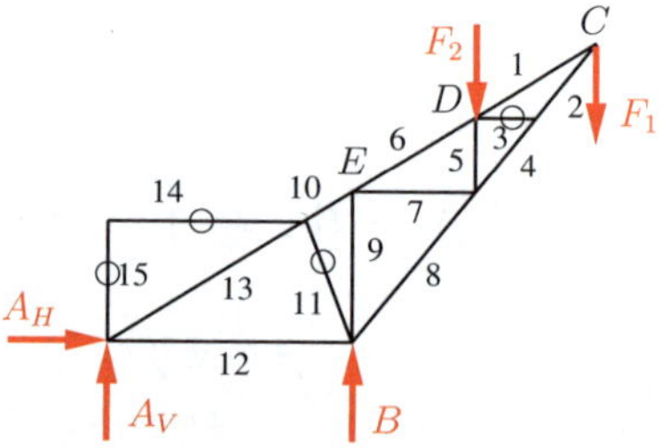

$$\rightarrow: \quad A_H = 0\,,$$

$$\uparrow: \quad A_V + B - F_2 - F_1 = 0\,,$$

$$\overset{\curvearrowright}{A}: \quad 6a\,F_2 + 8a\,F_1 - 4a\,B = 0$$

ergeben sich die Lagerreaktionen zu

$$\underline{\underline{A_H = 0}}\,, \quad \underline{\underline{A_V = -25 \text{ kN}}}\,, \quad \underline{\underline{B = 55 \text{ kN}}}\,.$$

Die Stäbe 3, 14, 15 und 11 sind Nullstäbe. Damit gilt

$$\underline{\underline{S_2 = S_4}} \quad \text{und} \quad \underline{\underline{S_{10} = S_{13}}}\,.$$

Gleichgewicht am Knoten C

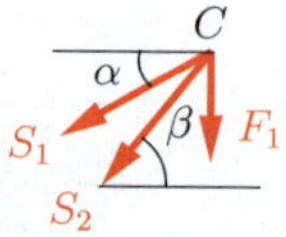

$$\leftarrow: \quad S_1 \cos\alpha + S_2 \cos\beta = 0\,,$$

$$\downarrow: \quad F_1 + S_1 \sin\alpha + S_2 \sin\beta = 0$$

liefert mit

$$\sin\alpha = \frac{5}{\sqrt{89}}\,, \quad \cos\alpha = \frac{8}{\sqrt{89}}\,,$$

$$\sin\beta = \frac{5}{\sqrt{41}}\,, \quad \cos\beta = \frac{4}{\sqrt{41}}$$

die Stabkräfte

$$\underline{\underline{S_1 = \frac{\sqrt{89}}{5} F_1 = 37,7 \text{ kN}}}\,, \quad \underline{\underline{S_2 = -\frac{2}{5}\sqrt{41}\, F_1 = -51,2 \text{ kN}}}\,.$$

Gleichgewicht am Knoten D:

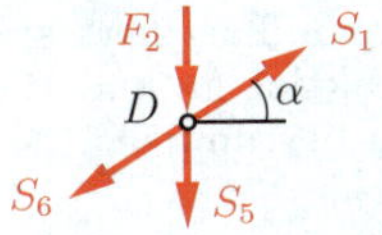

$$\rightarrow: \quad S_1 \cos\alpha - S_6 \cos\alpha = 0\,,$$

$$\uparrow: \quad S_1 \sin\alpha - S_6 \sin\alpha - F_2 - S_5 = 0\,,$$

$$\rightsquigarrow \quad \underline{\underline{S_6 = S_1}}\,, \quad \underline{\underline{S_5 = -F_2 = -10\text{ kN}}}\,.$$

Gleichgewicht am Knoten A:

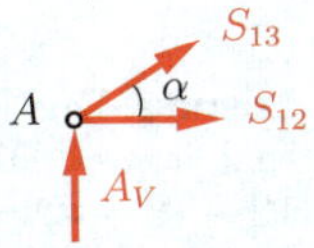

$$\uparrow: \quad A_V + S_{13} \sin\alpha = 0\,,$$

$$\rightarrow: \quad S_{12} + S_{13} \cos\alpha = 0\,,$$

$$\rightsquigarrow \quad \underline{\underline{S_{13} = 5\sqrt{89}\text{ kN} = 47,2\text{ kN}}}\,, \quad \underline{\underline{S_{12} = -40\text{ kN}}}\,.$$

Schnitt durch die Stäbe 6, 7 und 8:

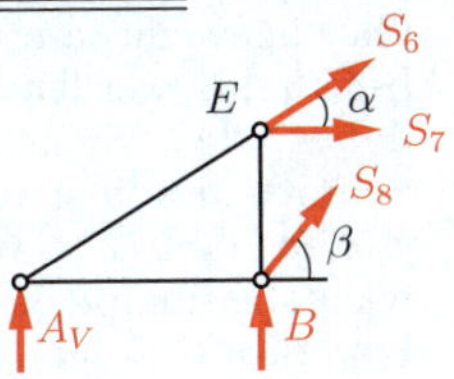

$$\overset{\curvearrowright}{E}: \quad 4a\,A_V - \frac{5}{2}\,a\,S_8 \cos\beta = 0\,,$$

$$\rightarrow: \quad S_7 + S_6 \cos\alpha + S_8 \cos\beta = 0\,,$$

$$\rightsquigarrow \quad \underline{\underline{S_8 = -10\sqrt{41} = -64\text{ kN}}}\,, \quad \underline{\underline{S_7 = 8\text{ kN}}}\,.$$

Schließlich liefert das Gleichgewicht in vertikaler Richtung am Knoten E

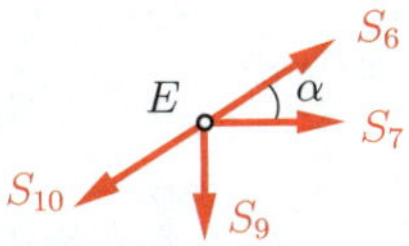

$$\uparrow: \quad S_6 \sin\alpha - S_{10} \sin\alpha - S_9 = 0\,,$$

$$\rightsquigarrow \quad \underline{\underline{S_9 = -5\text{ kN}}}\,.$$

Der Kontrolle dient das Gleichgewicht in horizontaler Richtung am Knoten E

$$\rightarrow: \quad S_7 + S_6 \cos\alpha - S_{10} \cos\alpha = 8 + \frac{\sqrt{89}}{5} 20 \frac{8}{\sqrt{89}} - 5\sqrt{89}\frac{8}{\sqrt{89}}$$
$$= 8 + 32 - 40 = 0\,.$$

Tabelle der Stabkräfte:

i	1	2	3	4	5	6	7	8	9
S_i/kN	37,7	-51,2	0	-51,2	-10	37,7	8	-64	-5

i	10	11	12	13	14	15
S_i/kN	47,2	0	-40	47,2	0	0

A4.8 **Aufgabe 4.8** Für das nebenstehende Fachwerk sind die Lagerreaktionen und die Stabkräfte zu bestimmen.

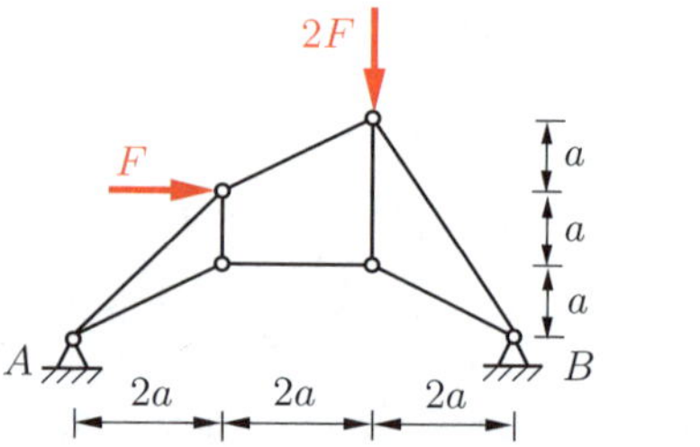

Lösung Das Fachwerk hat $k = 6$ Knoten, $s = 8$ Stäbe und $r = 4$ Lagerreaktionen. Die Bedingung für statische Bestimmtheit $f = 2k-(s+r) = 12-(8+4) = 0$ ist demnach erfüllt.

Die *vier* Lagerreaktionen können nicht alleine aus dem Gleichgewicht am Gesamtsystem bestimmt werden. Wir trennen daher das System mit einem Schnitt durch zwei Stäbe. Uns stehen dann $2 \times 3 = 6$ Gleichgewichtsbedingungen für die vier Lagerkräfte und die zwei Stabkräfte S_4 und S_5 zur Verfügung.

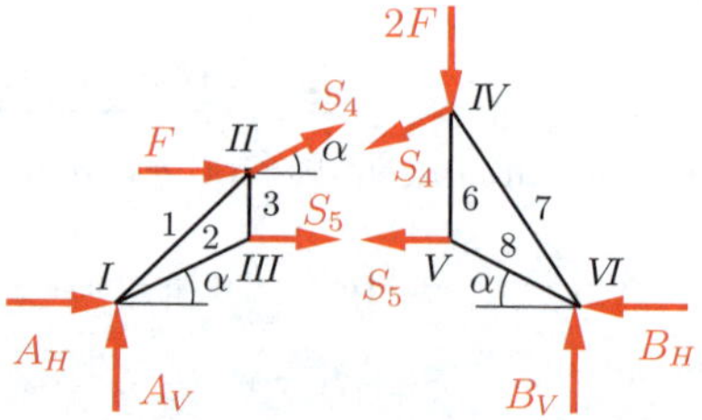

Aus den Gleichgewichtsbedingungen für das Gesamtsystem

$$\uparrow: \quad A_V + B_V - 2F = 0\,,$$

$$\rightarrow: \quad A_H - B_H + F = 0\,,$$

$$\stackrel{\curvearrowright}{A}: \quad 2aF + 4a\,2F - 6aB_V = 0$$

und für das rechte Teilsystem

$$\uparrow: \quad B_V - 2F - S_4 \sin\alpha = 0\,,$$

$$\leftarrow: \quad S_4 \cos\alpha + S_5 + B_H = 0\,,$$

$$\stackrel{\curvearrowright}{IV}: \quad 2aS_5 + 3aB_H - 2aB_V = 0$$

erhält man mit $\sin\alpha = 1/\sqrt{5}$ und $\cos\alpha = 2/\sqrt{5}$ die Ergebnisse

$$\underline{\underline{A_V = \frac{1}{3}F}}\,, \quad \underline{\underline{B_V = \frac{5}{3}F}}\,, \quad \underline{\underline{A_H = F}}\,, \quad \underline{\underline{B_H = 2\,F}}\,,$$

$$\underline{\underline{S_4 = -\frac{\sqrt{5}}{3}F = -0,75\,F}}\,, \quad \underline{\underline{S_5 = -\frac{4}{3}F = -1,33\,F}}\,.$$

Die restlichen Stabkräfte werden mit dem Knotenpunktverfahren ermittelt. Unter Verwendung von

$$\sin\beta = \cos\beta = 1/\sqrt{2}\,, \quad \sin\gamma = 3/\sqrt{13}\,, \quad \cos\gamma = 2/\sqrt{13}$$

ergibt sich

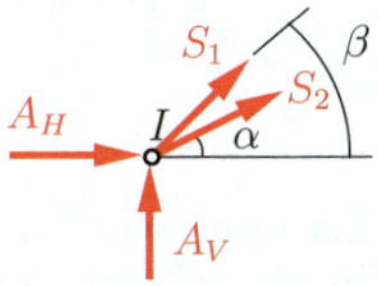

$$I \rightarrow: \quad A_H + S_2\cos\alpha + S_1\cos\beta = 0\,,$$

$$\uparrow: \quad A_V + S_2\sin\alpha + S_1\sin\beta = 0\,,$$

$$\leadsto \quad \underline{\underline{S_1 = \frac{\sqrt{2}}{3}F = 0,47\,F}}\,, \quad \underline{\underline{S_2 = -\frac{2}{3}\sqrt{5}\,F = -1,49\,F}}\,.$$

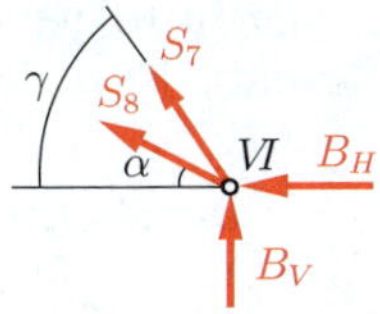

$$VI \leftarrow: \quad B_H + S_8\cos\alpha + S_7\cos\gamma = 0\,,$$

$$\uparrow: \quad B_V + S_8\sin\alpha + S_7\sin\gamma = 0\,,$$

$$\leadsto \quad \underline{\underline{S_7 = -\frac{\sqrt{13}}{3}F = -1,20\,F}}, \quad \underline{\underline{S_8 = -\frac{2}{3}\sqrt{5}\,F = -1,49\,F}}.$$

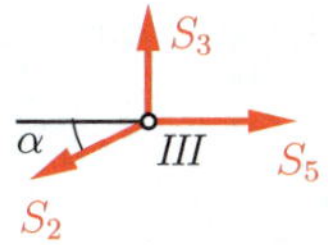

$$III \uparrow: \quad S_3 - S_2\sin\alpha = 0\,,$$

$$\leadsto \quad \underline{\underline{S_3 = -\frac{2}{3}\,F = -0,67\,F}}\,.$$

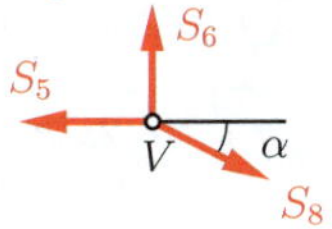

$$V \uparrow: \quad S_6 - S_8\sin\alpha = 0\,,$$

$$\leadsto \quad \underline{\underline{S_6 = -\frac{2}{3}F = -0,67\,F}}\,.$$

Das RITTERsche Schnittverfahren lässt sich bei dieser Aufgabe nur anwenden, wenn man die Lagerreaktionen bereits kennt. Man erhält dann zum Beispiel bei einem Schnitt durch die Stäbe 5, 6 und 7:

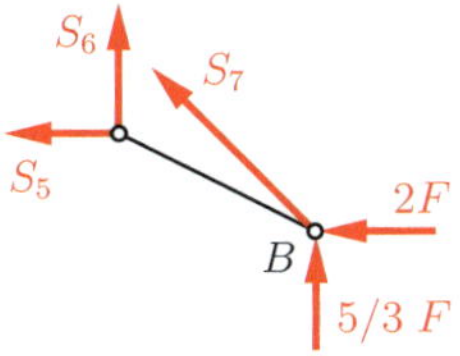

$$\leftarrow: \quad S_5 + S_7\cos\gamma + 2F = 0\,,$$

$$\uparrow: \quad S_6 + \frac{5}{3}\,F + S_7\sin\gamma = 0\,,$$

$$\overset{\curvearrowright}{B}: \quad 2a\,S_6 - a\,S_5 = 0\,,$$

$$\leadsto \quad \underline{\underline{S_5 = -\frac{4}{3}\,F}}\,, \quad \underline{\underline{S_6 = -\frac{2}{3}\,F}}\,, \quad \underline{\underline{S_7 = -\frac{\sqrt{13}}{3}\,F}}\,.$$

A4.9

Aufgabe 4.9 Für das dargestellte Fachwerk sind die Stabkräfte S_1 bis S_7 zu bestimmen.

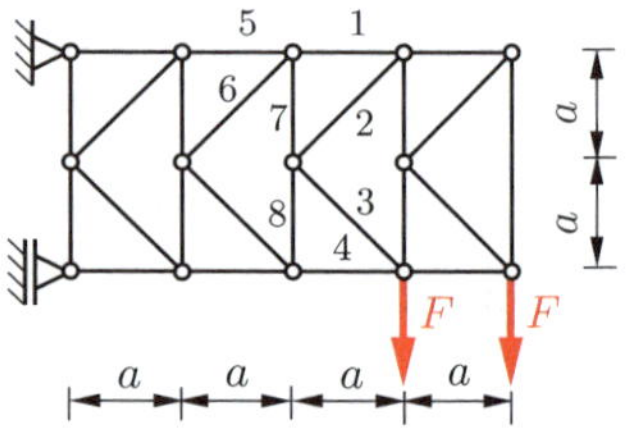

Lösung Zunächst werden die Stabkräfte S_1 und S_5 mit Hilfe geeigneter Schnitte bestimmt. Dazu werden ausnahmsweise *vier* Stäbe so geschnitten, dass jeweils drei Kräfte durch einen Punkt gehen. Die vierte Kraft folgt dann aus dem Momentengleichgewicht um diesen Punkt (beim Schnitt durch 1, 4, 7 und 8 ist es der Punkt B):

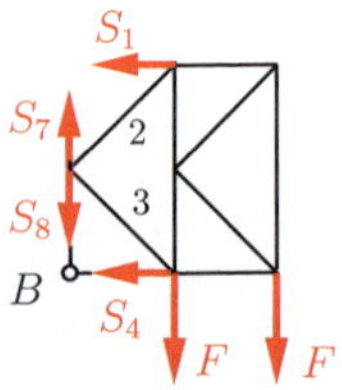

$$\overset{\curvearrowright}{B}: \quad 2aF + aF - 2aS_1 = 0\,,$$

$$\leadsto \quad \underline{\underline{S_1 = \frac{3}{2}F\,.}}$$

Analog folgt aus dem Moment um C:

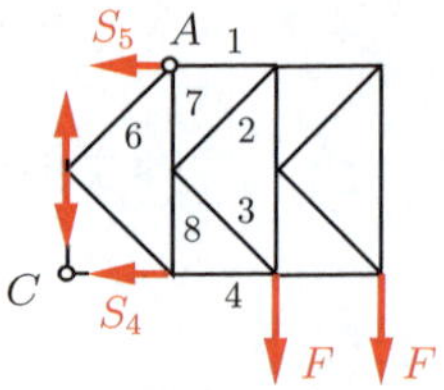

$$\overset{\curvearrowright}{C}: \quad 3aF + 2aF - 2aS_5 = 0\,,$$

$$\leadsto \quad \underline{\underline{S_5 = \frac{5}{2}F\,.}}$$

Der Schnitt durch 1, 2, 3 und 4 liefert

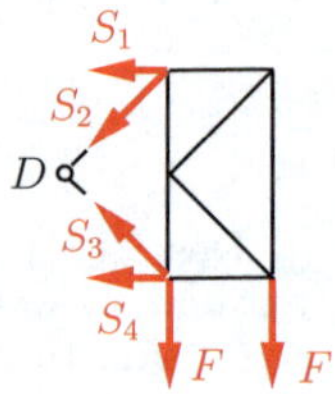

$$\overset{\curvearrowright}{D}: \quad 2a\,F + a\,F - a\,S_1 + a\,S_4 = 0\,,$$

$$\uparrow: \quad \frac{\sqrt{2}}{2}S_3 - \frac{\sqrt{2}}{2}S_2 - 2F = 0\,,$$

$$\leftarrow: \quad S_1 + S_4 + \frac{\sqrt{2}}{2}S_2 + \frac{\sqrt{2}}{2}S_3 = 0\,,$$

$$\leadsto \quad \underline{\underline{S_4 = -\frac{3}{2}F}}\,, \quad \underline{\underline{S_3 = \sqrt{2}\,F}}\,, \quad \underline{\underline{S_2 = -\sqrt{2}\,F}}\,.$$

Aus dem Gleichgewicht am Knoten A werden S_6 und S_7 berechnet:

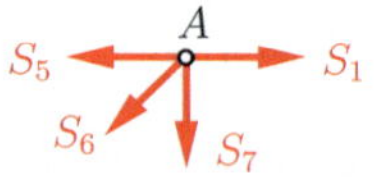

$$\rightarrow: \quad S_1 - S_5 - \frac{\sqrt{2}}{2}S_6 = 0\,,$$

$$\downarrow: \quad S_7 + \frac{\sqrt{2}}{2}S_6 = 0\,,$$

$$\leadsto \quad \underline{\underline{S_6 = -\sqrt{2}F}}\,, \quad \underline{\underline{S_7 = F}}\,.$$

Aufgabe 4.10 Für das dargestellte Fachwerk sind die Stabkräfte zu bestimmen. **A4.10**

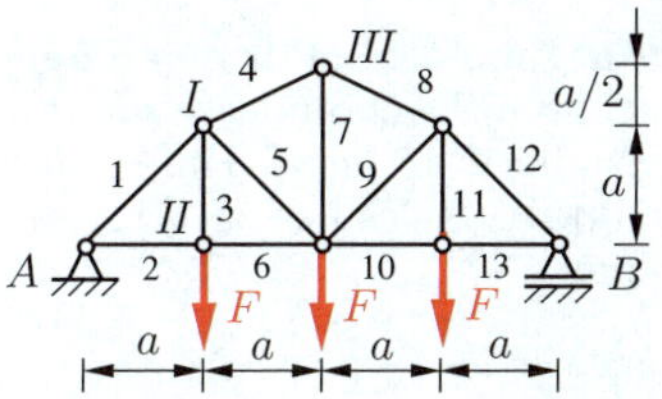

Lösung Das Fachwerk ist symmetrisch aufgebaut und belastet. Demnach gilt $S_4 = S_8$, $S_5 = S_9$, $S_1 = S_{12}$ u.s.w.. Die vertikalen Lagerreaktionen in A und B ergeben sich zu $A = B = 3F/2$.

Gleichgewicht am geschnittenen System

$$\overset{\curvearrowright}{I}: \quad aA - aS_6 = 0\,,$$

$$\uparrow: \quad A - F + S_4 \sin\alpha - S_5 \sin\beta = 0\,,$$

$$\rightarrow: \quad S_6 + S_4 \cos\alpha + S_5 \cos\beta = 0$$

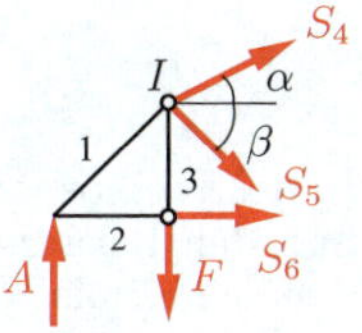

liefert mit $\sin\alpha = 1/\sqrt{5}$, $\cos\alpha = 2/\sqrt{5}$, $\sin\beta = \cos\beta = 1/\sqrt{2}$ die Stabkräfte

$$\underline{\underline{S_6 = A = \frac{3}{2}F}}\,, \quad \underline{\underline{S_4 = -\frac{2}{3}\sqrt{5}\,F}}\,, \quad \underline{\underline{S_5 = -\frac{\sqrt{2}}{6}F}}\,.$$

Die restlichen Stabkräfte werden mit dem Knotenpunktverfahren bestimmt:

$$III \ \downarrow: \quad S_7 + 2S_4 \sin\alpha = 0\,,$$

$$\rightsquigarrow \quad \underline{\underline{S_7 = \frac{4}{3}F}}\,,$$

$$II \rightarrow: \quad \underline{\underline{S_2 = S_6 = \frac{3}{2}F}}\,,$$

$$\uparrow: \quad \underline{\underline{S_3 = F}}\,,$$

$$A \ \uparrow: \quad A + S_1 \sin\beta = 0\,,$$

$$\rightsquigarrow \quad \underline{\underline{S_1 = -\frac{3}{2}\sqrt{2}\,F}}\,.$$

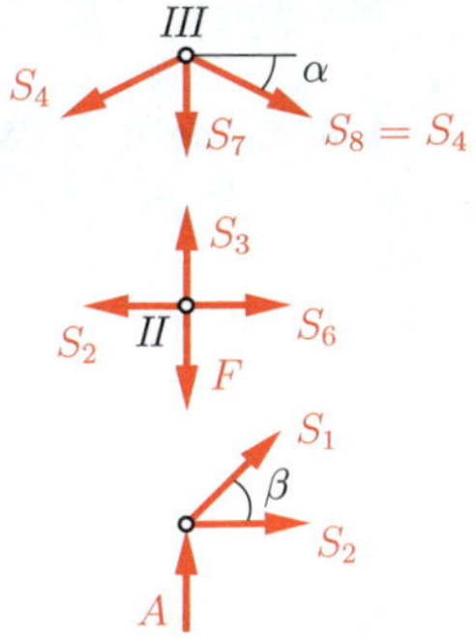

Stabkrafttabelle:

i	1	2	3	4	5	6	7
S_i/F	$-3\sqrt{2}/2$	$3/2$	1	$-2\sqrt{5}/3$	$-\sqrt{2}/6$	$3/2$	$4/3$

Anmerkung: Die betragsmäßig größte Schnittkraft tritt im Stab 1 auf.

A4.11

Aufgabe 4.11 Für den dargestellten Dachbinder sind die Stabkräfte mit Hilfe des CREMONA-Planes zu bestimmen.

Gegeben: $F = 10$ kN.

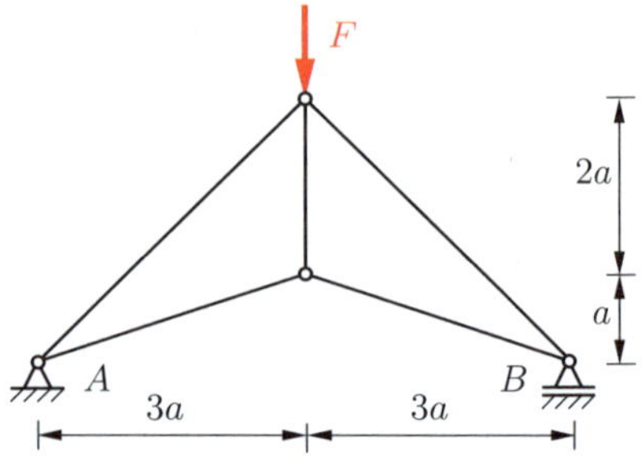

Lösung In A und B treten nur vertikale Lagerreaktionen auf:

$$A = B = \frac{1}{2}F = 5 \text{ kN}.$$

In das Freikörperbild zeichnen wir neben den bekannten äußeren Kräften, den sich aus dem CREMONA-Plan ergebenden jeweiligen Richtungssinn der Stabkräfte an den einzelnen Knoten ein.

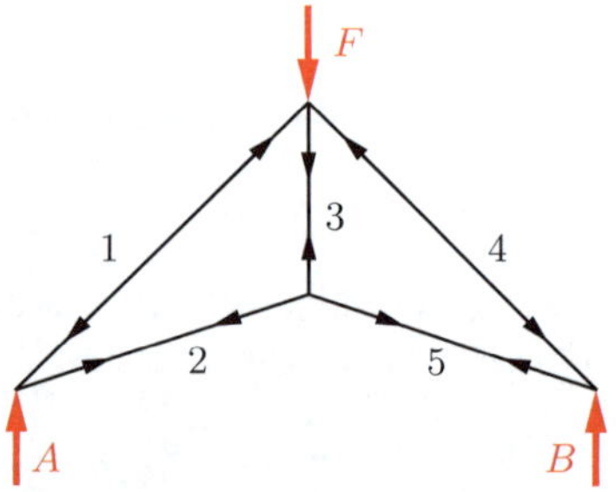

CREMONA-Plan

Maßstab: 2 kN

Umlaufsinn:

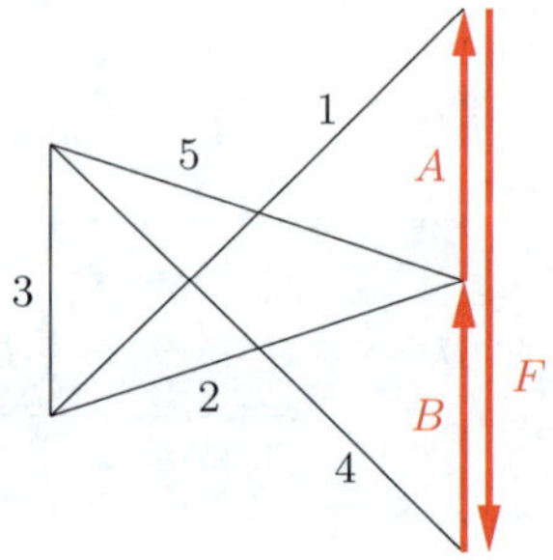

Stabkrafttabelle:

i	1	2	3	4	5
S_i/kN	-10,6	7,9	5,0	-10,6	7,9

Anmerkung: Wegen der Symmetrie sind $S_1 = S_4$ und $S_2 = S_5$.

Aufgabe 4.12 Alle Stabkräfte sind grafisch zu bestimmen. **A4.12**

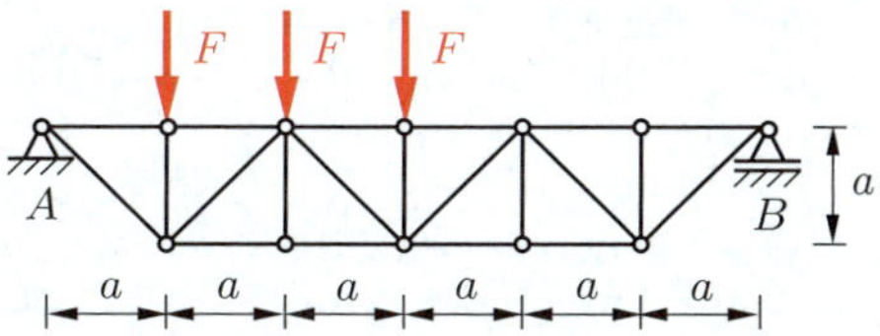

Lösung Aus den Gleichgewichtsbedingungen für das Gesamtsystem ergeben sich die vertikalen Lagerreaktionen zu

$$\underline{\underline{A = 2F}}, \quad \underline{\underline{B = F}}.$$

Freikörperbild:

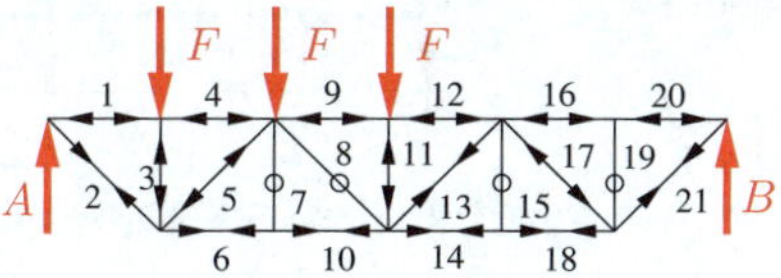

Die Stäbe 7, 15 und 19 sind als Nullstäbe erkennbar. Aus dem CREMONA-Plan ergibt sich auch Stab 8 zusätzlich als Nullstab.

CREMONA-Plan

Maßstab: F

Umlaufsinn:

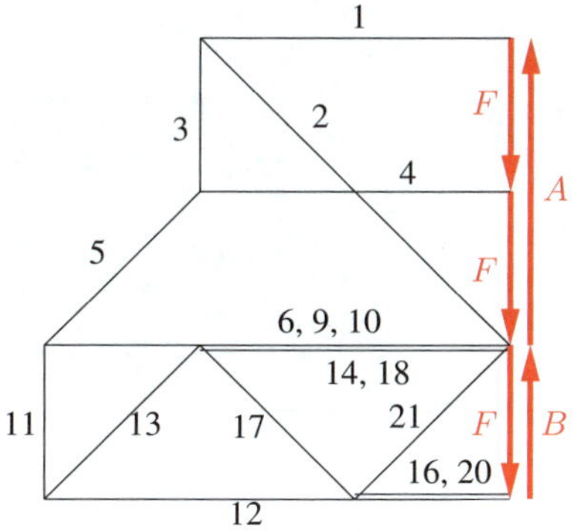

Stabkräfte:

i	1	2	3	4	5	6	7	8	9	10	11
S_i/F	-2	$2\sqrt{2}$	-1	-2	$-\sqrt{2}$	3	0	0	-3	3	-1

i	12	13	14	15	16	17	18	19	20	21
S_i/F	-3	$\sqrt{2}$	2	0	-1	$-\sqrt{2}$	2	0	-1	$\sqrt{2}$

A4.13 **Aufgabe 4.13** Es sind die Stabkräfte für das dargestellte Fachwerk zu bestimmen.

Wie ändern sich die Kräfte, wenn die Kraft $2F$ vom Knoten I in den Knoten II verschoben wird?

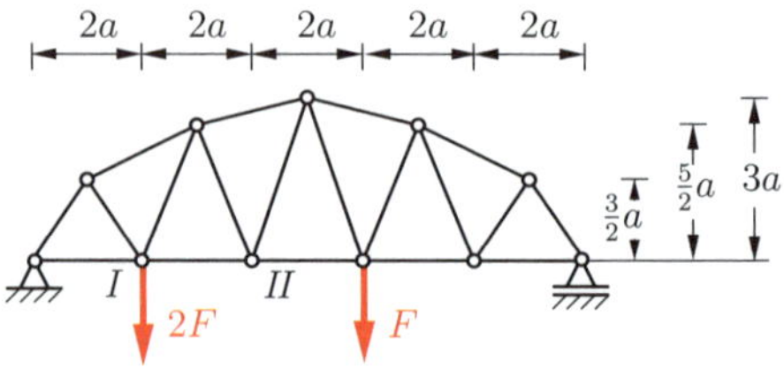

Lösung Im dargestellten Fall ergeben sich die Lagerreaktionen aus den Gleichgewichtsbedingungen zu

$$A = 2F\,, \qquad B = F\,.$$

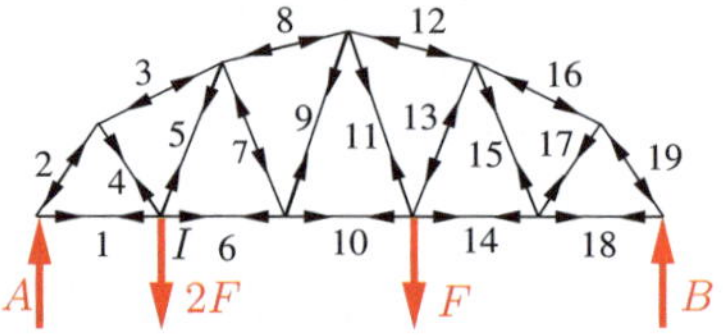

Die Stabkräfte werden mit Hilfe des CREMONA-Planes bestimmt.

Maßstab: F Umlaufsinn: ↻

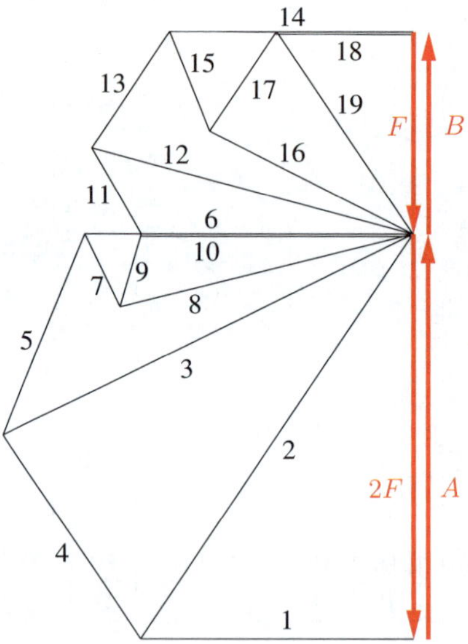

i	S_i/F
1	1,33
2	-2,39
3	-2,22
4	1,21
5	1,07
6	1,58
7	-0,38
8	-1,48
9	0,37
10	1,33
11	0,38
12	-1,48
13	0,69
14	1,19
15	-0,54
16	-1,10
17	0,59
18	0,67
19	-1,17

Greift die Kraft $2F$ im Knoten II an, so haben die Lagerreaktionen die Größe

$$A = 1,6F\,, \qquad B = 1,4F\,.$$

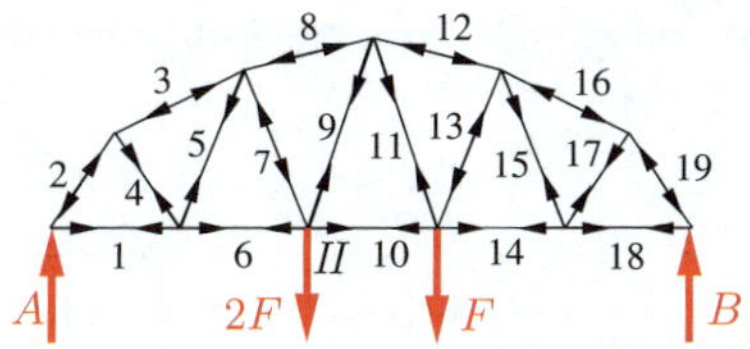

Bei gleichem Maßstab und Umlaufsinn ergibt sich der folgende CREMONA-Plan:

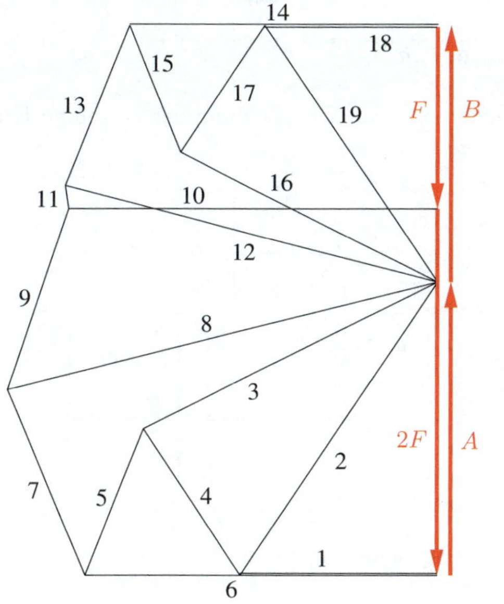

i	S_i/F
1	1,06
2	-1,92
3	-1,78
4	0,96
5	-0,86
6	1,91
7	1,09
8	-2,38
9	1,04
10	2,00
11	0,12
12	-2,08
13	0,94
14	1,67
15	-0,72
16	-1,57
17	0,83
18	0,93
19	-1,67

Zur Kontrolle kann man einzelne Stabkräfte mit Hilfe des RITTERschen Schnittverfahrens analytisch bestimmen. So erhält man z. B. für S_{10}

$$\overset{\curvearrowright}{C}: \quad 3a\, S_{10} + a\, F - 5a\, B = 0$$

$$\rightsquigarrow \quad S_{10} = \frac{6}{3}\, F = 2F\,.$$

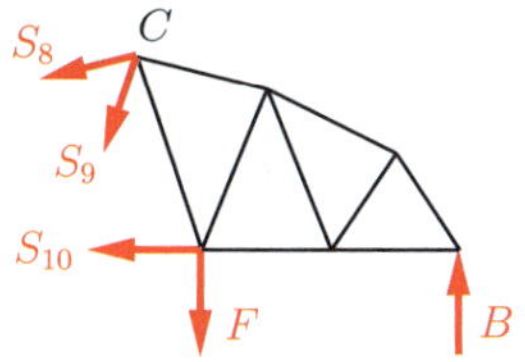

A4.14 **Aufgabe 4.14** Für das in der Abbildung dargestellte Fachwerk sollen die Nullstäbe, sämtliche Auflagerreaktionen und die Stabkräfte S_1, S_2, S_3 und S_4 berechnet werden.

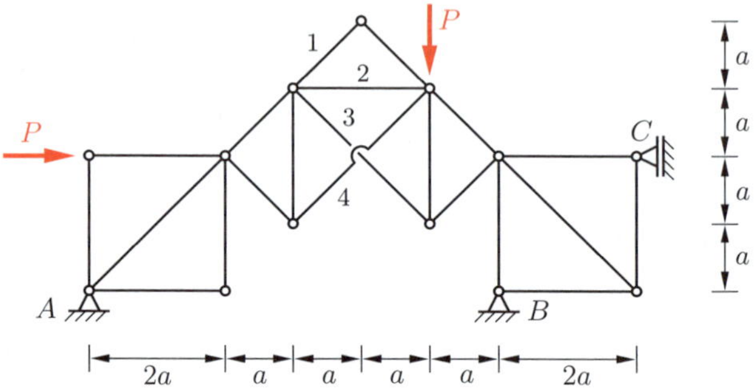

Lösung Die Nullstäbe können durch Überprüfung der einzelnen Knoten ermittelt werden.

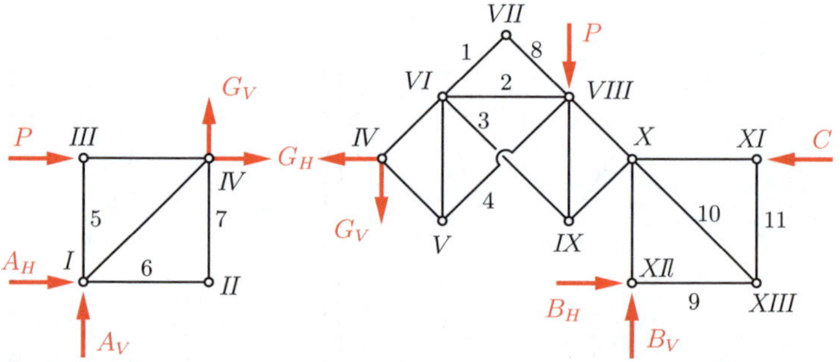

Eine Betrachtung des Knotengleichgewichts an den Knoten *II*, *III*, *VII* und *XI* zeigt, dass die Stäbe 6, 7, 5, 1, 8 und 11 Nullstäbe sind: $S_6 = S_7 = S_5 = S_1 = S_8 = S_{11} = 0$. Wegen $S_{11} = 0$, können bei Betrachtung von Knoten *XIII* auch die Stäbe 9 und 10 als Nullstäbe identifiziert werden: $S_9 = S_{10} = 0$. Hieraus folgt, dass dann auch $\underline{\underline{B_H = 0}}$ sein muss.

Für die Ermittlung der Auflagerreaktionen wird zweckmäßig zuerst am linken Teilsystem das Momentengleichgewicht am Knoten *IV* und dann am Gesamtsystem das Momentengleichgewicht am Knoten *X* gebildet:

linkes Teilsystem:

$$\overset{\curvearrowright}{IV}: \quad 2a\,A_V - 2a\,A_H = 0 \quad \rightsquigarrow \quad A_V = A_H\,,$$

Gesamtsystem:

$$\overset{\curvearrowright}{X}: \quad -a\,P + 6a\,A_V - 2a\,A_H = 0 \quad \rightsquigarrow \quad \underline{\underline{A_V = A_H = \frac{P}{4}}}\,.$$

Die restlichen Auflagerkräfte werden durch Bilden des Gleichgewichts in horizontaler und vertikaler Richtung am Gesamtsystem ermittelt:

$$\rightarrow: \quad P + A_H - C = 0 \quad \rightsquigarrow \quad \underline{\underline{C = \frac{5}{4}\,P}}\,,$$

$$\uparrow: \quad A_V - P - B_V = 0 \quad \rightsquigarrow \quad \underline{\underline{B_V = \frac{3}{4}\,P}}\,.$$

Die noch zu bestimmenden Stabkräfte S_2, S_3 und S_4 können durch Anwendung des RITTERschen Schnittverfahrens berechnet werden:

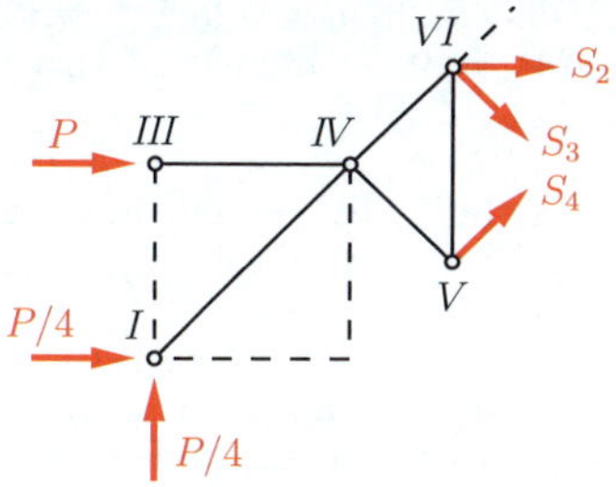

$$\overset{\curvearrowright}{VI}: \quad -a\,P - 3a\,\frac{P}{4} + 3a\,\frac{P}{4} - 2a\,\frac{\sqrt{2}}{2}\,S_4 = 0\,,$$

$$\rightsquigarrow \quad \underline{\underline{S_4 = -\frac{\sqrt{2}\,P}{2}}}\,,$$

$$\uparrow: \quad \frac{P}{4} + \frac{\sqrt{2}}{2}\,S_4 - \frac{\sqrt{2}}{2}\,S_3 = 0\,,$$

$$\rightsquigarrow \quad \underline{\underline{S_3 = -\frac{\sqrt{2}\,P}{4}}}\,,$$

$$\rightarrow: \quad P + \frac{P}{4} + S_2 + \frac{\sqrt{2}}{2}\,S_3 + \frac{\sqrt{2}}{2}\,S_4 = 0\,,$$

$$\rightsquigarrow \quad \underline{\underline{S_2 = -\frac{P}{2}}}\,.$$

A4.15 **Aufgabe 4.15** Für das dargestellte Fachwerk sollen die Anzahl der Freiheitsgrade und die Nullstäbe ermittelt werden. Anschließend sind die restlichen Stabkräfte zu berechnen.

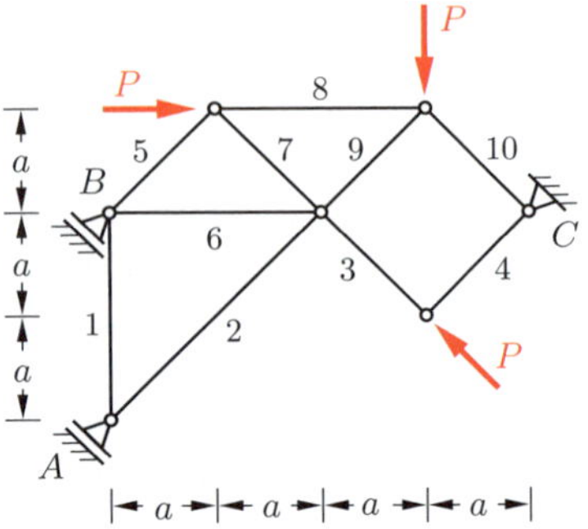

Lösung Das Fachwerk hat $k = 7$ Knoten, $s = 10$ Stäbe und $r = 4$ Lagerreaktionen. Die Anzahl der Freiheitsgrade beträgt somit $f = 2\,k - (s + r) = 2 \cdot 7 - (10 + 4) = 0$. Demnach ist das System statisch bestimmt.

Durch Anwenden der Regeln für die Nullstäbe erkennt man zunächst, dass die Stabkräfte S_1 und S_4 Null sind. Wegen $S_1 = 0$ ergibt sich anschließend auch S_6 zu Null.

Anwendung des RITTERschen Schnittverfahrens (Schnitt durch die Stäbe 2, 7 und 8) teilt das Gesamtsystem in ein linkes und ein rechtes Teilsystem. Die entsprechenden Freikörperbilder haben die folgende Gestalt:

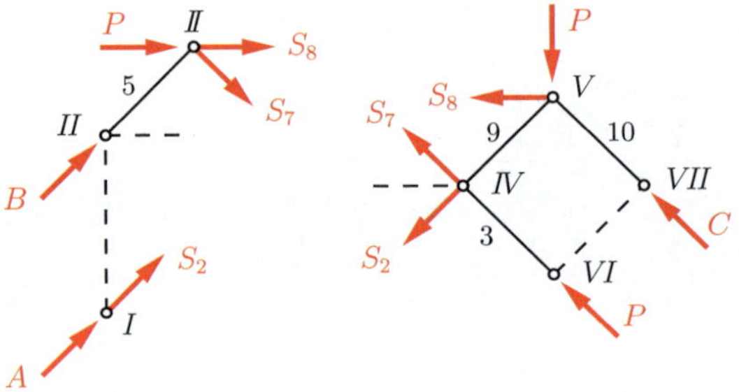

Durch Gleichgewichtsbetrachtungen am Gesamtsystem folgt für die Lagerreaktion im Punkt C:

$$\nwarrow: \quad C + P - \frac{\sqrt{2}}{2}\,P - \frac{\sqrt{2}}{2}\,P = 0 \quad \rightsquigarrow \quad \underline{\underline{C = (\sqrt{2} - 1)\,P}}\,.$$

Die Gleichgewichtsbedingungen für das rechte Teilsystems liefern

$$\overset{\curvearrowright}{IV}: \quad -a\,S_8 + a\,P - \sqrt{2}\,a\,C = 0 \quad \rightsquigarrow \quad \underline{\underline{S_8 = (\sqrt{2} - 1)\,P}}\,,$$

$$\overset{\curvearrowright}{V}: \quad \sqrt{2}\,a\,S_7 + \sqrt{2}\,a\,P = 0 \quad \rightsquigarrow \quad \underline{\underline{S_7 = -P}}\,,$$

$$\nearrow: \quad -S_2 - \frac{\sqrt{2}}{2}\,S_8 - \frac{\sqrt{2}}{2}\,P = 0 \quad \rightsquigarrow \quad \underline{\underline{S_2 = -P}}\,.$$

Die restlichen Stabkräfte werden mit dem Knotenpunktverfahren ermittelt:

$$III \nearrow: \quad -S_5 + \frac{\sqrt{2}}{2}\,P + \frac{\sqrt{2}}{2}\,S_8 = 0\,,$$

$$\rightsquigarrow \quad \underline{\underline{S_5 = P}}\,,$$

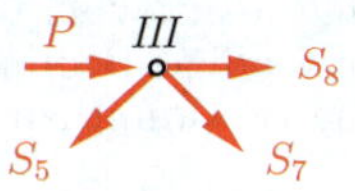

$$V \nearrow: \quad -S_9 - \frac{\sqrt{2}}{2}\,P - \frac{\sqrt{2}}{2}\,S_8 = 0\,,$$

$$\rightsquigarrow \quad \underline{\underline{S_9 = -P}}\,,$$

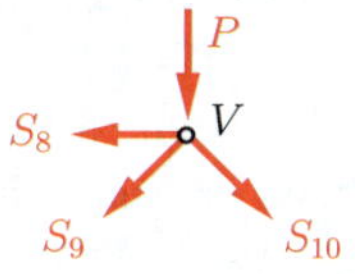

$$VI \nwarrow: \quad S_3 + P = 0\,,$$

$$\rightsquigarrow \quad \underline{\underline{S_3 = -P}}\,,$$

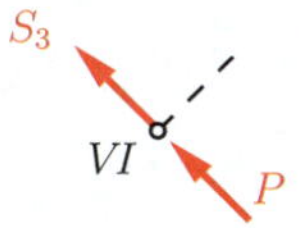

$$VII \nwarrow: \quad S_{10} + C = 0\,,$$

$$\rightsquigarrow \quad \underline{\underline{S_{10} = (1 - \sqrt{2})\,P}}\,.$$

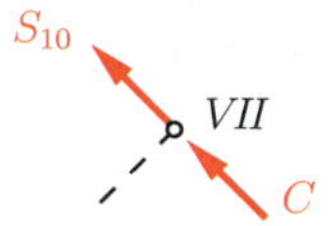

Zur Kontrolle überprüfen wir noch das Gleichgewicht am Knoten *IV*:

$$IV \nwarrow: \quad S_7 - S_3 = -P + P = 0\,, \quad \checkmark$$

$$\nearrow: \quad S_9 - S_2 = -P + P = 0\,. \quad \checkmark$$

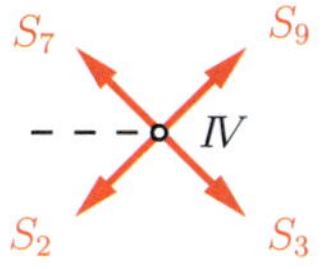

A4.16 **Aufgabe 4.16** Es sind die Lagerreaktionen und die Stabkräfte für das dargestellte Raumfachwerk zu bestimmen.

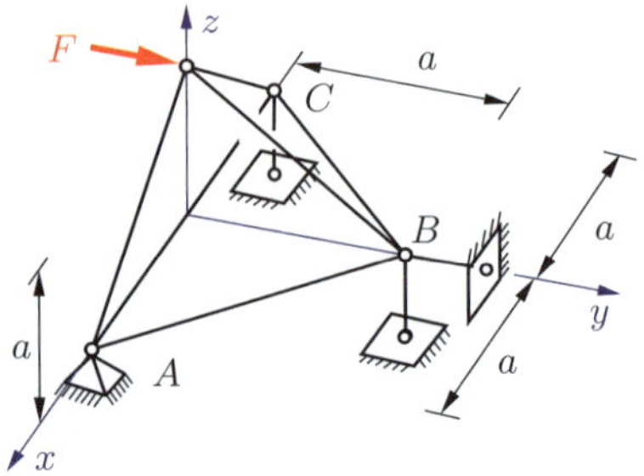

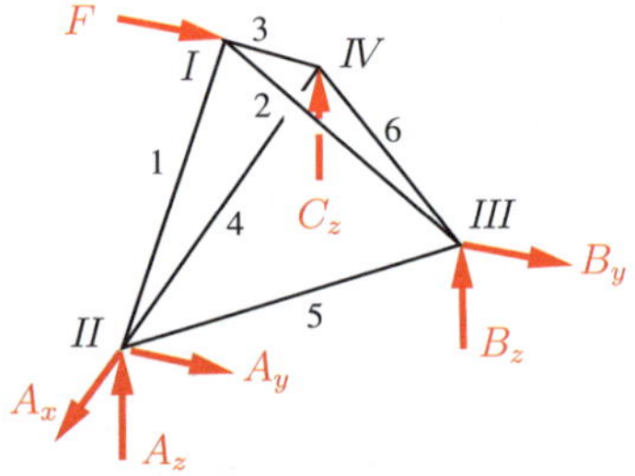

Lösung Das Fachwerk hat $k = 4$ Knoten, $s = 6$ Stäbe und $r = 6$ Lagerreaktionen. Demnach ist die notwendige Bedingung für statische Bestimmtheit erfüllt:

$$\begin{aligned} f &= 3k - (s + r) \\ &= 12 - (6 + 6) = 0\,. \end{aligned}$$

Aus den Gleichgewichtsbedingungen für das Gesamtsystem

$$\sum F_x = 0 : \quad A_x = 0\,,$$

$$\sum F_y = 0 : \quad A_y + B_y + F = 0\,,$$

$$\sum F_z = 0 : \quad A_z + B_z + C_z = 0\,,$$

$$\sum M_x = 0 : \quad a\,F - a\,B_z = 0\,,$$

$$\sum M_y = 0 : \quad a\,C_z - a\,A_z = 0\,,$$

$$\sum M_z = 0 : \quad a\,A_y = 0$$

folgen die Lagerreaktionen zu

$$\underline{\underline{A_x = 0}}\,, \quad \underline{\underline{A_y = 0}}\,, \quad \underline{\underline{A_z = -\frac{1}{2}\,F}}\,,$$

$$\underline{\underline{B_y = -F}}\,, \quad \underline{\underline{B_z = F}}\,, \quad \underline{\underline{C_z = -\frac{1}{2}\,F}}\,.$$

Die Stabkräfte erhält man aus den Gleichgewichtsbedingungen an den

Knoten. Unter Beachtung, dass mit Ausnahme von Stab 4 alle Stäbe unter 45° zu den entsprechenden Koordinatenachsen geneigt sind, ergibt sich an den Knoten *I* und *II*:

$$I \quad \sum F_x = 0 : \quad \frac{1}{\sqrt{2}} S_1 - \frac{1}{\sqrt{2}} S_3 = 0 ,$$

$$\sum F_y = 0 : \quad \frac{1}{\sqrt{2}} S_2 + F = 0 ,$$

$$\sum F_z = 0 : \quad -\frac{1}{\sqrt{2}} S_1 - \frac{1}{\sqrt{2}} S_2 - \frac{1}{\sqrt{2}} S_3 = 0 ,$$

$$\leadsto \quad \underline{\underline{S_1 = S_3 = \frac{\sqrt{2}}{2} F}} , \quad \underline{\underline{S_2 = -\sqrt{2}\, F}} .$$

$$II \quad \sum F_x = 0 : \quad A_x - \frac{1}{\sqrt{2}} S_1 - S_4 - \frac{1}{\sqrt{2}} S_5 = 0 ,$$

$$\sum F_y = 0 : \quad A_y + \frac{1}{\sqrt{2}} S_5 = 0 ,$$

$$\leadsto \quad \underline{\underline{S_4 = -\frac{1}{2} F}} , \quad \underline{\underline{S_5 = 0}} .$$

Wegen der vorhandenen Symmetrie muss gelten

$$\underline{\underline{S_6 = S_5 = 0}} .$$

Zur Kontrolle prüfen wir noch die Gleichgewichtsbedingungen am Knoten *IV*:

$$\sum F_x = 0 : \quad \frac{1}{\sqrt{2}} S_6 + S_4 + \frac{1}{\sqrt{2}} S_3 = 0 \quad \leadsto \quad 0 - \frac{F}{2} + \frac{F}{2} = 0 ,$$

$$\sum F_y = 0 : \quad \frac{1}{\sqrt{2}} S_6 = 0 ,$$

$$\sum F_z = 0 : \quad C_z + \frac{1}{\sqrt{2}} S_3 = 0 \quad \leadsto \quad -\frac{F}{2} + \frac{F}{2} = 0 .$$

A4.17

Aufgabe 4.17 Für das nachstehende räumliche Fachwerk ermittle man alle Stabkräfte.

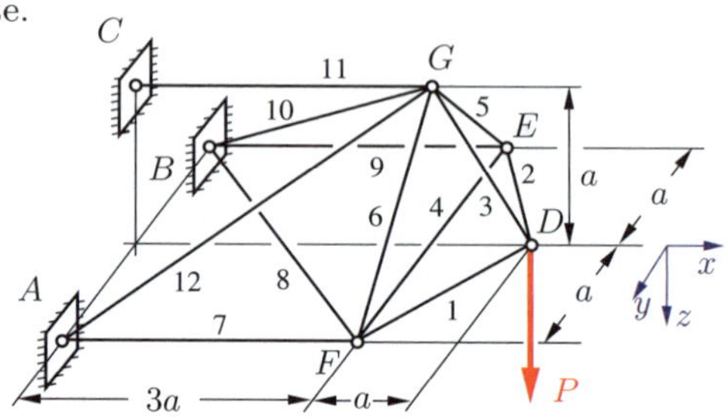

Lösung Das Fachwerk hat $k = 7$ Knoten, $s = 12$ Stäbe und $r = 9$ Lagerkräfte. Daher ist es statisch bestimmt:

$$f = 3k - (r + s) \quad \rightsquigarrow \quad f = 21 - (9 + 12) = 0\,.$$

Wir ermitteln die Stabkräfte nach dem Knotenpunktverfahren aus dem räumlichen Gleichgewicht an den Knoten:

Knoten D

$$\sum F_x = 0 \;: \quad -S_1 \cos 45^\circ - S_2 \cos 45^\circ - S_3 \cos 45^\circ = 0\,,$$

$$\sum F_y = 0 \;: \quad S_1 \sin 45^\circ - S_2 \sin 45^\circ = 0\,,$$

$$\sum F_z = 0 \;: \quad P - S_3 \sin 45^\circ = 0$$

$$\rightsquigarrow \quad \underline{\underline{S_3 = \sqrt{2}\,P}}\,, \quad \underline{\underline{S_1 = S_2 = -\frac{1}{2}\sqrt{2}\,P}}\,.$$

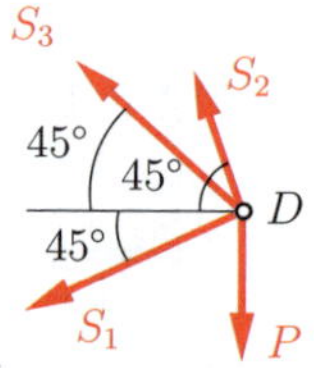

Knoten E

$$\sum F_x = 0 \;: \quad -S_9 + S_2 \sin 45^\circ = 0\,,$$

$$\sum F_y = 0 \;: \quad S_4 + S_5 \cos 45^\circ + S_2 \cos 45^\circ = 0\,,$$

$$\sum F_z = 0 \;: \quad S_5 \sin 45^\circ = 0$$

$$\rightsquigarrow \quad \underline{\underline{S_9 = -\frac{1}{2}\,P}}\,, \quad \underline{\underline{S_5 = 0}}\,, \quad \underline{\underline{S_4 = \frac{1}{2}\,P}}\,.$$

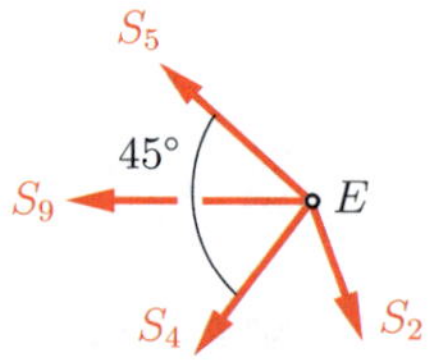

Knoten F

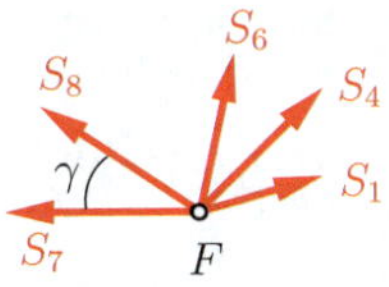

$$\sum F_z = 0 : \quad S_6 \sin 45° = 0 ,$$

$$\sum F_x = 0 : \quad S_1 \sin 45° - S_7 - S_8 \cos\gamma = 0 ,$$

$$\sum F_y = 0 : \quad -S_1 \cos 45° - S_6 \cos 45° - S_8 \sin\gamma - S_4 = 0$$

$$\rightsquigarrow \quad \underline{\underline{S_6 = 0}} , \quad \underline{\underline{S_7 = -\frac{1}{2} P}} , \quad \underline{\underline{S_8 = 0}} .$$

(Dieselben Ergebnisse erhält man auch durch Beachtung der Symmetrie der Belastung: $S_6 = S_5$, $S_7 = S_9$, $S_8 = 0$.)

Knoten G

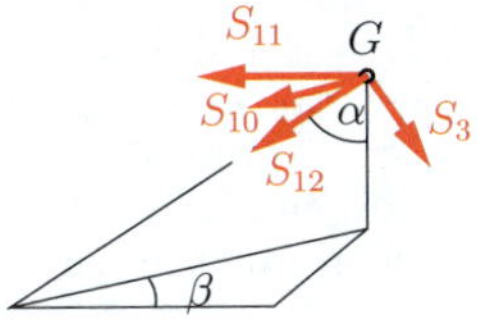

Wir führen die Hilfswinkel α (zwischen Stab 12 und der Vertikalen in G) und β (zwischen der Projektion von 12 auf die x-y-Ebene und der x-Achse) ein. Aus der Geometrie folgt hierfr

$$\cos\alpha = \frac{1}{\sqrt{11}} , \quad \sin\alpha = \frac{\sqrt{10}}{\sqrt{11}} , \quad \cos\beta = \frac{3}{\sqrt{10}} .$$

Die Gleichgewichtsbedingung $\sum F_y = 0$ liefert mit $S_6 = S_5 = 0$ wieder eine Symmetrieausage: $S_{10} = S_{12}$. Die restlichen Bedingungen ergeben

$$\sum F_z = 0 : \quad S_3 \cos 45° + 2\, S_{12} \cos\alpha = 0 ,$$

$$\sum F_x = 0 : \quad -S_{11} - 2\, S_{12} \sin\alpha \cos\beta + S_3 \sin 45° = 0$$

$$\rightsquigarrow \quad \underline{\underline{S_{10} = S_{12} = -\frac{\sqrt{11}}{2} P}} , \quad \underline{\underline{S_{11} = 4\, P}} .$$

Zur Kontrolle ermitteln wir S_{11} aus dem Gleichgewicht am Gesamtsystem. Hierzu formulieren wir die Momentenbedingung um eine zur y-Achse parallele Achse durch die Lager A und B:

$$\sum M_y = 0 : \quad 4a\, P - a\, S_{11} = 0 \quad \rightsquigarrow \quad S_{11} = 4P .$$

A4.18 **Aufgabe 4.18** Das Raumfachwerk ist durch die Kraft F belastet.

Wie groß sind die Stabkräfte?

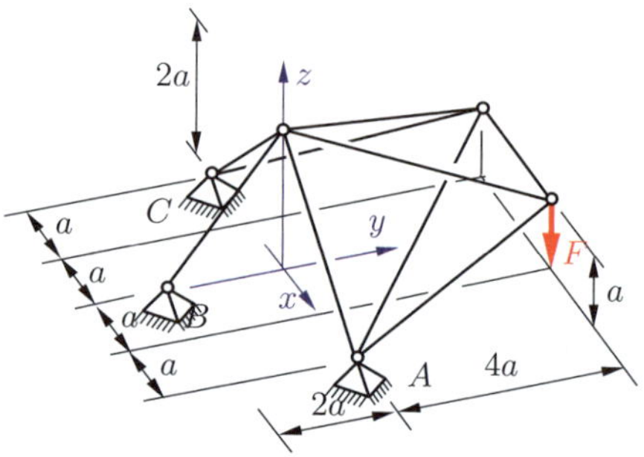

Lösung Wir fassen die Kraft in Stab 9 (Pendelstütze) als Lagerreaktion auf. Dann hat das Fachwerk $k = 5$ Knoten, $s = 8$ Stäbe und $r = 1 + 2 \times 3 = 7$ Lagerreaktionen. Demnach ist die notwendige Bedingung für statische Bestimmtheit erfüllt:

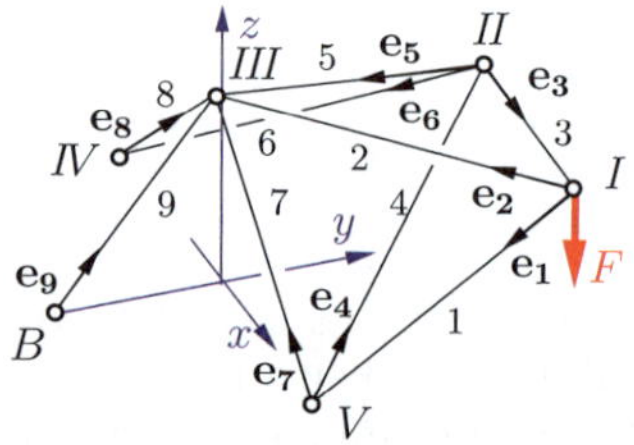

$$
\begin{aligned}
f &= 3k - (s + r) \\
&= 15 - (8 + 7) = 0\,.
\end{aligned}
$$

Um die Stabrichtungen und damit die Komponenten der Stabkräfte ausdrücken zu können, führen wir die Einheitvektoren $\mathbf{e_1}$ bis $\mathbf{e_9}$ ein:

$$
\mathbf{e}_1 = \frac{1}{\sqrt{18}}\begin{pmatrix}1\\-4\\-1\end{pmatrix}, \quad \mathbf{e}_2 = \frac{1}{\sqrt{18}}\begin{pmatrix}-1\\-4\\1\end{pmatrix}, \quad \mathbf{e}_3 = \begin{pmatrix}1\\0\\0\end{pmatrix},
$$

$$
\mathbf{e}_4 = \frac{1}{\sqrt{26}}\begin{pmatrix}-3\\4\\1\end{pmatrix}, \quad \mathbf{e}_5 = \frac{1}{\sqrt{18}}\begin{pmatrix}1\\-4\\1\end{pmatrix}, \quad \mathbf{e}_6 = \frac{1}{\sqrt{18}}\begin{pmatrix}-1\\-4\\-1\end{pmatrix},
$$

$$
\mathbf{e}_7 = \frac{1}{\sqrt{2}}\begin{pmatrix}-1\\0\\1\end{pmatrix}, \quad \mathbf{e}_8 = \frac{1}{\sqrt{2}}\begin{pmatrix}1\\0\\1\end{pmatrix}, \quad \mathbf{e}_9 = \frac{1}{\sqrt{2}}\begin{pmatrix}0\\1\\1\end{pmatrix}.
$$

Unter Berücksichtigung der Festlegung, dass Zugkräfte positiv sind, lauten die Gleichgewichtsbedingungen an den Knoten *I*, *II* und *III* in Vektorform bzw. in Komponenten folgendermaßen:

Knoten *I*:

$$S_1\mathbf{e}_1 + S_2\mathbf{e}_2 - S_3\mathbf{e}_3 - F\mathbf{e}_z = 0\,,$$

$$\rightsquigarrow \quad \frac{1}{\sqrt{18}}\,S_1 - \frac{1}{\sqrt{18}}\,S_2 - S_3 = 0\,,$$

$$-\frac{4}{\sqrt{18}}\,S_1 - \frac{4}{\sqrt{18}}\,S_2 = 0\,,$$

$$-\frac{1}{\sqrt{18}}\,S_1 + \frac{1}{\sqrt{18}}\,S_2 - F = 0\,,$$

$$\rightsquigarrow \quad \underline{\underline{S_1 = -\frac{3}{2}\sqrt{2}F}}\,, \quad \underline{\underline{S_2 = \frac{3}{2}\sqrt{2}F}}\,, \quad \underline{\underline{S_3 = -F}}\,.$$

Knoten *II*:

$$-S_4\mathbf{e}_4 + S_5\mathbf{e}_5 + S_6\mathbf{e}_6 + S_3\mathbf{e}_3 = 0\,,$$

$$\rightsquigarrow \quad \frac{3}{\sqrt{26}}\,S_4 + \frac{1}{\sqrt{18}}\,S_5 - \frac{1}{\sqrt{18}}\,S_6 - F = 0\,,$$

$$-\frac{4}{\sqrt{26}}\,S_4 - \frac{4}{\sqrt{18}}\,S_5 - \frac{4}{\sqrt{18}}\,S_6 = 0\,,$$

$$-\frac{1}{\sqrt{26}}\,S_4 + \frac{1}{\sqrt{18}}S_5 - \frac{1}{\sqrt{18}}S_6 = 0\,,$$

$$\rightsquigarrow \quad \underline{\underline{S_4 = \frac{1}{4}\sqrt{26}F}}\,, \quad \underline{\underline{S_5 = 0}}\,, \quad \underline{\underline{S_6 = -\frac{3}{4}\sqrt{2}\,F}}\,.$$

Knoten *III*:

$$-S_7\mathbf{e}_7 - S_8\mathbf{e}_8 - S_9\mathbf{e}_9 - S_2\mathbf{e}_2 - S_5\mathbf{e}_5 = 0\,,$$

$$\rightsquigarrow \quad \frac{1}{\sqrt{2}}\,S_7 - \frac{1}{\sqrt{2}}\,S_8 + \frac{1}{\sqrt{18}}\,\frac{3}{2}\sqrt{2}\,F = 0\,,$$

$$-\frac{1}{\sqrt{2}}\,S_9 + \frac{4}{\sqrt{18}}\,\frac{3}{2}\,\sqrt{2}\,F = 0\,,$$

$$-\frac{1}{\sqrt{2}}\,S_7 - \frac{1}{\sqrt{2}}\,S_8 - \frac{1}{\sqrt{2}}\,S_9 - \frac{1}{\sqrt{18}}\,\frac{3}{2}\,\sqrt{2}\,F = 0\,,$$

$$\leadsto \quad \underline{\underline{S_7 = -\frac{3}{2}\sqrt{2}\,F}}\,, \quad \underline{\underline{S_8 = -\sqrt{2}\,F}}\,, \quad \underline{\underline{S_9 = 2\sqrt{2}\,F}}\,.$$

Die Gleichgewichtsbedingungen an den Knoten *IV* und *V* sowie am Lager B können benutzt werden, um die kartesischen Komponenten der Lagerreaktionen zu ermitteln:

Knoten *IV*:

$$C_x\mathbf{e}_x + C_y\mathbf{e}_y + C_z\mathbf{e}_z + S_8\mathbf{e}_8 - S_6\mathbf{e}_6 = 0\,,$$

$$\leadsto \quad C_x - \frac{1}{\sqrt{2}}\sqrt{2}\,F - \frac{1}{\sqrt{18}}\,\frac{3}{4}\,\sqrt{2}\,F = 0\,,$$

$$C_y - \frac{4}{\sqrt{18}}\,\frac{3}{4}\,\sqrt{2}\,F = 0\,,$$

$$C_z - \frac{1}{\sqrt{2}}\,\sqrt{2}\,F - \frac{1}{\sqrt{18}}\,\frac{3}{4}\,\sqrt{2}\,F = 0\,,$$

$$\leadsto \quad \underline{\underline{C_x = \frac{5}{4}F}}\,, \quad \underline{\underline{C_y = F}}\,, \quad \underline{\underline{C_z = \frac{5}{4}\,F}}\,.$$

Knoten *V*:

$$A_x\mathbf{e}_x + A_y\mathbf{e}_y + A_z\mathbf{e}_z - S_1\mathbf{e}_1 + S_4\mathbf{e}_4 + S_7\mathbf{e}_7 = 0\,,$$

$$\leadsto \quad A_x + \frac{1}{\sqrt{18}}\,\frac{3}{2}\,\sqrt{2}\,F - \frac{3}{\sqrt{26}}\,\frac{1}{4}\,\sqrt{26}\,F + \frac{1}{\sqrt{2}}\,\frac{3}{2}\,\sqrt{2}\,F = 0\,,$$

$$A_y - \frac{4}{\sqrt{18}}\,\frac{3}{2}\,\sqrt{2}\,F + \frac{4}{\sqrt{26}}\,\frac{1}{4}\,\sqrt{26}\,F = 0\,,$$

$$A_z - \frac{1}{\sqrt{18}}\,\frac{3}{2}\,\sqrt{2}\,F + \frac{1}{\sqrt{26}}\,\frac{1}{4}\,\sqrt{26}\,F - \frac{1}{\sqrt{2}}\,\frac{3}{2}\,\sqrt{2}\,F = 0\,,$$

$$\leadsto \quad \underline{\underline{A_x = -\frac{5}{4}F}}\,, \quad \underline{\underline{A_y = F}}\,, \quad \underline{\underline{A_z = \frac{7}{4}\,F}}\,.$$

Lager B:

$$\underline{\underline{B_x = 0}}\,, \quad \underline{\underline{B_y = B_z = -\frac{1}{2}\,\sqrt{2}\,S_9 = -2\,F}}\,.$$

Anmerkungen:

- Die größte Kraft tritt im Stab 9 auf.
- Die Beträge der Lagerkräfte sind $A = \sqrt{90}F/4 = 2,37\,F$, $B = S_9 = 2\sqrt{2}\,F = 2,83\,F$ und $C = \sqrt{66}\,F/4 = 2,03\,F$.
- C liegt in der Ebene, in der S_6 und S_8 liegen.

Aufgabe 4.19 Ermitteln Sie für das dargestellte Fachwerk die Auflagerreaktionen und die am stärksten auf Zug bzw. Druck belasteten Stäbe.

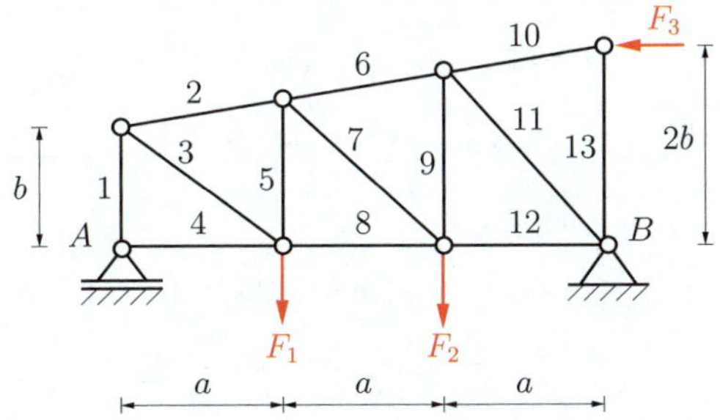

Gegeben:
$F_1 = 5\,\text{kN}$
$F_2 = 10\,\text{kN}$
$F_3 = 4\,\text{kN}$
$a = 4\,\text{m}$
$b = 2\,\text{m}$

Lösung Wir betimmen zunächst anhand des Freikörperbilds die Auflagerkräfte in den Punkten A und B.

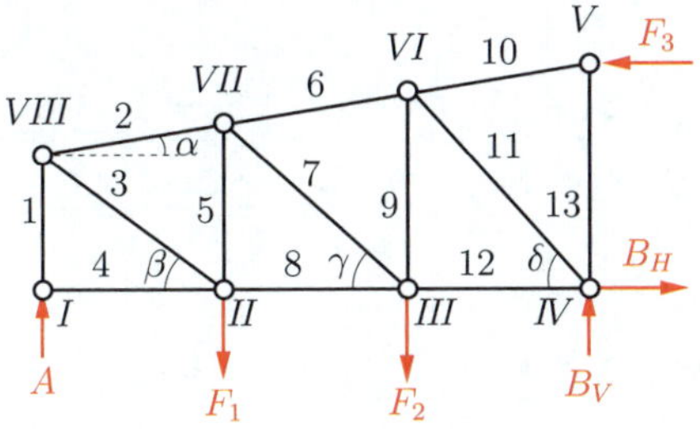

$$\rightarrow: \quad B_H - F_3 = 0 \quad \rightsquigarrow \quad \underline{\underline{B_H = 4\,\text{kN}}}$$

$$\overset{\curvearrowleft}{A}: \quad -F_1 \cdot a - F_2 \cdot 2a + B_V \cdot 3a + F_3 \cdot 2b = 0 \quad \rightsquigarrow \quad \underline{\underline{B_V = 7\,\text{kN}}}$$

$$\uparrow: \quad A + B_V - F_1 - F_2 = 0 \quad \rightsquigarrow \quad \underline{\underline{A = 8\,\text{kN}}}$$

Die Winkel α, β, γ und δ der geneigten Stäbe ergeben sich zu

$$\tan\alpha = \frac{b}{3a} \quad \rightsquigarrow \quad \alpha = 9,46^\circ\,, \qquad \tan\beta = \frac{b}{a} \quad \rightsquigarrow \quad \beta = 26,57^\circ\,,$$

$$\tan\gamma = \frac{\frac{4}{3}b}{a} \quad \rightsquigarrow \quad \gamma = 33,69^\circ\,, \qquad \tan\delta = \frac{\frac{5}{3}b}{a} \quad \rightsquigarrow \quad \gamma = 39,81^\circ\,.$$

Zur Berechnung der Stabkräfte schneiden wir die Knoten nacheinander frei. Gemäß der Konvention tragen wir die Stabkräfte als Zugkräfte (von den Knoten wegzeigend) ein.

Knoten V:

$$\rightarrow: \quad -F_3 - S_{10}\cos\alpha = 0 \quad \rightsquigarrow \quad \underline{\underline{S_{10} = -4,06\,\text{kN}}}$$

$$\uparrow: \quad -S_{10}\sin\alpha - S_{13} = 0 \quad \rightsquigarrow \quad \underline{\underline{S_{13} = 0,67\,\text{kN}}}$$

Knoten IV:

$$\uparrow: \quad B_V + S_{11}\sin\delta + S_{13} = 0 \quad \rightsquigarrow \quad \underline{\underline{S_{11} = -11,98\,\text{kN}}}$$

$$\rightarrow: \quad B_H - S_{12} - S_{11}\cos\delta = 0 \quad \rightsquigarrow \quad \underline{\underline{S_{12} = 13,2\,\text{kN}}}$$

Knoten VI:

$$\rightarrow: \quad -S_6\cos\alpha + S_{10}\cos\alpha + S_{11}\cos\delta = 0 \quad \rightsquigarrow \quad \underline{\underline{S_6 = -13,38\,\text{kN}}}$$

$$\uparrow: \quad -S_9 - S_6\sin\alpha + S_{10}\sin\alpha - S_{11}\sin\delta = 0 \quad \rightsquigarrow \quad \underline{\underline{S_9 = 9,2\,\text{kN}}}$$

Knoten III:

$$\uparrow: \quad S_7\sin\gamma + S_9 - F_2 = 0 \quad \rightsquigarrow \quad \underline{\underline{S_7 = 1,44\,\text{kN}}}$$

$$\rightarrow: \quad S_{12} - S_8 - S_7\cos\gamma = 0 \quad \rightsquigarrow \quad \underline{\underline{S_8 = 12\,\text{kN}}}$$

Knoten VII:

$$\rightarrow: \quad -S_2\cos\alpha + S_6\cos\alpha + S_7\cos\gamma = 0 \quad \rightsquigarrow \quad \underline{\underline{S_2 = -12,18\,\text{kN}}}$$

$$\uparrow: \quad -S_2\sin\alpha + S_6\sin\alpha - S_7\sin\gamma - S_5 = 0 \quad \rightsquigarrow \quad \underline{\underline{S_5 = -1\,\text{kN}}}$$

Knoten I:

$$\uparrow: \quad A + S_1 = 0 \quad \rightsquigarrow \quad \underline{\underline{S_1 = -8\,\text{kN}}}$$

$$\rightarrow: \quad \underline{\underline{S_4 = 0}}$$

Knoten II:

$$\uparrow: \quad S_5 - F_1 + S_3\sin\beta = 0 \quad \rightsquigarrow \quad \underline{\underline{S_3 = 13,41\,\text{kN}}}$$

In Stab 6 tritt mit der Stabkraft von $-13,98\,\text{kN}$ die größte Druckbelastung auf.

In Stab 3 tritt mit der Stabkraft von $13,42\,\text{kN}$ die größte Zugbelastung auf.

Kapitel 5

Balken, Rahmen, Bogen

Schnittgrößen

Durch die *Schnittgrößen* (Schnittkräfte, Schnittmomente) werden die über die Querschnittsfläche verteilten inneren Kräfte (Spannungen) statisch äquivalent ersetzt.

Ebene Tragwerke

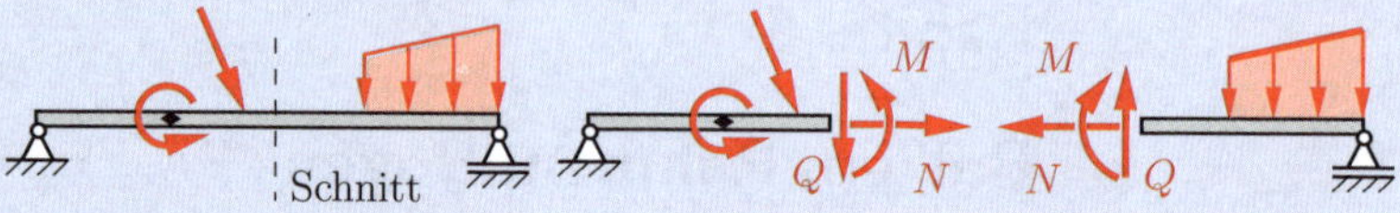

Schnittgrößen: Normalkraft N, Querkraft Q, Biegemoment M.

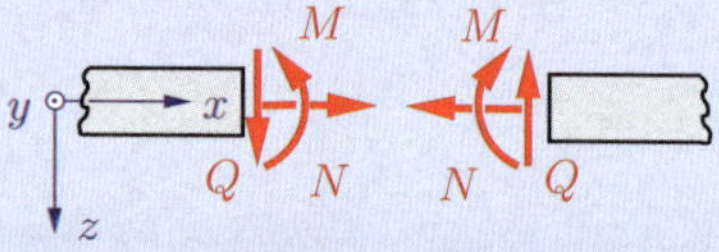

- Vorzeichenkonvention: Positive Schnittgrößen zeigen am positiven Schnittufer in positive Koordinatenrichtung.
- Koordinatensystem: x = Längsachse = Schwerachse (bei horizontalen Balken nach rechts), z bei horizontalen Balken nach unten.
- Bei Rahmen, Bögen und verzweigten Tragwerken können die Koordinatenrichtungen durch eine *„gestrichelte Faser“* („Unterseite“) gekennzeichnet werden: x in Richtung der Faser und z zur Faser hin.

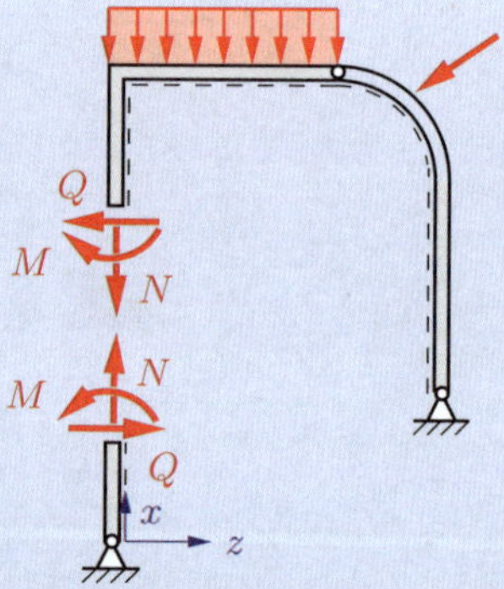

Bei **geraden Balken und Rahmenteilen** gilt folgender Zusammenhang zwischen Belastung und Schnittgrößen (lokale Gleichgewichtsbedingungen):

$$\frac{\mathrm{d}Q}{\mathrm{d}x} = -q\,, \qquad \frac{\mathrm{d}M}{\mathrm{d}x} = Q \qquad \text{oder} \qquad \frac{\mathrm{d}^2M}{\mathrm{d}x^2} = -q\,.$$

Die bei der Integration dieser Gleichungen anfallenden Integrationskonstanten werden aus den Randbedingungen bestimmt.

D. Gross et al., *Formeln und Aufgaben zur Technischen Mechanik 1*,
https://doi.org/10.1007/978-3-662-61864-6_5

Randbedingungen:

gelenkiges Lager		$(Q \neq 0)$,	$M = 0$
freies Ende		$Q = 0$,	$M = 0$
Einspannung		$(Q \neq 0)$,	$(M \neq 0)$
Parallelführung	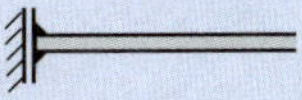	$Q = 0$,	$(M \neq 0)$
Schiebehülse		$(Q \neq 0)$,	$(M \neq 0)$

Abhängigkeit von Q und M von der äußeren Belastung :

Belastung		Q-Verlauf	M-Verlauf
$q = 0$		konstant	linear
$q =$ konst	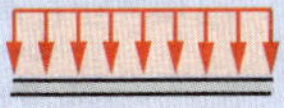	linear	quadr. Parabel
$q =$ linear	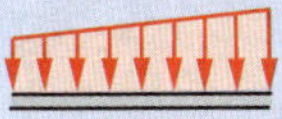	quadr. Parabel	kub. Parabel
q hat Sprung	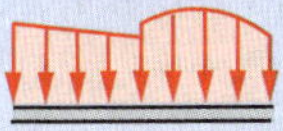	Knick	stetig
Einzelkraft	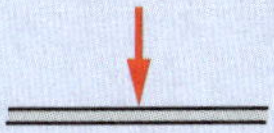	Sprung	Knick
Einzelmoment (Kräftepaar)		stetig, kein Knick	Sprung

FÖPPL-Symbol

Unstetigkeiten in der Belastung und in den Verläufen der Schnittgrößen (z.B. Sprünge, Knicke) kann man mit Hilfe des FÖPPL-Symbols

$$< x - a >^n = \begin{cases} 0 & \text{für } x < a \\ (x-a)^n & \text{für } x > a \end{cases}$$

darstellen. Es gelten die Rechenregeln für $n \geq 0$:

$$\int < x - a >^n \, \mathrm{d}x = \frac{1}{n+1} < x - a >^{n+1} ,$$

$$\frac{\mathrm{d}}{\mathrm{d}x} < x - a >^n = n < x - a >^{n-1} .$$

Räumliche Tragwerke

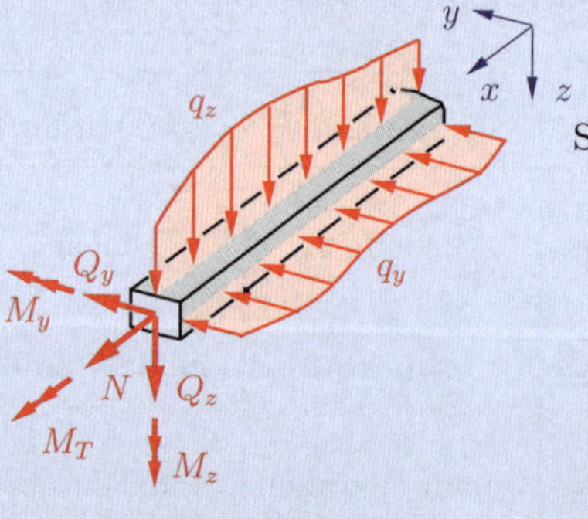

Schnittgrößen:

Normalkraft	N,
Querkräfte	Q_y, Q_z,
Biegemomente	M_y, M_z,
Torsionsmoment	$M_x = M_T$.

Beim **geraden Balken** gelten zwischen den Belastungen q_y, q_z und den Querkräften und Biegemomenten die Beziehungen

$$\frac{\mathrm{d}Q_z}{\mathrm{d}x} = -q_z , \qquad \frac{\mathrm{d}M_y}{\mathrm{d}x} = Q_z ,$$

$$\frac{\mathrm{d}Q_y}{\mathrm{d}x} = -q_y , \qquad \frac{\mathrm{d}M_z}{\mathrm{d}x} = -Q_y .$$

Die Aussagen zu den Randbedingungen und zu den Folgen der äußeren Belastung können sinngemäß von den ebenen Tragwerken übernommen werden.

Aufgabe 5.1 Für einen Balken unter einer Dreieckslast ermittle man den Querkraft- und den Momentenverlauf für gelenkige Lagerung und für rechts- bzw. linksseitige Einspannung. **A5.1**

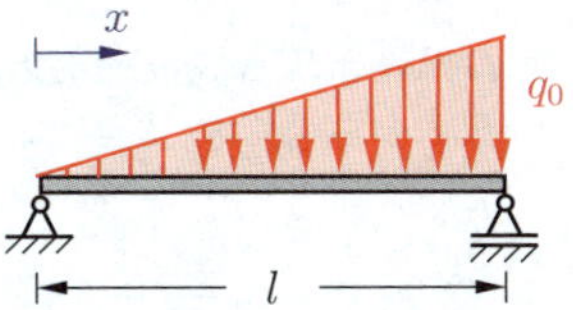

1. Balken auf zwei gelenkigen Lagern

Mit

$$q(x) = q_0\,\frac{x}{l}$$

folgt durch Integration

$$Q(x) = -\int q(x)\mathrm{d}x = -q_0\,\frac{x^2}{2l} + C_1\,,$$

$$M(x) = \int Q(x)\mathrm{d}x = -q_0\,\frac{x^3}{6l} + C_1 x + C_2\,.$$

Die Konstanten ergeben sich aus den Randbedingungen:

$$M(0) = 0 \quad \rightsquigarrow \quad C_2 = 0\,,$$

$$M(l) = 0 \quad \rightsquigarrow \quad C_1 = \frac{q_0 l}{6}\,.$$

Damit erhält man für die Querkraft

$$\underline{\underline{Q(x) = \frac{q_0 l}{6}\left[1 - 3\frac{x^2}{l^2}\right]}}\,.$$

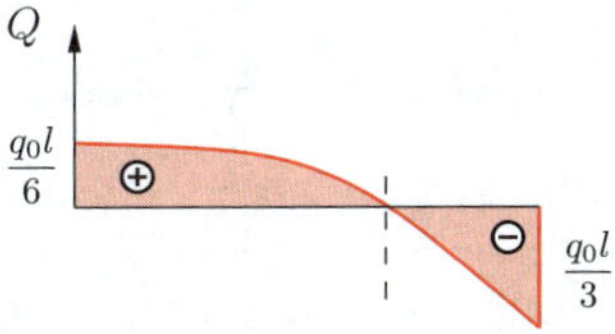

Die Endwerte $q_0 l/6$ und $q_0 l/3$ entsprechen den Lagerreaktionen. Die negative Querkraft am *rechten* Rand bedeutet nach der Vorzeichendefinition eine Kraft nach *oben*!
Für den Momentenverlauf ergibt sich

$$\underline{\underline{M(x) = \frac{q_0 l x}{6}\left[1 - \frac{x^2}{l^2}\right]}}\,.$$

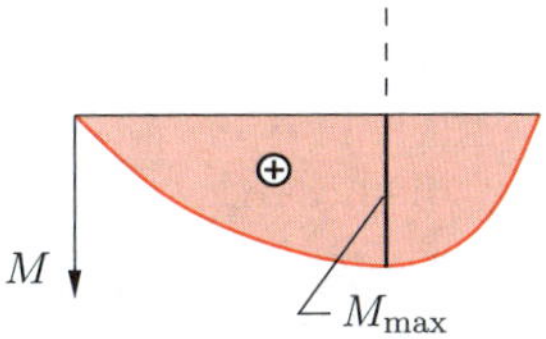

Das Maximum tritt dort auf, wo die Querkraft verschwindet: $Q = 0$ für $x = \sqrt{3}\,l/3 = 0{,}577\,l$. Damit folgt

$$M_{\max} = q_0\,\frac{\sqrt{3}}{3}\,l^2\,\frac{1}{6}\left(1 - \frac{1}{3}\right) = \frac{\sqrt{3}}{27}\,q_0 l^2\,.$$

2. Der rechts eingespannte Balken

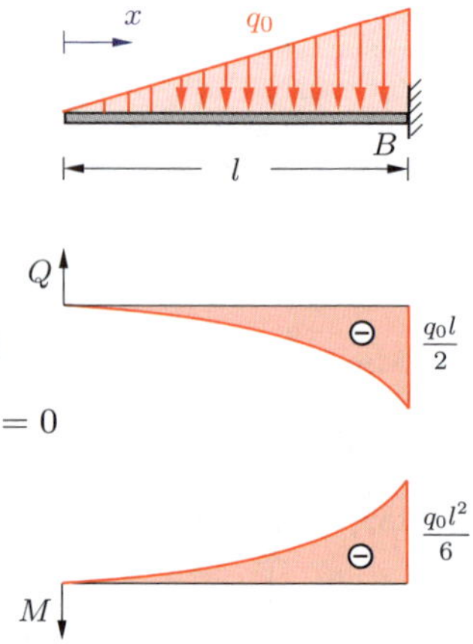

$$q(x) = q_0 \, \frac{x}{l} \, ,$$

$$Q(x) = -q_0 \, \frac{x^2}{2\,l} + C_1 \, ,$$

$$M(x) = -q_0 \, \frac{x^3}{6\,l} + C_1 x + C_2 \, .$$

Mit den Randbedingungen am linken Rand

$$Q(0) = 0 \;\rightsquigarrow\; C_1 = 0, \quad M(0) = 0 \;\rightsquigarrow\; C_2 = 0$$

erhält man die Lösung

$$\underline{\underline{Q(x) = -\frac{q_0 x^2}{2l}}}\, , \qquad \underline{\underline{M(x) = -\frac{q_0 x^3}{6l}}}\, .$$

Als Kontrolle werden Lagerkraft und Einspannmoment aus dem Gleichgewicht für den ganzen Balken berechnet:

$$\uparrow: \quad B - \frac{1}{2}\, q_0 l = 0 \, , \qquad \overset{\curvearrowleft}{B}: \quad M_B + \frac{l}{3}\, \frac{q_0 l}{2} = 0 \, .$$

3. Der links eingespannte Balken

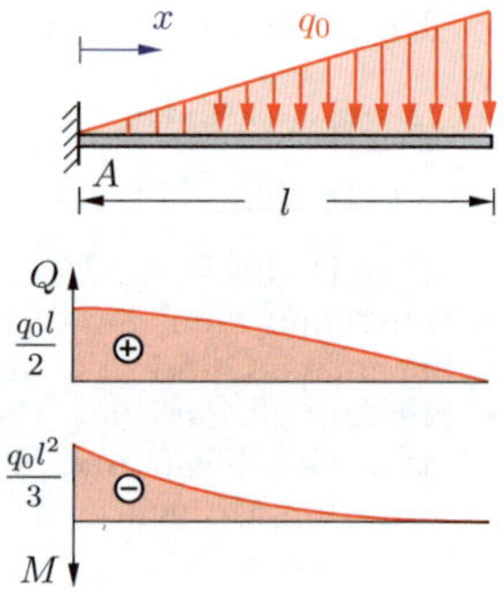

$$q(x) = q_0 \, \frac{x}{l} \, ,$$

$$Q(x) = -\frac{q_0 x^2}{2\,l} + C_1 \, ,$$

$$M(x) = -\frac{q_0 x^3}{6\,l} + C_1 x + C_2 \, .$$

Mit den Randbedingungen am rechten Rand

$$Q(l) = 0 \rightsquigarrow C_1 = \frac{q_0 l}{2} \, ,$$

$$M(l) = 0 \rightsquigarrow C_2 = \frac{q_0 l^2}{6} - C_1 l = -\frac{q_0 l^2}{3}$$

folgt die Lösung

$$\underline{\underline{Q(x) = \frac{q_0 l}{2}\left[1 - \frac{x^2}{l^2}\right]}}\, , \qquad \underline{\underline{M(x) = -\frac{q_0 l^2}{6}\left[2 - 3\,\frac{x}{l} + \frac{x^3}{l^3}\right]}}\, .$$

Zur Probe wird das Einspannmoment berechnet:

$$\overset{\curvearrowleft}{A}: \quad -M_A - \frac{2\,l}{3}\, \frac{q_0 l}{2} = 0 \quad \rightsquigarrow \quad M_A = -\frac{q_0 l^2}{3} \, .$$

A5.2

Aufgabe 5.2 Ein beidseits gelenkig gelagerter Balken wird durch eine trapezförmige verteilte Last belastet.

Gesucht sind Ort und Größe des maximalen Biegemoments für $q_1 = 2q_0$.

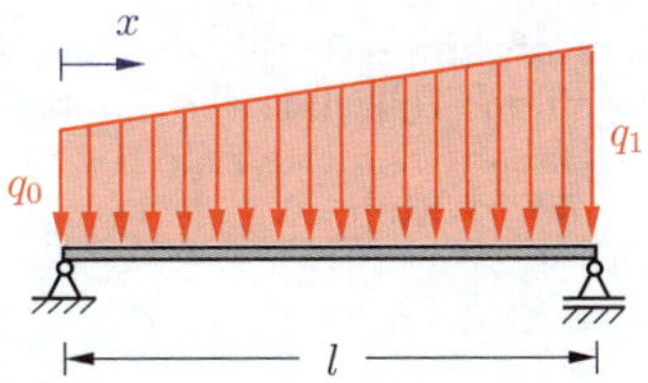

Lösung Die Belastung verläuft linear:

$$q(x) = a + b\,x\,.$$

Aus den Randwerten folgt

$$q(0) = q_0 \quad \rightsquigarrow \quad a = q_0\,,$$
$$q(l) = q_1 \quad \rightsquigarrow \quad q_1 = a + b\,l \quad \rightsquigarrow \quad b = \frac{q_1 - q_0}{l}$$

und daher

$$q(x) = q_0 + \frac{q_1 - q_0}{l}\,x\,.$$

Durch Integration erhält man daraus

$$Q(x) = -q_0 x - \frac{q_1 - q_0}{l}\,\frac{x^2}{2} + C_1\,,$$
$$M(x) = -q_0\frac{x^2}{2} - \frac{q_1 - q_0}{l}\,\frac{x^3}{6} + C_1\,x + C_2\,.$$

Die Konstanten berechnen sich aus den Randbedingungen:

$$M(0) = 0 \quad \rightsquigarrow \quad C_2 = 0\,,$$
$$M(l) = 0 \quad \rightsquigarrow \quad C_1 = \frac{q_0 l}{2} + \frac{q_1 - q_0}{l}\,\frac{l^2}{6}\,.$$

Für die Querkraft und das Moment folgt damit für $q_1 = 2q_0$:

$$Q(x) = -q_0 x - \frac{q_0}{l}\,\frac{x^2}{2} + \left(\frac{q_0 l}{2} + \frac{q_0 l}{6}\right) = -q_0\,\frac{x^2}{2\,l} - q_0\,x + \frac{2}{3}\,q_0 l\,,$$
$$M(x) = -q_0\frac{x^3}{6\,l} - q_0\,\frac{x^2}{2} + \frac{2}{3}\,q_0 l x\,.$$

Das Maximum von M tritt wegen $M' = Q$ an der Nullstelle von Q auf:

$$Q = 0 \quad \rightsquigarrow \quad \underline{\underline{x^*}} = -l \pm \sqrt{l^2 + \frac{4}{3}\,l^2} = l\left(\sqrt{\frac{7}{3}} - 1\right) = \underline{\underline{0,53\,l}}\,.$$

Einsetzen in $M(x)$ liefert schließlich

$$\underline{\underline{M_{max}}} = M(x^*) = \underline{\underline{0,19\;q_0 l^2}}\,.$$

A5.3 **Aufgabe 5.3** Für den nur über einen Teil durch q_0 belasteten Balken ermittle man die Q- und die M-Linie.

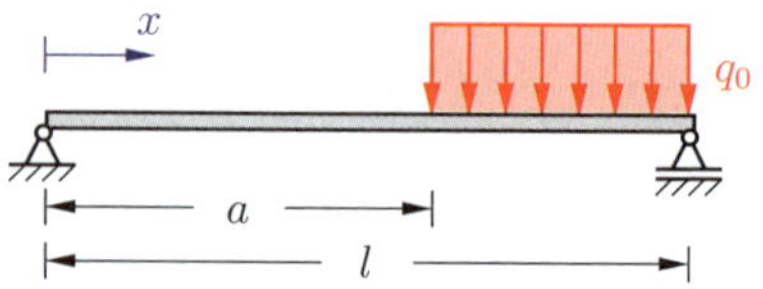

Lösung Da die Belastung unstetig ist, teilen wir den Balken in zwei Bereiche, in denen wir getrennt integrieren:

$0 \le x \le a$:

$$q = 0\,,\qquad Q = C_1\,,\qquad M = C_1 x + C_2\,,$$

$a \le x \le l$:

$$q = q_0\,,\qquad Q = -q_0 x + C_3\,,\qquad M = -\frac{1}{2}\,q_0\,x^2 + C_3 x + C_4\,.$$

Die 4 Integrationskonstanten ergeben sich aus den 2 Randbedingungen

$$M(0) = 0 \;\rightsquigarrow\; C_2 = 0\,,\qquad M(l) = 0 \;\rightsquigarrow\; -\frac{1}{2}\,q_0 l^2 + C_3 l + C_4 = 0$$

und den 2 Übergangsbedingungen bei $x = a$. Dort müssen Q und M stetig sein (keine Sprünge, da keine Einzelkraft bzw. kein Einzelmoment):

$$Q(a^-) = Q(a^+) \quad\rightsquigarrow\quad C_1 = -q_0 a + C_3\,,$$

$$M(a^-) = M(a^+) \quad\rightsquigarrow\quad C_1 a = -\frac{1}{2}\,q_0 a^2 + C_3 a + C_4\,.$$

Damit erhält man

$$C_1 = \frac{q_0 l}{2}\,\frac{(l-a)^2}{l^2}\,,\quad C_2 = 0\,,\quad C_3 = \frac{q_0 l}{2}\,\frac{l^2 + a^2}{l^2}\,,\quad C_4 = -\frac{q_0 a^2}{2}\,.$$

Für die Schnittgrößen folgt im Bereich $0 \le x \le a$

$$\underline{\underline{Q = \frac{q_0 l}{2}\,\frac{(l-a)^2}{l^2}}}\,,\qquad \underline{\underline{M = \frac{q_0 l^2}{2}\,\frac{(l-a)^2}{l^3}\,x}}$$

und im Bereich $a \le x \le l$

$$\underline{\underline{Q = \frac{q_0}{2}\left[\frac{(l-a)^2}{l} - 2\,(x-a)\right]}}\,,\qquad \underline{\underline{M = \frac{q_0}{2}\left[\frac{(l-a)^2}{l}\,x - (x-a)^2\right]}}\,.$$

Für $a = l/2$ haben die Q- und die M-Linie das folgende Aussehen:

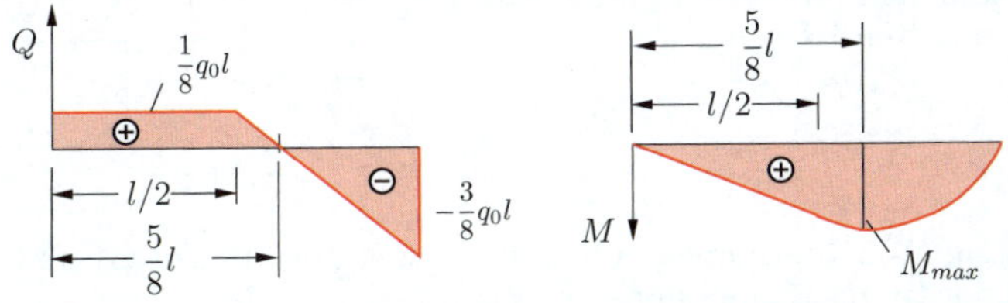

Anmerkungen:

- Anstelle der über die gesamte Balkenlänge laufenden Koordinate x kann man auch getrennte Koordinaten (x_1, x_2) in den einzelnen Bereichen einführen.
- Im Sonderfall $a = 0$ verschwindet der erste Bereich. Dann werden

$$Q = \frac{1}{2}\, q_0\, (l - 2x)\,, \qquad M = \frac{1}{2}\, q_0\, (l\,x - x^2)\,.$$

Lösungsvariante: Einfacher lassen sich die Verläufe mit Hilfe des FÖPPL-Symbols ermitteln. Hierzu stellen wir zunächst die unstetige Belastung über die gesamte Balkenlänge durch

$$q = q_0 < x - a >^0 \quad \text{für} \quad 0 \le x \le l$$

dar. Die Integration liefert dann unter Beachtung der Rechenregeln für das FÖPPL-Symbol

$$Q = -q_0 < x - a >^1 + C_1\,,$$
$$M = -\frac{q_0}{2} < x - a >^2 + C_1 x + C_2\,.$$

Aus den Randbedingungen ergibt sich (die Übergangsbedingungen sind automatisch erfüllt!)

$$M(0) = 0 \leadsto C_2 = 0 \qquad \text{(Die FÖPPL-Klammer ist dort Null!)}\,,$$
$$M(l) = 0 \leadsto 0 = -\frac{q_0}{2}\,(l - a)^2 + C_1 l \quad \leadsto \quad C_1 = \frac{q_0}{2}\,\frac{(l - a)^2}{l}\,.$$

Damit lautet die Lösung über die gesamte Balkenlänge

$$\underline{\underline{Q = \frac{q_0}{2}\left[\frac{(l - a)^2}{l} - 2 < x - a >^1\right]}}\,,$$

$$\underline{\underline{M = \frac{q_0}{2}\left[\frac{(l - a)^2 x}{l} - < x - a >^2\right]}}\,.$$

A5.4

Aufgabe 5.4 Man bestimme den Q- und den M-Verlauf für den dargestellten Balken.

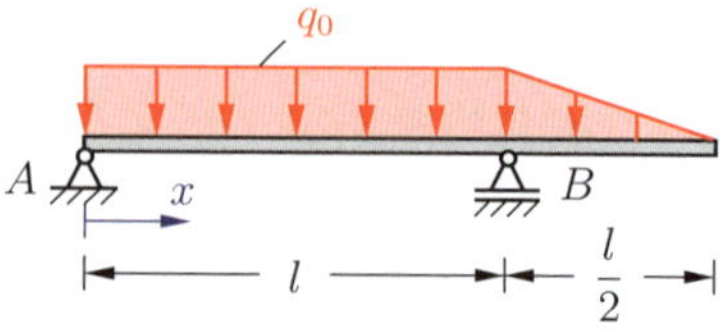

Lösung Wir bestimmen zunächst die Lagerreaktionen (A und B werden positiv nach oben angenommen):

$$A = \frac{11}{24}\, q_0 l\,, \qquad B = \frac{19}{24}\, q_0 l\,.$$

Damit liefert Schneiden und Anwenden der Gleichgewichtsbedingungen im Bereich zwischen den beiden Lagern

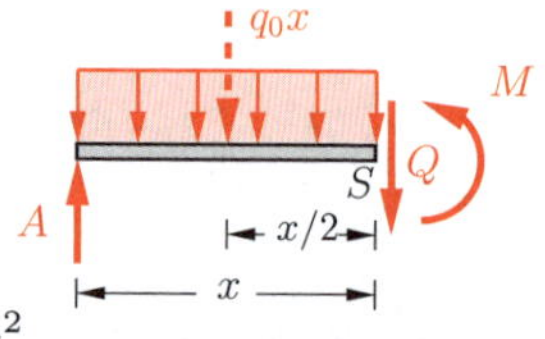

$$\uparrow: \quad A - q_0 x - Q = 0\,,$$

$$\overset{\curvearrowleft}{S}: \quad -x\,A + \frac{x}{2}\,(q_0 x) + M = 0\,,$$

$$\leadsto \quad \underline{\underline{Q = A - q_0\,x}}\,, \qquad \underline{\underline{M = A\,x - \frac{q_0}{2}\,x^2}}$$

und rechts vom Lager B (zweckmäßig zählen wir eine neue Koordinate $\bar{x}$ vom freien Ende)

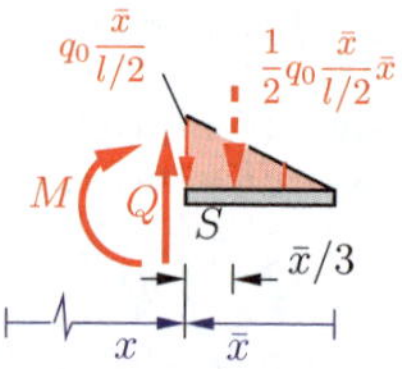

$$\uparrow: \quad -\frac{1}{2}\Big(q_0 \frac{\bar{x}}{l/2}\Big)\bar{x} + Q = 0\,,$$

$$\overset{\curvearrowleft}{S}: \quad -\frac{\bar{x}}{3}\,\frac{1}{2}\Big(q_0 \frac{\bar{x}}{l/2}\Big)\bar{x} - M = 0\,,$$

$$\leadsto \quad \underline{\underline{Q = \frac{q_0}{l}\,\bar{x}^2}}\,, \qquad \underline{\underline{M = -\frac{q_0}{3l}\,\bar{x}^3}}\,.$$

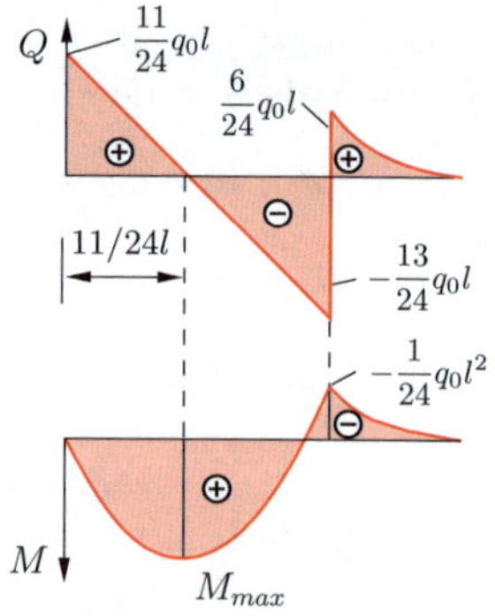

Anmerkungen:

- Die Querkraft fällt vom Lager A linear bis zum Lager B ab. Dort erfährt sie einen Sprung von der Größe der Lagerkraft, und sie fällt dann zum freien Ende in Form einer quadratischen Parabel auf Null ab.
- Am freien Ende ist $q = 0$. Daher ist wegen $\mathrm{d}Q/\mathrm{d}x = -q$ dort der Anstieg von Q Null (horizontale Tangente!).
- Am Lager B hat der Momentenverlauf einen Knick (Einzelkraft!).

- M_{max} tritt bei $x = \frac{11}{24}l$ (wegen $Q = 0$) auf und hat den Wert $M_{max} = \frac{1}{2}\left(\frac{11}{24}\right)^2 q_0 l^2 = 0,105\, q_0 l^2$.
- Aufgrund von $\mathrm{d}M/\mathrm{d}x = Q$ ist der Anstieg von M bei A positiv (Q ist dort positiv!) und am freien Ende Null (Q ist dort Null!).
- Das Moment am Lager B ergibt sich zu

$$M_B = -\frac{q_0}{3\,l}\,(l/2)^3 = -\frac{1}{24}\,q_0 l^2\,.$$

In einer *2. Lösungsvariante* bestimmen wir die Q- und die M-Linie mit Hilfe des FÖPPL-Symbols. Hierbei brauchen die Lagerkräfte nicht vorab berechnet zu werden. Wir stellen zuerst die Belastung über die gesamte Balkenlänge als Differenz aus Gleichstrecken- und Dreieckslast dar:

$$q = q_0 - \frac{2q_0}{l} < x - l >^1$$

(der Faktor 2 ist notwendig, damit q über die Länge $l/2$ auf Null abgebaut wird!). Durch Integration erhält man

$$Q = -q_0\,x + \frac{q_0}{l} < x - l >^2 + B < x - l >^0 + C_1$$

(der Sprung in der Querkraft infolge der noch unbekannten Lagerkraft B muss durch eine FÖPPL-Klammer berücksichtigt werden!),

$$M = -q_0\,\frac{x^2}{2} + \frac{q_0}{3\,l} < x - l >^3 + B < x - l >^1 + C_1 x + C_2\,.$$

Für die 3 Unbekannten C_1, C_2 und B stehen 3 Randbedingungen zur Verfügung:

$$\begin{aligned}
M(0) = 0 \quad &\rightsquigarrow \quad C_2 = 0\,,\\
Q(\tfrac{3}{2}l) = 0 \quad &\rightsquigarrow \quad -\frac{3}{2}\,q_0 l + \frac{1}{4}\,q_0 l + B + C_1 = 0\,,\\
M(\tfrac{3}{2}l) = 0 \quad &\rightsquigarrow \quad -\frac{9}{8}\,q_0 l^2 + \frac{1}{24}\,q_0 l^2 + B\,\frac{l}{2} + \frac{3}{2}\,C_1 l = 0\,.
\end{aligned}$$

Hieraus folgen

$$B = \frac{19}{24}\,q_0 l\,, \qquad C_1 = \frac{11}{24}\,q_0 l\,,$$

womit die Verläufe festliegen.

Anmerkung: Die Konstante C_1 gibt die Querkraft am Lager A an und entspricht daher der dort wirkenden Lagerkraft.

A5.5 **Aufgabe 5.5** Für den Mehrfeldträger bestimme man den Querkraft- und den Momentenverlauf und berechne ausgezeichnete Werte.

Gegeben: $q_0 = F/a$.

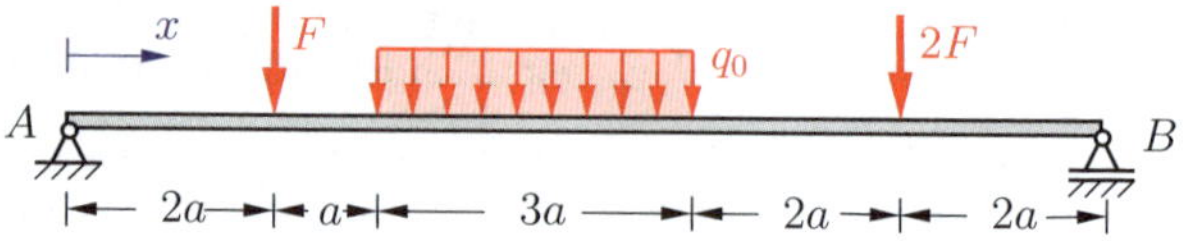

Lösung Wir ermitteln zunächst die Auflagerreaktionen (nach oben positiv angenommen):

$$\overset{\curvearrowleft}{A}: \quad -2a\,F - 4,5a\,(3q_0a) - 8a\,2F + 10a\,B = 0 \quad \leadsto \quad B = 3,15\,F\,,$$

$$\uparrow: \quad A + B - F - 3q_0a - 2F = 0 \quad \leadsto \quad A = 2,85\,F\,.$$

Hiermit liefert Schneiden und Gleichgewicht in den einzelnen Bereichen:

$0 < x < 2a$:

$$\uparrow: \quad Q = A = 2,85\,F\,,$$

$$\overset{\curvearrowleft}{S}: \quad M = x\,A = 2,85\,Fx\,,$$

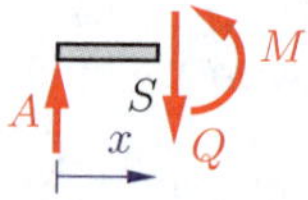

$2a < x < 3a$:

$$\uparrow: \quad Q = A - F = 1,85\,F\,,$$

$$\overset{\curvearrowleft}{S}: \quad M = x\,A - (x-2a)F\,,$$

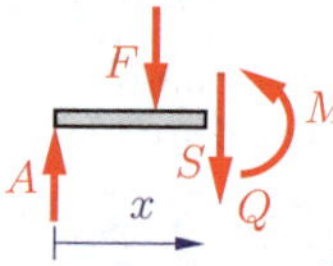

$3a < x < 6a$:

$$\uparrow: \quad Q = 1,85\,F - q_0(x-3a)\,,$$

$$\overset{\curvearrowleft}{S}: \quad M = x\,A - (x-2a)F - \tfrac{1}{2}q_0(x-3a)^2\,,$$

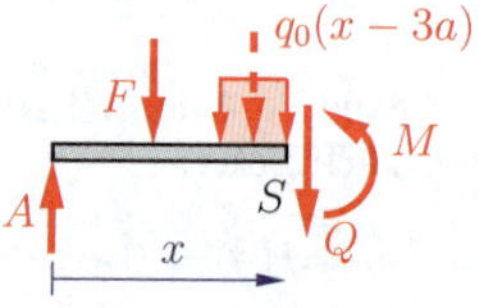

$6a < x < 8a$:

$$\uparrow: \quad Q = -B + 2F = -1,15\,F\,,$$

$$\overset{\curvearrowright}{S}: \quad M = (10a - x)\,B - (8a - x)\,2F\,,$$

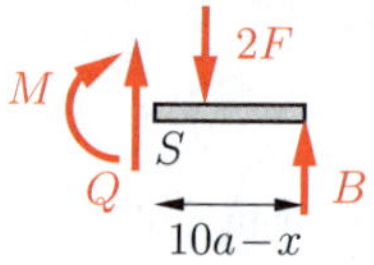

$8a < x < 10a$:

$$\uparrow: \quad Q = -B = -3,15\,F\,,$$

$$\overset{\curvearrowright}{S}: \quad M = (10a - x)\,B\,.$$

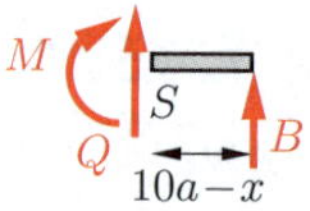

Das Maximum von M liegt wegen $M' = Q$ an der Nullstelle von Q im 3. Bereich $(3a < x < 6a)$:

$$Q = 1,85\,F - q_0(x - 3a) = 0 \quad \rightsquigarrow \quad x^* = 1,85\,F/q_0 + 3a = 4,85\,a\,.$$

Damit finden wir

$$\underline{\underline{M_{max}}} = M(x^*) = 4,85\,a\,2,85\,F - 2,85\,a\,F - \frac{1}{2}\,q_0(1,85\,a)^2 = \underline{\underline{9,26\,Fa}}\,.$$

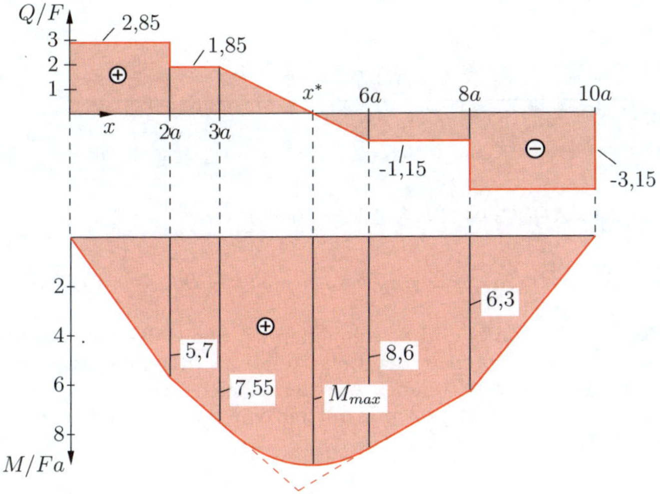

Man kann den Q- und den M-Verlauf auch mit Hilfe des Föppl-Symbols durch Integration bestimmen. Hierbei müssen die Unstetigkeiten in $q(x)$ und $Q(x)$ beachtet werden:

$$\begin{aligned}
q &= q_0 < x - 3a >^0 - q_0 < x - 6a >^0\,,\\
Q &= -q_0 < x - 3a >^1 + q_0 < x - 6a >^1 - F < x - 2a >^0\\
&\quad -2F < x - 8a >^0 + C_1\,,\\
M &= -\frac{1}{2}q_0 < x - 3a >^2 + \frac{1}{2}q_0 < x - 6a >^2 - F < x - 2a >^1\\
&\quad -2F < x - 8a >^1 + C_1 x + C_2\,.
\end{aligned}$$

Die Integrationskonstanten folgen aus den Randbedingungen:

$$M(0) = 0 \rightsquigarrow C_2 = 0\,, \qquad M(10a) = 0 \rightsquigarrow C_1 = 2,85\,F\,.$$

A5.6 **Aufgabe 5.6** Für den dargestellten Kragträger ermittle man die Querkraft- und die Momentenlinie.

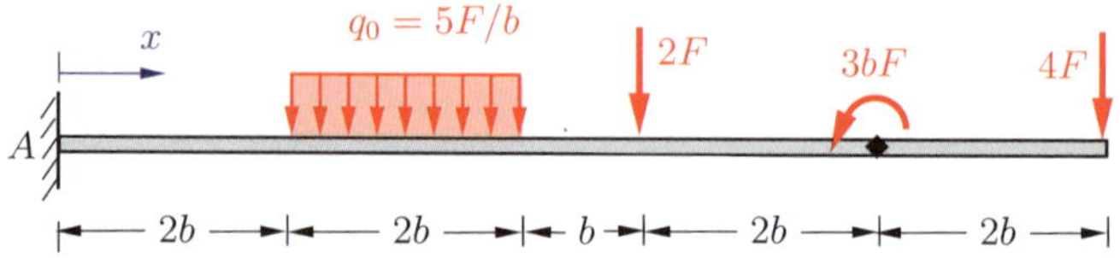

Lösung Wir bestimmen zunächst die Lagerreaktionen.

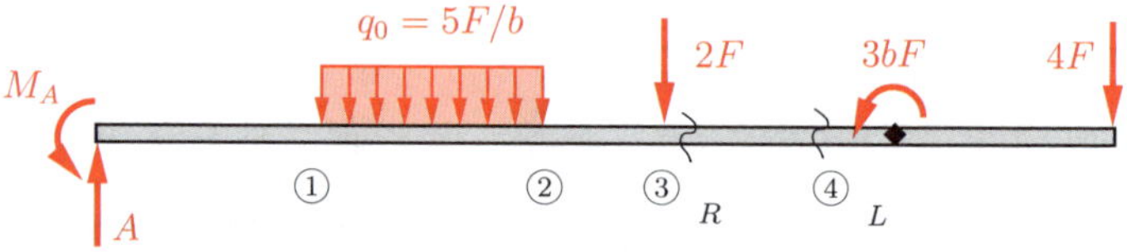

$$\uparrow: \quad A = 5\,\frac{F}{b}\cdot 2b + 2\,F + 4\,F = 16\,F\,,$$

$$\overset{\curvearrowleft}{A}: \quad M_A = 3b\,\big(5\,\frac{F}{b}\cdot 2b\big) + 5b\cdot 2\,F - 3b\,F + 9b\cdot 4F = 73\,b\,F\,.$$

Zur Berechnung von Q und M schneiden wir den Balken an den Stellen, an denen Unstetigkeiten in der Belastung bzw. den Schnittgrößen auftreten (ausgezeichnete Stellen). Aus dem Gleichgewicht zwischen äußeren Lasten und Schnittgrößen ermitteln wir dann Q und M in diesen Punkten.

$$Q_1 = 16\,F\,,$$

$$M_1 = 2b\cdot 16\,F - 73\,bF = -41\,bF\,,$$

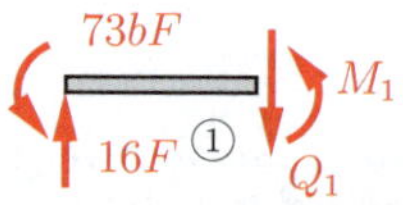

$$Q_2 = 16\,F - 5\,\frac{F}{b}\cdot 2b = 6F\,,$$

$$M_2 = 4b\cdot 16F - 73\,bF - b\,\big(5\frac{F}{b}\cdot 2b\big)$$
$$= -19\,bF\,,$$

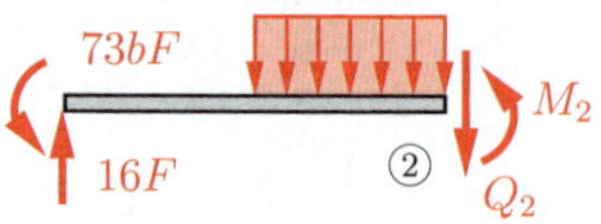

$$Q_{3R} = 4F\,,$$

$$M_3 = 3b\,F - 4b\cdot 4F = -13\,bF\,,$$

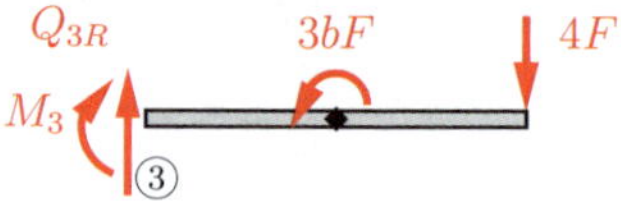

$$Q_4 = 4F\,,$$

$$M_{4L} = 3b\,F - 2b\cdot 4F = -5\,bF\,.$$

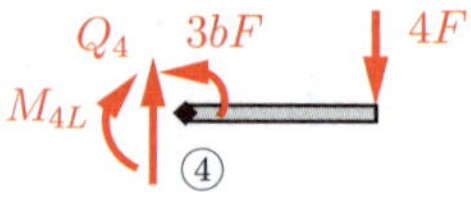

Mit diesen Ergebnissen und unter Beachtung der allgemeinen Beziehungen zwischen äußerer Belastung und den daraus resultierenden Folgen für Q bzw. M (z.B. wo $q = 0$, dort $Q =$ konstant und $M =$ linear, vgl. Tabelle auf Seite 97) können wir nun die Querkraft- und die Momentenlinie zeichnen:

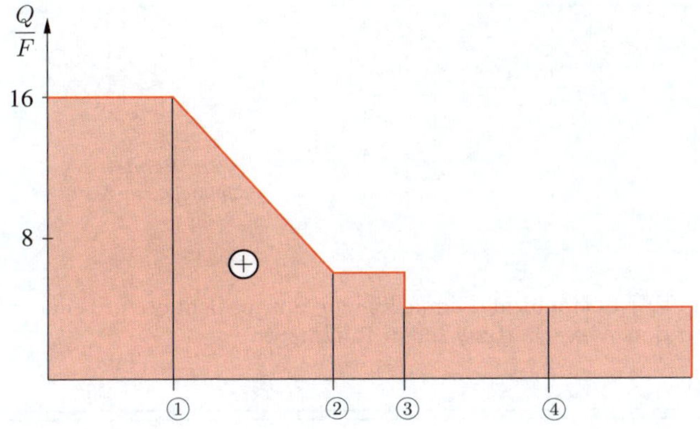

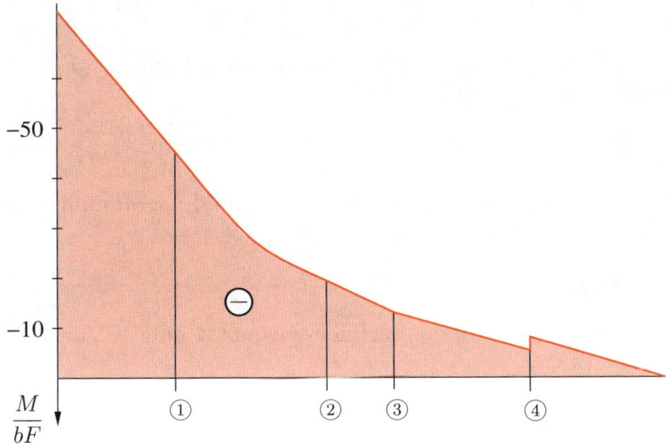

Bei der Momentenlinie muss die quadratische Parabel zwischen den Punkten ① und ② tangential in die anschließenden Geraden einmünden, da in diesen Punkten keine Einzelkräfte wirken (Einzelkraft führt zu Knick im Momentenverlauf!).

A5.7

Aufgabe 5.7 Gegeben sind ein Balken und seine Momentenlinie. Gesucht ist die Belastung.

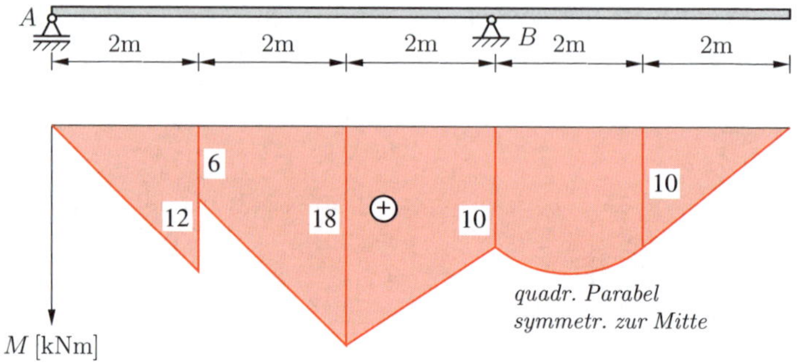

Lösung Wir betrachten die markierten ausgezeichneten Stellen am Balken und den M-verlauf zwischen ihnen:

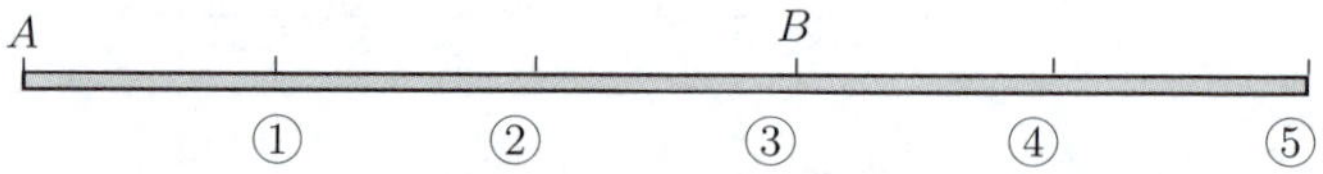

Aus dem links bei A beginnenden linearen Verlauf mit $M_1 = 12\,\text{kNm} = 2\,\text{m} \cdot A$ folgt die Lagerkraft

$$\underline{\underline{A = 6\,\text{kN}}}\,.$$

Anschließend erfolgt bei ① ein Sprung in der Momentenlinie, der von einem Einzelmoment der Größe

$$\underline{\underline{M^* = 6\,\text{kNm}}}$$

herrühren muss. Zur Probe berechnen wir aus A und M^* das Moment an der Stelle ②:

$$M_2 = 4\,\text{m} \cdot 6\,\text{kN} - 6\,\text{kNm} = 18\,\text{kNm}\,.$$

An der Stelle ② muss – wegen des Knickes in der Momentenlinie – eine noch unbekannte Kraft F wirken. Sie ergibt sich aus

$$M_3 = 6\,\text{m} \cdot 6\,\text{kN} - 6\,\text{kNm} - 2\,\text{m} \cdot F = 10\,\text{kNm} \quad \text{zu} \quad \underline{\underline{F = 10\,\text{kN}}}\,.$$

Am rechten Rand muss aufgrund des linearen Momentenverlaufes eine Kraft P nach oben angreifen. Sie lässt sich aus M_4 errechnen:

$$M_4 = 2\,\text{m} \cdot P = 10\,\text{kNm} \quad \leadsto \quad \underline{\underline{P = 5\,\text{kN}}}\,.$$

Der Verlauf in Form einer quadratischen Parabel zwischen ③ und ④ wird durch eine Gleichstreckenlast q_0 hervorgerufen. Sie folgt aus M_3 (Gleichgewicht am rechten Teil):

$$M_3 = 4\,\mathrm{m} \cdot 5\,\mathrm{kN} - 1\,\mathrm{m} \cdot (q_0 \cdot 2\,\mathrm{m}) = 10\,\mathrm{kNm} \quad \rightsquigarrow \quad \underline{\underline{q_0 = 5\,\mathrm{kN/m}}}\,.$$

Damit sind alle Lasten bekannt. Der Balken ist danach wie folgt belastet:

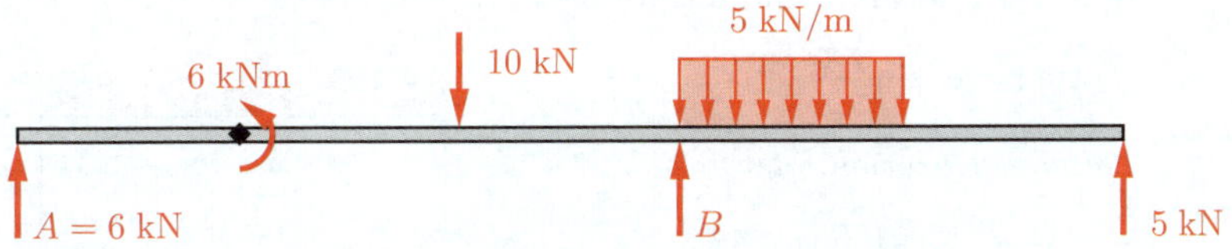

Die noch unbekannte Lagerkraft B folgt aus dem Gleichgewicht:

$$\uparrow: \quad B = 10 + 2 \cdot 5 - 5 - 6 = 9\,\mathrm{kN}\,.$$

Damit können wir nun auch die Querkraftlinie zeichnen:

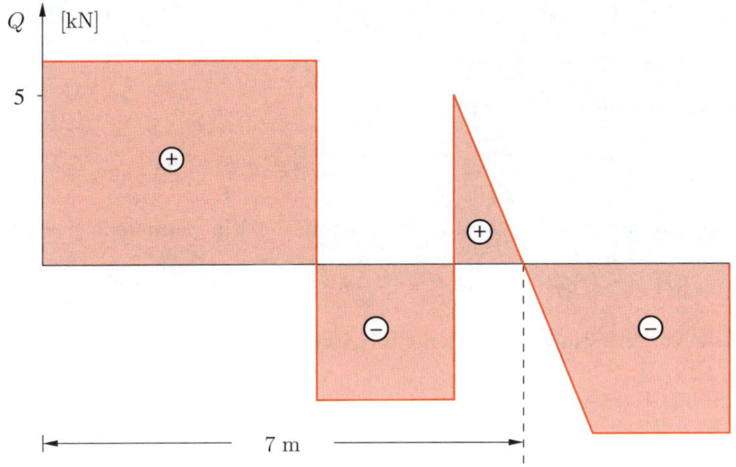

Der Nulldurchgang der Querkraftlinie unter der Gleichstreckenlast an der Stelle $x = 7\,\mathrm{m}$ kennzeichnet das (relative) Maximum der Momentenlinie an dieser Stelle.

A5.8

Aufgabe 5.8 Für den Kragbalken unter sinusförmiger Streckenlast ermittle man den Momentenverlauf.

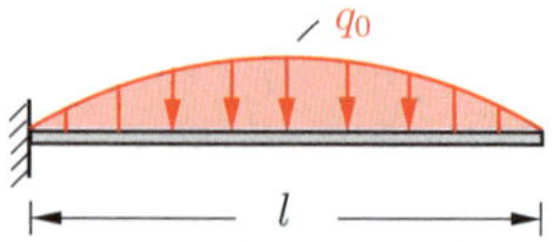

Lösung Zweckmäßig zählt man die Koordinate x vom freien Rand, da dort die Querkraft und das Moment verschwinden:

$$q(x) = q_0 \sin\frac{\pi x}{l}\,.$$

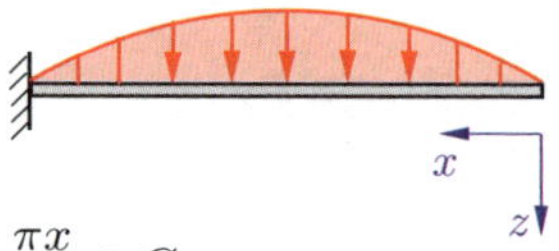

Durch Integration folgt

$$Q(x) = -\int q_0\,\sin\frac{\pi x}{l}\mathrm{d}x = q_0\,\frac{l}{\pi}\cos\frac{\pi x}{l} + C_1\,,$$

$$M(x) = q_0\left(\frac{l}{\pi}\right)^2 \sin\frac{\pi x}{l} + C_1 x + C_2\,.$$

Die Randbedingungen liefern:

$$Q(0) = 0 \quad\rightsquigarrow\quad C_1 = -\,\frac{q_0 l}{\pi}\,,$$

$$M(0) = 0 \quad\rightsquigarrow\quad C_2 = 0\,.$$

Damit lautet die Lösung

$$Q(x) = \frac{q_0 l}{\pi}\left(\cos\frac{\pi x}{l} - 1\right)\,,\qquad M(x) = -\frac{q_0 l^2}{\pi}\left(\frac{x}{l} - \sin\frac{\pi x}{l}\right)\,.$$

Die Größtwerte von Q und M treten an der Einspannstelle $x = l$ auf:

$$Q(l) = -\frac{2}{\pi}\,q_0 l\,,\qquad M(l) = -\frac{1}{\pi}\,q_0 l^2\,.$$

Die Verläufe sind nachfolgend skizziert.

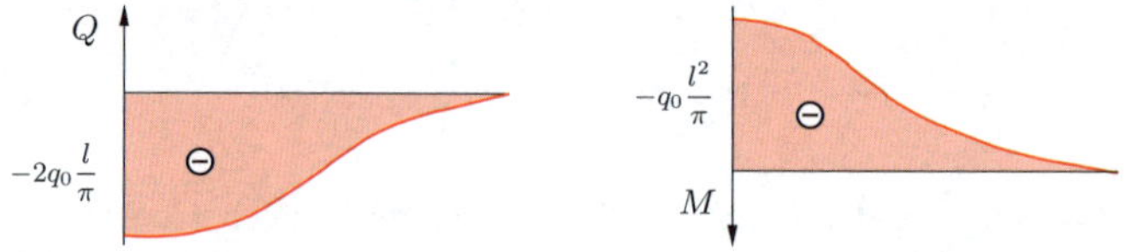

Anmerkung: Die Querkraft erscheint hier mit negativem Vorzeichen, da x von *rechts* gezählt wird (positives Schnittufer!).

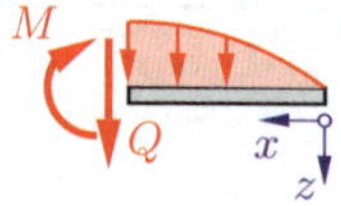

Aufgabe 5.9 Über eine Brücke der Länge l fährt ein Kran mit dem Eigengewicht G. Die Vorderachse ist mit $\frac{3}{4}G$, die Hinterachse mit $\frac{1}{4}G$ belastet. Sein Achsenabstand beträgt $b = l/20$. **A5.9**

Wie groß ist das maximale Biegemoment in der Brücke und bei welcher Position x des Krans tritt es auf?

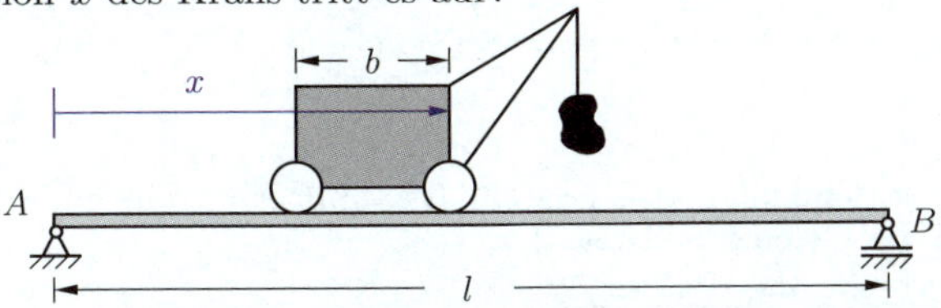

Lösung Wir berechnen zunächst die Lagerreaktion A (nach oben positiv angenommen) für einen beliebigen Abstand x der Vorderachse:

$$\overset{\curvearrowright}{B}: \quad l\,A = (l-x)\frac{3}{4}G + (l-x+b)\frac{G}{4} \quad \leadsto \quad A = \left(\frac{81}{80} - \frac{x}{l}\right)G\,.$$

Das größte Biegemoment kann unter der Hinter- (H) oder unter der Vorderachse (V) auftreten. Man erhält

$$M_H = (x-b)A = \left(x - \frac{l}{20}\right)\left(\frac{81}{80} - \frac{x}{l}\right)G\,,$$

$$M_V = x\,A - b\,\frac{G}{4} = x\left(\frac{81}{80} - \frac{x}{l}\right)G - \frac{l}{80}\,G\,.$$

Die extremalen Biegemomente findet man durch Nullsetzen der Ableitungen. Aus

$$\frac{\mathrm{d}M_V}{\mathrm{d}x} = \frac{81}{80}\,G - 2\,\frac{x}{l}\,G = 0 \qquad \text{folgt} \qquad \underline{\underline{x_1 = \frac{81}{160}\,l}}$$

und damit

$$\underline{\underline{M_{V\,max} = \frac{6241}{25600}\,G\,l\,.}}$$

Aus

$$\frac{\mathrm{d}M_H}{\mathrm{d}x} = \frac{81}{80}\,G - 2\,\frac{x}{l}\,G + \frac{1}{20}\,G = 0 \qquad \text{folgt} \qquad \underline{\underline{x_2 = \frac{85}{160}\,l}}$$

und damit

$$\underline{\underline{M_{H\,max} = \frac{5929}{25600}\,G\,l\,.}}$$

Man erkennt, dass die Position x_1 den größeren Wert liefert.

A5.10 **Aufgabe 5.10** Für den dargestellten GERBERträger sind die Verläufe von Q, M und N gesucht.

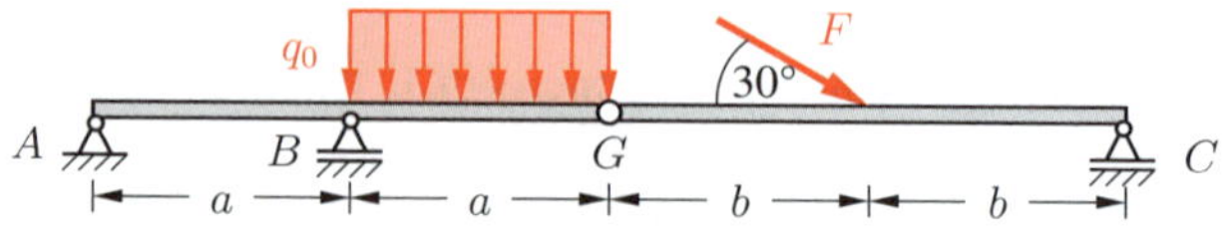

Lösung Wir schneiden das System frei und ermitteln zunächst die Lager- und die Gelenkreaktionen:

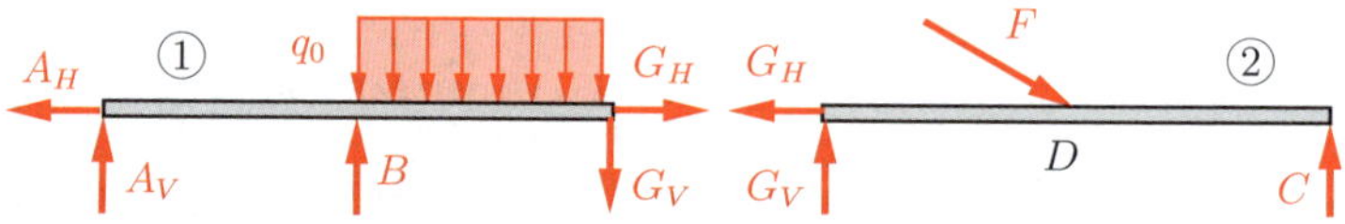

Aus den Gleichgewichtsbedingungen

①		②	
$\rightarrow:$	$-A_H + G_H = 0\,,$	$\rightarrow:$	$-G_H + F\cos 30^\circ = 0\,,$
$\uparrow:$	$A_V + B - q_0 a - G_V = 0\,,$	$\uparrow:$	$G_V + C - F\sin 30^\circ = 0\,,$
$\overset{\curvearrowright}{G}:$	$2a\,A_V + a\,B - \dfrac{a}{2}\,q_0 a = 0\,,$	$\overset{\curvearrowright}{G}:$	$b\,F\sin 30^\circ - 2b\,C = 0$

ergeben sich mit $\sin 30^\circ = 1/2$ und $\cos 30^\circ = \sqrt{3}/2$

$$A_H = \frac{\sqrt{3}}{2}\,F\,, \qquad A_V = -\frac{q_0 a}{2} - \frac{F}{4}\,, \qquad B = \frac{3}{2}\,q_0 a + \frac{F}{2}\,,$$

$$C = \frac{F}{4}\,, \qquad G_V = \frac{F}{4}\,, \qquad G_H = \frac{\sqrt{3}}{2}\,F\,.$$

Nun werden in ausgezeichneten Punkten die Schnittgrößen bestimmt. In A, G und C liegen Gelenke vor, also ist das Moment dort Null. In B bzw. D springt die Querkraft um die Lagerkraft bzw. die Vertikalkomponente von F ($F\sin 30^\circ = F/2$). In D springt außerdem die Normalkraft um die Horizontalkomponente von F ($F\cos 30^\circ = \sqrt{3}F/2$). Durch Schnitte unmittelbar links von B bzw. unmittelbar rechts von D erhält man

$$N_B = A_H\,,$$

$$Q_{B_L} = A_V\,,$$

$$M_B = a\,A_V\,,$$

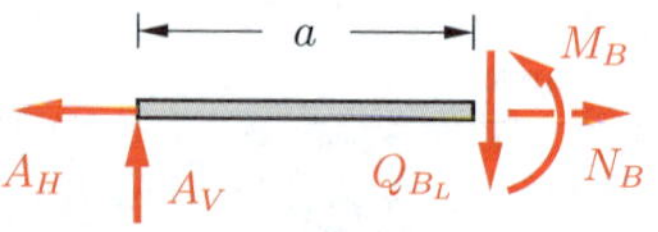

$$N_{D_R} = 0\,,$$

$$Q_{D_R} = -C\,,$$

$$M_D = bC = b\,\frac{F}{4}\,.$$

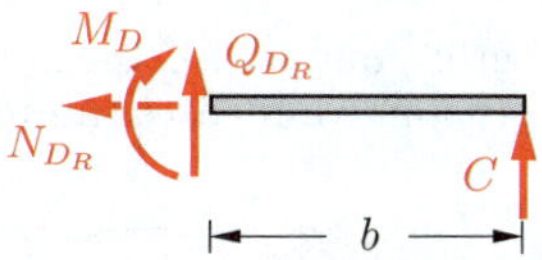

Damit ergeben sich die folgenden Verläufe:

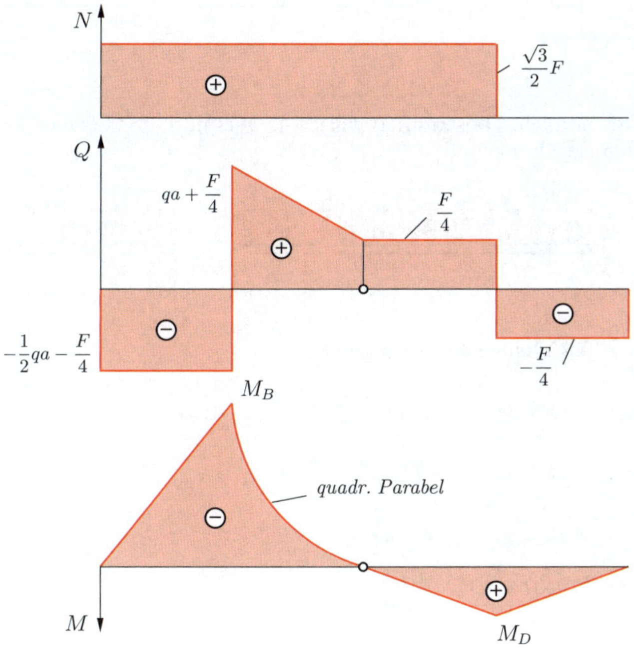

Anmerkungen:

- Im Bereich $\overline{BG}$ ist die Momentenlinie eine quadratische Parabel. Aus dem Q-Verlauf geht hervor, dass der Betrag ihrer Steigung in B größer ist als in G.
- Da im Gelenk keine Kraft angreift, der Q-Verlauf also keinen Sprung in G aufweist, muss die quadratische Parabel in G ohne Steigungsänderung in den linearen Momentenverlauf zwischen G und D einmünden.

A5.11 **Aufgabe 5.11** Für den dargestellten GERBERträger sind die Querkraft- und die Momentenlinie zu bestimmen.

Wie groß muss der Abstand a des Gelenks G sein, damit der Betrag des größten Momentes minimal wird?

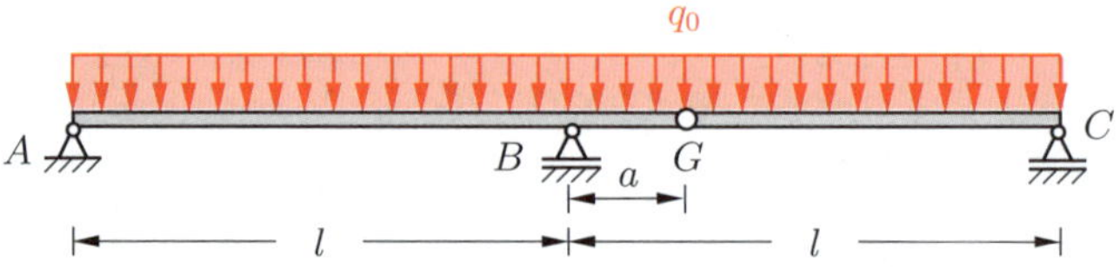

Lösung Zunächst bestimmen wir die Lager- und die Gelenkreaktionen. Aus dem Freiköperbild

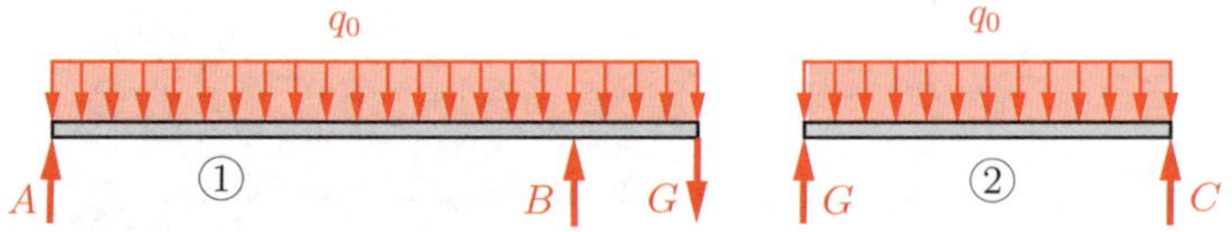

und den Gleichgewichtsbedingungen

$$① \uparrow: \quad A + B - G - q_0(l+a) = 0\,,$$

$$\overset{\curvearrowright}{G}: \quad (l+a)\,A + a\,B - \frac{q_0(l+a)^2}{2} = 0\,,$$

$$② \uparrow: \quad G + C - q_0(l-a) = 0\,,$$

$$\overset{\curvearrowright}{G}: \quad \frac{q_0(l-a)^2}{2} - (l-a)\,C = 0$$

folgen

$$A = G = C = \frac{q_0(l-a)}{2}\,, \qquad B = q_0\,(l+a)\,.$$

Das Schnittmoment in B ergibt sich zu

$$M_B = l\,A - \frac{q_0 l^2}{2} = -\frac{1}{2}\,q_0 l\,a\,.$$

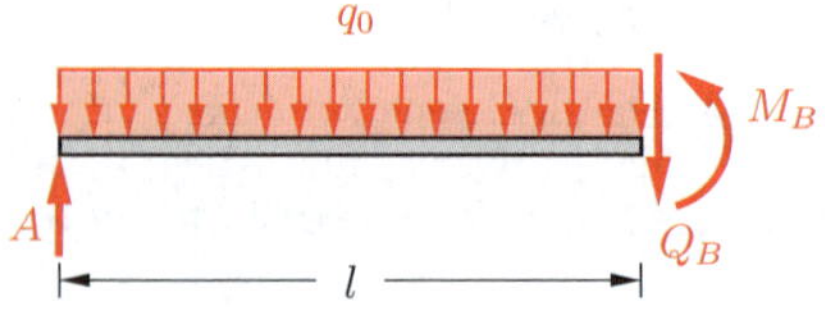

Damit erhält man den dargestellten Querkraft- und Momentenverlauf:

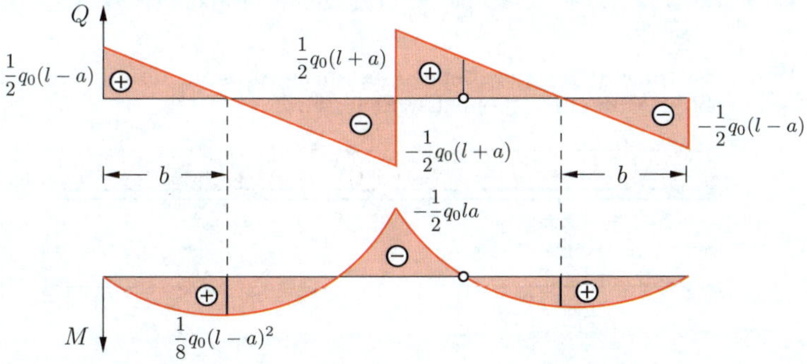

Anmerkungen:

- Der Querkraftverlauf ist antisymmetrisch bezüglich B.
- Die Querkraft muss in der Mitte zwischen G und C Null sein, d. h. bei $b = (l-a)/2$. Dies folgt sofort aus Betrachtung des Freikörperbildes (Symmetrie der Belastung!).
- Aus dem Q-Verlauf erkennt man, dass der Betrag der Steigung von M im Lager A kleiner ist als im Lager B.
- Der Momentenverlauf ist symmetrisch bezüglich B.

Die relativen Extremwerte von M befinden sich an den Nullstellen von Q, im Abstand $b = (l-a)/2$ von A und von C. Sie ergeben sich zu

$$M^* = b\,A - \frac{q_0 b^2}{2} = \frac{q_0}{8}(l-a)^2\,.$$

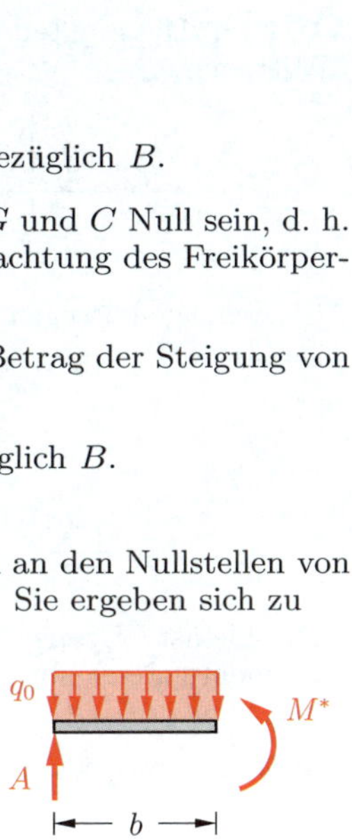

Damit der Betrag der auftretenden Momente minimal wird, muss gelten

$$|M_B| = |M^*|\,.$$

Einsetzen liefert den gesuchten Abstand:

$$\frac{1}{2}\,q_0 l\,a = \frac{1}{8}\,q_0(l-a)^2 \quad \rightsquigarrow \quad \underline{\underline{a}} = (3-\sqrt{8})l = \underline{\underline{0,172\,l}}\,.$$

A5.12 **Aufgabe 5.12** Ein beiderseitig überkragender Balken trägt eine Gleichstreckenlast.

Wie groß muss a bei gegebener Gesamtläge l sein, damit der Betrag des größten Momentes möglichst klein wird?

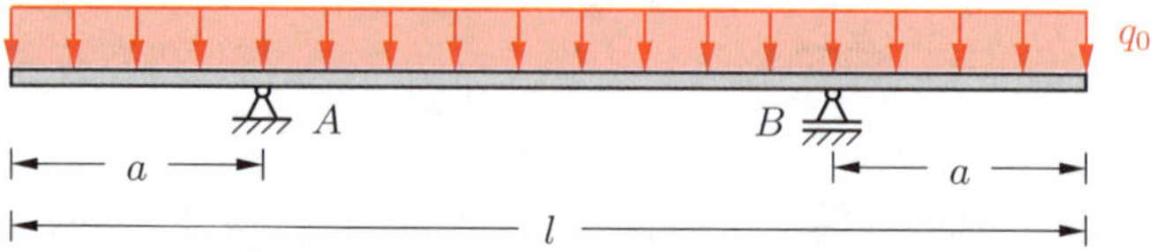

Lösung Die größten Biegemomente treten über den Lagern und in der Mitte auf:

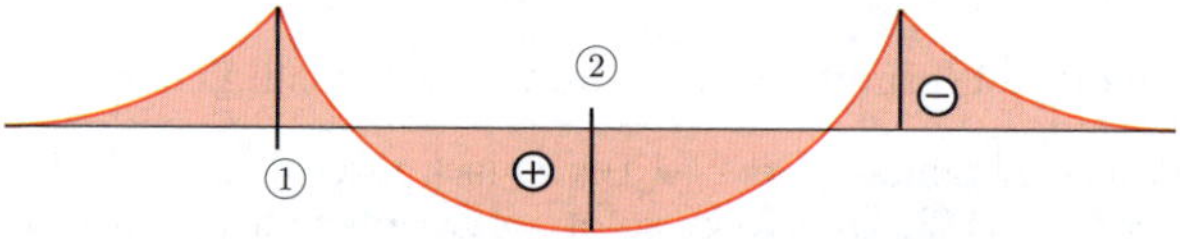

Sie betragen (wegen der Symmetrie sind die Lagerkräfte $A = B = q_0 l/2$)

$$M_1 = -q_0 \frac{a^2}{2},$$

$$M_2 = -q_0 \frac{(l/2)^2}{2} + \frac{q_0 l}{2}\left(\frac{l}{2} - a\right).$$

Die kleinste Beanspruchung wird auftreten, wenn die Beträge dieser Momente gleich sind:

$$q_0 \frac{a^2}{2} = q_0 \frac{l}{2}\left(\frac{l}{2} - a\right) - q_0 \frac{l^2}{8}.$$

Hieraus folgt

$$\underline{\underline{a = \frac{1}{2}\left(\sqrt{2} - 1\right) l}} = 0{,}207\, l$$

und

$$\underline{\underline{|M_{max}| = \frac{3 - 2\sqrt{2}}{8} q_0 l^2}} = 0{,}0214\, q_0 l^2.$$

Das Moment beträgt nur 17 % des maximalen Moments $q_0 l^2/8$ für den Balken, bei dem die Lager an den Balkenenden liegen.

Aufgabe 5.13 Für den dargestellten Gelenkträger unter Dreieckslast sind der Querkraft- und der Momentenverlauf durch Integration zu bestimmen.

A5.13

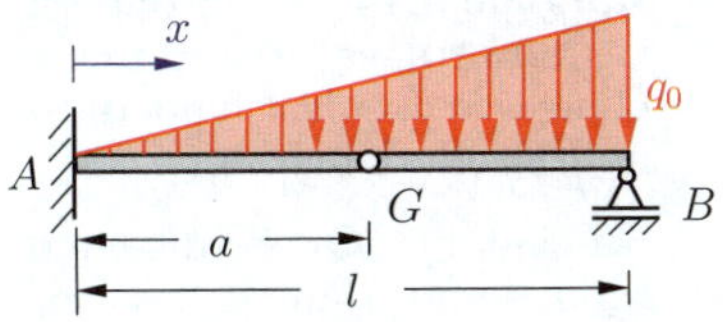

Lösung Aus $q(x) = q_0 x/l$ erhält man durch Integration

$$Q(x) = -q_0 \frac{x^2}{2l} + C_1 , \qquad M(x) = -q_0 \frac{x^3}{6l} + C_1 x + C_2 .$$

Die Integrationskonstanten C_1 und C_2 bestimmen sich aus den Bedingungen, dass das Moment in G und in B Null ist:

$$M(x = a) = 0 : \quad -q_0 \frac{a^3}{6l} + C_1 a + C_2 = 0 ,$$

$$M(x = l) = 0 : \quad -q_0 \frac{l^2}{6} + C_1 l + C_2 = 0 .$$

Unter Verwendung der Abkürzung $\lambda = a/l$ erhält man

$$C_1 = \frac{q_0 l}{6} (1 + \lambda + \lambda^2) , \qquad C_2 = -\frac{q_0 l^2}{6} \lambda(1 + \lambda)$$

und damit

$$\underline{\underline{Q(x) = \frac{q_0 l}{6} \left[(1 + \lambda + \lambda^2) - 3 \left(\frac{x}{l}\right)^2 \right]}} ,$$

$$\underline{\underline{M(x) = -\frac{q_0 l^2}{6} \left[\lambda(1 + \lambda) - (1 + \lambda + \lambda^2) \left(\frac{x}{l}\right) + \left(\frac{x}{l}\right)^3 \right]}} .$$

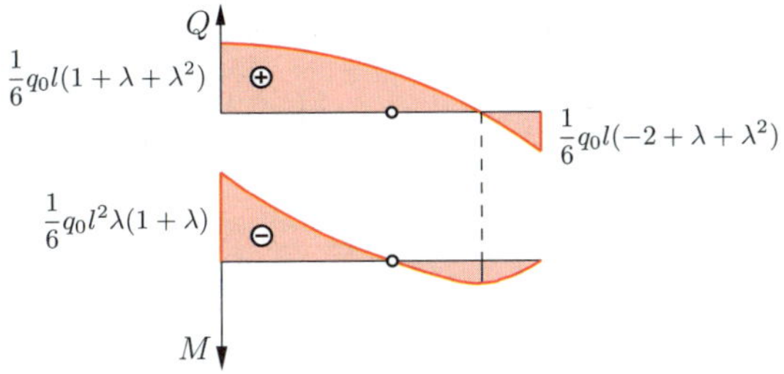

A5.14 **Aufgabe 5.14** Der dargestellte GERBERträger ist durch eine Gleichstreckenlast und durch eine Einzellast belastet.

Es sind der Querkraft- und der Momentenverlauf zu bestimmen.

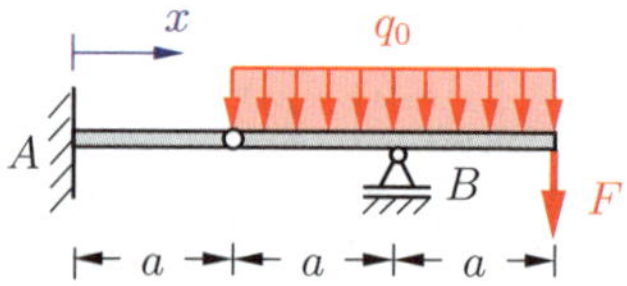

Lösung Mit Hilfe des FÖPPL-Symbols kann die Streckenlast durch

$$q(x) = q_0 < x - a >^0$$

dargestellt werden. Durch Integration folgt

$$Q(x) = -q_0 < x - a >^1 + B < x - 2a >^0 + C_1 \,,$$

$$M(x) = -\frac{1}{2}\, q_0 < x - a >^2 + B < x - 2a >^1 + C_1 x + C_2 \,.$$

Beachte: Die noch unbekannte Lagerkraft B verursacht einen Sprung im Querkraftverlauf. Dieser muss in $Q(x)$ berücksichtigt werden! Die Lagerkraft B und sie Konstanten C_1 und C_2 bestimmen sich aus den Bedingungen

$$Q(x = 3a) = F \quad \rightsquigarrow \quad -2q_0 a + B + C_1 = F \,,$$

$$M(x = a) = 0 \quad \rightsquigarrow \quad C_1 a + C_2 = 0 \,,$$

$$M(x = 3a) = 0 \quad \rightsquigarrow \quad -2\, q_0 a^2 + B\, a + 3a\, C_1 + C_2 = 0$$

zu

$$C_1 = -F \,, \qquad C_2 = a\, F \,, \qquad B = 2\, q_0 a + 2F \,.$$

Damit erhält man zum Beispiel in den Punkten A und B

$$M_A = M(0) = C_2 = a\, F \,,$$

$$M_B = M(2a) = -\frac{1}{2}\, q_0 a^2 + C_1 2a + C_2 = -\frac{1}{2} q_0 a^2 - aF$$

und insgesamt die folgenden Verläufe für Q und M:

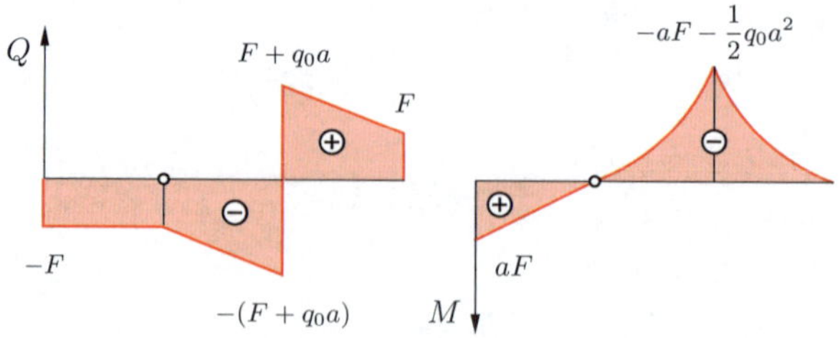

Aufgabe 5.15 Für den dargestellten GERBERträger sind der Querkraft- und der Momentenverlauf zu ermitteln. **A5.15**

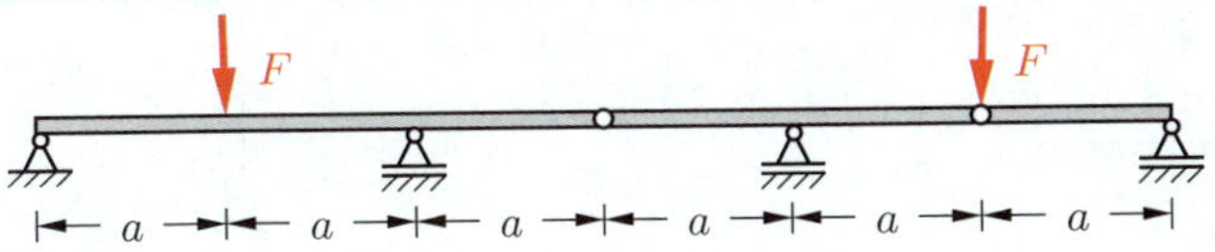

Lösung Wir bestimmen zuerst die Lager- und die Gelenkkräfte (es treten nur vertikale Einzelkräfte auf!).

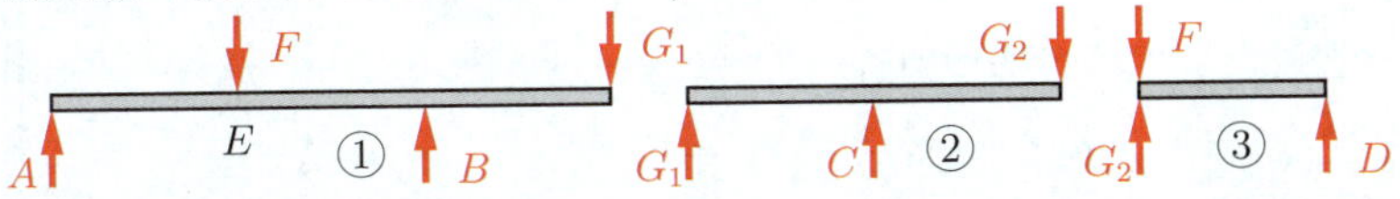

Aus den Gleichgewichtsbedingungen

$$①\uparrow: \quad A + B - F - G_1 = 0\,, \qquad \overset{\curvearrowright}{A}: \quad aF - 2a\,B + 3a\,G_1 = 0\,,$$

$$②\uparrow: \quad G_1 + C - G_2 = 0\,, \qquad \overset{\curvearrowright}{C}: \quad a\,G_1 + a\,G_2 = 0\,,$$

$$③\uparrow: \quad G_2 + D - F = 0\,, \qquad \overset{\curvearrowright}{D}: \quad a\,G_2 - a\,F = 0$$

ergeben sich die Lager- und die Gelenkreaktionen

$$A = F\,, \quad B = -F\,, \quad C = 2F\,, \quad D = 0\,, \quad G_1 = -F\,, \quad G_2 = F\,.$$

An den Stellen B, C und E erhält man für die Schnittmomente

$$M_E = a\,F\,, \qquad M_B = 2\,a\,F - a\,F = a\,F\,, \qquad M_C = -a\,F\,.$$

Damit folgen die dargestellten Schnittgrößenverläufe.

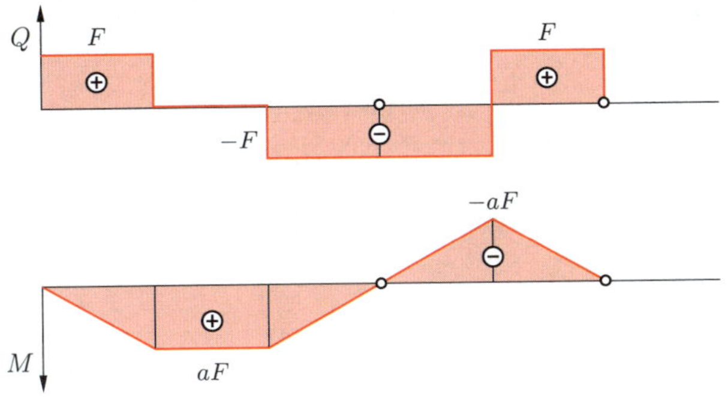

A5.16 **Aufgabe 5.16** Der Rahmen ist durch die Kraft F und eine Gleichstreckenlast $q_0 = F/a$ belastet.

Es sind die Verläufe von N, Q und M zu bestimmen.

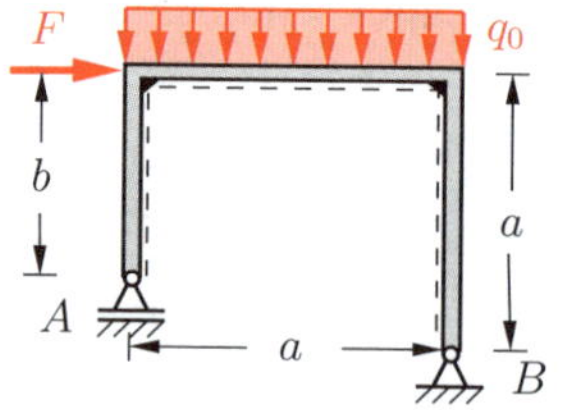

Lösung Die Gleichgewichtsbedingungen

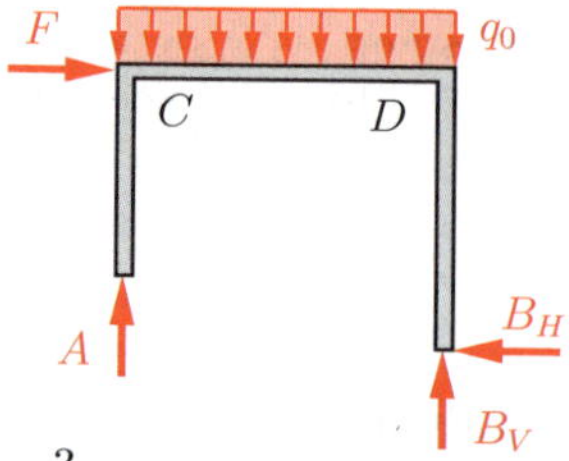

$$\uparrow: \quad A + B_V - q_0 a = 0\,,$$

$$\rightarrow: \quad F - B_H = 0\,,$$

$$\overset{\curvearrowleft}{B}: \quad -a\,A + \tfrac{1}{2}\,q_0 a^2 - a\,F = 0$$

liefern die Lagerkräfte

$$A = \frac{q_0 a}{2} - F = -\frac{F}{2}\,, \qquad B_V = \frac{q_0 a}{2} + F = \frac{3}{2}\,F\,, \qquad B_H = F\,.$$

Wir schneiden nun an den Rahmenecken unmittelbar rechts von C bzw. links von D. Dort folgen die Schnittgrößen:

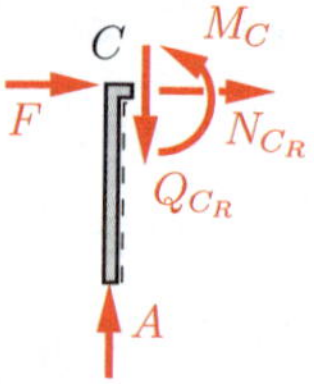

$$N_{C_R} = -F\,, \qquad Q_{C_R} = -F/2\,, \qquad M_C = 0\,,$$

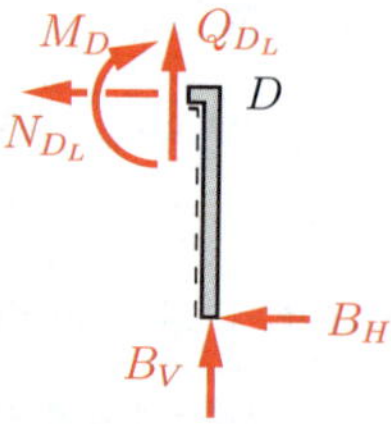

$$N_{D_L} = -F\,, \qquad Q_{D_L} = -3F/2, \qquad M_D = -a\,F\,.$$

Unter Beachtung der allgemeinen Beziehungen zwischen der Belastung und den Schnittgrößen erhält man damit die dargestellten Verläufe (Hinweis: an unbelasteten 90°-Ecken ändern sich die Momente nicht; Normalkräfte werden zu Querkräften und umgekehrt!):

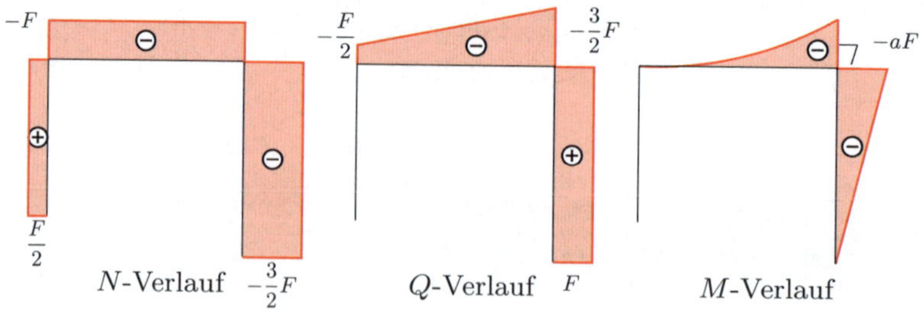

N-Verlauf $\qquad$ Q-Verlauf $\qquad$ M-Verlauf

Aufgabe 5.17 Für den dargestellten Rahmen sind der Normalkraft-, der Querkraft- und der Momentenverlauf zu ermitteln. A5.17

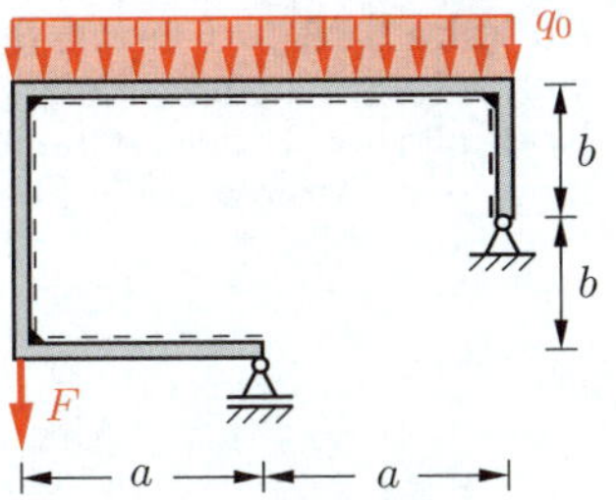

Lösung Aus den Gleichgewichtsbedingungen errechnen sich die Lagerreaktionen zu

$$A = 2F + 2q_0 a, \quad B_V = -F, \quad B_H = 0.$$

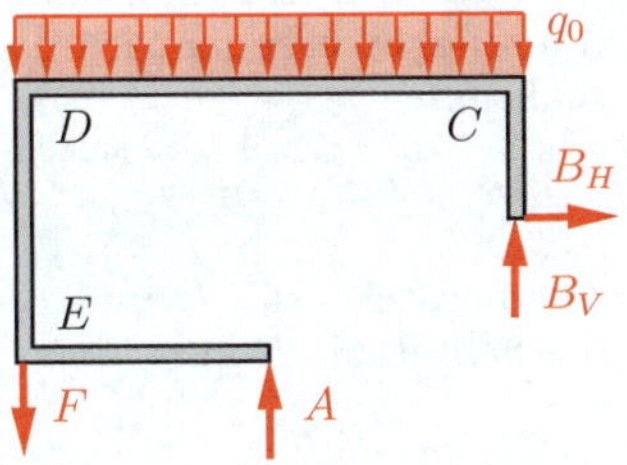

An den Stellen C, D und E ergeben sich die Schnittmomente

$$M_C = 0\,, \qquad M_D = M_E = -a\,A = -2a(F + q_0 a)\,.$$

Damit lassen sich unter Beachtung der Zusammenhänge zwischen q, Q und M sowie der N-Q bzw. Q-N Übergänge an den Ecken die folgenden Schnittgrößenverläufe skizzieren:

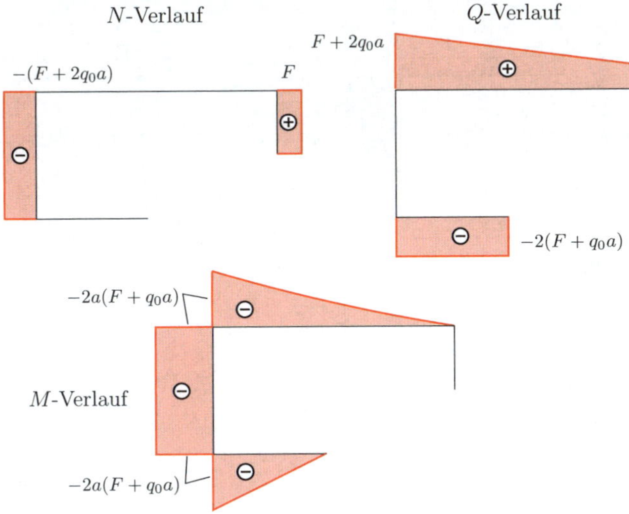

A5.18 **Aufgabe 5.18** Für das dargestellte Rahmentragwerk sind der Normalkraft-, der Querkraft- und der Momentenverlauf zu ermitteln.

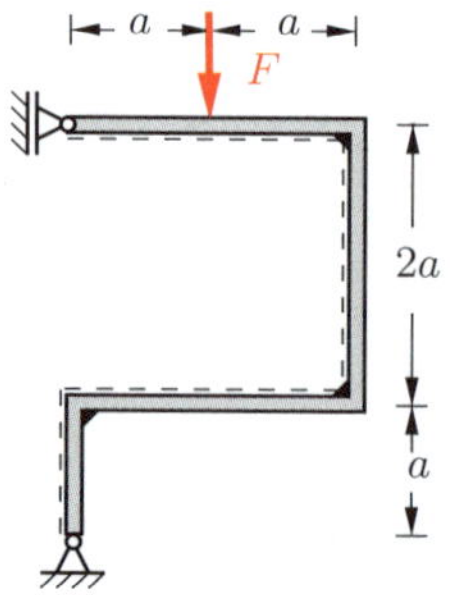

Lösung Aus den Gleichgewichtsbedingunggen ergeben sich die Lagerreaktionen zu

$$A_V = F\,, \quad A_H = \frac{F}{3}\,, \quad B = -\frac{F}{3}\,.$$

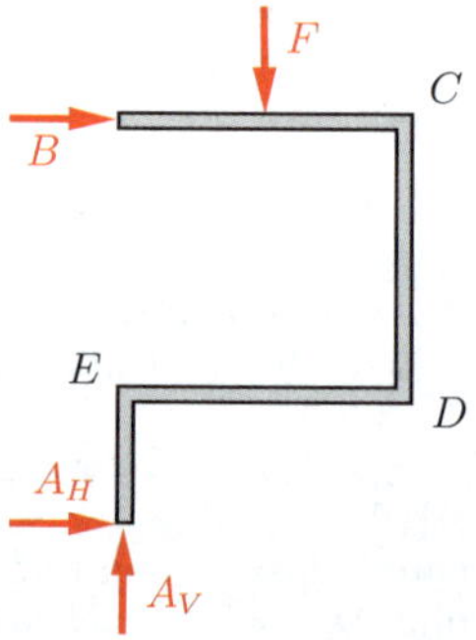

An den Ecken C, D und E errechnen sich die Schnittmomente

$$M_C = -a\,F\,,$$

$$M_D = 2a\,B - a\,F = -\frac{5}{3}\,a\,F\,,$$

$$M_E = \frac{1}{3}\,a\,F\,.$$

Damit folgen die dargestellten Schnittgrößenverläufe:

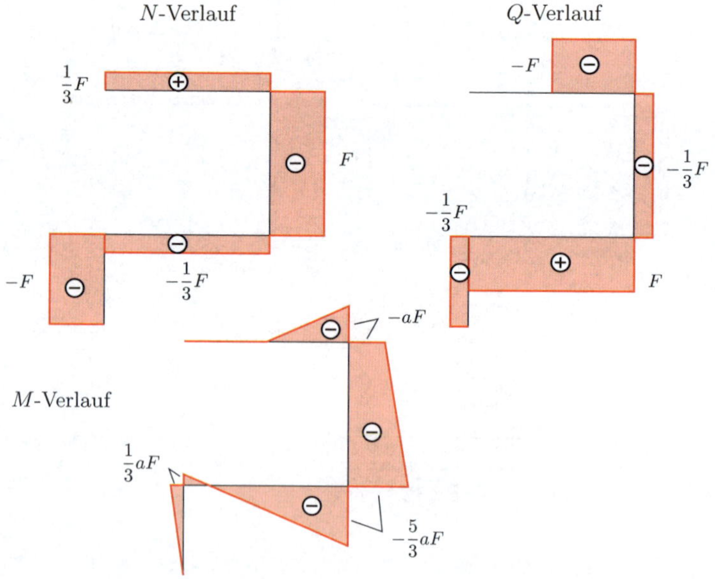

Aufgabe 5.19 Für den dargestellten Gelenkrahmen sind der Normalkraft-, der Querkraft- und der Momentenverlauf zu bestimmen.

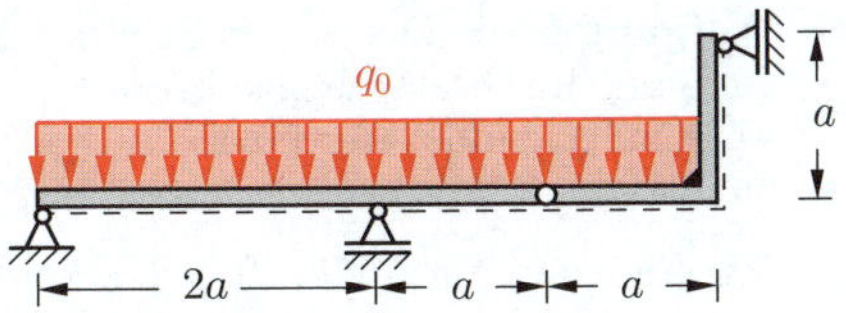

A5.19

Lösung Mit dem Freikörperbild

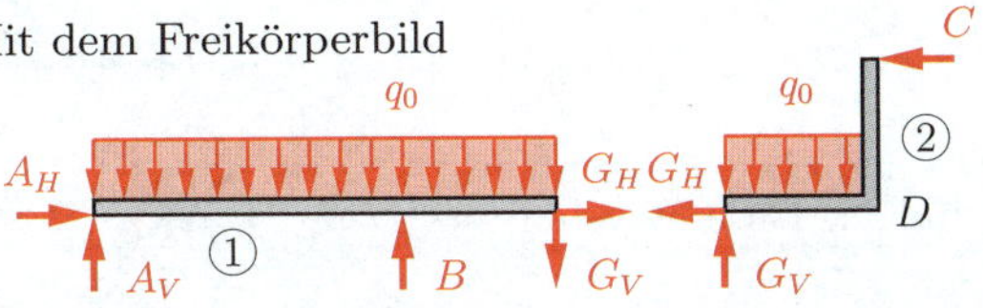

lauten die Gleichgewichtsbedingungen für die Teilsysteme

$$
\text{①}\ \uparrow: \quad A_V + B - G_V - 3q_0 a = 0\,, \qquad \text{②}\ \uparrow: \quad G_V - q_0 a = 0\,,
$$
$$
\rightarrow: \quad A_H + G_H = 0\,, \qquad \rightarrow: \quad -G_H - C = 0\,,
$$
$$
\overset{\curvearrowright}{A}: \quad -2a\,B + 3a\,G_V + \frac{9}{2}\,q_0 a^2 = 0\,, \qquad \overset{\curvearrowright}{G}: \quad -a\,C + \frac{1}{2}\,q_0 a^2 = 0\,.
$$

Aus ihnen ergeben sich die Lager- und die Gelenkreaktionen

$$
A_V = \frac{q_0 a}{4}\,, \quad A_H = \frac{q_0 a}{2}\,, \quad B = \frac{15}{4}\,q_0 a\,, \quad C = \frac{q_0 a}{2}\,,
$$
$$
G_H = -\frac{q_0 a}{2}\,, \quad G_V = q_0 a\,.
$$

An den Stellen B und D folgen für die Schnittmomente

$$
M_B = 2a\,A_V - \frac{1}{2}\,(q_0\,2a)^2 = -\frac{3}{2}\,q_0 a^2\,, \qquad M_D = aC = \frac{1}{2}\,q_0 a^2\,.
$$

Damit erhält man die folgenden Schnittgrößenverläufe:

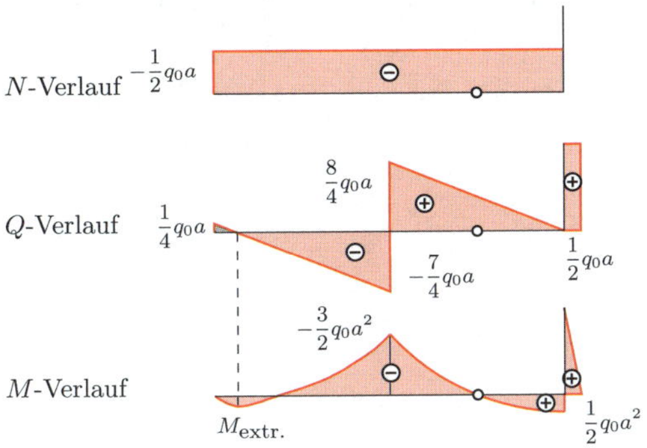

A5.20

Aufgabe 5.20 Der abgewinkelte Rahmen ist durch eine Einzelkraft F und eine Streckenlast der Größe $q_0 = F/a$ belastet.

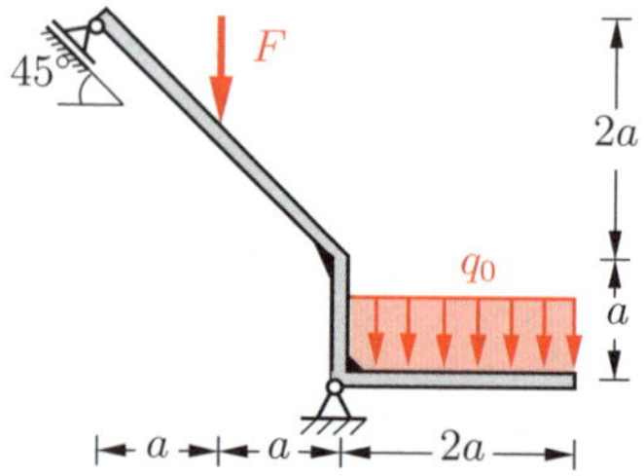

Es sind der Normalkraft-, der Querkraft- und der Momentenverlauf zu bestimmen.

Lösung Aus den Gleichgewichtsbedingungen für das Gesamtsystem

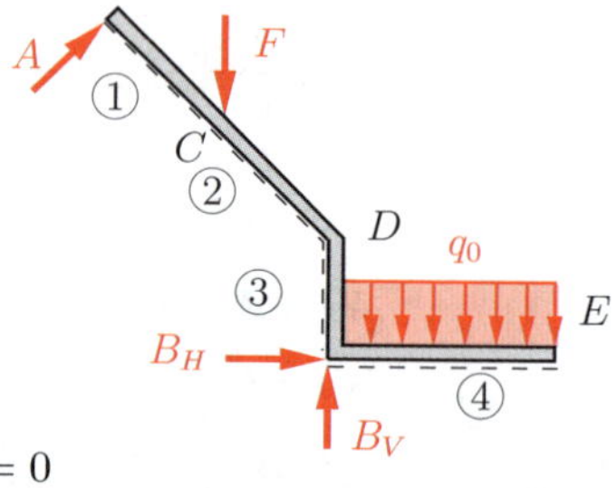

$$\rightarrow: \quad \frac{\sqrt{2}}{2} A + B_H = 0 ,$$

$$\uparrow: \quad \frac{\sqrt{2}}{2} A + B_V - F - 2q_0 a = 0 ,$$

$$\overset{\curvearrowright}{A}: \quad a\,F - 3a\,B_H - 2a\,B_V + 6q_0 a^2 = 0$$

folgen die Lagerreaktionen

$$A = -\frac{\sqrt{2}}{5} F , \qquad B_V = \frac{16}{5} F , \qquad B_H = \frac{1}{5} F .$$

Durch Gleichgewichtsbetrachtung am geschnittenen System ergeben sich für die Normal- und die Querkraft in den Teilen ① bis ③

$$N_1 = 0 , \qquad Q_1 = A = -\frac{\sqrt{2}}{5} F ,$$

$$N_2 = -\frac{\sqrt{2}}{2} F , \qquad Q_2 = A - \frac{\sqrt{2}}{2} F = -\frac{7}{10} \sqrt{2} F ,$$

$$N_3 = \frac{\sqrt{2}}{2} A - F = -\frac{6}{5} F , \qquad Q_3 = -\frac{\sqrt{2}}{2} A = \frac{F}{5} .$$

Außerdem ermittelt man an den Schnittstellen B, C und D die Momente

$$M_B = -a\, 2q_0 a = -2aF ,$$

$$M_C = a\sqrt{2}\, A = -\frac{2}{5}\, aF ,$$

$$M_D = 2a\sqrt{2}\, A - aF = -\frac{9}{5}\, aF .$$

Für den Bereich ④ gilt

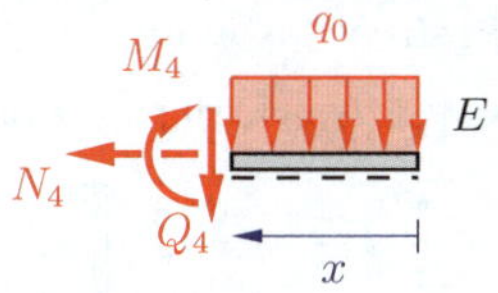

$$N_4 = 0\,,$$

$$Q_4 = -q_0 x = -F\,\frac{x}{a}\,,$$

$$M_4 = -\frac{1}{2}\,q_0 x^2 = -\frac{1}{2}\,a\,F\,\frac{x^2}{a^2}\,.$$

Beachte: Da x von rechts gezählt wird, wirkt Q_4 positiv nach unten!

Damit folgen die dargstellten Schnittgrößenverläufe. Sprünge in N und Q treten an den Rahmenecken und an Angriffspunkten von Einzelkräften auf; die Momente werden an den Ecken ohne Änderung übertragen.

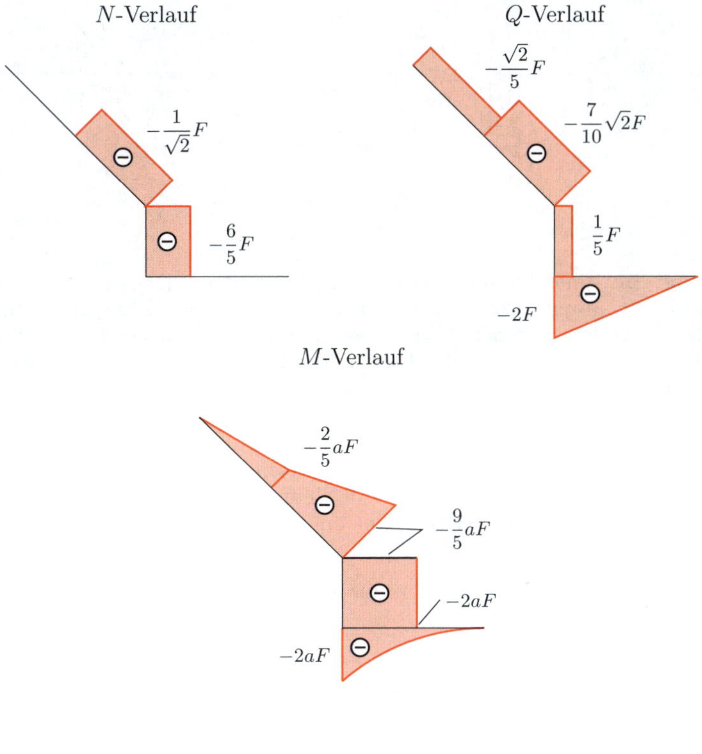

A5.21 **Aufgabe 5.21** Für das Tragwerk aus zwei gelenkig verbundenen Teilen sind die auftretenden Verläufe von Querkraft Q, Moment M und Normalkraft N bekannt.

Wie groß (nach Betrag und Lage) sind die zugehörigen Belastungen?

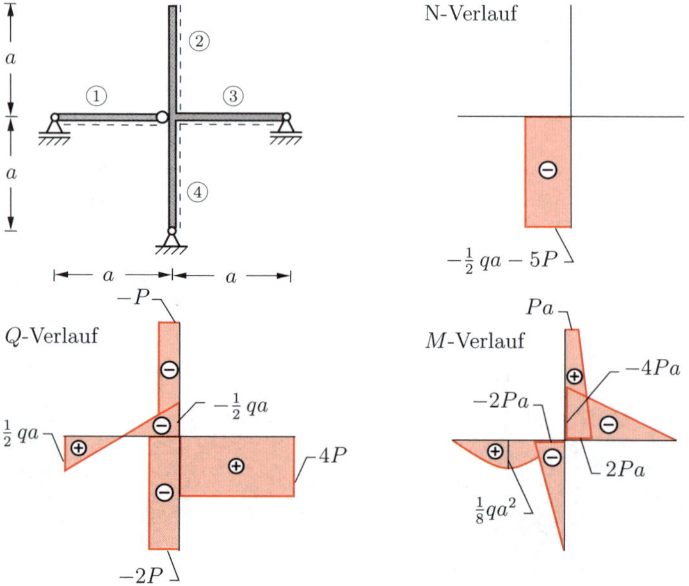

Lösung Beginnend von den äußeren Rändern der einzelnen Tragwerksabschnitte können deren Belastungen aus den zugehörigen Schnittgrößenverläufen rekonstruiert werden. Eine anschließende Gleichgewichtsbetrachtung am Mittelknoten liefert die dort eventuell angreifenden Einzelkräfte bzw. Einzelmomente.

Wir betrachten zunächst den links eingehängten Balken ①. Aufgrund des linearen Querkraftverlaufs mit den Randwerten $\pm q\,a/2$ sowie der parabelförmigen Momentenlinie mit dem charakteristischen Parabelstich $qa^2/8$ muss dieser Balken mit einer Gleichstreckenlast q belastet sein.

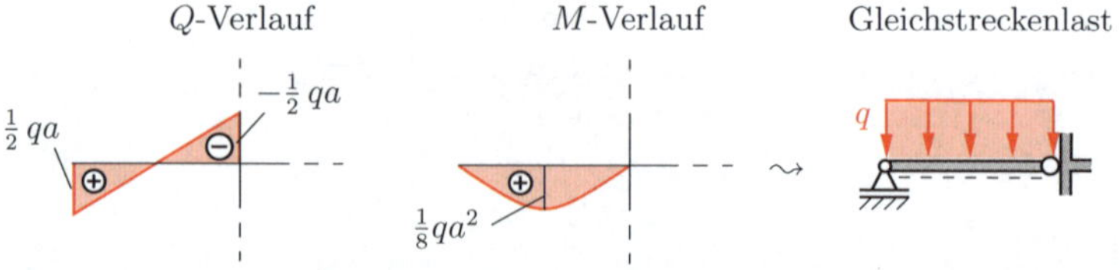

Da die weiteren Tragwerksabschnitte sowohl einen konstanten Normal- als auch einen konstanten Querkraftverlauf aufweisen und der Momentenverlauf sich dort linear verändert, können die Teilabschnitte (2), (3) und (4) weder durch verteilte Lasten noch durch Einzellasten (Sprung im Querkraftverlauf, Knicke im Momentenverlauf) bzw. durch Einzelmomente (Sprung in der Momentenlinie) belastet sein.

Weitere äußere Belastungen sind danach nur noch am freien Ende des Teilabschnitts (2) und am Mittelknoten möglich. Die Betrachtung der Randwerte im Querkraft- und Momentenverlauf am freien Ende führt dort auf folgende Belastungen:

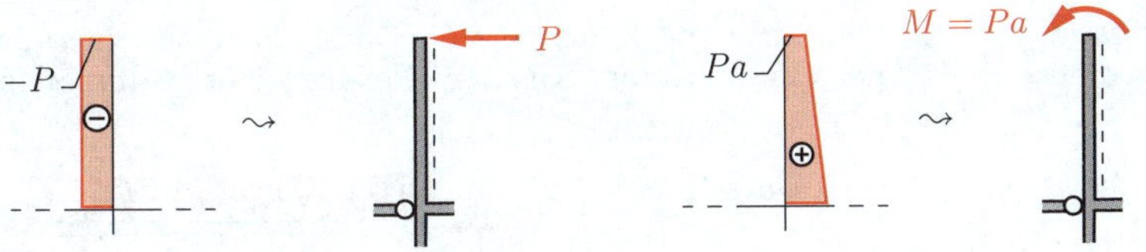

Gleichgewichtsbetrachtung am herausgeschnittenen Mittelknoten K liefert die noch fehlenden Belastungen:

$$\overset{\curvearrowleft}{K}: \quad M_{MK} = M_2 + M_3 - M_4$$
$$= 2\,P\,a - 4\,P\,a - (-2\,P\,a) = 0$$
$\rightsquigarrow$ kein Einzelmoment,

$$\rightarrow: \quad H_{MK} = Q_2 - Q_4 = -P - (-2\,P) = P$$
$\rightsquigarrow$ horizontale Einzelkraft,

$$\uparrow: \quad V_{MK} = Q_1 - Q_3 - N_4$$
$$= -\tfrac{1}{2}qa - 4\,P + \tfrac{1}{2}qa + 5\,P = P$$
$\rightsquigarrow$ vertikale Einzelkraft.

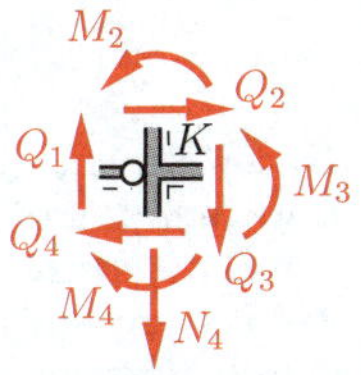

Damit erhält man insgesamt folgende Belastung des Tragwerks:

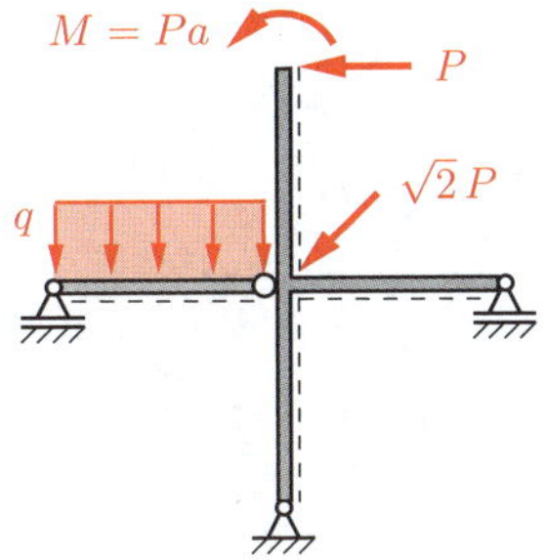

A5.22 **Aufgabe 5.22** Der vereinfacht dargestellte Kran trägt an einem Seil, das in B befestigt und in D und E reibungsfrei über Rollen geführt ist, das Gewicht G. Außerdem ist er durch sein Eigengewicht q_0 (Gewicht pro Längeneinheit) belastet.

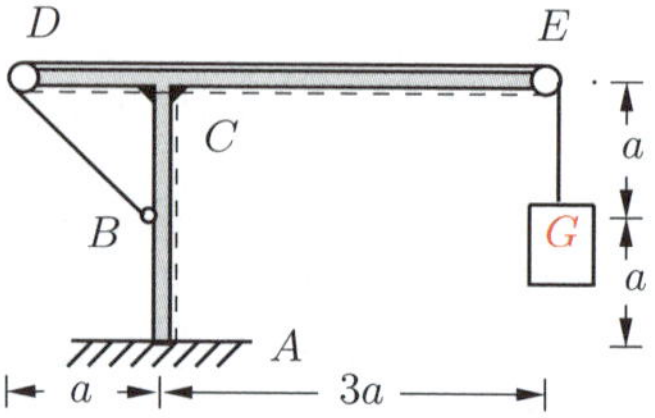

Für den Fall $G = q_0 a$ sind die Verläufe von N, Q und M zu bestimmen.

Lösung Im Seil wirkt die Kraft $S = G$. Damit lässt sich das dargestellte Freikörperbild skizzieren. Aus den Gleichgewichtsbedingungen

$$\uparrow: \quad -G + A_V - 4\,q_0 a - 2q_0 a = 0\,,$$

$$\rightarrow: \quad A_H = 0\,,$$

$$\overset{\curvearrowright}{A}: \quad M_A + 3a\,G + 4\,q_0 a^2 = 0$$

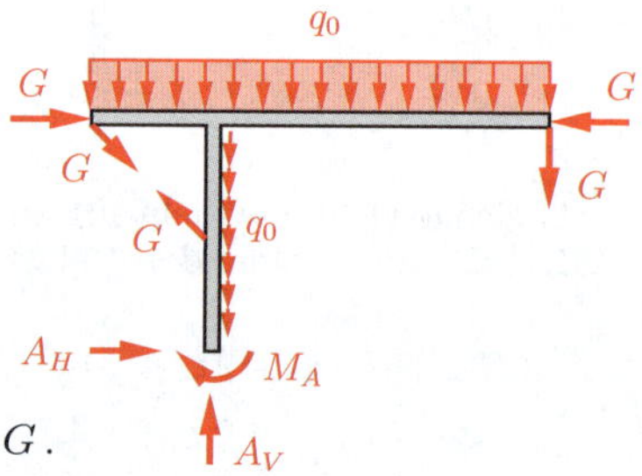

ergeben sich die Lagerreaktionen

$$A_V = 7\,G\,, \quad A_H = 0\,, \quad M_A = -7a\,G\,.$$

Unter Beachtung der allgemeinen Zusammenhänge zwischen Belastung und Schnittgrößen ergeben sich hiermit die nachfolgend dargestellten Verläufe (Hinweis: Sprünge in N und Q resultieren aus wirkenden Einzelkräften; am Knoten C muss die Summe der Momente verschwinden (Drehrichtung beachten!)).

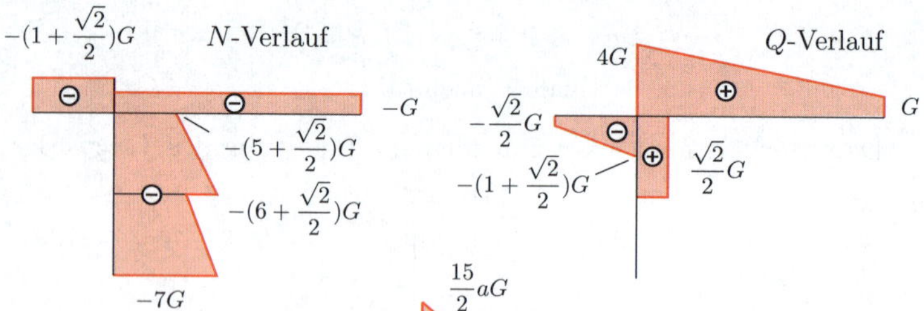

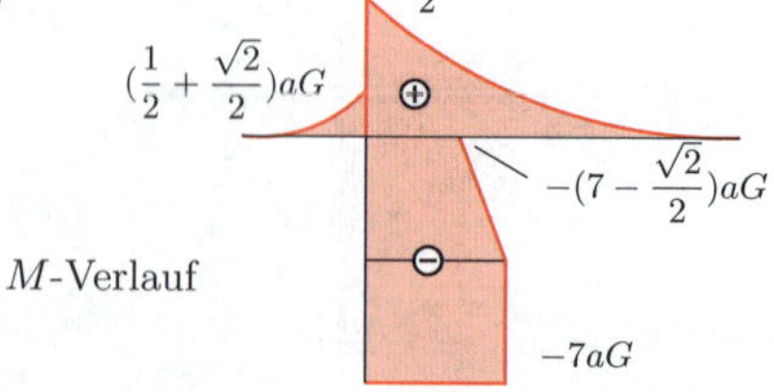

Aufgabe 5.23 Für den symmetrischen Rahmen sind die Schnittgrößenverläufe zu ermitteln. **A5.23**

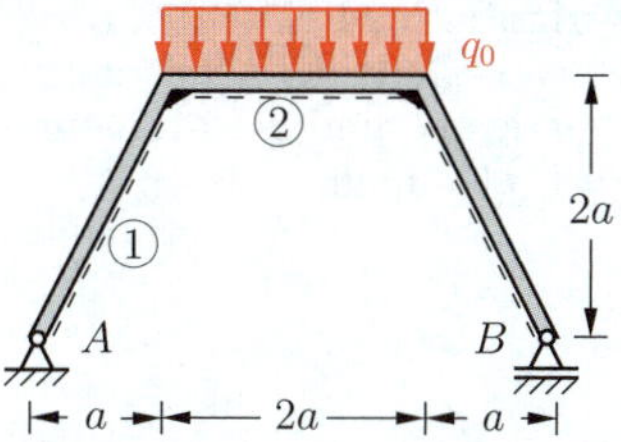

Lösung Aufgrund der Symmetrie ergeben sich die vertikalen Lagerreaktionen zu

$$A = B = q_0 a\,.$$

Die Schnittgrößen in den Rahmenteilen ① und ② erhält man aus den Gleichgewichtsbedingungen am geschnittenen Rahmen. Unter Verwendung von $\cos\alpha = 1/\sqrt{5}$ und $\sin\alpha = 2/\sqrt{5}$ folgen

$$① \nearrow: \quad N_1 = -A\sin\alpha = -\tfrac{2}{\sqrt{5}}\,q_0 a\,,$$

$$\searrow: \quad Q_1 = A\cos\alpha = \tfrac{1}{\sqrt{5}}\,q_0 a\,,$$

$$\overset{\curvearrowright}{S}: \quad M_1 = x_1 A = x_1 q_0 a\,,$$

$$② \rightarrow: \quad N_2 = 0\,,$$

$$\uparrow: \quad Q_2 = A - q_0 x_2 = q_0(a - x_2)\,,$$

$$\overset{\curvearrowright}{S}: \quad M_2 = (a + x_2)A - \tfrac{1}{2}q_0\,x_2^2$$

$$= q_0(a^2 + a x_2 - \tfrac{1}{2}x_2^2)\,.$$

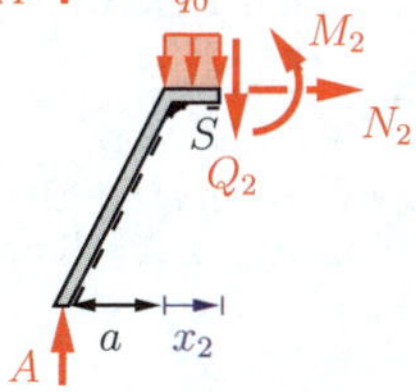

Damit ergeben sich die dargestellten Schnittgrößenverläufe.

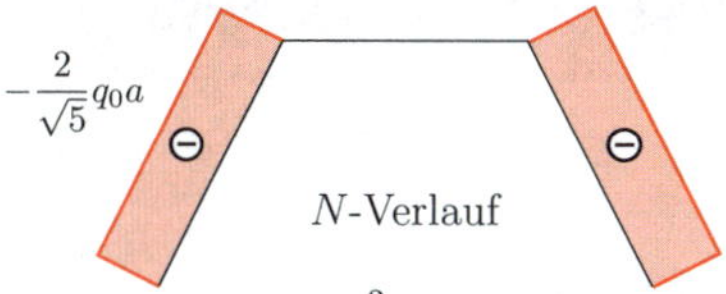

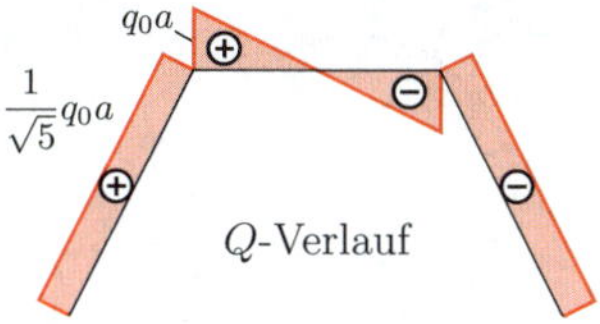

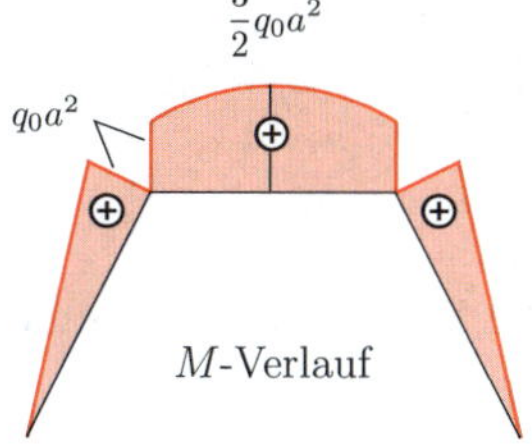

A5.24 **Aufgabe 5.24** Für den dargestellten Bogen sind der Normalkraft-, der Querkraft- und der Momentenverlauf zu bestimmen.

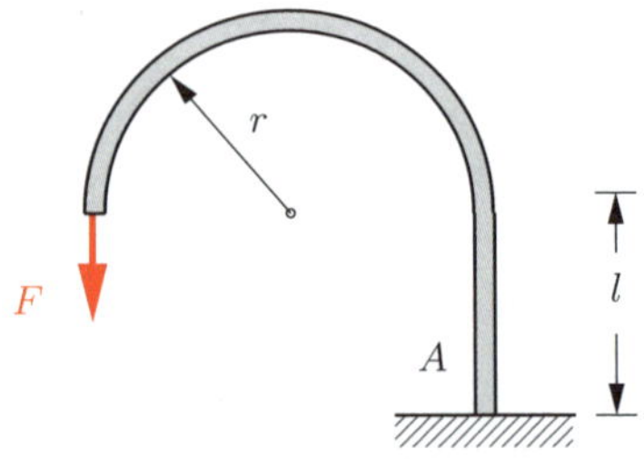

Lösung In diesem Fall ist es nicht erforderlich, zunächst die Lagerreaktionen zu bestimmen. Durch Gleichgewichtsbetrachtung am geschnittenen Bogen erhält man sofort die Schnittgrößen:

$$\nearrow: \quad N(\alpha) = F\cos\alpha\,,$$

$$\searrow: \quad Q(\alpha) = -F\sin\alpha\,,$$

$$\overset{\curvearrowright}{S}: \quad M(\alpha) = -r\,F(1-\cos\alpha)\,.$$

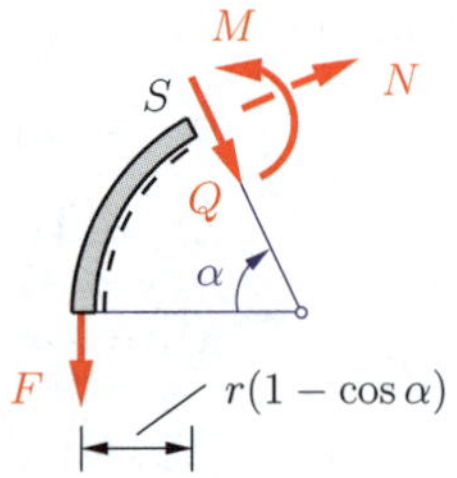

Im geraden Pfosten ergeben sich

$$N = -F\,, \qquad Q = 0\,, \qquad M = -2rF\,.$$

Diese Größen sind gleichzeitig die Lagerreaktionen bei A. Damit folgen die skizzierten Verläufe.

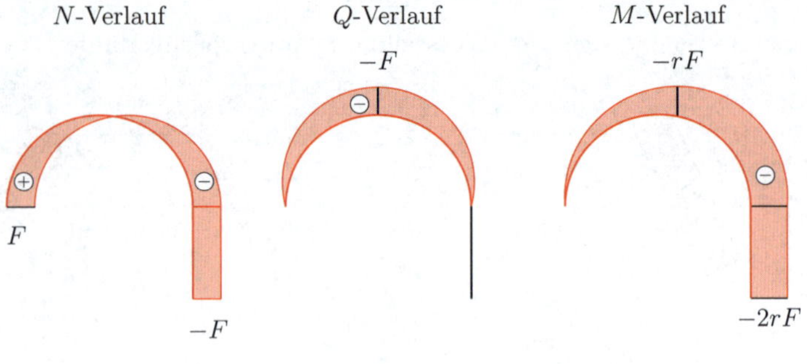

Anmerkung: Die Schnittgrößen und die Lagerreaktionen sind von l unabhängig.

Aufgabe 5.25 Für den durch eine konstante Streckenlast belasteten Bogen sind die Schnittgrößenverläufe analytisch anzugeben. Die Extremwerte für N und M sind zu bestimmen. **A5.25**

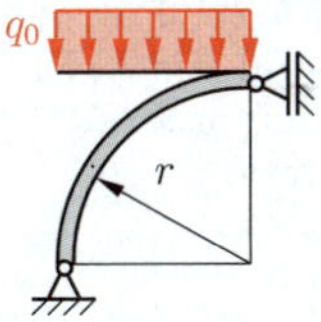

Lösung Aus den Gleichgewichtsbedingungen für das Gesamtsystem ergeben sich die Lagerreaktionen

$$A_V = q_0 r\,, \qquad A_H = B = \frac{q_0 r}{2}\,.$$

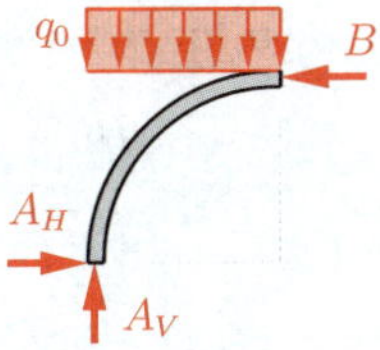

Durch Gleichgewichtsbetrachtung am geschnittenen Bogen folgen die Schnittgrößen:

$$\nearrow: \quad N(\alpha) = -[A_V - q_0 r(1-\cos\alpha)]\cos\alpha - A_H \sin\alpha$$
$$= -\tfrac{1}{2} q_0 r(2\cos^2\alpha + \sin\alpha)\,,$$

$$\searrow: \quad Q(\alpha) = [A_V - q_0 r(1-\cos\alpha)]\sin\alpha - A_H\cos\alpha$$
$$= \tfrac{1}{2} q_0 r(2\cos\alpha\sin\alpha - \cos\alpha)\,,$$

$$\overset{\curvearrowright}{S}: \quad M(\alpha) = A_V r(1-\cos\alpha) - A_H r\sin\alpha - \tfrac{1}{2} q_0 r^2 (1-\cos\alpha)^2$$
$$= \tfrac{1}{2} q_0 r^2 (1 - \sin\alpha - \cos^2\alpha)\,.$$

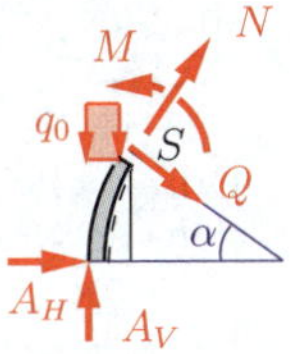

Die Extremwerte für Moment und Normalkraft errechnen sich aus

$$\frac{dM}{d\alpha} = 0 \;:\; (-1 + 2\sin\alpha)\cos\alpha = 0\,,$$

$$\cos\alpha_1 = 0 \;\rightsquigarrow\; \alpha_1 = \pi/2 \;\rightsquigarrow\; \underline{\underline{M(\alpha_1) = 0}}\,,$$

$$\sin\alpha_2 = 1/2 \;\rightsquigarrow\; \alpha_2 = \pi/6 \;\rightsquigarrow\; \underline{\underline{M(\alpha_2) = -\frac{q_0 r^2}{8}}}\,,$$

$$\frac{dN}{d\alpha} = 0 \;:\; (-4\sin\alpha + 1)\cos\alpha = 0\,,$$

$$\cos\alpha_3 = 0 \;\rightsquigarrow\; \alpha_3 = \pi/2 \;\rightsquigarrow\; \underline{\underline{N(\alpha_3) = -\frac{q_0 r}{2}}}\,,$$

$$\sin\alpha_4 = 1/4 \;\rightsquigarrow\; \cos^2\alpha_4 = \frac{15}{16} \;\rightsquigarrow\; \underline{\underline{N(\alpha_4) = \frac{17}{16}\, q_0 r}}\,.$$

A5.26 **Aufgabe 5.26** Für das dargestellte System sind die Verläufe von Normalkraft, Querkraft und Moment zu ermitteln.

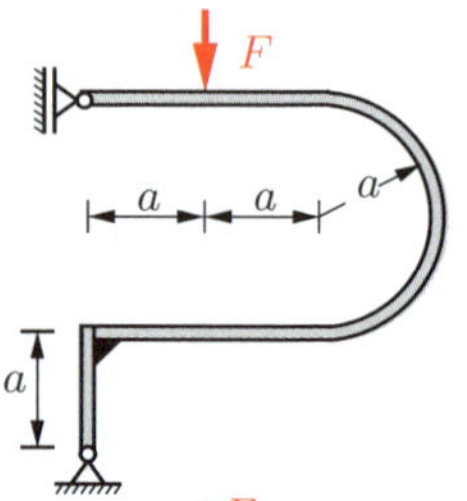

Lösung Aus den Gleichgewichtsbedingungen für das Gesamtsystem

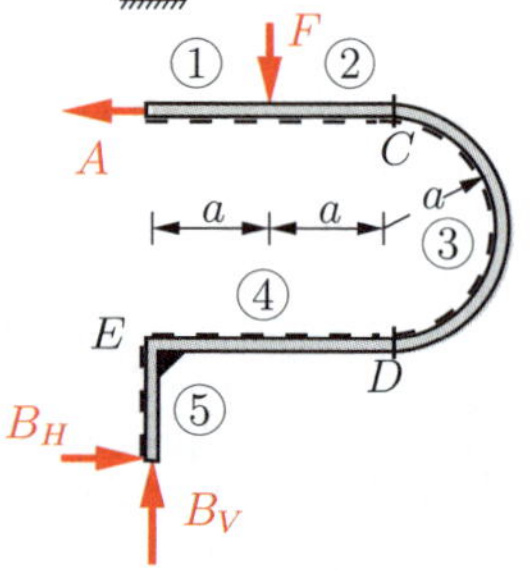

$$\uparrow: \quad B_V - F = 0\,,$$

$$\rightarrow: \quad B_H - A = 0\,,$$

$$\overset{\curvearrowright}{B}: \quad -3a\,A + a\,F = 0$$

folgen die Lagerreaktionen

$$A = \frac{F}{3}\,, \quad B_V = F\,, \quad B_H = \frac{F}{3}\,.$$

Durch Gleichgewichtsbetrachtung am geschnittenen System ergeben sich die Normal- und die Querkraft in den Teilen ①, ②, ④ und ⑤ zu

$$N_1 = A = F/3\,, \qquad Q_1 = 0\,,$$

$$N_2 = A = F/3\,, \qquad Q_2 = -F\,,$$

$$N_4 = -B_H = -F/3\,, \quad Q_4 = B_V = F\,,$$

$$N_5 = -B_V = -F\,, \qquad Q_5 = -B_H = -F/3\,.$$

Die Schnittmomente am Kraftangriffspunkt und an den Punkten C, D und E werden

$$M_F = 0\,, \quad M_C = -a\,F\,, \quad M_D = -\frac{5}{3}\,a\,F\,, \quad M_E = \frac{a\,F}{3}\,.$$

Im Bogen ③ erhält man

$$\swarrow: \quad Q_3 = -\frac{F}{3}\,(\sin\alpha + 3\cos\alpha)\,,$$

$$\searrow: \quad N_3 = \frac{F}{3}\,(\cos\alpha - 3\sin\alpha)\,,$$

$$\overset{\curvearrowright}{S}: \quad M_3 = -\frac{aF}{3}\,(4 + 3\sin\alpha - \cos\alpha)\,.$$

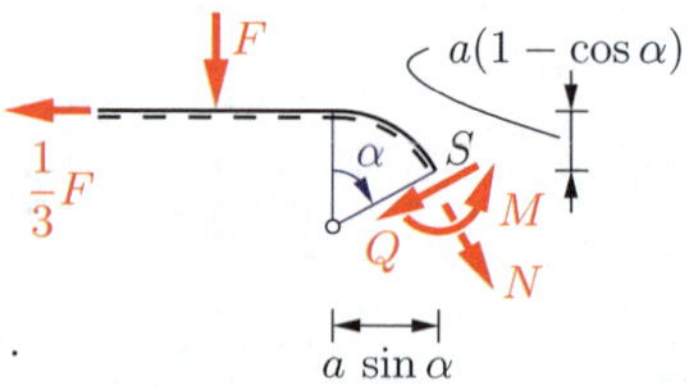

Einige Werte von Q_3, N_3 und M_3 sind in der folgenden Tabelle zusammengestellt.

α	0	$\pi/4$	$\pi/2$	$3\pi/4$	π
Q_3	$-F$	$-\dfrac{2\sqrt{2}}{3}\,F$	$-\dfrac{1}{3}\,F$	$\dfrac{\sqrt{2}}{3}\,F$	F
N_3	$\dfrac{1}{3}\,F$	$-\dfrac{\sqrt{2}}{3}\,F$	$-F$	$-\dfrac{2\sqrt{2}}{3}\,F$	$-\dfrac{1}{3}\,F$
M_3	$-aF$	$-\dfrac{1}{3}(4+\sqrt{2})aF$	$-\dfrac{7}{3}\,aF$	$-\dfrac{1}{3}(4+2\sqrt{2})\,aF$	$-\dfrac{5}{3}\,aF$

N-Verlauf

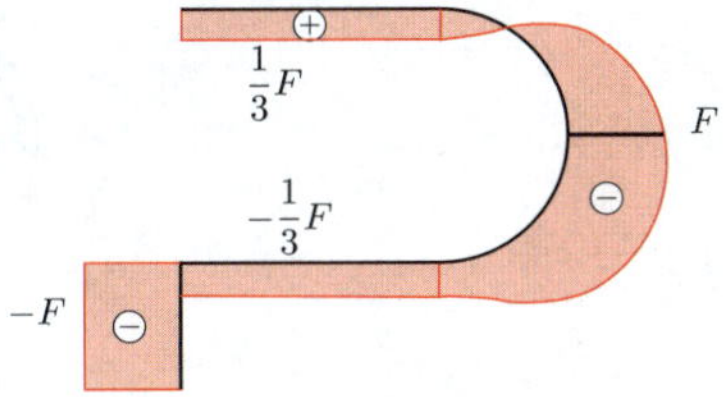

Q-Verlauf

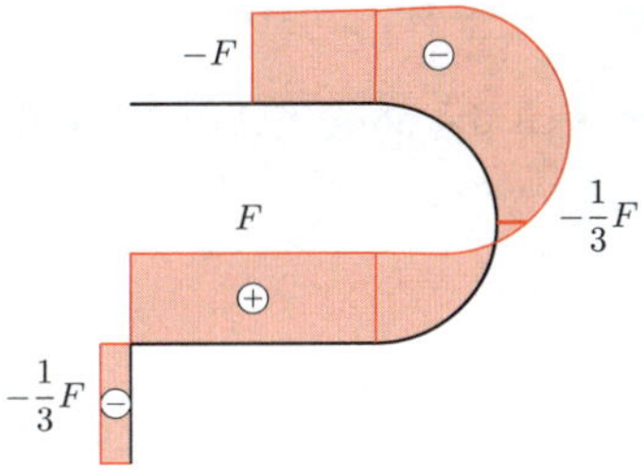

M-Verlauf

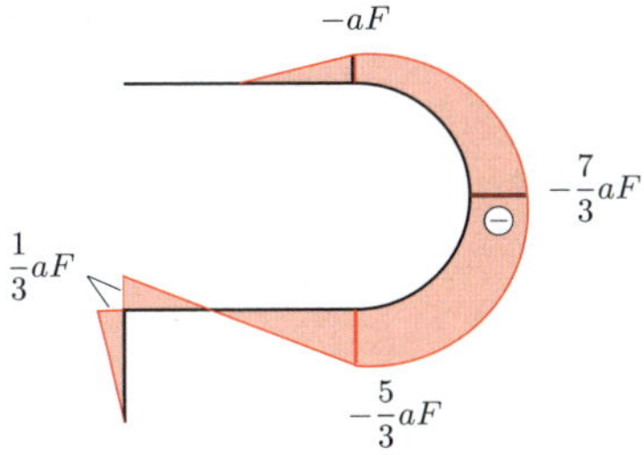

A5.27 **Aufgabe 5.27** Für das dargestellte System sind die Verläufe von Normalkraft, Querkraft und Moment zu ermitteln.

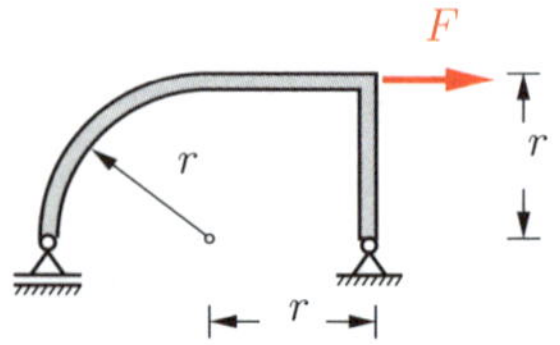

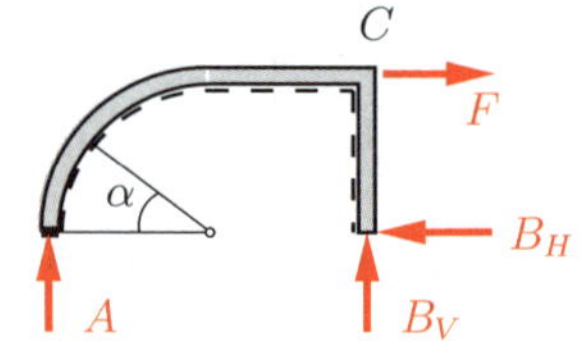

Lösung Aus den Gleichgewichtsbedingungen für das Gesamtsystem folgen die Lagerreaktionen

$$A = -\frac{F}{2}, \quad B_V = \frac{F}{2}, \quad B_H = F.$$

Durch Gleichgewichtsbetrachtung am geschnittenen System erhält man an der Stelle C das Moment

$$M_C = -rB_H = -r\,F.$$

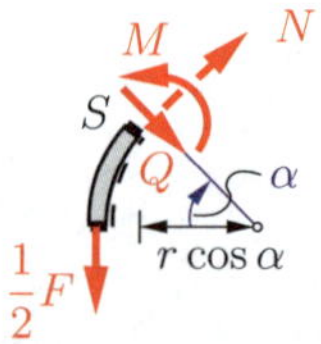

Im gebogenen Teil gilt

$$\nearrow: \quad N(\alpha) = \frac{F}{2}\cos\alpha,$$

$$\searrow: \quad Q(\alpha) = -\frac{F}{2}\sin\alpha,$$

$$\overset{\curvearrowright}{S}: \quad M(\alpha) = -\frac{rF}{2}(1-\cos\alpha).$$

Damit ergeben sich die dargestellten Schnittgrößenverläufe:

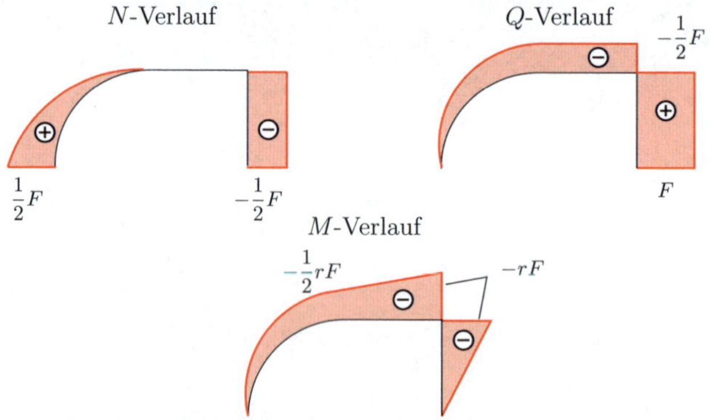

Aufgabe 5.28 Für den Dreigelenkrahmen sind für den Fall $q_0 a = 3F$ die Verläufe von Normalkraft, Querkraft und Moment zu bestimmen. **A5.28**

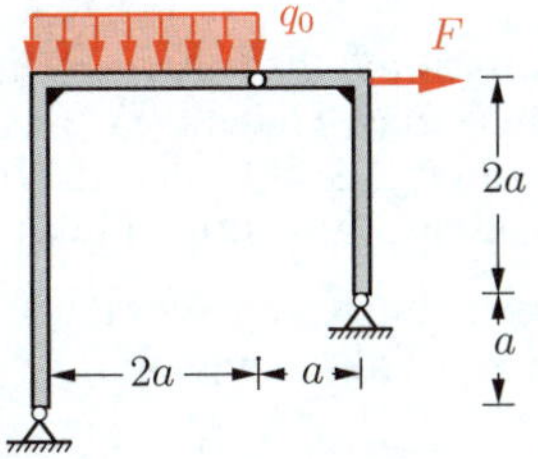

Lösung Aus den Gleichgewichtsbedingungen

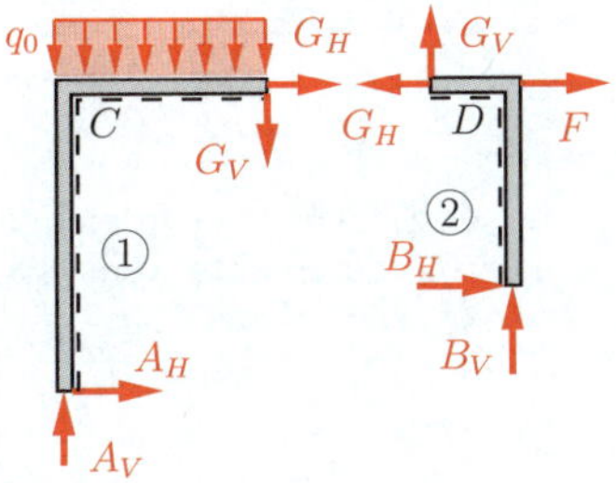

$$
\begin{aligned}
① \uparrow: &\quad A_V - G_V - 2q_0 a = 0\,, \\
\rightarrow: &\quad A_H + G_H = 0\,, \\
\overset{\curvearrowright}{G}: &\quad 2aA_V - 2q_0 a^2 - 3aA_H = 0\,, \\
② \uparrow: &\quad B_V + G_V = 0\,, \\
\rightarrow: &\quad -G_H + B_H + F = 0\,, \\
\overset{\curvearrowright}{G}: &\quad -aB_V - 2aB_H = 0
\end{aligned}
$$

ermitteln sich die Lagerreaktionen

$$A_V = \frac{24}{7}F, \quad B_V = -G_V = \frac{18}{7}F, \quad A_H = -G_H = \frac{2}{7}F, \quad B_H = -\frac{9}{7}F.$$

Mit den Schnittmomenten

$$M_C = -3aA_H = -\frac{6}{7}aF\,, \qquad M_D = 2aB_H = -\frac{18}{7}aF$$

folgen die dargestellten Schnittgrößenverläufe.

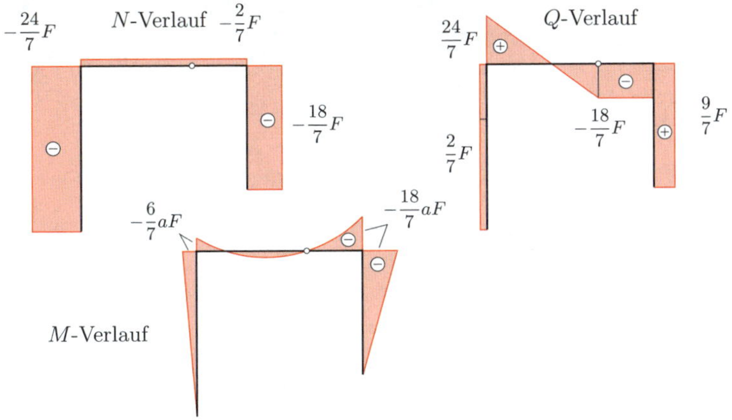

A5.29 **Aufgabe 5.29** An welcher Stelle muss das Gelenk G angebracht werden, damit der Betrag des größten Momentes minimal wird?

Die Schnittgrößenverläufe sind für diesen Fall anzugeben.

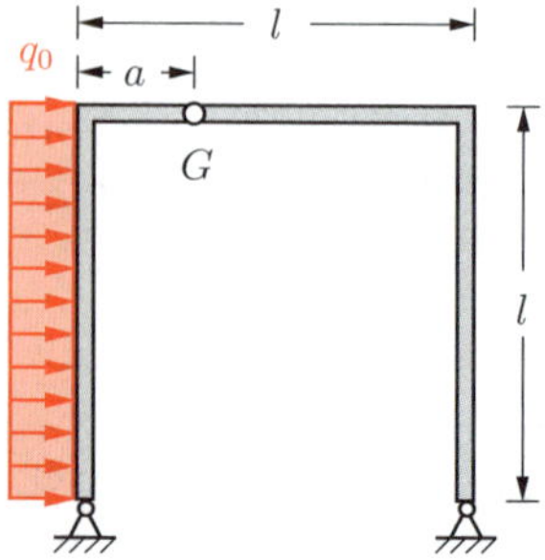

Lösung Aus den Gleichgewichtsbedingungen für das Gesamtsystem und für das rechte Teilsystem

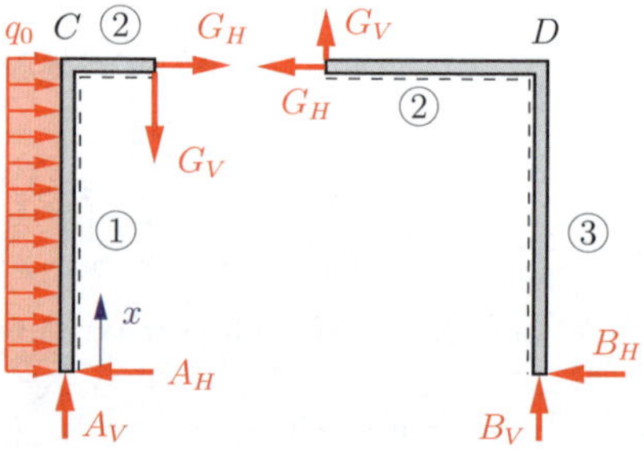

$$\uparrow: \quad A_V + B_V = 0\,,$$

$$\rightarrow: \quad q_0 l - A_H - B_H = 0\,,$$

$$\overset{\curvearrowright}{A}: \quad \tfrac{1}{2} q_0 l^2 - l\,B_V = 0\,,$$

$$\overset{\curvearrowright}{G}: \quad l\,B_H - (l-a) B_V = 0$$

ergeben sich die Lagerreaktionen

$$B_V = -A_V = \frac{1}{2}\,q_0 l\,, \qquad B_H = \frac{1}{2}\,q_0 (l-a)\,, \qquad A_H = \frac{1}{2}\,q_0(l+a)\,.$$

In den Bereichen ② und ③ ist der Momentenverlauf linear. An den Stellen C und D erhält man die Schnittmomente

$$M_C = l\,A_H - \frac{1}{2}\,q_0 l^2 = \frac{1}{2}\,q_0 l a\,, \qquad M_D = -\frac{1}{2}\,q_0 l(l-a)\,.$$

Im Bereich ① gilt

$$M(x) = x\,A_H - \frac{1}{2}\,q_0 x^2 = \frac{1}{2}\,q_0[(l+a)x - x^2]\,.$$

Der Extremwert von M im Bereich ① folgt durch Ableitung:

$$\frac{\mathrm{d}M}{\mathrm{d}x} = 0\,: \quad l + a - 2x = 0 \quad \rightsquigarrow \quad x^* = \frac{l+a}{2}$$

$$\rightsquigarrow \quad M^* = M(x^*) = \frac{1}{8}\,q_0(l+a)^2\,.$$

Die größten Momente treten in C, D und bei x^* auf.

Setzt man der Reihe nach die Beträge jeweils zweier Momente gleich, so ergeben sich:

$$|M_C| = |M_D| : \quad a = l/2$$

$$\rightsquigarrow \quad |M_C| = |M_D| = q_0 l^2/4 = 0,25\, q_0 l^2 ,$$

$$M^* = 9q_0 l^2/32 = 0,28\, q_0 l^2 ,$$

$$|M_C| = |M^*| : \quad 4la = (l+a)^2 \quad \rightsquigarrow \quad a = l ,$$

$$\rightsquigarrow \quad |M_C| = |M^*| = 0,5\, q_0 l^2 ,$$

$$M_D = 0 ,$$

$$|M^*| = |M_D| : \quad (l+a)^2 = 4l(l-a) \quad \rightsquigarrow \quad a = l(\sqrt{12}-3) = 0,464\, l ,$$

$$\rightsquigarrow \quad |M^*| = |M_D| = (4-\sqrt{12}) q_0 l^2/2 = 0,268\, q_0 l^2 ,$$

$$M_C = (-3+\sqrt{12}) q_0 l^2/2 = 0,232\, q_0 l^2 .$$

Man erkennt, dass im Fall

$$\underline{\underline{a = l\,(\sqrt{12}-3)}}$$

der größte Momentenbetrag minimal wird. Die Lagerreaktionen B_H und A_H nehmen dann die folgenden Werte an:

$$B_H = \frac{4-\sqrt{12}}{2}\, q_0 l = 0,268\, q_0 l , \qquad A_H = \frac{\sqrt{12}-2}{2} q_0 l = 0,732\, q_0 l .$$

N-Verlauf

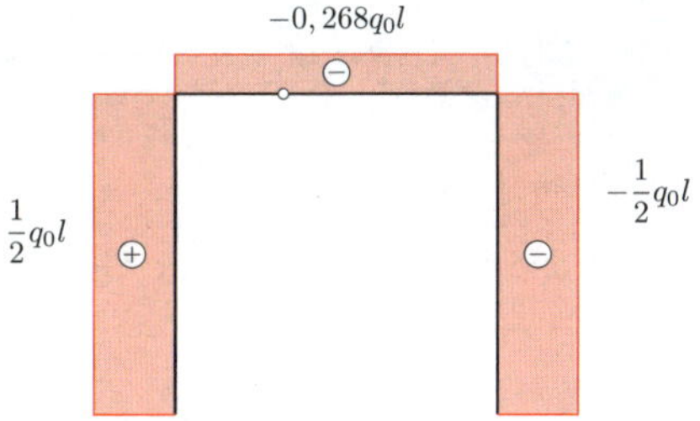

Q-Verlauf

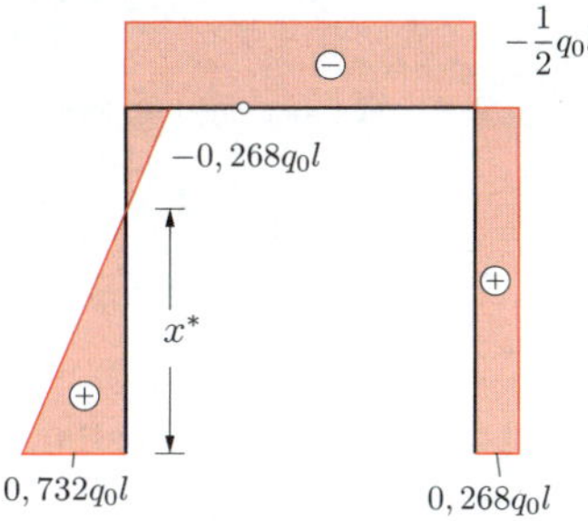

M-Verlauf

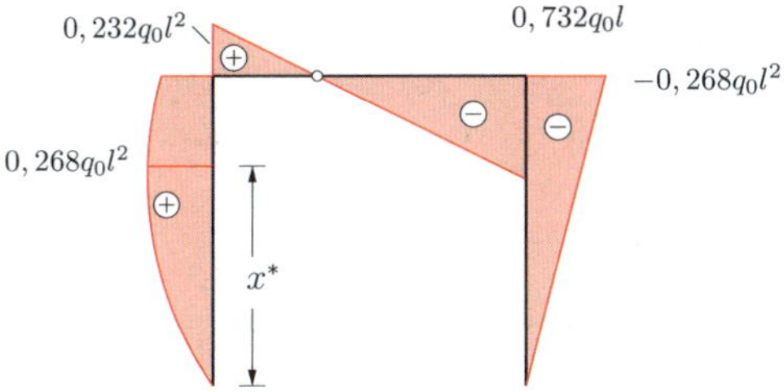

A5.30 **Aufgabe 5.30** Für den symmetrisch belasteten halbkreisförmigen Dreigelenkbogen sind die Verläufe von Normalkraft, Querkraft und Moment als Funktion von α anzugeben.

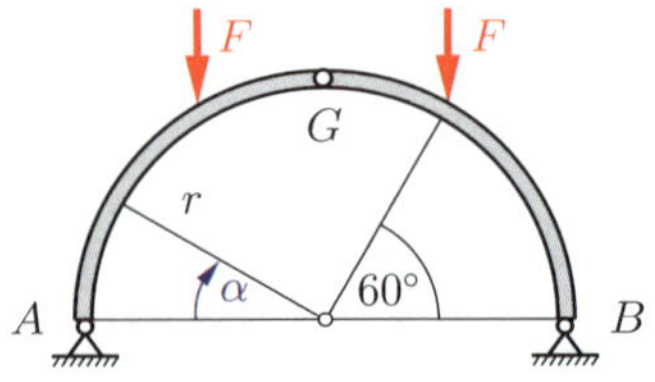

Lösung Da das Tragwerk und die Belastung symmetrisch sind, gilt

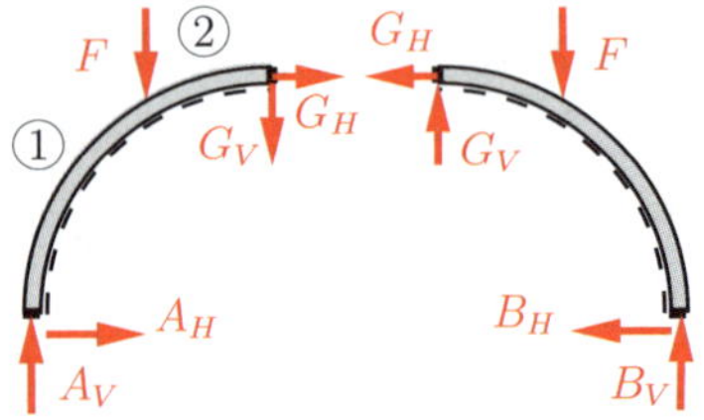

$$A_V = B_V\,, \quad A_H = B_H\,, \quad G_V = 0\,.$$

Aus den Gleichgewichtsbedingungen für das linke/rechte Teilsystem folgt damit

$$A_V = B_V = F\,, \quad A_H = B_H = -G_H = \frac{F}{2}\,.$$

Die Schnittgrößen ergeben sich durch Gleichgewichtsbetrachtung am geschnittenen System. Man erhält für den Bereich ① zwischen dem Lager A und der Kraftangriffsstelle ($0 \leq \alpha < 60°$):

$$\nearrow: \quad N_1 = -F\cos\alpha - \tfrac{1}{2}F\sin\alpha = -F(\cos\alpha + \tfrac{1}{2}\sin\alpha)\,,$$

$$\searrow: \quad Q_1 = F\sin\alpha - \tfrac{1}{2}F\cos\alpha = F(\sin\alpha - \tfrac{1}{2}\cos\alpha)\,,$$

$$\overset{\curvearrowleft}{S}: \quad M_1 = r\,F(1-\cos\alpha) - \tfrac{1}{2}r\,F\sin\alpha = r\,F(1 - \cos\alpha - \tfrac{1}{2}\sin\alpha)\,.$$

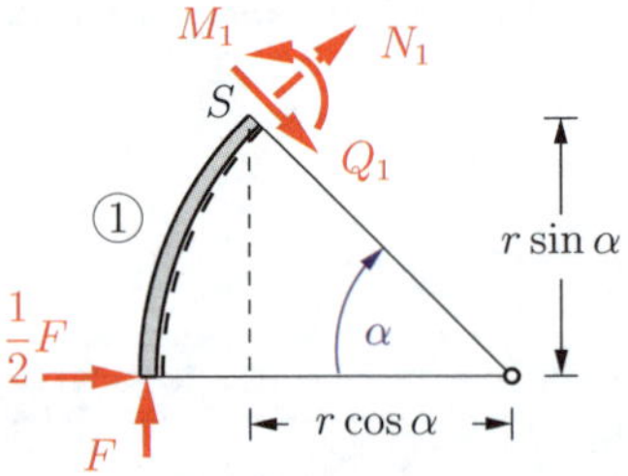

Im Bereich ② zwischen der Kraftangriffsstelle und dem Gelenk G ($60° < \alpha \leq 90°$) gilt

$$\swarrow: \quad N_2 = -\tfrac{1}{2}F\cos(90° - \alpha) = -\tfrac{1}{2}F\sin\alpha\,,$$

$$\nwarrow: \quad Q_2 = -\tfrac{1}{2}F\sin(90° - \alpha) = -\tfrac{1}{2}F\cos\alpha\,,$$

$$\overset{\curvearrowleft}{S}: \quad M_2 = \tfrac{1}{2}Fr(1 - \sin\alpha)\,.$$

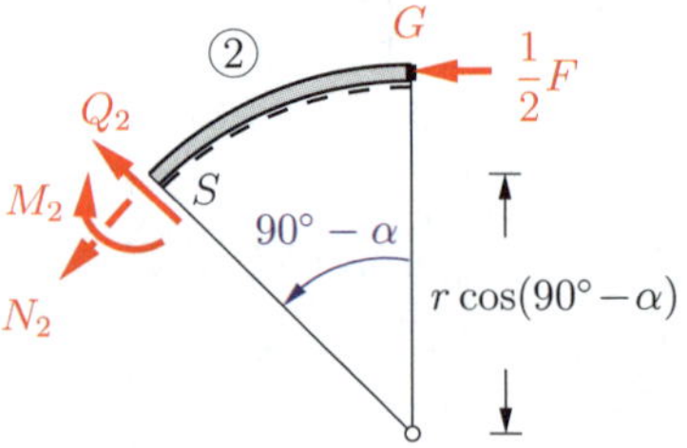

Einige Werte von N, Q, und M sind in der Tabelle zusammengestellt:

α	0	30°	45°	60°	90°
N_1	$-F$	$-1,12\,F$	$-1,06\,F$	$-0,93\,F$	
N_2				$-0,43\,F$	$-F/2$
Q_1	$-F/2$	$-0,07\,F$	$+0,35\,F$	$+0,62\,F$	
Q_2				$-0,25\,F$	0
M_1	0	$-0,12\,rF$	$-0,06\,rF$	$+0,07\,rF$	
M_2				$+0,07\,rF$	0

Damit ergeben sich die dargestellten Schnittgrößenverläufe. An der Kraftangriffsstelle tritt in der Normalkraft ein Sprung von der Größe $F\cos 60° = F/2$ und in der Querkraft ein Sprung von $F\sin 60° = 0,87\,F$ auf. Die Momentenlinie hat dort einen Knick. Aufgrund der Symmetrie von Tragwerk und Belastung sind N bzw. M symmetrisch und Q antisymmetrisch.

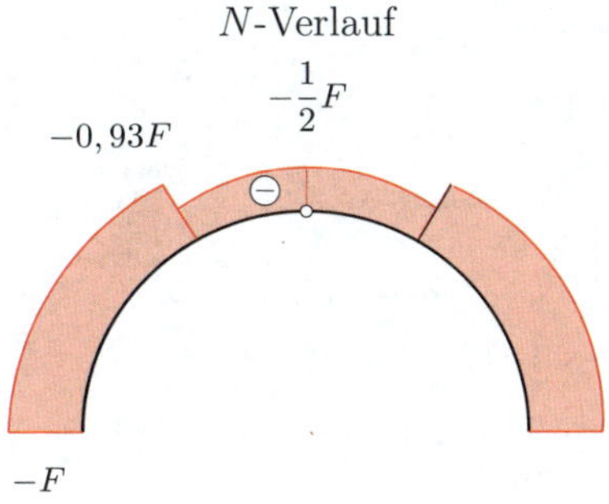

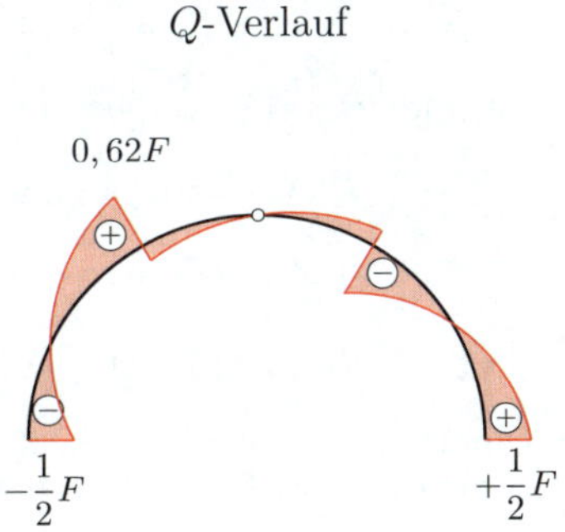

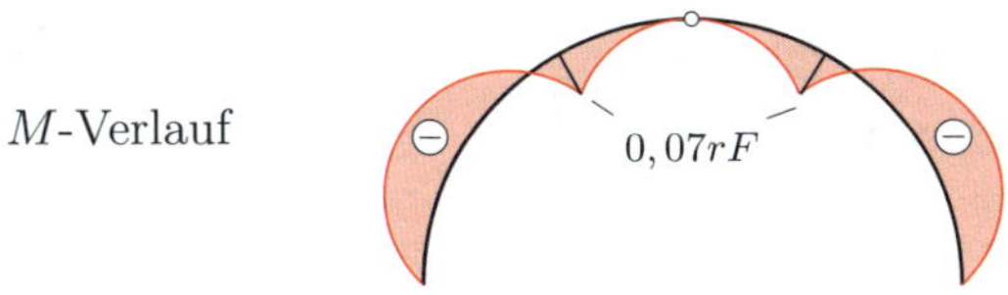

A5.31 **Aufgabe 5.31** Der Dreigelenkbogen ist durch die Kraft F und eine Streckenlast $q_0 a = 2F$ belastet.

Man bestimme die Verläufe von Normalkraft, Querkraft und Moment.

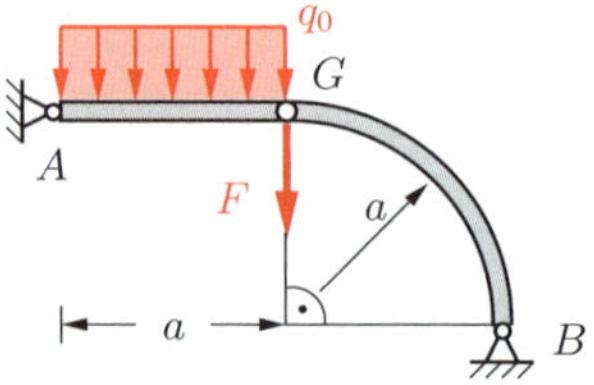

Lösung Aus den Gleichgewichtsbedingungen für das Gesamtsystem, den freigeschnittenen Bogen ② bzw. Balken ①

$$\uparrow: \quad A_V + B_V - F - q_0 a = 0\,,$$

$$\rightarrow: \quad A_H - B_H = 0\,,$$

$$② \ \overset{\curvearrowleft}{G}: \quad a\,B_V - a\,B_H = 0\,,$$

$$① \ \overset{\curvearrowleft}{G}: \quad -a\,A_V + \tfrac{1}{2} q_0 a^2 = 0$$

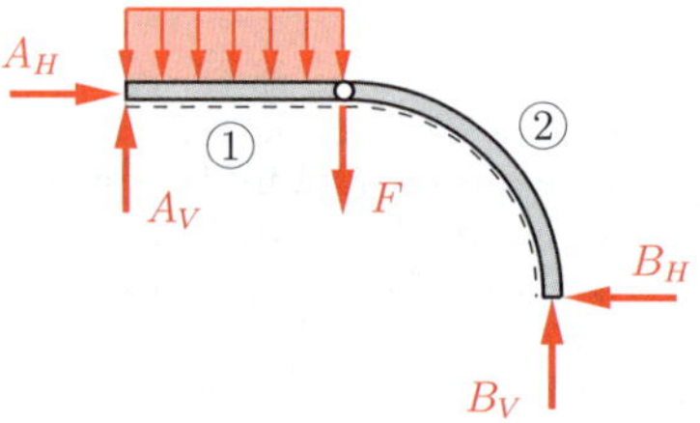

folgen die Lagerreaktionen

$$A_V = F\,, \qquad B_V = B_H = A_H = 2F\,.$$

Für die Schnittgrößen im Bogen gilt

$$\nwarrow: \quad N(\alpha) = -2F(\cos\alpha + \sin\alpha)\,,$$

$$\nearrow: \quad Q(\alpha) = 2F(\cos\alpha - \sin\alpha)\,,$$

$$\overset{\curvearrowleft}{S}: \quad M(\alpha) = 2Fa\,(1 - \cos\alpha - \sin\alpha)\,.$$

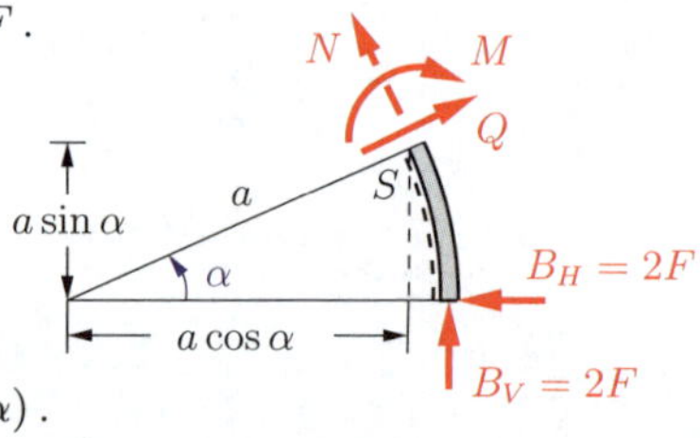

Damit ergeben sich die dargestellten Verläufe der Schnittgrößen. Man erkennt, dass M und N in der Bogenmitte maximal sind.

N-Verlauf

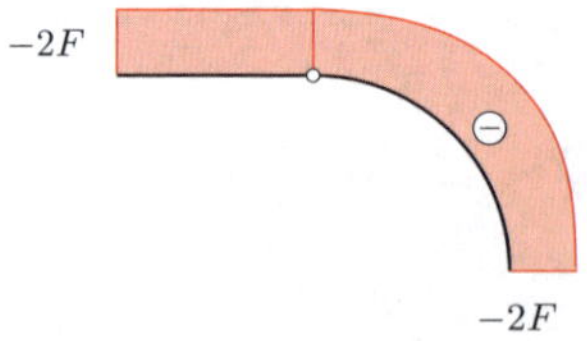

Q-Verlauf

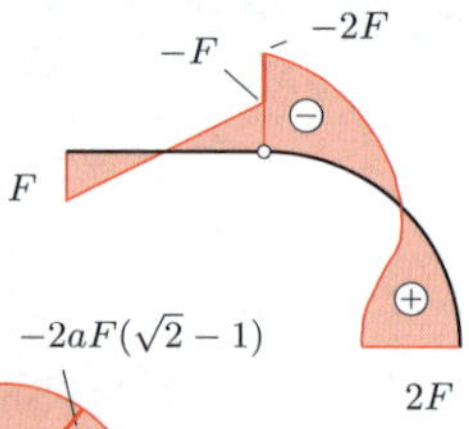

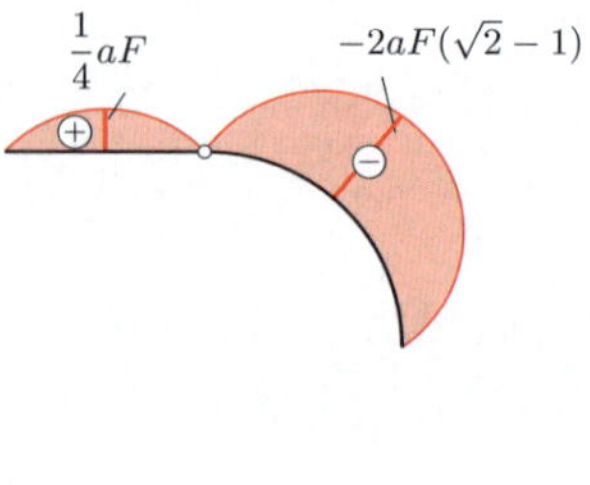

M-Verlauf

Aufgabe 5.32 Für das System aus Balken und Stäben sind die Stabkräfte und der Momentenverlauf im Träger zu ermitteln. **A5.32**

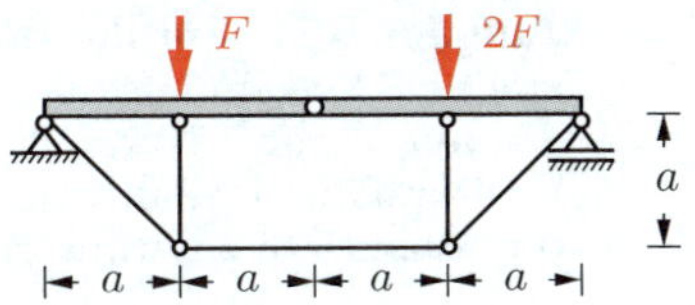

Lösung Die Lagerreaktionen folgen aus den Gleichgewichtsbedingungen für das Gesamtsystem zu

$$A_V = \frac{5}{4}F\,,$$

$$B = \frac{7}{4}F\,,$$

$$A_H = 0\,.$$

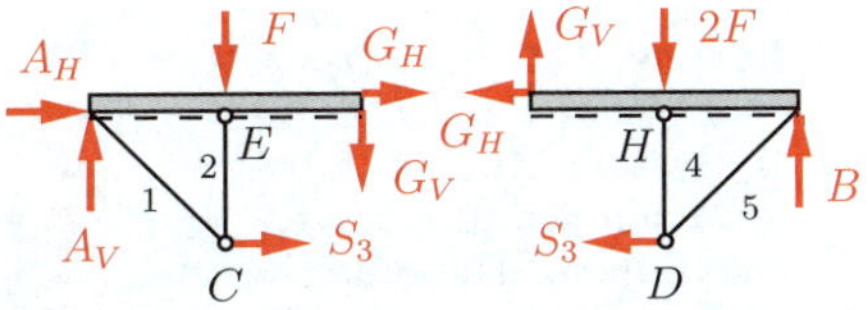

Gleichgewicht am rechten Teilsystem liefert die Gelenkkräfte und S_3:

$$\uparrow: \quad G_V + B - 2F = 0 \quad \rightsquigarrow \quad G_V = F/4\,,$$

$$\overset{\curvearrowright}{G}: \quad a\,S_3 + 2a\,F - 2a\,B = 0 \quad \rightsquigarrow \quad \underline{\underline{S_3 = \frac{3}{2}F}}\,,$$

$$\rightarrow: \quad -G_H - S_3 = 0 \quad \rightsquigarrow \quad G_H = -\frac{3}{2}F\,.$$

Aus dem Gleichgewicht am Knoten C (oder D) ergeben sich die restlichen Stabkräfte. Beachte: da die Verhältnisse an den Knoten C und D spiegelbildlich sind, gilt $S_1 = S_5$, $S_2 = S_4$:

$$\rightarrow: \quad -\frac{\sqrt{2}}{2}S_1 + S_3 = 0 \quad \rightsquigarrow \quad \underline{\underline{S_1 = S_5 = \frac{3}{2}\sqrt{2}\,F}}\,,$$

$$\uparrow: \quad S_2 + \frac{\sqrt{2}}{2}S_1 = 0 \quad \rightsquigarrow \quad \underline{\underline{S_2 = S_4 = -\frac{3}{2}F}}\,.$$

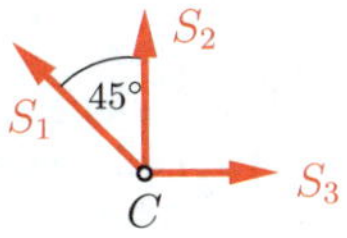

Bei der Bestimmung des Momentenverlaufes ist es zweckmäßig, vom Gelenk auszugehen. Man erhält dann an der Kraftangriffsstelle E

$$M_E = -a\,G_V = -\frac{a\,F}{4}\,.$$

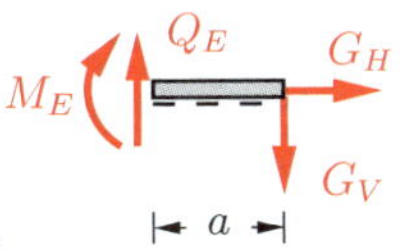

Analog folgt

$$M_H = \frac{a\,F}{4}\,.$$

Damit ergibt sich der nebenstehende Momentenverlauf.

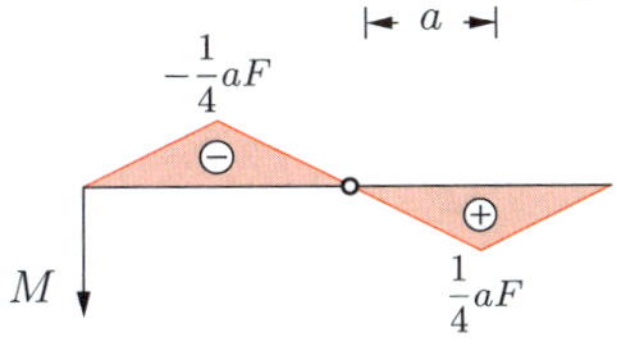

A5.33 **Aufgabe 5.33** Für das dargestellte System sind die Verläufe von Normalkraft, Querkraft und Moment sowie die Stabkräfte zu ermitteln.

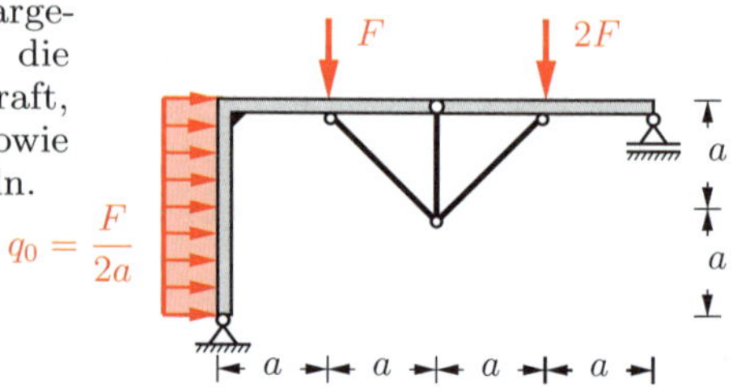

Lösung Das Freikörperbild zeigt das getrennte System. Zunächst bestimmen wir die Lagerreaktionen. Die Gleichgewichtsbedingungen für das Gesamtsystem (kann als ein starrer Körper betrachtet werden)

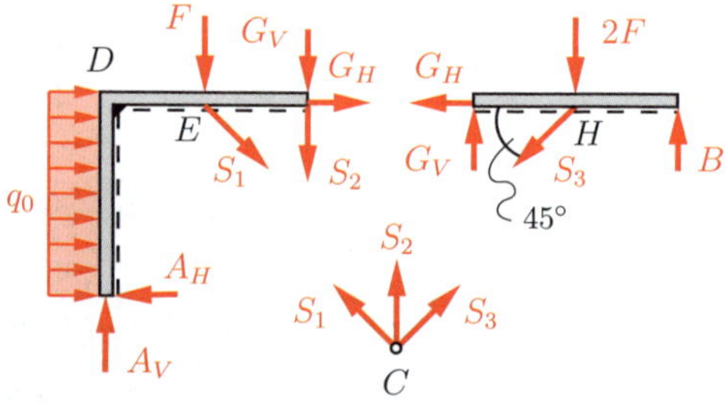

$$\rightarrow: \quad -A_H + 2q_0 a = 0\,,$$

$$\uparrow: \quad A_V - F - 2F + B = 0\,,$$

$$\overset{\curvearrowright}{A}: \quad 2q_0 a^2 + a\,F + 6a\,F - 4a\,B = 0$$

liefern mit $q_0 = F/2a$

$$A_V = F\,, \qquad A_H = F\,, \qquad B = 2F\,.$$

Die Gelenkkräfte und die Stabkraft S_3 können am rechten Teilsystem ermittelt werden. Mit $\sin 45° = \cos 45° = \sqrt{2}/2$ lauten die Gleichgewichtsbedingungen

$$\uparrow: \quad G_V - 2F - \frac{\sqrt{2}}{2} S_3 + B = 0\,,$$

$$\rightarrow: \quad -G_H - \frac{\sqrt{2}}{2} S_3 = 0\,,$$

$$\overset{\curvearrowright}{G}: \quad 2a\,F + \frac{\sqrt{2}}{2} a\,S_3 - 2a\,B = 0\,.$$

Daraus folgen

$$\underline{\underline{S_3 = 2\sqrt{2}\,F}}\,, \qquad G_H = -2F\,, \qquad G_V = 2F\,.$$

Schließlich errechnen sich die Stabkräfte S_1 und S_2 aus den Gleichgewichtsbedingungen am Knoten C:

$$\rightarrow: \quad -\frac{\sqrt{2}}{2}S_1 + \frac{\sqrt{2}}{2}S_3 = 0 \quad \rightsquigarrow \quad \underline{\underline{S_1 = S_3}}\,,$$

$$\uparrow: \quad \frac{\sqrt{2}}{2}S_1 + \frac{\sqrt{2}}{2}S_3 + S_2 = 0 \quad \rightsquigarrow \quad \underline{\underline{S_2}} = -\sqrt{2}\,S_3 = \underline{\underline{-4\,F}}\,.$$

Um den Momentenverlauf skizzieren zu können, ist es zweckmäßig, noch die Schnittmomente in den Punkten D, E, H zu bestimmen:

$$M_D = 2a\,A_H - a\,(q_0 2a) = a\,F\,,$$

$$M_E = -a\,(G_V + S_2) = 2a\,F\,,$$

$$M_H = a\,B = 2a\,F\,.$$

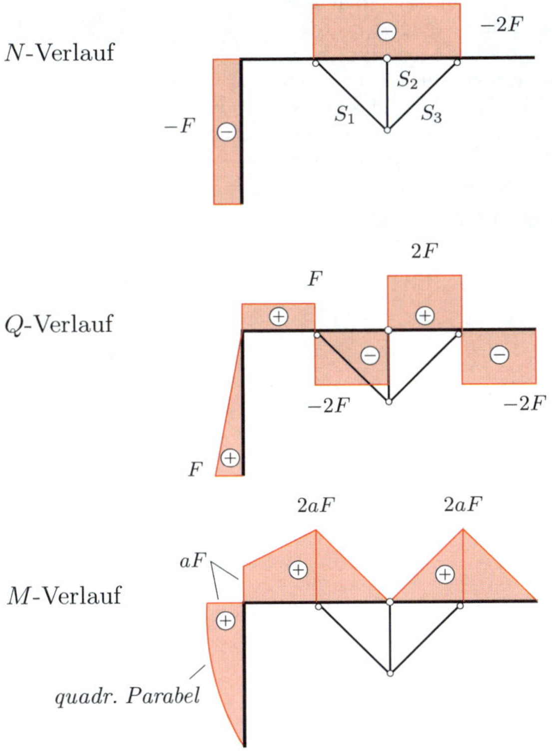

A5.34 **Aufgabe 5.34** Für das dargestellte Tragwerk sollen die Auflagerkräfte in A und B und sämtliche Schnittgrößenverläufe (Normalkraft, Querkraft und Moment) mit Skizze und Angabe der Extremwerte für den Bereich $A-C$ (Winkelrahmen) berechnet werden.

Gegeben: $P = q\,a/4$

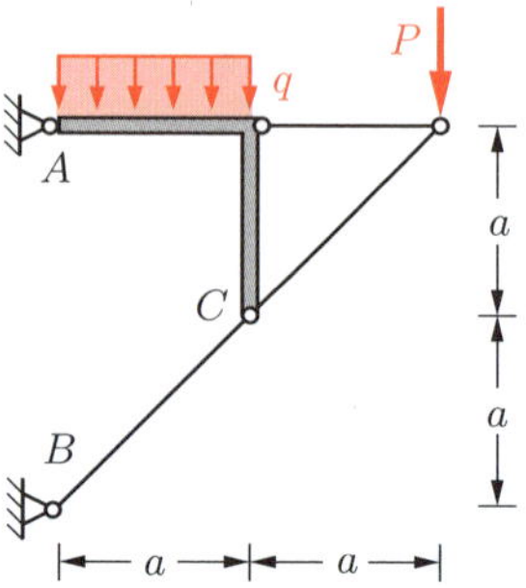

Lösung Für die Berechnung der Auflagerkräfte und der Schnittgrößenverläufe im Winkelrahmen kann das Tragwerk auf folgende Weise vereinfacht werden. Zunächst kann die Pendelstütze zwischen den Punkten B und C in ihrer Wirkung durch ein um 45° geneigtes Gleitlager im Punkt C ersetzt werden. Außerdem können die Normalkräfte in den Stäben, an denen die Last P angreift, durch die Gleichgewichtsbedingungen am Gelenk berechnet und anschließend als äußere Last auf den Winkelrahmen aufgebracht werden.

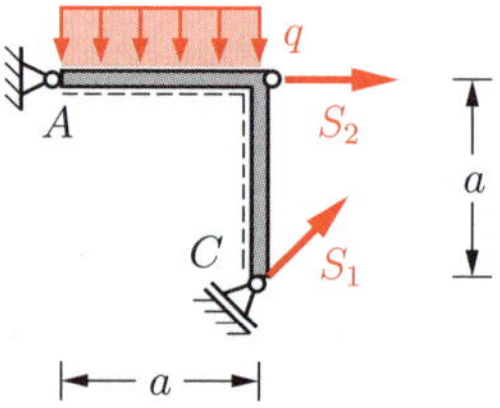

Aus den Gleichgewichtsbedingungen

$$\uparrow: \quad -\frac{\sqrt{2}}{2}\,S_1 - P = 0\,,$$

$$\rightarrow: \quad -S_2 - \frac{\sqrt{2}}{2}\,S_1 = 0$$

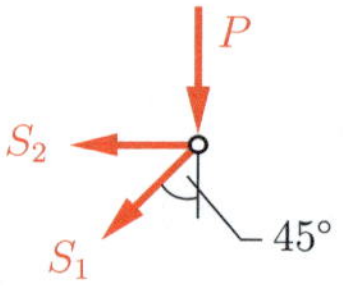

folgen die Stabkräfte

$$S_1 = -\sqrt{2}\,P\,, \qquad S_2 = P\,.$$

Am vereinfachten Gesamtsystem können nun mit den Gleichgewichtsbedingungen

$$\stackrel{\curvearrowleft}{A}: \quad \sqrt{2}\,a\,B + \sqrt{2}\,a\,S_1 - \frac{q\,a^2}{2} = 0\,,$$

$$\uparrow: \quad A_V + \frac{\sqrt{2}}{2}\,B + \frac{\sqrt{2}}{2}\,S_1 - q\,a = 0\,,$$

$$\rightarrow: \quad A_H + S_2 + \frac{\sqrt{2}}{2}\,B + \frac{\sqrt{2}}{2}\,S_1 = 0$$

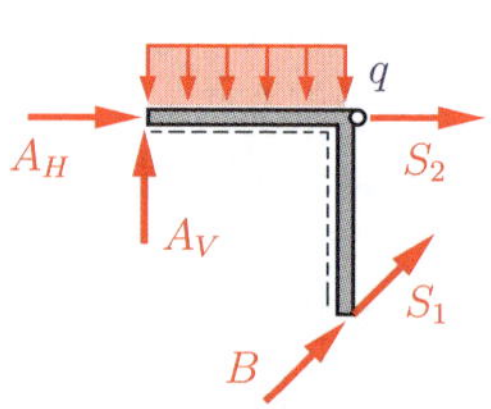

die Auflagerreaktionen berechnet werden:

$$\underline{\underline{B = \frac{\sqrt{2}}{2}\, q\, a}}\,, \qquad \underline{\underline{A_V = \frac{3}{4}\, q\, a}}\,, \qquad \underline{\underline{A_H = -\frac{q\, a}{2}}}\,.$$

Für die Darstellung der Schnittgrößenverläufe ist es sinnvoll, die Kräfte B und S_1 in Komponenten senkrecht bzw. parallel zum Winkelrahmen zu zerlegen. Dadurch wird eine einfache Zuordnung zur Normal- bzw. zur Querkraft gewährleistet. Um den Momentenverlauf skizzieren zu können, muss außerdem noch das Moment M_K im Knick des Winkelrahmens berechnet werden.

$$B_H = \frac{\sqrt{2}}{2}\, B = \frac{q\, a}{2}\,, \qquad B_V = \frac{\sqrt{2}}{2}\, B = \frac{q\, a}{2}\,,$$

$$S_{1H} = \frac{\sqrt{2}}{2}\, S_1 = -\frac{q\, a}{4}\,, \quad S_{1V} = \frac{\sqrt{2}}{2}\, S_1 = -\frac{q\, a}{4}\,.$$

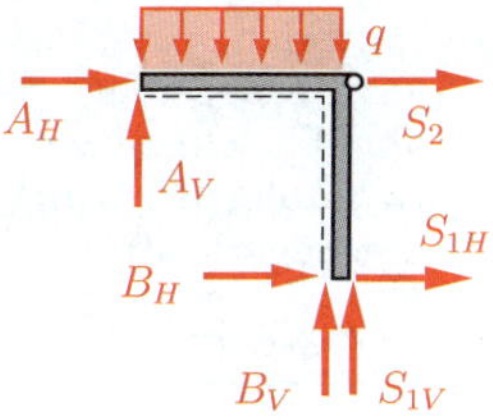

$$M_K = a\,(B_H + S_{1H}) = \frac{q\, a^2}{4}\,.$$

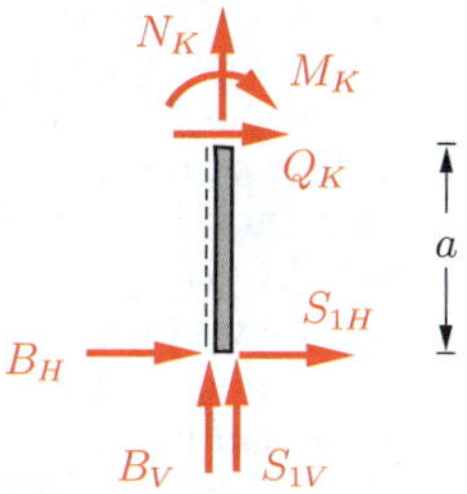

Damit lassen sich die Schnittgrößenverläufe darstellen:

N-Verlauf $\qquad$ Q-Verlauf $\qquad$ M-Verlauf

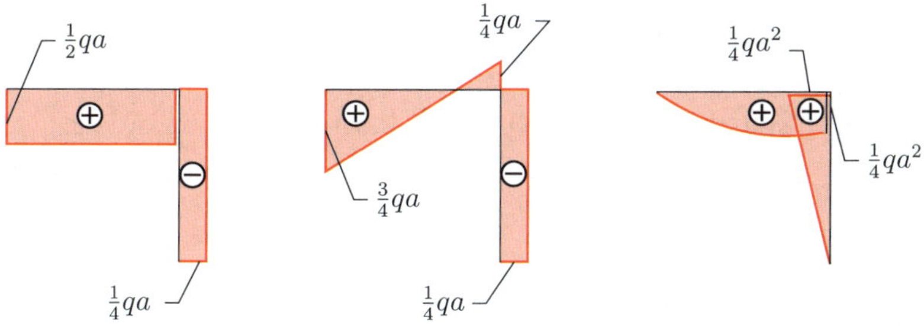

A5.35

Aufgabe 5.35 Für das dargestellte Tragwerk sollen alle Auflagerreaktionen und sämtliche Schnittgrößenverläufe (Normalkraft, Querkraft und Moment) im Tragwerksteil $A-B$ mit Skizze und Angabe der Extremwerte berechnet werden.

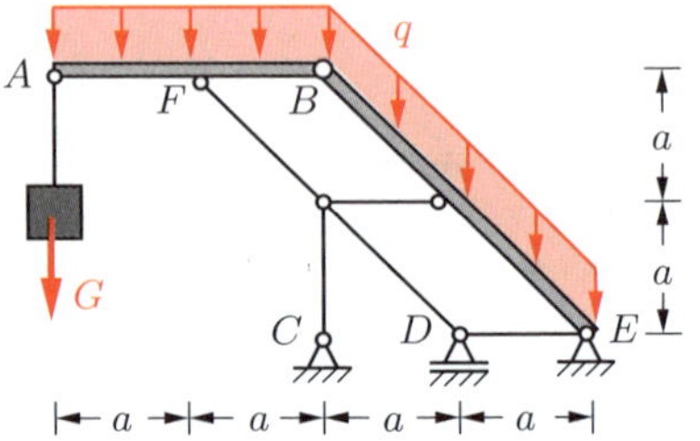

Lösung Mit Hilfe des Freikörperbilds können die Auflagerreaktionen folgendermaßen berechnet werden.

Zunächst erkennt man am Teilsystem ⑤ aus dem Gleichgewicht in horizontaler Richtung, dass die Lagerkraft

$$\underline{\underline{C_H = 0}}$$

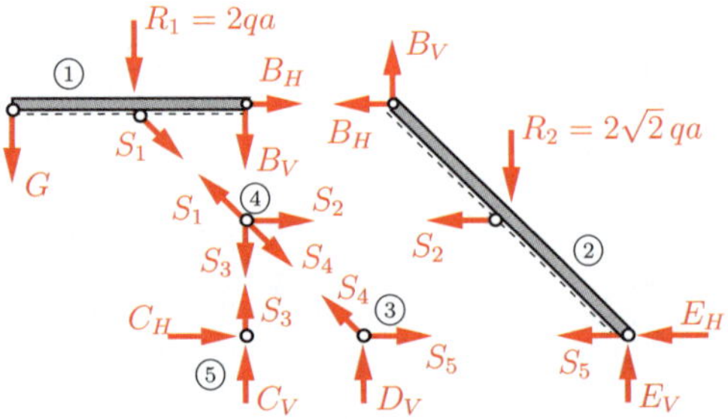

ist (Pendelstütze). Damit verschwindet auch die horizontale Auflagerkraft E_H, da das System keine horizontale Belastung besitzt.

Um die verbleibenden vertikalen Lagerkräfte C_V, D_V und E_V ermitteln zu können, werden zuerst die unbekannten Kraftgrößen im Teilsystem ① bestimmt. Durch geschickte Wahl der Gleichgewichtsbedingungen folgen die gesuchten Größen unmittelbar aus der jeweiligen Gleichung:

$$\overset{\curvearrowright}{B}: \quad -2\,a\,G - a\,R_1 - \frac{\sqrt{2}}{2}\,S_1\,a = 0 \quad \rightsquigarrow \quad S_1 = -2\sqrt{2}\,(q\,a + G)\,,$$

$$\overset{\curvearrowright}{F}: \quad B_V\,a - G\,a = 0 \quad \rightsquigarrow \quad B_V = G\,,$$

$$\rightarrow: \quad \frac{\sqrt{2}}{2}\,S_1 + B_H = 0 \quad \rightsquigarrow \quad B_H = 2\,(q\,a + G)\,.$$

Mit dem Gleichgewicht in vertikaler Richtung am Teilsystem ②,

$$\uparrow: \quad E_V + B_V - R_2 = 0\,,$$

ergibt sich die Lagerkraft

$$\underline{\underline{E_V = 2\sqrt{2}\,q\,a - G}}\,.$$

Die Lagerreaktionen C_V und D_V können nun wieder am Gesamtsystem ermittelt werden:

$$\overset{\curvearrowright}{D} : -a\,E_V + a\,C_V - 3\,a\,G - 2\,a\,R_2 = 0 \rightsquigarrow \underline{\underline{C_V = qa\,(4 + 2\sqrt{2}) - 2\,G}},$$

$$\uparrow : D_V + E_V + C_V - G - R_1 - R_2 = 0 \rightsquigarrow \underline{\underline{D_V = -q\,a\,(2\,\sqrt{2} + 2)}}.$$

Das Tragwerksteil $A - B$ kann als Balken auf zwei Stützen angesehen werden, dessen Auflagergrößen B_V, B_H und S_1 bereits berechnet worden sind. Das Schnittmoment im Punkt F kann vom auskragenden Ende aus berechnet werden:

$$M_F = -G\,a - \frac{q\,a^2}{2}\,.$$

Damit lassen sich die Schnittgrößenverläufe skizzieren:

N-Verlauf

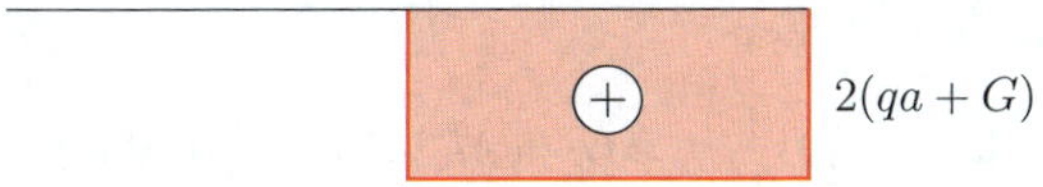

Q-Verlauf

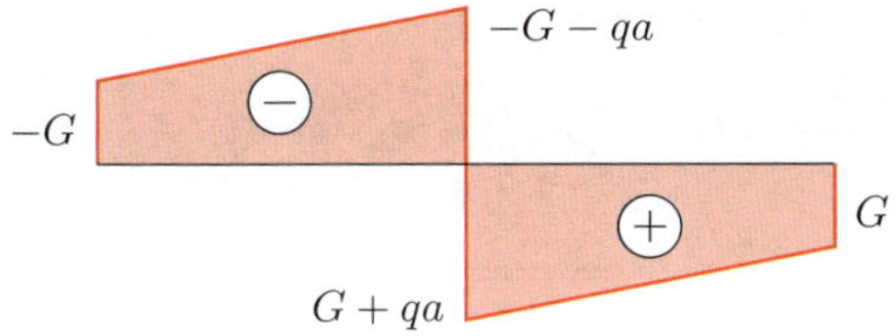

M-Verlauf

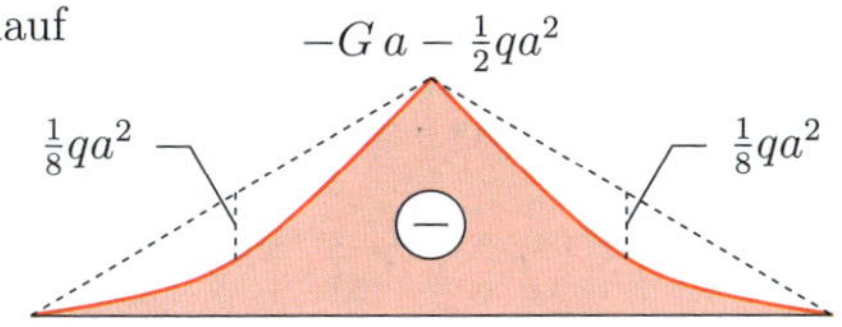

A5.36

Aufgabe 5.36 Für den abgewinkelten Kragträger sind die Schnittgrößen zu bestimmen.

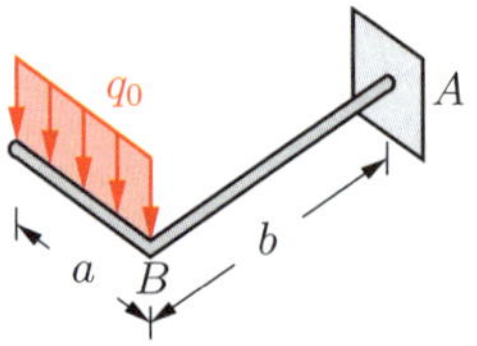

Lösung Wir trennen den Träger an der Ecke B und führen in beiden Bereichen Koordinatensysteme ein; durch sie sind die Vorzeichen der Schnittgrößen festgelegt. Im Bereich ① ergibt sich durch zweifache Integration von q_0 unter Berücksichtigung der Randbedingungen $Q_z(0) = 0$, $M_y(0) = 0$:

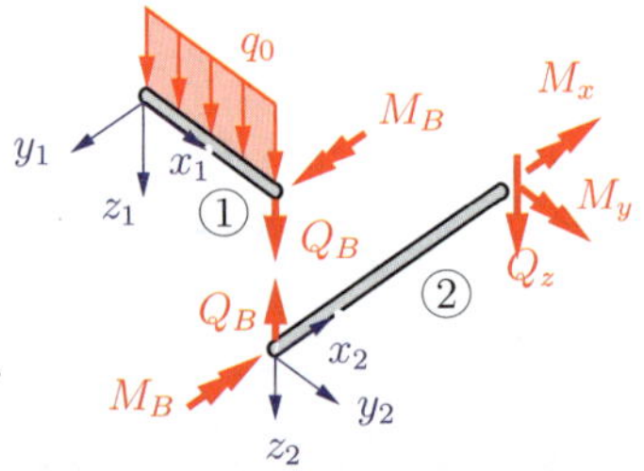

$$\underline{\underline{Q_z = -q_0 x_1}}\,, \qquad \underline{\underline{M_y = -\frac{1}{2}\, q_0 x_1^2}}\,.$$

An der Ecke B folgt damit

$$Q_B = Q_z(a) = -q_0 a\,, \qquad M_B = M_y(a) = -\frac{1}{2}\, q_0 a^2\,.$$

Im Bereich ② erhält man aus den Gleichgewichtsbedingungen am geschnittenen Balken:

$$\sum F_z = 0 \,:\quad \underline{\underline{Q_z}} = Q_B = \underline{\underline{-q_0 a}}\,,$$

$$\sum M_x = 0 \,:\quad \underline{\underline{M_x}} = -M_B = \underline{\underline{\frac{1}{2} q_0 a^2}}\,,$$

$$\sum M_y = 0 \,:\quad \underline{\underline{M_y}} = x_2 Q_B = \underline{\underline{-q_0 a x_2}}\,.$$

Anmerkungen:

- Die restlichen Schnittgrößen sind Null.
- Die Lagerreaktionen an der Einspannung folgen aus den Schnittgrößen im Bereich ② zu

$$A = -Q_z(b) = q_0 a, \quad M_{Ax} = M_x(b) = \frac{q_0 a^2}{2}, \quad M_{Ay} = M_y(b) = -q_0 ab.$$

- Das Biegemoment M_y im Bereich ① geht an der Ecke B in das Torsionsmoment M_x im Bereich ② über.

Aufgabe 5.37 Der eingespannte halbkreisförmige Träger befindet sich in einer horizontalen Ebene und ist durch sein Eigengewicht ($q_0 = \text{const}$) belastet. **A5.37**

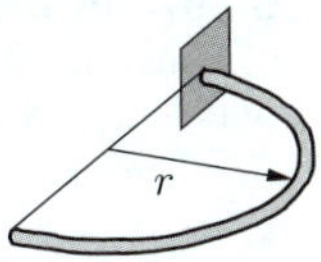

Es sind die Schnittgrößen zu bestimmen.

Lösung Wir schneiden den Träger bei einem beliebigen Winkel α und führen ein lokales Koordinatensystem ein, durch das die Vorzeichen der Schnittgrößen festgelegt sind. Mit der Bogenlänge $r\alpha$ beträgt das Gewicht des abgeschnittenen Bogenstücks $q_0 r\alpha$. Wir können es uns im Schwerpunkt S vereinigt denken, der sich im Abstand

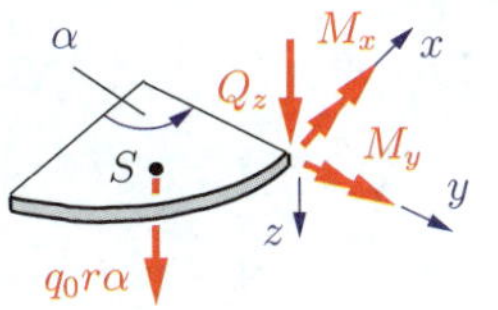

$$r_S = 2r\,\frac{\sin\alpha/2}{\alpha}$$

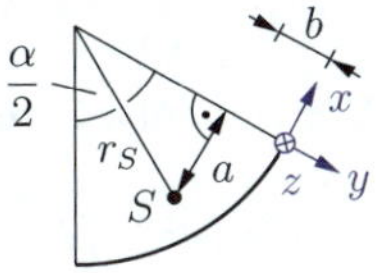

vom Mittelpunkt befindet (vgl. Kapitel 2). Mit den Hebelarmen

$$a = r_S\,\sin(\alpha/2) = (2r/\alpha)\sin^2(\alpha/2) = (r/\alpha)(1-\cos\alpha)\,,$$

$$b = r - r_S\,\cos(\alpha/2) = (r/\alpha)[\alpha - 2\sin(\alpha/2)\cos(\alpha/2)]$$
$$= (r/\alpha)(\alpha - \sin\alpha)$$

liefern die Gleichgewichtsbedingungen

$$\sum F_z = 0 \;:\quad \underline{\underline{Q_z(\alpha) = -q_0 r\alpha}}\,,$$

$$\sum M_x = 0 \;:\quad \underline{\underline{M_x(\alpha)}} = b(q_0 r\alpha) = \underline{\underline{q_0 r^2(\alpha - \sin\alpha)}}\,,$$

$$\sum M_y = 0 \;:\quad \underline{\underline{M_y(\alpha)}} = -a(q_0 r\alpha) = \underline{\underline{-q_0 r^2(1-\cos\alpha)}}\,.$$

Die restlichen Schnittgrößen sind Null. Die Lagerreaktionen können aus den Schnittgrößen an der Stelle $\alpha = \pi$ bestimmt werden.

Nebenstehend sind die Verläufe von Biegemoment M_y und Torsionsmoment M_x dargestellt.

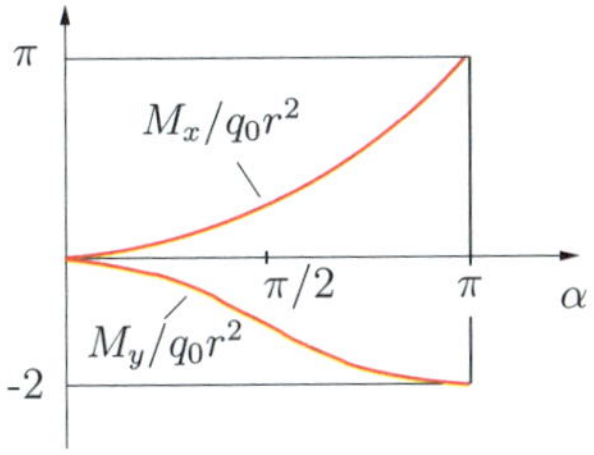

A5.38 **Aufgabe 5.38** Für das dargestellte System sind die Verläufe der Schnittgrößen zu bestimmen.

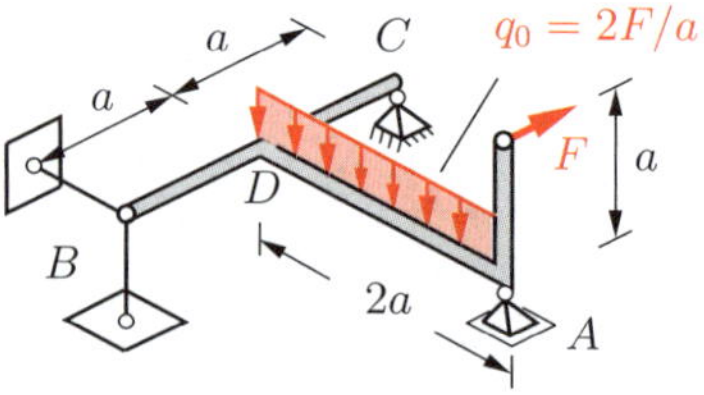

Lösung Aus den Gleichgewichtsbedingungen

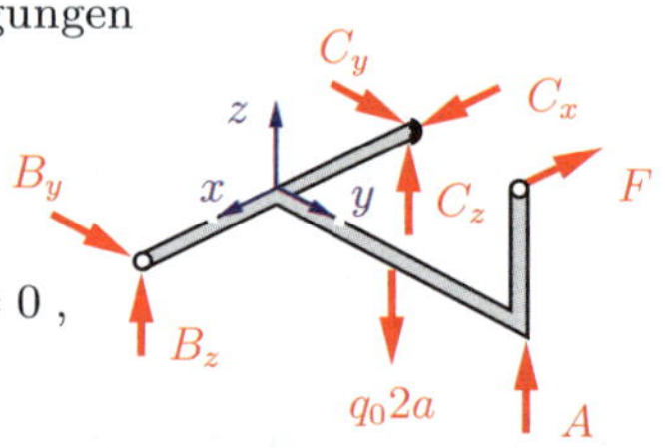

$$\sum F_x = 0 : \quad C_x - F = 0 ,$$

$$\sum F_y = 0 : \quad B_y + C_y = 0 ,$$

$$\sum F_z = 0 : \quad A + B_z + C_z - q_0 2a = 0 ,$$

$$\sum M_x^{(D)} = 0 : \quad 2aA - a\,(q_0 2a) = 0 ,$$

$$\sum M_y^{(D)} = 0 : \quad -aB_z + a\,C_z - aF = 0 ,$$

$$\sum M_z^{(D)} = 0 : \quad aB_y - a\,C_y + 2aF = 0$$

bestimmen wir mit $q_0 = 2F/a$ zunächst die Lagerreaktionen:

$$A = 2F , \quad B_z = \frac{F}{2} , \quad B_y = -C_y = -F , \quad C_x = F , \quad C_z = \frac{3}{2} F .$$

Nun unterteilen wir das System in 4 Bereiche und führen in ihnen Koordinatensysteme ein, durch welche die Vorzeichen der Schnittgrößen festgelegt sind. Durch Gleichgewichtsbetrachtung am geschnittenen System ergibt sich dann:

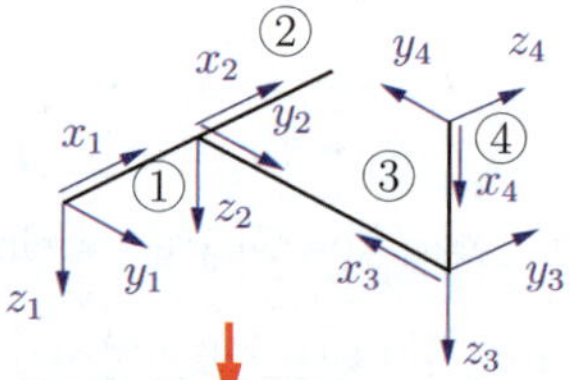

① $Q_y = -B_y = F ,$

$Q_z = B_z = F/2 ,$

$M_y = B_z x_1 = \frac{1}{2} F x_1 ,$

$M_z = B_y x_1 = -F x_1 ,$

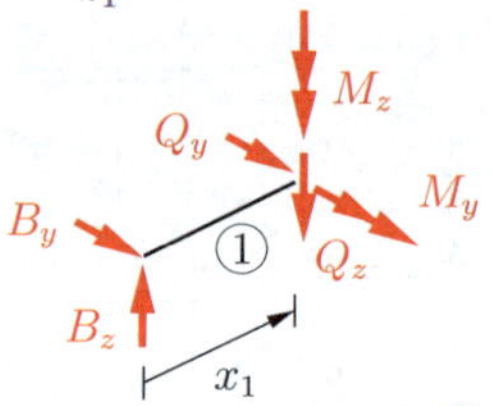

② $N = -C_x = -F ,$

$Q_y = +C_y = +F ,$

$Q_z = -C_z = -3F/2 ,$

$M_y = +C_z(a - x_2) = +\frac{3}{2} F (a - x_2) ,$

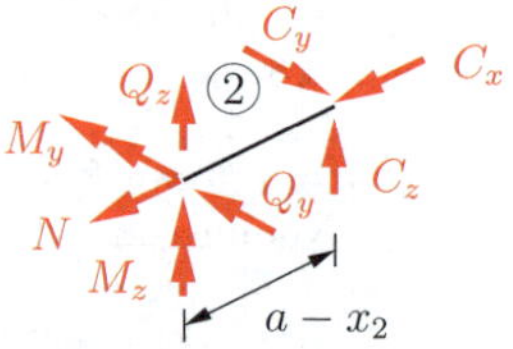

$$M_z = C_y(a - x_2) = F(a - x_2)\,,$$

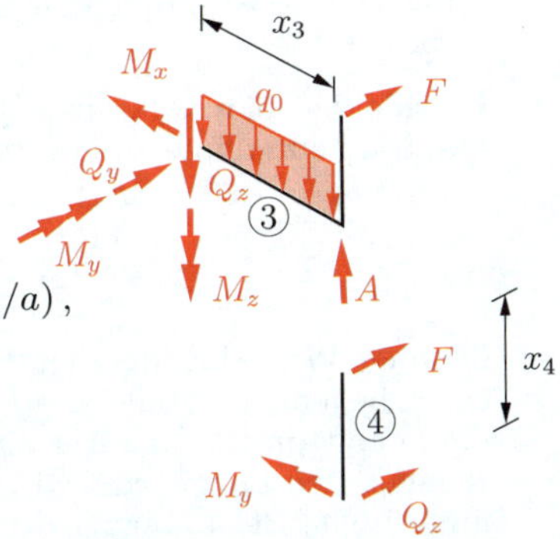

③ $Q_y = -F\,,$

$$Q_z = A - q_0 x_3 = 2F(1 - x_3/a)\,,$$

$$M_x = -Fa\,,$$

$$M_y = A\,x_3 - \tfrac{1}{2}q_0 x_3^2 = F\,(2x_3 - x_3^2/a)\,,$$

$$M_z = F\,x_3\,,$$

④ $Q_z = -F\,,$

$$M_y = -F\,x_4\,.$$

Die Verläufe von Normalkraft, Torsionsmoment und Biegemoment sind nachfolgend dargestellt.

Anmerkungen:

- Das Biegemoment im Bereich ④ geht in das Torsionsmoment im Bereich ③ über. Letzteres verursacht im Träger $\overline{BC}$ an der Stelle D einen Sprung im Biegemoment M_y.
- Analog führt das Biegemoment M_z aus dem Bereich ③ bei D zu einem Sprung im M_z-Verlauf des Trägers $\overline{BC}$.

N-Verlauf

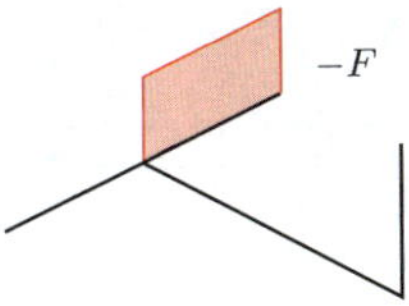

M_T-Verlauf

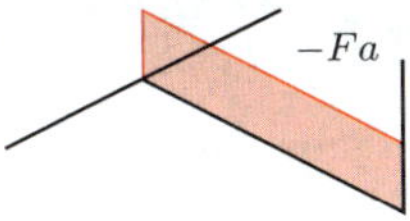

M_y,M_z-Verläufe

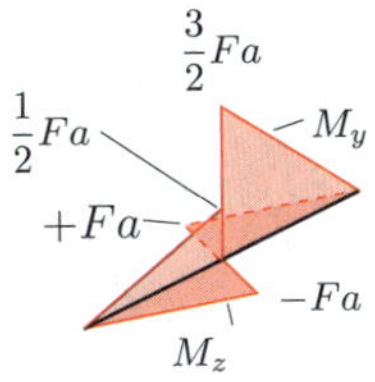

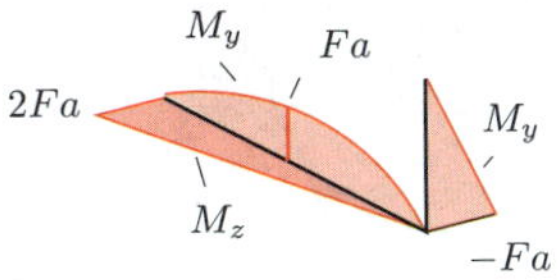

A5.39 **Aufgabe 5.39** Der dargestellte halbkreisförmige Kragträger (Radius r), ist durch eine konstante radiale Linienlast q_0 belastet.

Es sind die Normalkraft-, Querkraft- und Momentenlinie zu ermitteln.

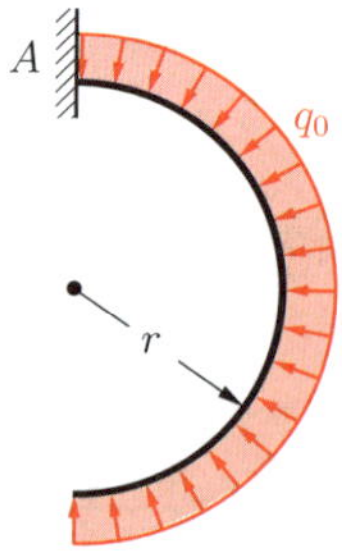

Lösung Wir schneiden den Bogen an einer beliebigen Stelle α und tragen die Schnittgrößen an. Auf ein Bogenelement der Länge $r\mathrm{d}\phi$ wirkt die infinitesimale Belastung $q_0 r\mathrm{d}\phi$ in radialer Richtung. Die Zerlegung in Komponenten in Richtung von N und Q sowie die Integration über den freigeschnittenen Bogenteil liefert

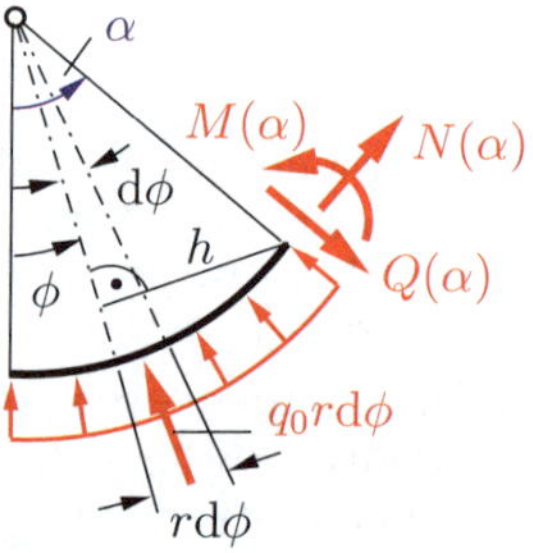

$$\underline{\underline{N(\alpha)}} = -\int_0^\alpha q_0\, r\, \sin(\alpha-\phi)\,\mathrm{d}\phi$$

$$= \underline{\underline{-q_0\, r\,(1-\cos\alpha)}}\,,$$

$$\underline{\underline{Q(\alpha)}} = -\int_0^\alpha q_0\, r\, \cos(\alpha-\phi)\,\mathrm{d}\phi = \underline{\underline{-q_0\, r\, \sin\alpha}}\,.$$

Das infinitesimale Moment von $q_0 r\mathrm{d}\phi$ bezüglich des Schnitts ergibt sich zu $h\, q_0 r\mathrm{d}\phi$. Mit dem Hebelarm $h = r\sin(\alpha-\phi)$ folgt aus dem Momentengleichgewicht

$$\underline{\underline{M(\alpha)}} = -\int_0^\alpha q_0\, r^2\, \sin(\alpha-\phi)\,\mathrm{d}\phi = \underline{\underline{-q_0\, r^2\,(1-\cos\alpha)}}\,.$$

Damit ergeben sich die Schnittgrößenverläufe zu:

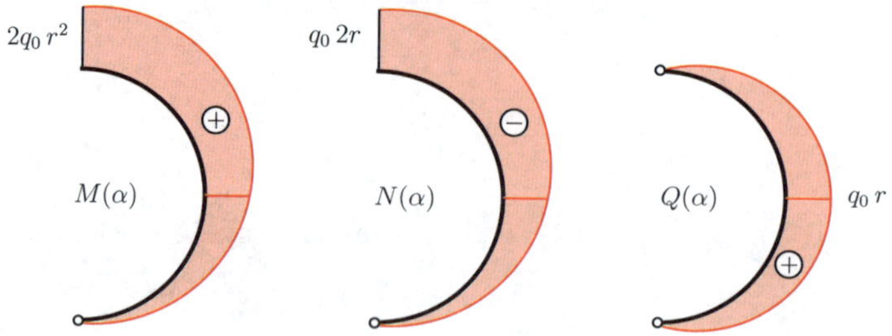

Aufgabe 5.40 Für das abgebildete System aus zwei masselosen Rahmen ermittele man die Lagerreaktionen sowie in den Bereichen DE und EC die Schnittgrößen N, Q und M. **A5.40**

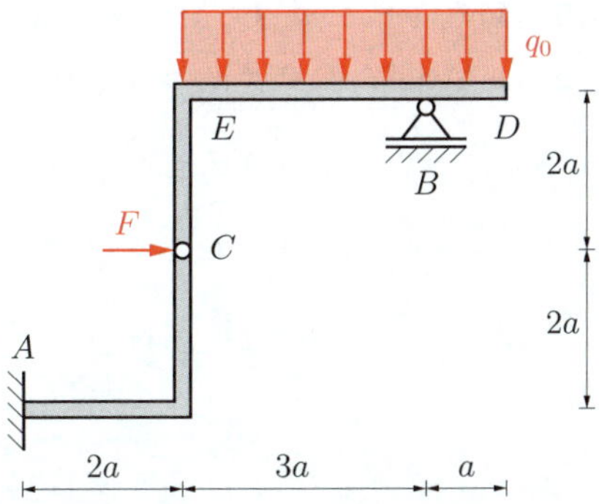

Lösung Wir bestimmen zunächst anhand des Freikörperbilds die Lagerreaktionen in den Punkten A und B.

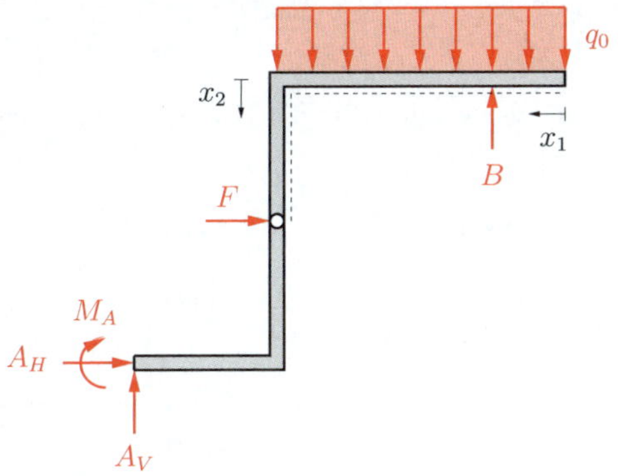

oberer Rahmen (Gelenkbedingung):

$$\overset{\curvearrowleft}{C}: \quad -4q_0a \cdot 2a + B \cdot 3a = 0 \quad \rightsquigarrow \quad \underline{\underline{B = \frac{8}{3}q_0a}}$$

unterer Rahmen:

$$\rightarrow: \quad F + A_H = 0 \quad \rightsquigarrow \quad \underline{\underline{A_H = -F}}$$

Gesamtsystem:

$$\uparrow: \quad A_V + B - 4q_0a = 0 \quad \rightsquigarrow \quad \underline{\underline{A_V = \frac{4}{3}q_0a}}$$

$$\overset{\curvearrowright}{A}: \quad M_A + F \cdot 2a + 4q_0a \cdot 4a - B \cdot 5a = 0 \quad \rightsquigarrow \quad \underline{\underline{M_A = -2Fa - \frac{8}{3}q_0a^2}}$$

Im Bereich DE verwenden wir die Koordinate x_1. Die Rahmenunterseite (Vorzeichen von Q, M) wird durch die gestrichelte Faser markiert.

Für den Abschnitt $0 \leq x_1 < a$ gilt:

$$N(x_1) = 0\,, \quad Q(x_1) = q_0 x_1\,, \quad M(x_1) = -\frac{1}{2} q_0 x_1^2\,.$$

Für den Abschnitt $a \leq x_1 \leq 4a$ gilt:

$$N(x_1) = 0\,, \quad Q(x_1) = q_0 x_1 - B = q_0 a \left(\frac{x_1}{a} - \frac{8}{3} \right),$$

$$M(x_1) = -\frac{1}{2} q_0 x_1^2 + B(x_1 - a) = -\frac{q_0 a^2}{2} \left(\frac{x_1^2}{a^2} - \frac{16}{3} \frac{x_1}{a} + \frac{16}{3} \right).$$

Die Stelle und der Wert des maximalen Biegemoments im Bereich DE folgt aus

$$Q(x_1) = 0 \quad \rightsquigarrow \quad x_1 = \frac{8}{3} a \quad \rightsquigarrow \quad M_{\max} = M(\frac{8}{3} a) = \frac{8}{9} q_0 a^2\,.$$

Im Bereich EC verwenden wir die Koordinate x_2 und die gestrichelte Faser. Hier ergibt sich:

$$N(x_2) = B - 4 q_0 a = -\frac{4}{3} q_0 a\,, \quad Q(x_2) = 0\,, \quad M(x_2) = 0\,.$$

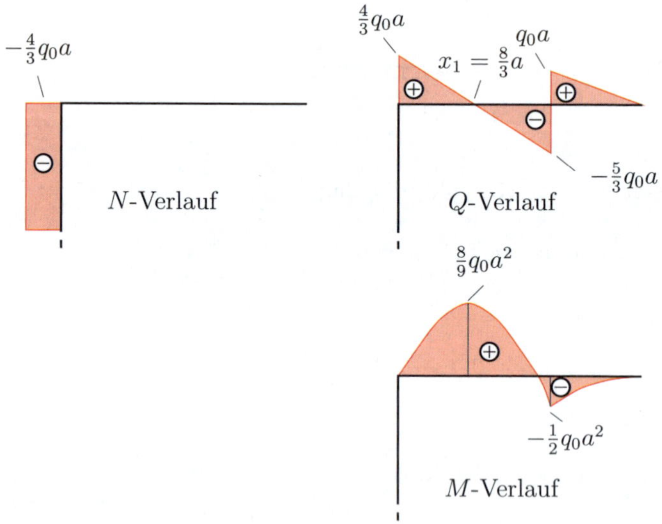

Kapitel 6

Seile

6

1. Seile unter Vertikalbelastung

Belastung $q(x)$ vorgegeben als Funktion von x. Das Eigengewicht des Seils wird vernachlässigt.

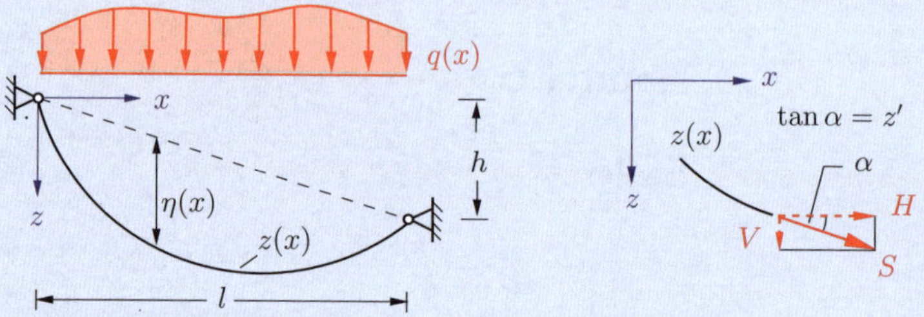

Für den Horizontalzug H und die Seilkraft S gilt

$$H = \text{const}\,, \qquad S = H\sqrt{1+(z')^2}\,.$$

Die *Seilkurve* $z(x)$ und die *Durchhangkurve* $\eta(x)$ ergeben sich aus der Differentialgleichung

$$z'' = -\frac{1}{H}\,q(x)$$

durch Integration zu

$$z(x) = -\frac{1}{H}\int_0^x\int_0^x q(\tilde{x})\,\mathrm{d}\tilde{x}\,\mathrm{d}\tilde{x} + C_1\,x + C_2\,, \qquad \eta(x) = z(x) - \frac{h}{l}\,x\,.$$

Bei vorgegebenem H können die Integrationskonstanten C_1, C_2 aus den geometrischen Randbedingungen $(z(0), z(l))$ bestimmt werden. Im **Sonderfall** konstanter Vertikalbelastung $q(x) = q_0 = \text{const}$ folgen

$$z(x) = \left(\frac{h}{l} + \frac{q_0 l}{2\,H}\right)x - \frac{q_0}{2\,H}\,x^2\,, \qquad \eta(x) = \frac{q_0}{2\,H}\,(l\,x - x^2)\,.$$

Ist der Horizontalzug H unbekannt, so muss er aus einer zusätzlichen Bedingung bestimmt werden. Mögliche vorgegebene Größen sind:

1. maximaler Durchhang $\eta_{\max} = \eta^*$: $\quad H = \dfrac{q_0 l^2}{8\eta^*}$,

2. maximale Seilkraft $S_{\max} = S^*$: $\quad S^* = H\sqrt{1+\left(\dfrac{|h|}{l} + \dfrac{q_0 l}{2\,H}\right)^2}$,

D. Gross et al., *Formeln und Aufgaben zur Technischen Mechanik 1*,
https://doi.org/10.1007/978-3-662-61864-6_6

3. Seillänge $L = L^*$: $$L^* = -\frac{H}{2\,q_0}\left[z'\,\sqrt{1+z'^2} + \operatorname{arsinh} z'\right]_{z'_1}^{z'_2}$$
$$\text{mit} \quad z'_1 = \frac{h}{l} + \frac{q_0\,l}{2\,H}\,, \qquad z'_2 = \frac{h}{l} - \frac{q_0\,l}{2\,H}\,.$$

(im 2. und im 3. Fall folgt H aus einer impliziten Gleichung)

2. Seile unter Eigengewicht

Belastung $\bar{q}(s)$ vorgegeben als Funktion der Bogenlänge s. Dabei gilt zwischen s und x der Zusammenhang $\mathrm{d}s = \sqrt{1+(z')^2}\,\mathrm{d}x$.

Für Horizontalzug und Seilkraft gelten

$$H = \text{const}\,, \qquad S = H\sqrt{1+(z')^2}\,.$$

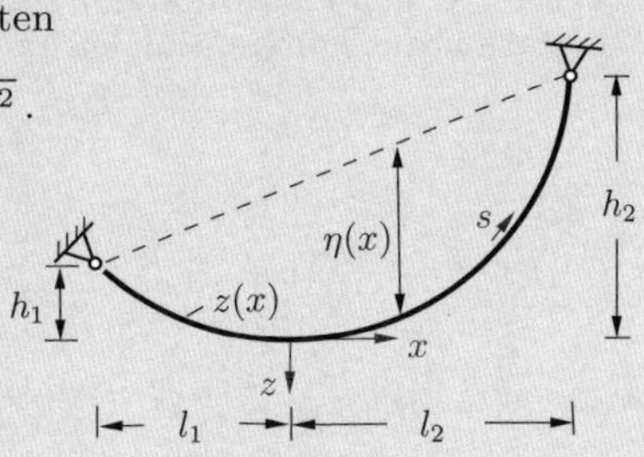

Die *Seilkurve* errechnet sich aus der Differentialgleichung

$$z'' = -\frac{\bar{q}(s)}{H}\sqrt{1+(z')^2}\,.$$

Für den häufigen **Sonderfall** einer konstanten Gewichtsverteilung $\bar{q} = \bar{q}_0 = \text{const}$ lautet die Lösung im gewählten Koordinatensystem mit $z(0) = 0$ und $z'(0) = 0$

$$z(x) = \frac{H}{\bar{q}_0}\left(1 - \cosh\frac{\bar{q}_0\,x}{H}\right)\,. \qquad (\textit{Kettenlinie})$$

Dann ergeben sich für Durchhang, Seilkraft und Seillänge

Durchhang: $$\eta(x) = z(x) + h_1 + \frac{h_2 - h_1}{l_1 + l_2}\,(l_1 + x)\,,$$

Seilkraft: $$S(x) = H\cosh\frac{\bar{q}_0\,x}{H}\,,$$

Seillänge: $$L = \frac{H}{\bar{q}_0}\left[\sinh\frac{\bar{q}_0\,l_2}{H} + \sinh\frac{\bar{q}_0\,l_1}{H}\right]\,.$$

- Die Bestimmung des Horizontalzugs H bei vorgegebenem η^*, bzw. S^* oder L^* erfolgt jeweils aus einer transzendenten Gleichung.
- Für kleine Argumente $y = \bar{q}_0 x/H \ll 1$ können die Hyperbelfunktionen durch $\cosh y \approx 1 + y^2/2$ und $\sinh y \approx y + y^3/6$ approximiert werden.

A6.1 **Aufgabe 6.1** Ein Tragseil ist zwischen den Punkten A und B durch eine konstante Streckenlast $q(x) = q_0$ belastet. Es soll so gespannt werden, dass die Neigung der Seilkurve bei A gerade Null ist.

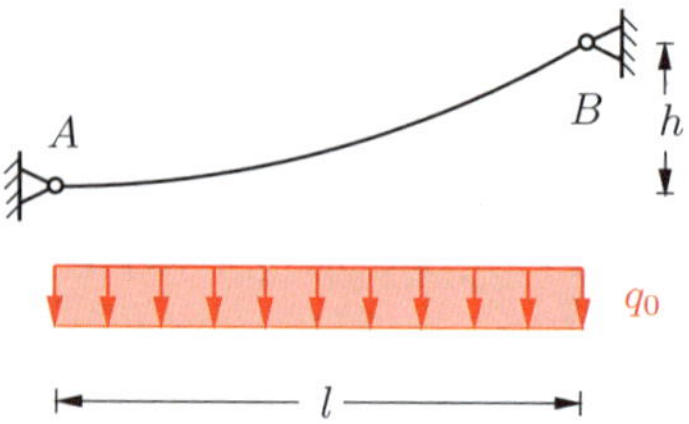

Wie groß sind dann der Horizontalzug und die maximale Seilkraft?

Wir legen den Koordinatenursprung in den Punkt A. Die zweifache Integration der Differentialgleichung der Seilkurve liefert

$$z''(x) = -\frac{q_0}{H},$$

$$z'(x) = -\frac{q_0}{H}\,x + C_1,$$

$$z(x) = -\frac{q_0}{2\,H}\,x^2 + C_1 x + C_2 .$$

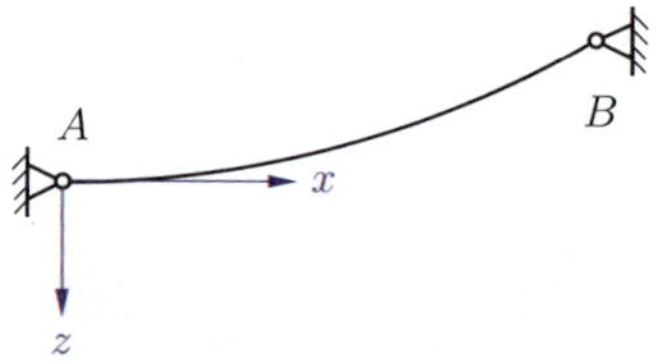

Die 2 Integrationskonstanten C_1, C_2 und der gesuchte Horizontalzug H folgen aus den Randbedingungen:

$$z(0) = 0 \quad \leadsto \quad C_2 = 0,$$

$$z'(0) = 0 \quad \leadsto \quad C_1 = 0,$$

$$z(l) = -h \quad \leadsto \quad h = \frac{q_0}{2\,H}\,l^2 \quad \leadsto \quad \underline{\underline{H = \frac{q_0\,l^2}{2\,h}}} .$$

Die Seilkraft errechnet sich damit zu

$$S = H\sqrt{1 + (z')^2}$$

$$= \frac{q_0\,l^2}{2\,h}\sqrt{1 + \left(\frac{2\,h\,x}{l^2}\right)^2} .$$

Sie nimmt ihren größten Wert bei $x = l$ (Lager B) an:

$$\underline{\underline{S_{\max} = \frac{q_0\,l^2}{2\,h}\sqrt{1 + \left(\frac{2\,h}{l}\right)^2}}} .$$

Aufgabe 6.2 Eine Wäscheleine ist an ihren Enden A und B in den Höhen $h_A > h_B$ über dem Boden befestigt. Durch die Wäschestücke erfährt die Leine näherungsweise eine konstante Streckenbelastung $q(x) = q_0$. A6.2

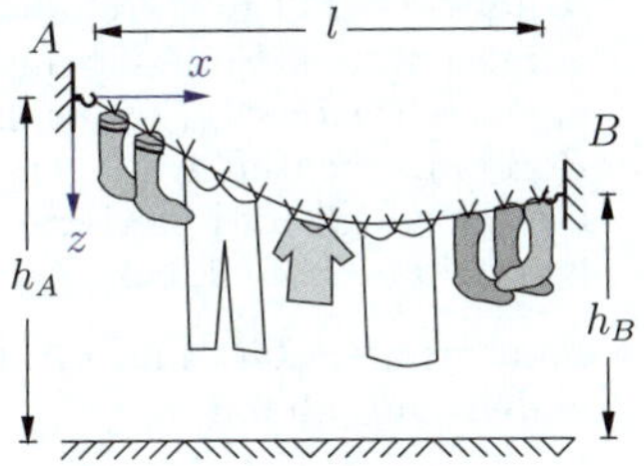

Wie groß ist die maximale Seilkraft, wenn der geringste Abstand des Seils vom Boden h^* beträgt?

Gegeben: $h_A = 5\,a$, $h_B = 4\,a$, $h^* = 3\,a$, $l = 10\,a$.

Lösung Mit den Randbedingung $z(0) = 0$ und $z(l) = h_A - h_B = a$ ergibt sich die Seilkurve (vgl. Aufagbe 6.1)

$$z(x) = \Big(\frac{1}{10} + \frac{10\,q_0\,a}{2\,H}\Big)x - \frac{q_0}{2\,H}\,x^2\,.$$

Den noch unbekannten Horizontalzug H bestimmen wir aus dem bekannten Minimalabstand h^*. Dieser tritt an der Stelle x^* auf, bei der $z' = 0$ ist:

$$z'(x) = \frac{1}{10} + \frac{5\,q_0\,a}{H} - \frac{q_0}{H}\,x = 0\,.$$

Hieraus folgen

$$x^* = \frac{1}{10}\,\frac{H}{q_0} + 5\,a \qquad \text{und} \qquad z_{\max} = z(x^*) = \frac{(H + 50\,q_0\,a)^2}{200\,q_0\,H}\,.$$

Einsetzen in $h^* = h_A - z_{\max}$ liefert mit den gegebenen Werten die quadratische Gleichung

$$H^2 - 300\,q_0\,a\,H + 2500\,(q_0\,a)^2 = 0$$

mit der Lösung

$$H = (150 \pm 100\,\sqrt{2}\,)q_0\,a\,.$$

Für das „+ "-Zeichen liegt x^* nicht zwischen A und B, daher kommt nur das „− "-Zeichen in Frage:

$$H = (150 - 100\,\sqrt{2}\,)q_0\,a \approx 8,579\,q_0\,a\,.$$

Die maximale Seilkraft tritt an der Stelle mit der größten Seilneigung z' auf, d. h. am höher gelegenen Seilauflager:

$$\underline{\underline{S_{\max}}} = S(0) = H\sqrt{1 + z'^2(0)} = \underline{\underline{10,388\,q_0\,a}}\,.$$

A6.3

Aufgabe 6.3 Ein durch ein Gewicht G vorgespanntes Seil ist durch eine linear verteilte Last $q(x)$ beansprucht. Die Rolle am rechten Auflager ist reibungsfrei gelagert und in ihrer Abmessung vernachlässigbar klein.

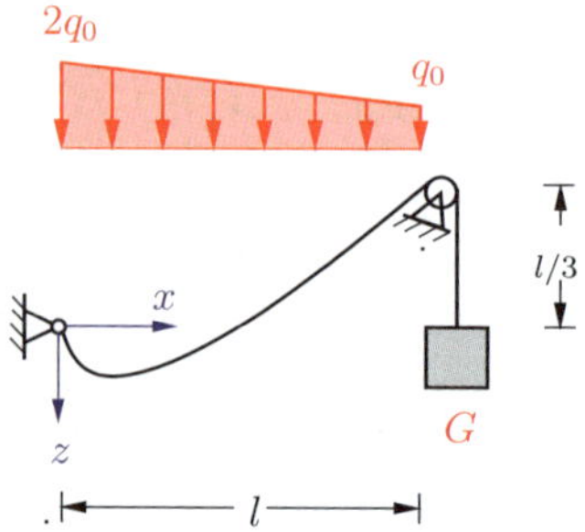

Man ermittle Ort und Größe des maximalen Durchhangs.

Gegeben: $q_0 = \frac{1}{2}\sqrt{2}\,G/l$

Lösung Mit der Belastungsfunktion

$$q(x) = q_0\left(-\frac{x}{l} + 2\right)$$

ergibt die zweifache Integration der Differentialgleichung der Seilkurve

$$z''(x) = -\frac{q_0}{H}\left(-\frac{x}{l} + 2\right),$$

$$z'(x) = -\frac{q_0 l}{H}\left[-\frac{1}{2}\left(\frac{x}{l}\right)^2 + 2\,\frac{x}{l}\right] + C_1\,,$$

$$z(x) = -\frac{q_0 l^2}{H}\left[-\frac{1}{6}\left(\frac{x}{l}\right)^3 + \left(\frac{x}{l}\right)^2\right] + C_1 x + C_2\,.$$

Aus den geometrischen Randbedingungen folgt

$$z(0) = 0 \quad \rightsquigarrow \quad C_2 = 0\,,$$

$$z(l) = -\frac{l}{3} \quad \rightsquigarrow \quad C_1 = -\frac{1}{3} + \frac{5}{6}\,\frac{q_0\,l}{H}\,.$$

Damit lautet die Seilkurve

$$z(x) = -\frac{q_0\,l^2}{H}\left[-\frac{1}{6}\left(\frac{x}{l}\right)^3 + \left(\frac{x}{l}\right)^2 - \frac{5}{6}\left(\frac{x}{l}\right)\right] - \frac{1}{3}\,x\,.$$

Der noch unbekannte Horizontalzug H lässt sich aus der vorgegebenen Seilkraft an der Stelle $x = l$ bestimmen. Die Bedingung

$$S(l) = G \qquad \text{bzw.} \qquad H\sqrt{1 + z'(l)^2} = G$$

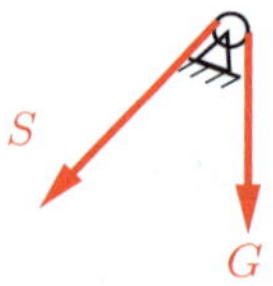

liefert mit

$$z'(l) = -\left(\frac{2}{3}\,\frac{q_0\,l}{H} + \frac{1}{3}\right) = -\frac{1}{3}\left(\sqrt{2}\,\frac{G}{H} + 1\right)$$

die quadratische Gleichung

$$\left(\frac{G}{H}\right)^2 - \frac{2\sqrt{2}}{7}\left(\frac{G}{H}\right) - \frac{10}{7} = 0$$

mit der Lösung

$$\frac{G}{H} = \begin{cases} -\frac{5}{7}\sqrt{2} < 0 & \text{(nicht möglich)}, \\ \sqrt{2}. \end{cases}$$

Daraus folgt der Horizontalzug

$$H = \frac{1}{2}\sqrt{2}\,G = q_0\, l\,,$$

womit sich die endgültige Seilkurve ergibt:

$$z(x) = l\left[\frac{1}{6}\left(\frac{x}{l}\right)^3 - \left(\frac{x}{l}\right)^2 + \frac{5}{6}\left(\frac{x}{l}\right)\right] - \frac{1}{3}\,x\,.$$

Die Durchhangkurve lautet mit $h = -l/3$

$$\begin{aligned}\eta(x) &= z(x) - \frac{h}{l}\,x \\ &= l\left[\frac{1}{6}\left(\frac{x}{l}\right)^3 - \left(\frac{x}{l}\right)^2 + \frac{5}{6}\left(\frac{x}{l}\right)\right].\end{aligned}$$

Der maximale Durchhang $\eta_{\max}$ folgt aus der Bedingung

$$\eta' = 0 \qquad \leadsto \qquad \left(\frac{x}{l}\right)^2 - 4\left(\frac{x}{l}\right) + \frac{5}{3} = 0\,,$$

welche für den Ort auf die beiden Lösungen

$$\frac{x^*}{l} = 2 \pm \sqrt{7/3}$$

führt. Die 1. Lösung $x^* = (2 + \sqrt{7/3}\,)\,l > l$ ist geometrisch nicht möglich; $\eta_{\max}$ tritt demnach an der Stelle

$$\underline{\underline{x^* = (2 - \sqrt{7/3}\,)\,l}}$$

auf. Einsetzen liefert schließlich den maximalen Durchhang

$$\underline{\underline{\eta_{\max}}} = \eta(x^*) = \left(\frac{7}{9}\sqrt{\frac{7}{3}} - 1\right) l \approx \underline{\underline{0{,}188\,l}}\,.$$

A6.4

Aufgabe 6.4 Ein durch sein Eigengewicht $\bar{q}_0$ belastetes Seil ist zwischen zwei gleich hohen Masten über eine Fahrbahn gespannt. An den Fußpunkten der Masten kann das maximale Moment M_{max} aufgenommen werden.

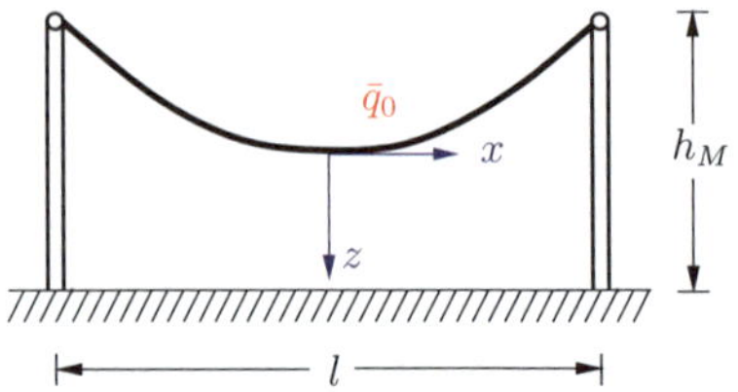

Zu bestimmen sind die größte freie Durchfahrtshöhe in der Seilmitte sowie die maximale Seilkraft.

Gegeben: $h_M = 20\,\text{m}$, $l = 50\,\text{m}$, $\bar{q}_0 = 10\,\text{N/m}$, $M_{max} = 10\,\text{kNm}$.

Lösung Aus dem maximal aufnehmbaren Moment am Fußpunkt eines Mastes lässt sich zunächst der zulässige maximale Horizontalzug H bestimmen:

$$H = \frac{M_{max}}{h_M} = 500\,\text{N}\,.$$

Die Seilkurve im gegebenen Koordinatensystem lautet

$$z(x) = \frac{H}{\bar{q}_0}\left(1 - \cosh\frac{\bar{q}_0\,x}{H}\right)\,.$$

Damit wird der maximale Durchhang

$$\eta_{max} = -z(l/2) = -\frac{H}{\bar{q}_0}\left(1 - \cosh\frac{\bar{q}_0\,l}{2\,H}\right) = 6{,}381\,\text{m}\,.$$

Die freie Durchfahrtshöhe ergibt sich dann zu

$$\underline{\underline{h_D}} = h_M - \eta_{max} = \underline{\underline{13{,}618\,\text{m}}}\,.$$

Die maximale Seilkraft tritt an den Aufhängepunkten ($x = \pm\,l/2$) auf:

$$\underline{\underline{S_{max}}} = H\,\cosh\frac{\bar{q}_0\,l}{2\,H} = 500\,\text{N}\cosh 0{,}5 = \underline{\underline{563{,}8\,\text{N}}}\,.$$

Anmerkung: Die Seillänge und das Gesamtgewicht des Seils folgen zu

$$L = \frac{2H}{\bar{q}_0}\sinh\frac{\bar{q}_0\,l}{2\,H} = 52{,}11\ \text{m}\,, \qquad G = L\,\bar{q}_0 = 521{,}1\ \text{N}\,.$$

Aufgabe 6.5 Mit einem Maßband (Eigengewicht $\bar{q}_0$) soll der Abstand zwischen den Punkten A und B gemessen werden. Der tatsächliche Abstand ist l. **A6.5**

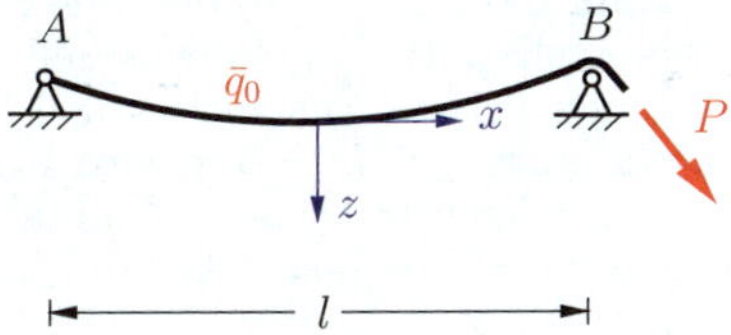

Mit welcher Kraft P muss das Maßband gespannt werden, damit der Messfehler gerade 0,5 % beträgt? Wie weit hängt das Band dabei durch?

Lösung Aus dem bekannten Messfehler von 0,5 % folgt zunächst für die Seillänge L

$$L = 1,005\, l = \frac{2\,H}{\bar{q}_0} \sinh \frac{\bar{q}_0\, l}{2\,H}\,.$$

Durch Umformung ergibt sich daraus für den Horizontalzug H die transzendente Gleichung

$$1,005\, \frac{\bar{q}_0\, l}{2\,H} = \sinh \frac{\bar{q}_0\, l}{2\,H}\,,$$

oder mit der Substitution $\lambda = \frac{\bar{q}_0\, l}{2\,H}$

$$f(\lambda) = 1,005\, \lambda - \sinh \lambda = 0\,.$$

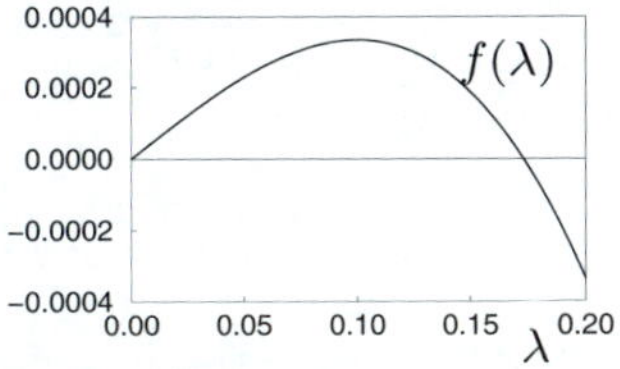

Ihre Lösung erfolgt durch grafische Nullstellenbestimmung oder (genauer) durch Iteration mit Hilfe des Newton-Verfahrens:

$$\lambda_{n+1} = \lambda_n - \frac{f(\lambda_n)}{f'(\lambda_n)} \qquad \text{mit} \qquad f'(\lambda) = \frac{\mathrm{d}f(\lambda)}{\mathrm{d}\lambda} = 1,005 - \cosh \lambda\,.$$

Schritt	0 (Startwert)	1	2	3	4
λ	0,2000	0,1777	0,1733	0,1731	0,1731

Daraus folgt

$$\lambda = 0,1731 \qquad \rightsquigarrow \qquad H = \frac{\bar{q}_0\, l}{2\,\lambda} = 2,889\, \bar{q}_0\, l\,.$$

Damit findet man für die Spannkraft P und den maximalen Durchhang

$$\underline{\underline{P}} = S(l/2) = H \cosh \frac{\bar{q}_0\, l}{2\,H} = H\, \cosh \lambda = \underline{\underline{2,932\, \bar{q}_0\, l}}\,.$$

$$\underline{\underline{\eta_{max}}} = -z(l/2) = -\frac{H}{\bar{q}_0}\left(1 - \cosh \frac{\bar{q}_0\, l}{2\,H}\right) = \underline{\underline{0,0434\, l}}\,.$$

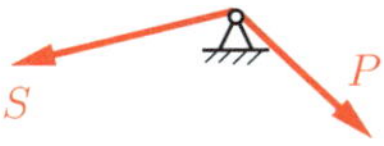

A6.6

Aufgabe 6.6 Ein über eine reibungsfreie Rolle geführtes Seil (Eigengewicht vernachlässigbar) der Gesamtlänge $L = 7\,a$ wird durch eine Gleichstreckenlast q und eine Einzelkraft P belastet.

Wie groß muss P gewählt werden, damit sich im Bereich $A - B$ der maximale Durchhang $\eta_{\max} = a/10$ einstellt?

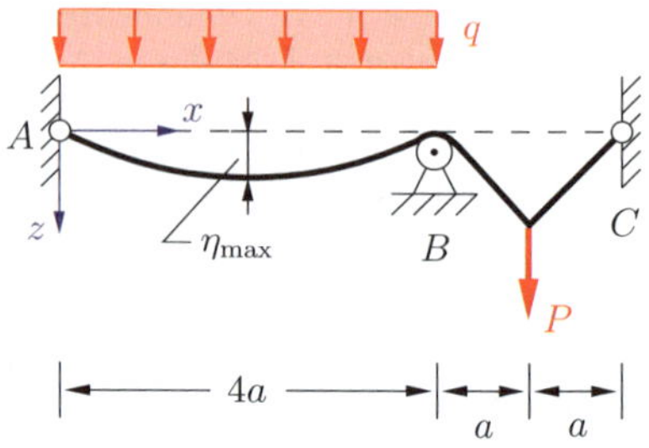

Lösung Wir bestimmen zunächst die Anteile an der gegebenen Seillänge L in den Bereichen $A - B$ und $B - C$. Im Bereich $A - B$ gilt

$$L^{AB} = -\frac{H}{2q}\left[z'\sqrt{1+z'^2} + \operatorname{arsinh} z'\right]_{z'_1}^{z'_2},$$

wobei der Horizontalzug H und die Grenzen z'_1, z'_2 gegeben sind durch

$$H = \frac{q\,l^2}{8\,\eta^*} = \frac{q\,(4\,a)^2}{8\,\frac{a}{10}} = 20\,qa, \quad z'_1 = \frac{q\,l}{2\,H} = \frac{1}{10}, \quad z'_2 = -\frac{q\,l}{2\,H} = -\frac{1}{10}.$$

Einsetzen liefert $L^{AB} = 20\,a\left(\frac{1}{10}\sqrt{\frac{101}{100}} + \operatorname{arsinh}\left(\frac{1}{10}\right)\right) \approx 4{,}01\,a\,.$

Aus der Geometrie folgt für die Seillänge im Bereich $B - C$:

$$L^{BC} = 2\sqrt{w_p^2 + a^2} \quad \text{bzw.} \quad w_p^2 = \frac{1}{4}(L^{BC})^2 - a^2\,.$$

Mit $L = L^{AB} + L^{BC} = 7\,a$ und dem bekannten L^{AB} ergibt sich daraus der maximale Durchhang im Bereich $B - C$: $w_p \approx 1{,}11\,a$. Für den Winkel α gilt $\sin\alpha = (w_p/\sqrt{w_p^2 + a^2})$, womit S_B^{BC} aus dem Gleichgewicht in vertikalen Richtung am Angriffspunkt vom P ermittelt werden kann:

$$\uparrow: \quad 2\,S_B^{BC}\sin\alpha - P = 0 \quad \rightsquigarrow \quad S_B^{BC} = \frac{P}{2\,w_p}\sqrt{w_p^2 + a^2}\,.$$

Mit $S_B^{AB} = S_B^{BC}$ und

$$S_B^{AB} = H\sqrt{1 + \left(\frac{q_0\,l}{2\,H}\right)^2} \approx 20{,}10\,q\,a\,.$$

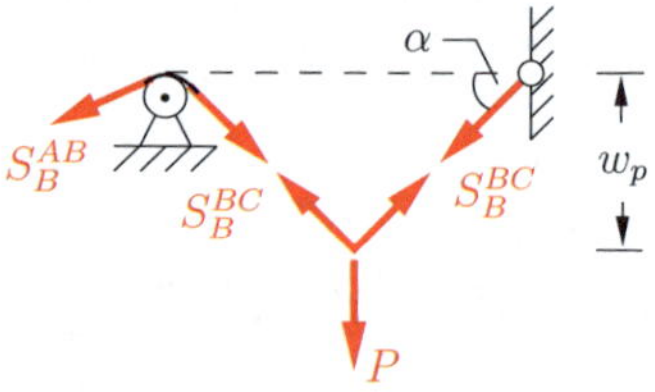

folgt damit für den Betrag der Kraft P

$$\underline{\underline{P}} \approx \frac{40{,}20\,q\,a \cdot 1{,}11\,a}{\sqrt{1{,}11^2\,a^2 + a^2}} = \underline{\underline{29{,}87\,q\,a}}\,.$$

Aufgabe 6.7 Ein Seil ist durch zwei bereichsweise konstante Linienlasten q_1 bzw. q_2 belastet. **A6.7**

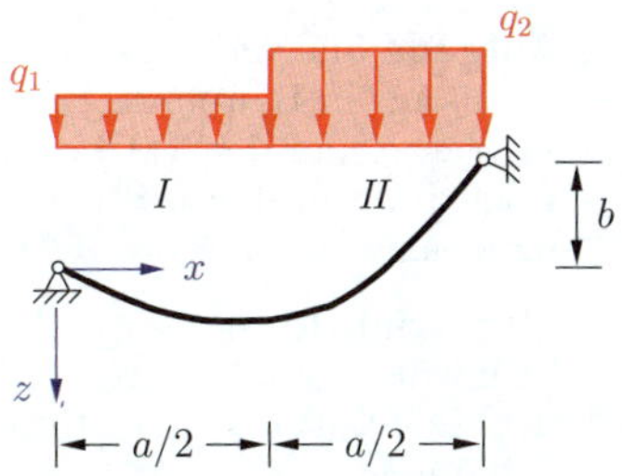

Man ermittle die Seilkurve in den Bereichen I und II für eine bekannte maximale Seilkraft $S_{\max}$.

Gegeben: $q_1 = 1\,\text{kN/m}$, $a = 20\,\text{m}$, $q_2 = 2\,\text{kN/m}$, $b = 4\,\text{m}$, $S_{\max} = 100\,\text{kN}$.

Lösung Da an der Stelle $x = a/2$ ein Sprung in der Belastungsfunktion vorliegt, muss das Seil in zwei Bereiche unterteilt werden. Durch zweifache Integration der Differentialgleichung der Seillinie $z'' = -\frac{1}{H}\,q(x)$ folgt für die Seilkurven in den beiden Bereichen:

$$\underline{\underline{z_I(x) = -\frac{1}{2H}\,q_1\,x^2 + C_1\,x + C_2}}\,, \qquad \underline{\underline{z_{II}(x) = -\frac{1}{2H}\,q_2\,x^2 + C_3\,x + C_4}}\,.$$

Die 4 Konstanten können mit Hilfe der Rand- und Übergangsbedingungen bestimmt werden:

Randbedingungen: $z_I(0) = 0\,, \qquad z_{II}(a) = -b\,,$

Übergangsbed.: $z_I(a/2) = z_{II}(a/2)\,, \quad z_I{}'(a/2) = z_{II}{}'(a/2)\,.$

Man erhält

$$\underline{\underline{C_1 = \frac{a}{8\,H}\,(3\,q_1 + q_2) - \frac{b}{a}}}\,, \qquad \underline{\underline{C_2 = 0}}\,,$$

$$\underline{\underline{C_3 = \frac{a}{8\,H}\,(-q_1 + 5\,q_2) - \frac{b}{a}}}\,, \qquad \underline{\underline{C_4 = \frac{a^2}{8\,H}\,(q_1 - q_2)}}\,.$$

Zur vollständigen Bestimmung der Seilkurve muss der noch unbekannte Horizontalzug H ermittelt werden:

$$S_{\max} = H\,\sqrt{1 + (z_{II}{}'(a))^2} = 100\,\text{kN} \quad \text{mit} \quad z_{II}{}'(a) = -\frac{35}{2\,H} - \frac{1}{5}\,.$$

Hieraus folgt die quadratische Gleichung

$$\frac{26}{25}\,H^2 + 7\,H - \frac{38775}{4} = 0$$

mit der Lösung (H_2 ist negativ und damit physikalisch unsinnig!)

$$H_{1,2} = \frac{-7 \pm \sqrt{40375}}{\frac{52}{25}} \quad \rightsquigarrow \quad \underline{\underline{H = H_1 \approx 93{,}24\,\text{kN}}}\,.$$

A6.8 **Aufgabe 6.8** Das Tragseil einer Materialseilbahn (Gewicht pro Länge $\bar{q}_0$) hängt in Bauphase 1 zwischen Tal- (T) und Bergstation (B) gerade so, dass es an der Talstation T horizontal einläuft. In Bauphase 2 wird das Seil durch Steigerung des Horizontalzugs auf $H_2 = 100\,\text{kN}$ gespannt.

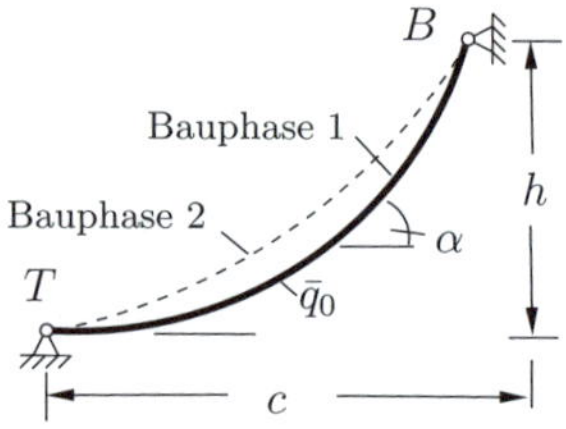

Man ermittle für beide Bauphasen die Seilkräfte S und die Neigungswinkel an der Tal- und der Bergstation sowie die Seillängen L.

Gegeben: $\bar{q}_0 = 50\,\text{N/m}$, $c = 600\,\text{m}$, $h = 500\,\text{m}$, $H_2 = 100\,\text{kN}$.

Lösung *Bauphase 1:* Wir legen das Koordinatensystem x_1, z_1 in die Talstation T, wo das Seil die Bedingungen $z_1(0) = 0$ und $z_1'(0) = 0$ erfüllt. Dann gilt für die Seilkurve, ihren Neigungswinkel α_1, die Seilkraft und die Seillänge

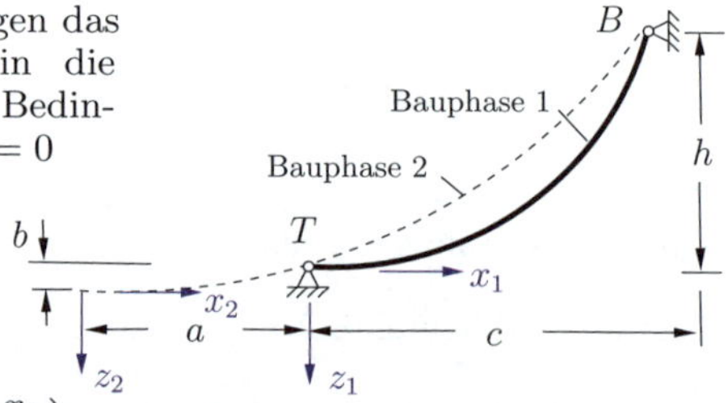

$$z_1(x_1) = \frac{H_1}{\bar{q}_0}\left(1 - \cosh\frac{\bar{q}_0\, x_1}{H_1}\right),$$

$$z_1'(x_1) = -\tan\alpha_1 = -\sinh\frac{\bar{q}_0\, x_1}{H_1}$$

$$S_1(x_1) = H_1\cosh\frac{\bar{q}_0 x_1}{H_1}\,, \qquad L_1 = \frac{H_1}{\bar{q}_0}\sinh\frac{\bar{q}_0\, c}{H_1}\,.$$

Der unbekannte Horizontalzug H_1 ergibt sich aus der Randbedingung

$$z_1(c) = -h \qquad \rightsquigarrow \qquad 1 - \cosh\frac{\bar{q}_0 c}{H_1} = -\frac{\bar{q}_0 h}{H_1}\,.$$

Diese lässt sich mit der Substitution $\lambda = \bar{q}_0 c/H_1$ in der Form

$$f(\lambda) = 1 - \cosh\lambda + \lambda\, h/c = 0 \qquad \rightsquigarrow \qquad f'(\lambda) = -\sinh\lambda + h/c$$

schreiben. Zur Lösung (Nullstellenbestimmung) wenden wir das Newton Verfahren $\lambda_{n+1} = \lambda_n - \frac{f(\lambda_n)}{f'(\lambda_n)}$ an, wobei wir den Startwert $\lambda_0 = 1$ wählen:

Schritt n	0	1	2	3	4	5
λ_n	1	1,849	1,534	1,427	1,415	1,414

Mit $\lambda = \lambda_5 = 1,414$ und $\bar{q}_0\, c = 0,05 \cdot 600 = 30\,\mathrm{kN}$ folgen zunächst

$$H_1 = \frac{\bar{q}_0\, c}{\lambda_5} = \frac{30}{1,414} = 21,22\,\mathrm{kN}\,, \quad z_1'(c) = -\sinh\frac{30}{21,22} = -1,414\,.$$

Damit ergeben sich die Seilkräfte und Neigungswinkel an der Talstation ($x_1 = 0$) und Bergstation ($x_1 = c$) sowie die Seillänge zu

$$\underline{\underline{S_{1T}}} = H_1 = \underline{\underline{21,22\,\mathrm{kN}}}\,, \qquad \underline{\underline{S_{1B}}} = 21,22\cosh\frac{30}{21,22} = \underline{\underline{46,20\,\mathrm{kN}}}\,,$$

$$z_1'(0) = 0 \;\rightsquigarrow\; \underline{\underline{\alpha_{1T} = 0}}\,, \qquad z_1'(c) = -1,414 \;\rightsquigarrow\; \underline{\underline{\alpha_{1B} = 54,7^\circ}}\,,$$

$$\underline{\underline{L_1}} = \frac{21,22}{0,05}\sinh\frac{30}{21,22} = \underline{\underline{820,8\,\mathrm{m}}}\,,$$

Bauphase 2: Die Lage des Koordinatensystems x_2, z_2 ist jetzt durch die Abstände a und b festgelegt; sie folgen aus den Bedingungen

$$z_2(a) = -b\;: \qquad \frac{H_2}{\bar{q}_0}\left(1 - \cosh\frac{\bar{q}_0\, a}{H_2}\right) = -b\,,$$

$$z_2(a+c) = -b-h\;: \qquad \frac{H_2}{\bar{q}_0}\left(1 - \cosh\frac{\bar{q}_0\,(a+c)}{H_2}\right) = -b-h\,.$$

Eliminieren von b liefert mit dem Wert $\bar{q}_0 h/H_2 = 0,25$ und der Substitution $\kappa = \bar{q}_0 a/H_2$ die Gleichung

$$f(\kappa) = \cosh(\kappa + 0,3) - \cosh\kappa - 0,25 = 0\,,$$

die wir wieder mit dem Newton Verfahren lösen. Hieraus folgt

$$\kappa = 0,608 \;\rightsquigarrow\; a = 1216\,\mathrm{m}, \quad b = \frac{-100}{0,05}(1 - \cosh 0,608) = 382\,\mathrm{m}.$$

Damit lassen sich an der Tal- ($x_2 = 1216\,\mathrm{m}$) und an der Bergstation ($x_2 = 1816\,\mathrm{m}$) die Seilkräfte und die Neigungswinkel berechnen:

$$\underline{\underline{S_{2T}}} = 100\cosh\frac{0,05\cdot 1216}{100} = \underline{\underline{119,1\,\mathrm{kN}}}\,,$$

$$\underline{\underline{S_{2B}}} = 100\cosh\frac{0,05\cdot 1816}{100} = \underline{\underline{144,1\,\mathrm{kN}}}\,,$$

$$z_2'(1216) = -\tan\alpha_{2T} = -\sinh\frac{0,05\cdot 1216}{100} = -0,646 \;\rightsquigarrow\; \underline{\underline{\alpha_{2T} = 33^\circ}}\,,$$

$$z_2'(1816) = -\tan\alpha_{2B} = -\sinh\frac{0,05\cdot 1816}{100} = -1,938 \;\rightsquigarrow\; \underline{\underline{\alpha_{2T} = 46^\circ}}\,.$$

Für die Seillänge folgt

$$\underline{\underline{L_2}} = \frac{H_2}{\bar{q}_0}\left(\sinh\frac{\bar{q}_0\,(a+c)}{H_2} - \sinh\frac{\bar{q}_0\, a}{H_2}\right) = 2000\,(1,038 - 0,646) = \underline{\underline{783\,\mathrm{m}}}\,.$$

A6.9

Aufgabe 6.9 Ein Seil hängt zwischen zwei gleich hohen Auflagern und wird durch eine Dreieckslast mit der maximalen Amplitude q_0 in der Mitte des Seiles belastet.

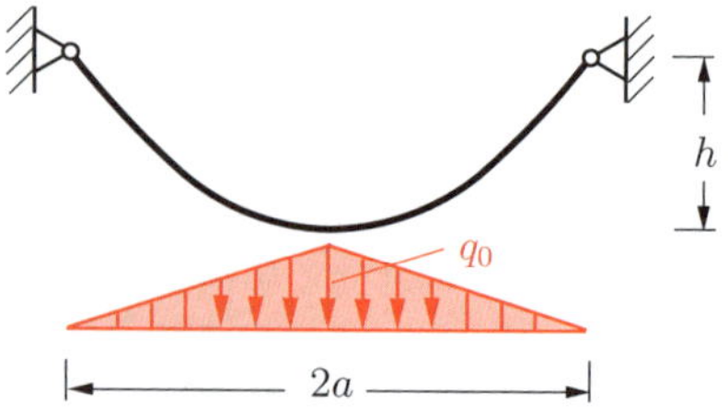

Zu bestimmen sind die Seilkraft im Tiefpunkt des Seiles und die Form der Seilkurve.

Lösung Mit der Wahl des Koordinatensystems in Feldmitte ergibt sich die Belastung zu

$$q(x) = q_0 (1 - \frac{x}{a}) , \qquad 0 \le x \le a .$$

Die zweifache Integration der Differentialgleichung der Seilkurve liefert

$$\frac{H}{q_0} z'' = \frac{x}{a} - 1 ,$$

$$\frac{H}{q_0} z' = \frac{x^2}{2a} - x + C_1 ,$$

$$\frac{H}{q_0} z = \frac{x^3}{6a} - \frac{x^2}{2} + C_1 x + C_2 .$$

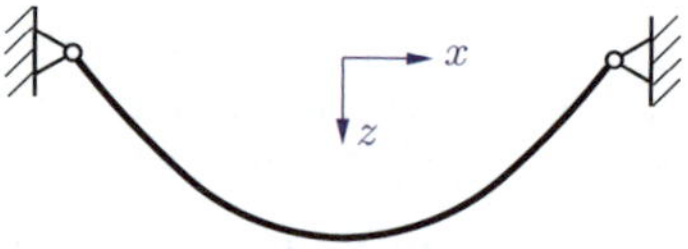

Aus den Randbedingungen folgen die Integrationskonstanten:

$$z'(0) = 0 \quad \rightsquigarrow \quad C_1 = 0 , \qquad z(a) = 0 \quad \rightsquigarrow \quad C_2 = \frac{a^2}{3} .$$

Die Seilkurve lautet somit (Symmetrie!)

$$\underline{\underline{z = \frac{q_0}{H} \left(\frac{x^3}{6a} - \frac{x^2}{2} + \frac{a^2}{3} \right)}} , \qquad 0 \le x \le a .$$

Den Horizontalzug H berechnen wir aus der Randbedingung

$$z(0) = h \quad \rightsquigarrow \quad h = \frac{q_0}{H} \frac{a^2}{3} \quad \rightsquigarrow \quad H = \frac{q_0 \, a^2}{3h} .$$

Damit ergibt sich die Seilkraft S im Tiefpunkt des Seiles zu

$$S = H \sqrt{1 + (z')^2} \quad \text{mit} \quad z'(0) = 0 \quad \rightsquigarrow \quad \underline{\underline{S = H = \frac{q_0 \, a^2}{3h}}} .$$

Kapitel 7

Der Arbeitsbegriff in der Statik

7

Arbeit

Wenn sich der Angriffspunkt einer Kraft $\boldsymbol{F}$ um eine infinitesimale Strecke $\mathrm{d}\boldsymbol{r}$ verschiebt, dann leistet die Kraft die *Arbeit*

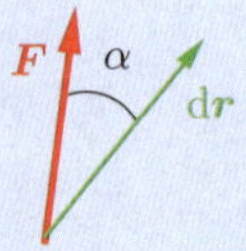

$$\mathrm{d}W = \boldsymbol{F} \cdot \mathrm{d}\boldsymbol{r} = F\,\mathrm{d}r\ \cos\alpha\,.$$

Analog lautet die Arbeit eines Moments $\boldsymbol{M}$ bei einer Verdrehung um $\mathrm{d}\boldsymbol{\phi}$

$$\mathrm{d}W = \boldsymbol{M} \cdot \mathrm{d}\boldsymbol{\phi}\,.$$

Sind Kraft- und Verschiebungsvektor bzw. Momenten- und Drehvektor parallel, so vereinfachen sich diese Beziehungen zu

$$\mathrm{d}W = F\,\mathrm{d}r \qquad \text{bzw.} \qquad \mathrm{d}W = M\,\mathrm{d}\phi\,.$$

Prinzip der virtuellen Arbeit

In der Statik werden anstelle der Strecke $\mathrm{d}\boldsymbol{r}$ „gedachte“ Verschiebungen $\delta\boldsymbol{r}$ eingeführt. Mit diesen kann das *Prinzip der virtuellen Arbeit* formuliert werden: Ein Kräftesystem, das im Gleichgewicht steht, leistet bei einer virtuellen Verrückung $\delta\boldsymbol{r}$ keine Arbeit:

$$\delta W = 0\,.$$

Virtuelle Verrückungen sind:

1. gedacht
2. infinitesimal klein
3. mit den kinematischen Bindungen des Systems verträglich.

Anmerkungen:

- Falls Lagerreaktionen (bzw. Schnittkräfte) ermittelt werden sollen, muss geschnitten und die Lagerkraft (bzw. die Schnittkraft) als äußere Kraft eingeführt werden.
- Das Symbol δ weist auf den Zusammenhang mit der Variationsrechnung hin.
- Die Arbeit einer Kraft entlang eines endlichen Weges ist gegeben durch

$$W = \int_{\boldsymbol{r}_1}^{\boldsymbol{r}_2} \boldsymbol{F} \cdot \mathrm{d}\boldsymbol{r}\,.$$

D. Gross et al., *Formeln und Aufgaben zur Technischen Mechanik 1*,
https://doi.org/10.1007/978-3-662-61864-6_7

Stabilität einer Gleichgewichtslage

Konservative Kräfte (Gewicht, Federkraft) lassen sich aus einem Potential $\Pi = -W$ herleiten, und es gilt

$$\delta\Pi = -\delta W\,.$$

Dann lautet die Gleichgewichtsbedingung

$$\boxed{\delta\Pi = 0\,.}$$

Die Stabilität der Gleichgewichtslage ergibt sich aus dem Vorzeichen von $\delta^2\Pi$:

$$\delta^2\Pi \begin{cases} > 0 & \text{stabile Lage,} \\ < 0 & \text{instabile Lage.} \end{cases}$$

Ist Π als Funktion *einer* Ortskoordinate z gegeben, so gilt

$$\delta\Pi = \frac{\mathrm{d}\Pi}{\mathrm{d}z}\delta z\,, \qquad \delta^2\Pi = \frac{1}{2}\,\frac{\mathrm{d}^2\Pi}{\mathrm{d}z^2}\,(\delta z)^2\,.$$

Hieraus folgen mit $\delta z \neq 0$ die Aussagen:

Gleichgewichtsbedingung $\boxed{\dfrac{\mathrm{d}\Pi}{\mathrm{d}z} = 0\,,}$

Stabilität $\boxed{\dfrac{\mathrm{d}^2\Pi}{\mathrm{d}z^2} \begin{cases} > 0 & \text{stabile Lage,} \\ < 0 & \text{labile Lage.} \end{cases}}$

Anmerkungen:

- Im Fall von $\dfrac{\mathrm{d}^2\Pi}{\mathrm{d}z^2} = \Pi'' = 0$ müssen höhere Ableitungen untersucht werden.
- Die Gleichgewichtslage ist *indifferent*, wenn neben $\Pi'' = 0$ auch alle höheren Ableitungen Null sind.
- Das Potential eines Gewichtes G ist $\Pi = G\,z$, wenn z vom Nullniveau senkrecht *nach oben* gezählt wird.
- Das Potential einer um x gespannten Feder (Federkonstante c) ist $\Pi = \frac{1}{2}c\,x^2$.
- Das Potential einer um φ gespannten Drehfeder (Federkonstante c_T) ist $\Pi = \frac{1}{2}c_T\,\varphi^2$.

A7.1 **Aufgabe 7.1** Eine Leiter (Gewicht G, Länge l) lehnt an einer glatten Wand. Am Fußpunkt (glatter Boden) greift eine Kraft F an.

Wie groß muss F sein, damit unter dem Winkel α Gleichgewicht herrscht?

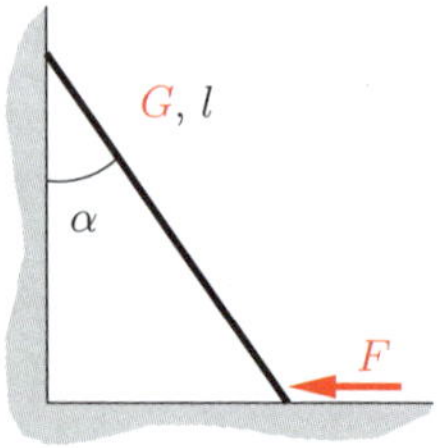

Lösung Wenn man zur Ermittlung von Gleichgewichtslagen das Prinzip der virtuellen Verrückungen anwenden will, ist es zweckmäßig, zuerst die Koordinaten der Kraftangriffspunkte einzuführen. Im gewählten Koordinatensystem sind sie durch x_F und y_G gegeben. Dann sind δx_F bzw. δy_G entgegen F bzw. G gerichtet. Daher lautet die Gleichgewichtsbedingung

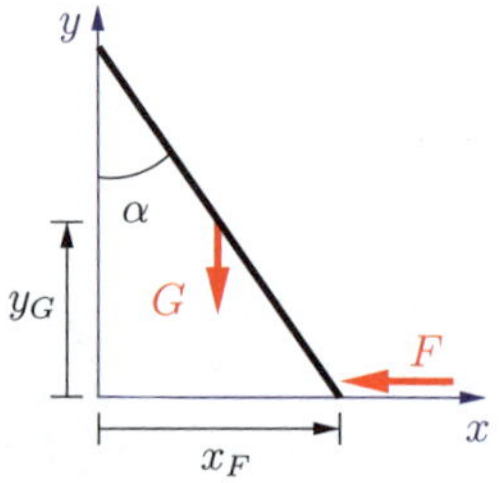

$$\delta W = -F\,\delta x_F - G\,\delta y_G = 0\,.$$

Mit

$$x_F = l\,\sin\alpha\,, \qquad y_G = \frac{l}{2}\,\cos\alpha\,,$$

$$\delta x_F = l\,\cos\alpha\,\delta\alpha\,, \quad \delta y_G = -\frac{l}{2}\,\sin\alpha\,\delta\alpha$$

folgt

$$\delta W = -F\,l\,\cos\alpha\,\delta\alpha + \frac{1}{2}\,G\,l\sin\alpha\,\delta\alpha = 0$$

$$\rightsquigarrow \quad \underline{\underline{F = \frac{1}{2}\,G\,\tan\alpha\,.}}$$

Das Ergebnis lässt sich leicht mit den Kräfte- und Momentengleichgewichtsbedingungen überprüfen:

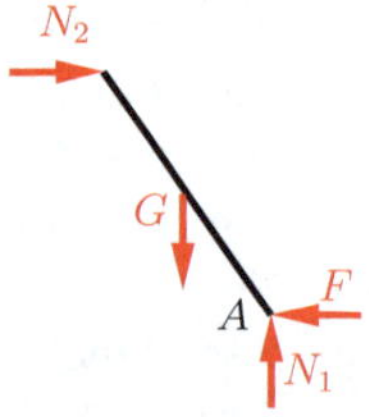

$$\left.\begin{aligned} \uparrow:&\quad N_1 - G = 0\,,\\ \rightarrow:&\quad N_2 - F = 0\,,\\ \overset{\frown}{A}:&\quad N_2\,l\,\cos\alpha - \frac{l}{2}\,G\,\sin\alpha = 0\,, \end{aligned}\right\} \quad \begin{aligned} &N_1 = G\,,\\ &N_2 = F\,,\\ &\underline{\underline{F = \frac{1}{2}\,G\tan\alpha\,.}} \end{aligned}$$

Aufgabe 7.2 Eine Kurbel $\overline{AC}$ ist in A drehbar gelagert und in C gelenkig mit der Stange $\overline{BC}$ verbunden. Am Ende B sitzt ein Kolben, auf den die Kraft F wirkt. An der Kurbel greift ein Moment M an. **A7.2**

Man ermittle $M(\alpha)$ für die Gleichgewichtslagen. Kurbel, Stange und Kolben seien dabei als gewichtslos angenommen.

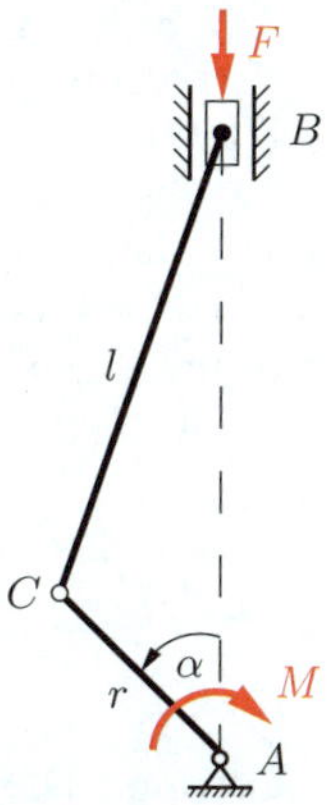

Lösung Wir führen die Verschiebung f des Kolbens ein. Da F entgegen δf und M entgegen die virtuelle Drehung $\delta\alpha$ wirken, lautet die Gleichgewichtsbedingung (Prinzip der virtuellen Arbeit)

$$\delta W = -M\,\delta\alpha - F\,\delta f = 0\,.$$

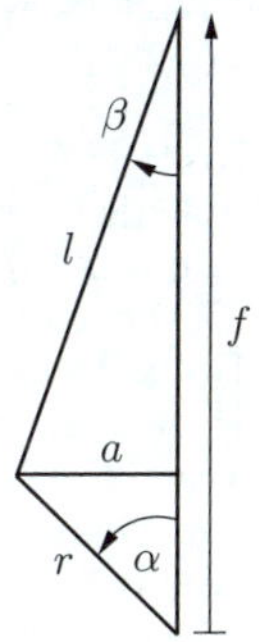

Nach der Skizze ist

$$f = r\cos\alpha + l\cos\beta$$

$$\leadsto \quad \delta f = -r\sin\alpha\;\delta\alpha - l\sin\beta\;\delta\beta\,.$$

Der Hilfswinkel β muss eliminiert werden. Aus der Skizze liest man ab

$$a = l\,\sin\beta = r\,\sin\alpha \quad \leadsto \quad \sin\beta = \frac{r}{l}\sin\alpha\,.$$

Durch Differenzieren folgt hieraus

$$\cos\beta\;\delta\beta = \frac{r}{l}\cos\alpha\;\delta\alpha \quad \leadsto \quad \delta\beta = \frac{r}{l}\,\frac{\cos\alpha}{\cos\beta}\,\delta\alpha\,.$$

Mit $\cos\beta = \sqrt{1-\sin^2\beta} = \sqrt{1-(r/l)^2\sin^2\alpha}$ wird daher

$$-M\,\delta\alpha + F\Big(r\,\sin\alpha\;\delta\alpha + l\,\frac{r}{l}\sin\alpha\;\frac{r}{l}\,\frac{\cos\alpha}{\sqrt{1-(r/l)^2\sin^2\alpha}}\,\delta\alpha\Big) = 0$$

oder

$$\underline{\underline{M = Fr\,\sin\alpha\Big(1+\frac{r\,\cos\alpha}{\sqrt{l^2-r^2\sin^2\alpha}}\Big)}}\,.$$

A7.3

Aufgabe 7.3 Wie groß ist das Verhältnis von Last Q und Zugkraft F bei einem Potenzflaschenzug

a) im skizzierten Fall (3 lose Rollen)
b) im allgemeinen Fall (n lose Rollen)?

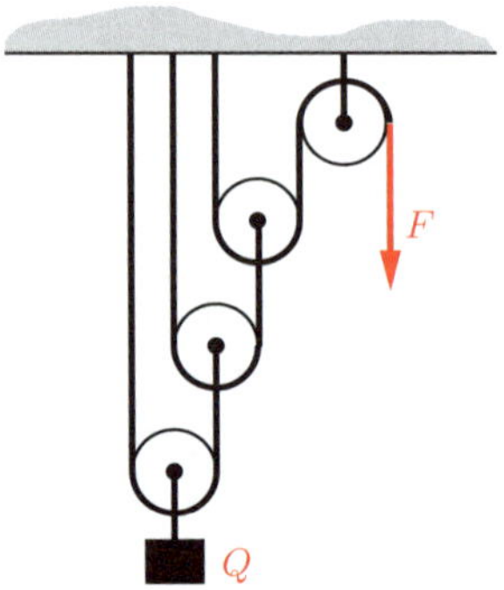

Lösung Die Last Q ist mit M_1 fest verbunden. Bei einer virtuellen Verrückung von Q um δq geht daher auch M_1 um δq nach oben.

Da der Punkt A_1, der über das Seil mit der Decke verbunden ist, sich nicht verschiebt, dreht die Rolle I um A_1. Daher verschiebt sich B_1 und damit M_2 um $2\,\delta q$.

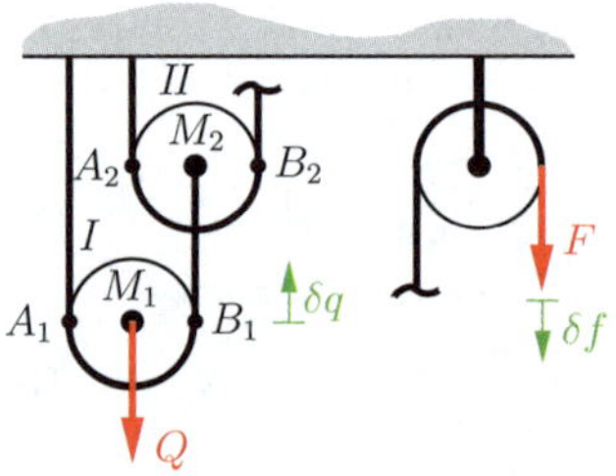

Aus der gleichen Überlegung an der Rolle II (A_2 verschiebt sich nicht), folgt für die Verrückung von B_2 der Wert $4\,\delta q = 2^2\delta q$.

Die an der Decke befestigte feste Rolle dreht um ihren Mittelpunkt, weswegen die Verschiebung δf der Zugkraft F gleich ist der Verschiebung des Punktes B_n der letzten losen Rolle. Aus der Gleichgewichtsbedingung

$$\delta W = -Q\,\delta q + F\,\delta f = 0$$

folgt daher

a) bei 3 Rollen mit $\delta f = 2^3\delta q = 8\,\delta q$

$$\underline{\underline{\frac{Q}{F} = 2^3 = 8\,.}}$$

b) Bei n losen Rollen erhält man mit $\delta f = 2^n\delta q$

$$\underline{\underline{\frac{Q}{F} = 2^n\,.}}$$

Anmerkung: Dieses Ergebnis erklärt den Namen *Potenz*flaschenzug!

Aufgabe 7.4 Nebenstehende Waage soll so konstruiert werden, dass die Anzeige Q unabhängig ist von der Stelle, an der das Gewicht auf der Lastbrücke $\overline{AB}$ liegt. **A7.4**

Gesucht sind das Verhältnis der Abmessungen b, c, d und f bei gegebenem a sowie die Beziehung zwischen Q und G.

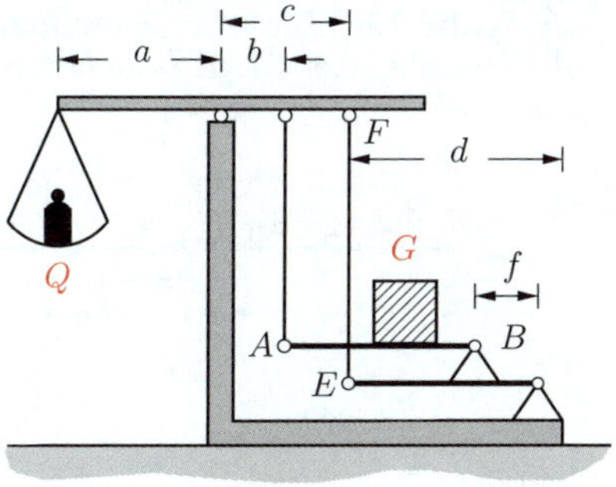

Lösung Damit die Forderung erfüllt ist, muss $\overline{AB}$ waagrecht bleiben, d.h.

$$\delta_A = \delta_B \, .$$

Nach der Skizze ist bei einer Drehung des oberen Balkens um $\delta\phi$:

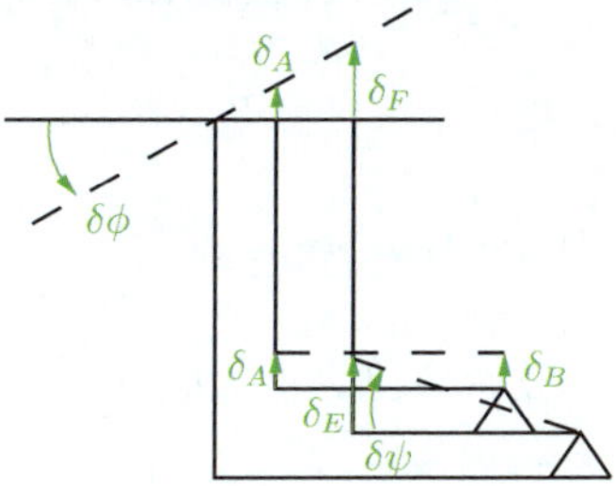

$$\delta_A = b\,\delta\phi\,, \qquad \delta_B = f\,\delta\psi\,.$$

Beide Winkel hängen über die Verschiebung der Stange $\overline{EF}$ zusammen:

$$\delta_F = c\,\delta\phi = d\,\delta\psi = \delta_E \quad \leadsto \quad \delta\psi = \frac{c}{d}\,\delta\phi\,.$$

Damit folgt

$$\delta_A = b\,\delta\phi = f\frac{c}{d}\,\delta\phi = \delta_B \quad \leadsto \quad \underline{\underline{\frac{b}{c} = \frac{f}{d}}}\,.$$

Die Lastanzeige Q ergibt sich aus dem Prinzip der virtuellen Arbeit

$$Q\,\delta q - G\,\delta_A = 0$$

mit

$$\delta q = a\,\delta\phi$$

zu

$$\underline{\underline{Q = \frac{b}{a}\,G}}\,.$$

A7.5 **Aufgabe 7.5** Für den GERBERträger mit 2 Gelenken ermittle man die Lagerreaktionen A, B und D mit Hilfe des Prinzips der virtuellen Arbeit.

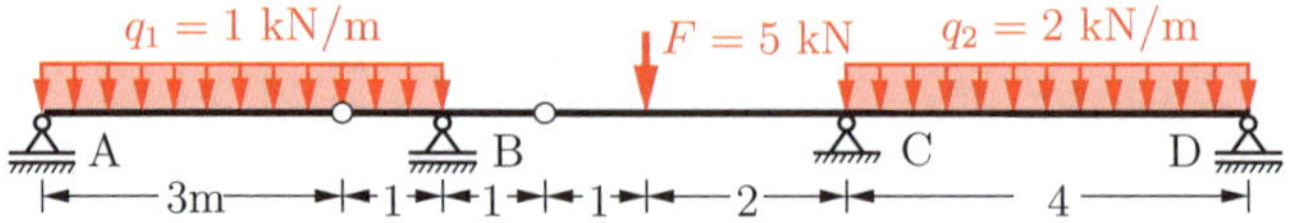

Lösung Zur Ermittlung der Lagerkraft B wird diese Reaktionskraft als *äußere* Last eingeführt und das System einer kinematisch verträglichen Verrückung unterworfen.

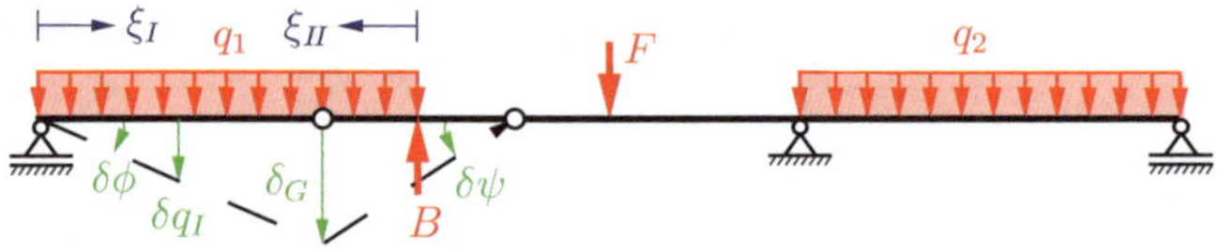

Unter Beachtung der beiden Bereiche für q_1 gilt:

$$\delta W = \int_0^3 q_1 \, \delta q_I \, d\xi_I + \int_0^1 q_1 \, \delta q_{II} \, d\xi_{II} - B \, \delta_B = 0 \, .$$

Mit

$$\delta_B = 1 \cdot \delta\psi \, , \quad \delta q_I = \xi_I \, \delta\phi \, , \quad \delta q_{II} = (1 + \xi_{II})\delta\psi$$

folgt

$$B \, \delta\psi = q_1 \, \frac{3^2}{2} \, \delta\phi + q_1 \left(1 + \frac{1^2}{2}\right)\delta\psi \, .$$

Mit dem geometrischen Zusammenhang am Gelenk

$$\delta_G = 3 \, \delta\phi = 2 \, \delta\psi \quad \rightsquigarrow \quad \delta\phi = \frac{2}{3} \, \delta\psi$$

wird

$$B = q_1 \, \frac{3^2}{2} \, \frac{2}{3} + q_1 \left(1 + \frac{1}{2}\right) = 4,5 \, q_1$$

oder

$$\underline{\underline{B = 4,5 \text{ kN}}} \, .$$

2) Die Lagerkraft A folgt mit der skizzierten Verrückungsfigur

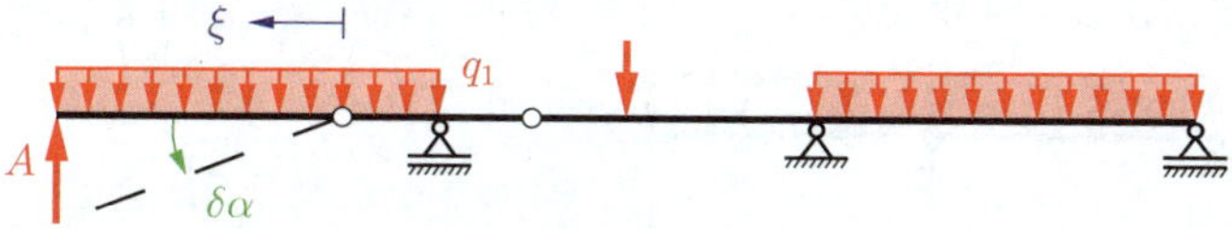

aus der Gleichgewichtsbedingung

$$\delta W = -A\,\delta_A + \int_0^3 q_1\,\delta q_1\,\mathrm{d}\xi = 0$$

und den geometrischen Beziehungen

$$\delta q_1 = \xi\,\delta\alpha\,, \qquad \delta_A = 3\,\delta\alpha$$

zu

$$-3\,A\,\delta\alpha + q_1\,\frac{3^2}{2}\,\delta\alpha = 0 \quad \rightsquigarrow \quad \underline{\underline{A}} = \frac{3}{2}\,q_1 = \underline{\underline{1,5\ \mathrm{kN}}}\,.$$

3) Freischneiden der Lagerkraft D liefert folgende Verrückungsfigur:

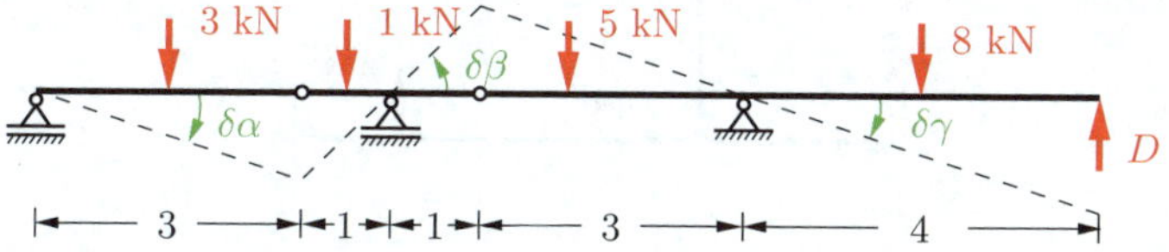

Es gelten die geometrischen Zusammenhänge

$$\left.\begin{aligned} 3\,\delta\alpha &= 1\,\delta\beta \\ 3\,\delta\gamma &= 1\,\delta\beta \end{aligned}\right\} \quad \rightsquigarrow \quad \begin{aligned} \delta\alpha &= \delta\gamma\,, \\ \delta\beta &= 3\,\delta\gamma\,. \end{aligned}$$

Bei der Anwendung des Prinzips der virtuellen Arbeit ersetzen wir diesmal die verteilten Lasten durch ihre Resultierenden in der Mitte. Dann erhält man

$$3 \cdot 1,5\,\delta\alpha + 1 \cdot 0,5\,\delta\beta - 5 \cdot 2\,\delta\gamma + 8 \cdot 2\,\delta\gamma - D \cdot 4\,\delta\gamma = 0\,,$$

woraus die Lagerkraft folgt:

$$\underline{\underline{D}} = \frac{1}{4}\,(4,5 + 1,5 - 10 + 16) = \underline{\underline{3\ \mathrm{kN}}}\,.$$

4) Die Lagerkraft C folgt schließlich aus der Gleichgewichtsbedingung in vertikaler Richtung:

$$\underline{\underline{C}} = F + q_1 \cdot 4 + q_2 \cdot 4 - A - B - D = \underline{\underline{8\ \mathrm{kN}}}\,.$$

A7.6 **Aufgabe 7.6** Für das dargestellte System aus Balken und Stäben ermittle man die Stabkraft S_1.

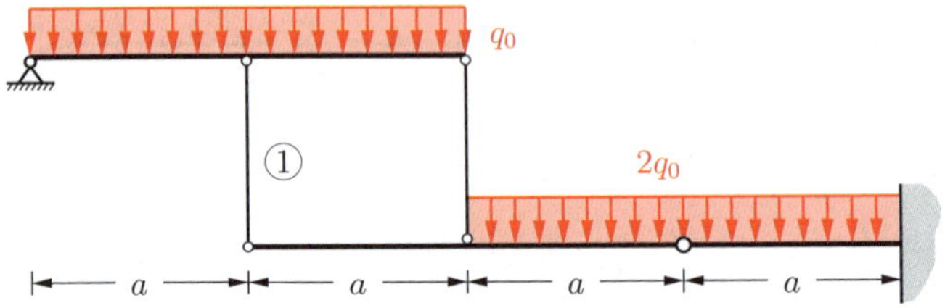

Lösung Wir ersetzen die verteilte Last durch Einzellasten in den entsprechenden Schwerpunkten und unterwerfen das System nach Schneiden des Stabes ① einer virtuellen Verrückung.

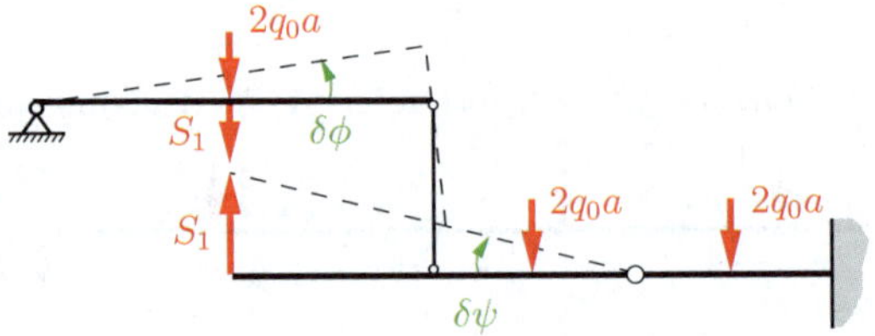

Es gilt der geometrische Zusammenhang

$$2a\,\delta\phi = a\,\delta\psi \quad \rightsquigarrow \quad \delta\psi = 2\,\delta\phi\,.$$

Aus dem Prinzip der virtuellen Arbeit folgt

$$\delta W = -2\,q_0 a \cdot a\,\delta\phi - S_1 \cdot a\,\delta\phi + S_1 \cdot 2\,a\,\delta\psi - 2\,q_0 a \cdot \frac{a}{2}\,\delta\psi = 0$$

oder

$$-2\,q_0 a^2 \delta\phi - S_1 a\,\delta\phi + 2\,a\,S_1 2\,\delta\phi - q_0 a^2 2\,\delta\phi = 0$$

$$\rightsquigarrow \quad 3\,S_1 = 4\,q_0 a \quad \rightsquigarrow \quad \underline{\underline{S_1 = \frac{4}{3}\,q_0 a\,.}}$$

Anmerkung: Die verteilte Belastung am unteren Balken darf *nicht* durch *eine* Resultierende im Gelenk ersetzt werden, weil diese bei der Verrückung keine Arbeit leisten würde.

Aufgabe 7.7 Für den dargestellten Träger ermittle man den Momentenverlauf zwischen den Lagern mit Hilfe des Prinzips der virtuellen Arbeit. **A7.7**

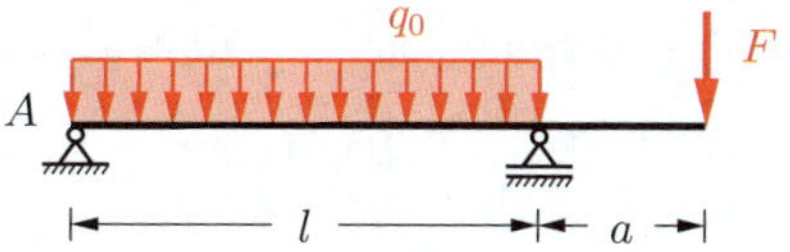

Lösung Wenn man an einer beliebigen Stelle x das Schnittmoment M mit dem Prinzip der virtuellen Verrückungen ermittlen will, muss man an dieser Stelle x ein Gelenk anbringen und M wie eine äußere Last auf die angrenzenden Balkenteile wirken lassen. Bei einer virtuellen Auslenkung folgt dann

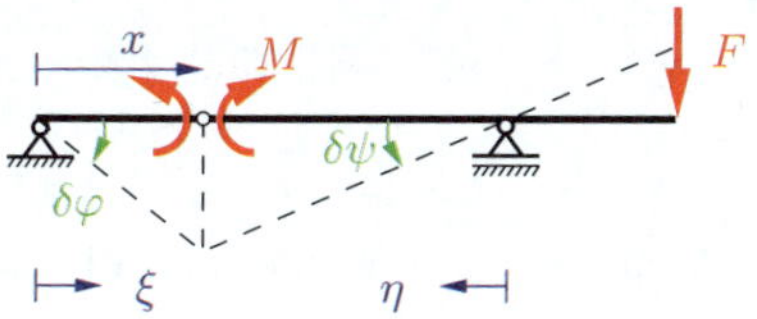

$$\delta W = -M\,\delta\varphi - M\,\delta\psi - F\,a\,\delta\psi + \int\limits_0^x q_0\,(\xi\,\delta\varphi)\,\mathrm{d}\xi + \int\limits_0^{l-x} q_0\,(\eta\,\delta\psi)\,\mathrm{d}\eta = 0.$$

Mit dem geometrischen Zusammenhang

$$x\,\delta\varphi = (l-x)\,\delta\psi \quad \rightsquigarrow \quad \delta\varphi = \frac{l-x}{x}\delta\psi$$

erhält man daraus

$$M\left(\frac{l-x}{x}+1\right)\delta\psi = \left[-F\,a + q_0\frac{x^2}{2}\frac{l-x}{x} + q_0\frac{(l-x)^2}{2}\right]\delta\psi\,.$$

Nach Umformen und Zusammenfassen ergibt sich der gesuchte Momentenverlauf

$$\underline{\underline{M\,(x) = \frac{x}{l}\left[-F\,a + \frac{q_0 l^2}{2}\left(1-\frac{x}{l}\right)\right]}}\,.$$

Auf elementare Weise erhält man mit der Lagerkraft $A = \frac{1}{2}\,q_0\,l - \frac{a}{l}\,F$ aus der Gleichgewichtsbedingung $M = A\,x - \frac{1}{2}\,q_0\,x^2$ natürlich dieselbe Abhängigkeit $M(x)$.

A7.8

Aufgabe 7.8 In den Abbildungen a-c sind drei Tragwerke gegeben. Überprüfen Sie zunächst alle Tragwerke auf statische Bestimmheit. Berechnen Sie dann mit Hilfe des Prinzips der virtuellen Verrückungen

a) für Tragwerk a) das Biegemoment im Punkt A und die Auflagerkraft in B,
b) für Tragwerk b) die horizontale Lagerkraft in C,
c) für Tragwerk c) die vertikale Lagerkraft in D.

Gegeben: a, P und q_0.

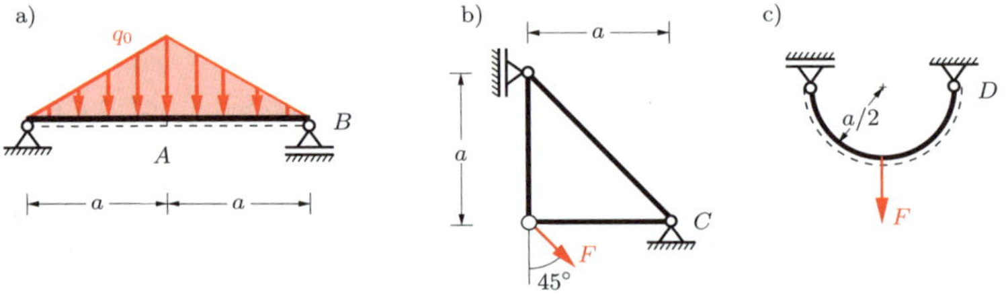

Lösung Alle Tragwerke sind statisch bestimmt, d.h.

$$f = 3 \cdot 1 - (3 + 0) = 0\,.$$

Ferner liegen keine Ausnahmefälle vor, so dass die Systeme statisch brauchbar sind.

a) Um das Biegemoment in A zu bestimmen, wird an dieser Stelle ein Gelenk eingeführt, und das System wird virtuell um $\delta\varphi$ ausgelenkt.

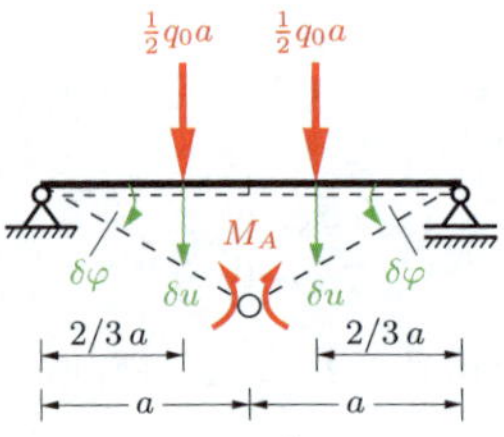

Aus dem Prinzip der virtuellen Arbeit folgt

$$\delta u\,\frac{q_0 a}{2} + \delta u\,\frac{q_0 a}{2} - M_A\,\delta\varphi - M_A\,\delta\varphi = 0\,.$$

Die Resultierenden greifen bei $\frac{2}{3}\,a$ an. Daraus folgt der geometrische Zusammenhang

$$\delta u = \frac{2}{3}\,a\,\delta\varphi$$

und es ergibt sich

$$(\frac{2}{3}\,q_0 a^2 - 2\,M_A)\,\delta\varphi = 0\,.$$

Diese Gleichung muss für alle $\delta\varphi \neq 0$ erfüllt sein, daraus folgt

$$\underline{\underline{M_A = \frac{q_0 a^2}{3}}}\,.$$

Zur Bestimmung der Auflagerkraft in B wird die Reaktionskraft als äußere Last eingeführt. Anschließend wird das System einer kinematisch verträglichen Verrückung unterworfen.

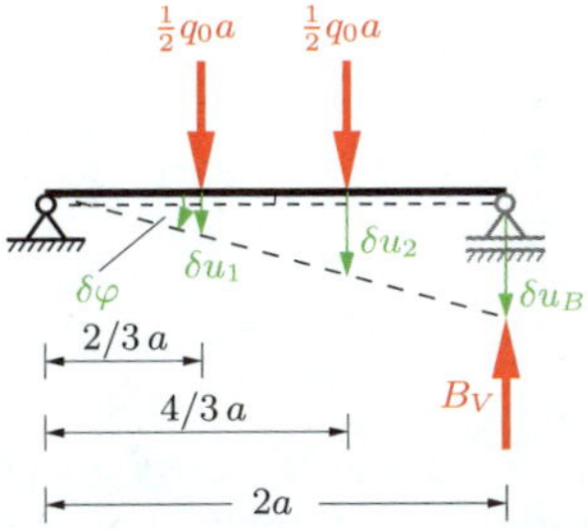

Mit $\delta u_1 = \dfrac{2}{3}\, a\, \delta\varphi$, $\delta u_2 = \dfrac{4}{3}\, a\, \delta\varphi$

und $\delta u_B = 2\, a\, \delta\varphi$ folgt

$$\delta u_1 \cdot \frac{q_0 a}{2} + \delta u_2 \cdot \frac{q_0 a}{2} - \delta u_B \cdot B_V = 0$$

und damit für alle $\delta\varphi \neq 0$

$$\underline{\underline{B_V = \frac{q_0 a}{2}}}\,.$$

Alternativ kann B_V mittels der Gesamtresultierenden $R = q_0 a$, die in Balkenmitte angreift, berechnet werden:

$$\frac{\delta u_B}{2} \cdot q_0 a - \delta u_B \cdot B_V = 0 \quad \rightsquigarrow \quad \underline{\underline{B_V = \frac{q_0 a}{2}}}\,.$$

b) Um die horizontale Lagerkraft in C zu bestimmen, wird die Reaktionskraft als äußere Last eingeführt, und das System wird einer kinematisch verträglichen Verrückung ausgesetzt.

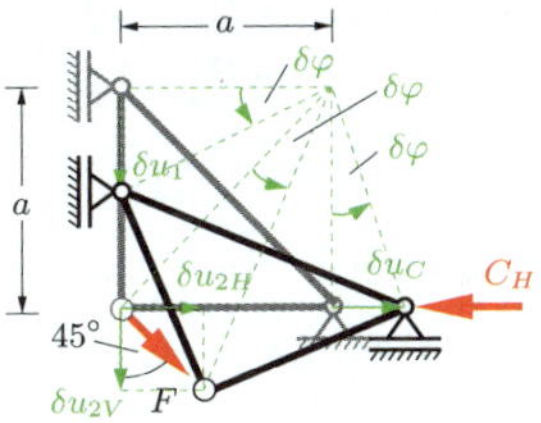

Mit $\delta u_C = a\delta\varphi = \delta u_1 = \delta u_{2H} = \delta u_{2V}$ folgt

$$\delta u_{2H} \cdot \frac{\sqrt{2}}{2} F + \delta u_{2V} \cdot \frac{\sqrt{2}}{2} F - \delta u_C \cdot C_H = 0$$

und damit für alle $\delta\varphi \neq 0$

$$\underline{\underline{C_H = \sqrt{2} F}}\,.$$

c) Zur Berechnung der Auflagerkraft in D wird die Reaktionskraft als äußere Last eingeführt, und das System wird einer kinematisch verträglichen Verrückung unterworfen.

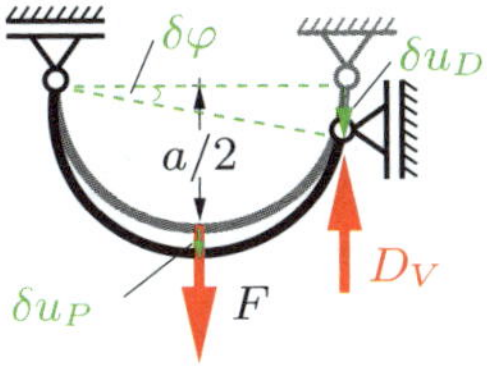

Mit $\delta u_D = a\, \delta\varphi$ und $\delta u_P = \dfrac{a}{2} \delta\varphi$ folgt

$$\delta u_P \cdot F - \delta u_D \cdot D_V = 0$$

und damit für alle $\delta\varphi \neq 0$

$$\underline{\underline{D_V = \frac{F}{2}}}\,.$$

A7.9

Aufgabe 7.9 Ein ebener Rahmen wird durch eine Gleichstreckenlast q und ein Einzelmoment M belastet.

Man bestimme mit Hilfe des Prinzips der virtuellen Arbeit die horizontale Lagerreaktion in B.

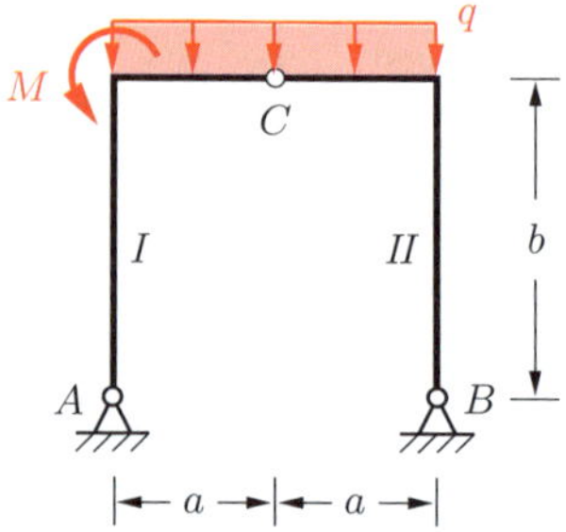

Lösung Zur Berechung der horizontalen Lagerreaktion B_H wird das Lager B in horizontaler Richtung frei gemacht und B_H als äußere Last aufgefasst sowie das (jetzt bewegliche) System einer virtuellen Verrückung unterworfen.
Für die Ermittlung der korrekten Verschiebungsfigur müssen zuerst die Drehpunkte der beiden Rahmenteile I und II gefunden werden. Da Teil I im Punkt A mit einem zweiwertigen Auflager fixiert ist, liegt dort der Drehpunkt DP_I. Bei Teil II muss zuerst die mögliche Bewegungsrichtung zweier Punkte auf dieser Scheibe bestimmt werden. Der Drehpunkt liegt dann im Schnittpunkt der beiden Geraden, die jeweils im rechten Winkel zu den Bewegungsrichtungen der beiden Punkte konstruiert werden können. In diesem Fall ist die Bewegungsrichtung vom Punkt C (durch Verbindung zu Teil I) und vom Punkt B (in horizontaler Richtung) bekannt. Dadurch ist die Lage des Drehpunkts DP_{II} gefunden.

Somit folgt für die virtuelle Arbeit:

$$\delta W = 2\,q\,a\,\delta u_q - M\,\delta\varphi - B_H\,\delta u_B\,.$$

Mit den geometrischen Zusammenhängen

$$\delta u_q = \frac{a}{2}\,\delta\varphi\,, \qquad \delta u_B = 2\,b\,\delta\varphi$$

erhält man daraus

$$\delta W = \left(q\,a^2 - M - 2\,b\,B_H\right)\,\delta\varphi = 0\,.$$

Dies liefert folgenden Wert für die horizontale Auflagerreaktion B_H:

$$\underline{\underline{B_H = \frac{q\,a^2 - M}{2\,b}}}\,.$$

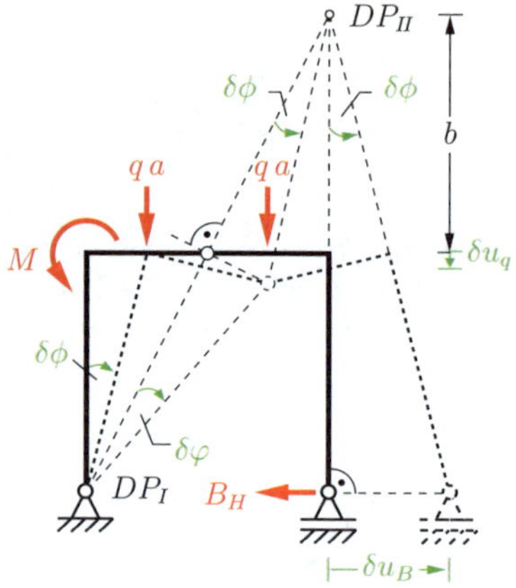

A7.10

Aufgabe 7.10 Das dargestellte System wird durch die Kräfte P_1, P_2, P_3 und das Moment M belastet.

Mit Hilfe des Prinzips der virtuellen Arbeit soll der Betrag der Kraft P_1 gerade so bestimmt werden, dass das Einspannmoment im Lager A verschwindet.

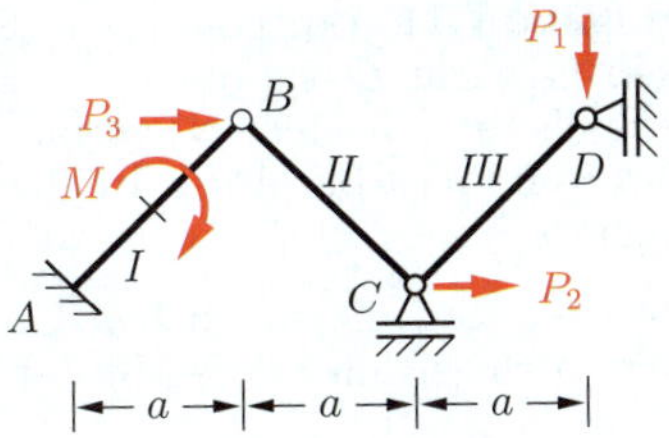

Lösung Um das Auflagermoment in A zu ermitteln, ersetzen wir dort die Einspannung durch ein gelenkiges Lager und führen das Einspannmoment M_A als äußeres Moment ein. Das nun bewegliche System kann dann einer virtuellen Verrückung unterworfen worden. Für die Ermittlung der geometrischen Zusammenhänge muss die Verschiebungsfigur konstruiert werden:

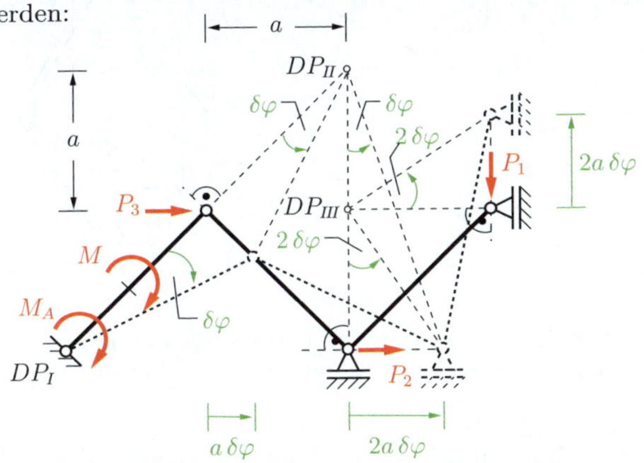

Zur Ermittlung der einzelnen Drehpunkte wird vom Balken I ausgegangen, dessen Drehpunkt DP_I im Punkt A zu finden ist. Da hiermit die Bewegungsmöglichkeiten der Punkte B (Endpunkt von Balken I), C (in horizontaler Richtung) und D (in vertikaler Richtung) bekannt sind, können die Drehpunkte der Balken II und III entsprechend der obigen Skizze ermittelt werden. Damit lassen sich alle virtuellen Verrückungen mittels $\delta\varphi$ ausdrücken. Die Gleichgewichtsbedingung lautet dann

$$\delta W = M_A\,\delta\varphi + M\,\delta\varphi + P_3\,a\,\delta\varphi + P_2\,2\,a\,\delta\varphi - P_1\,2\,a\,\delta\varphi = 0\,.$$

Mit der Bedingung $M_A = 0$ erhält man hieraus für die erforderliche Kraft P_1:

$$\underline{\underline{P_1 = \frac{M}{2\,a} + \frac{1}{2}\,P_3 + P_2}}\,.$$

A7.11 **Aufgabe 7.11** Ein homogener Stab vom Gewicht Q ist mit einer Dreiecksscheibe (Gewicht G) verbunden. Das System ist bei A frei drehbar gelagert.

Gesucht sind die möglichen Gleichgewichtslagen und deren Stabilität.

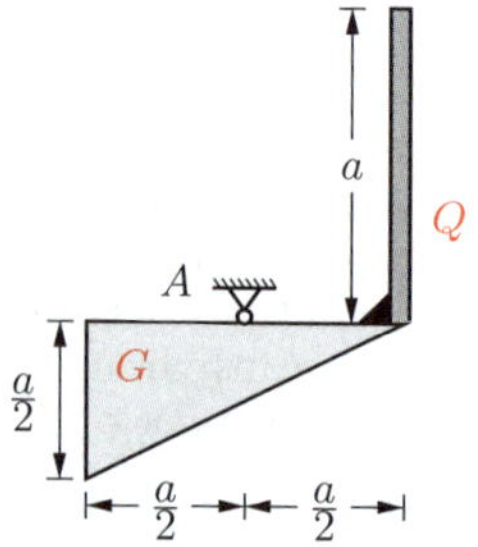

Lösung Wir lenken das System um einen beliebigen Winkel α aus (siehe Skizze).

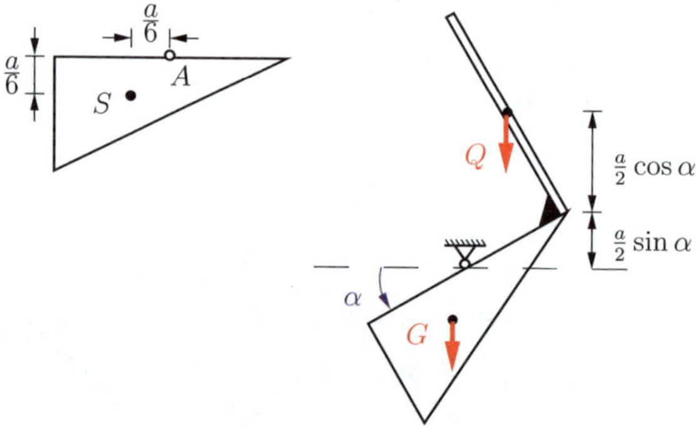

In der dargestellten Lage hat das System unter Beachtung der Lage der Schwerpunkte folgendes Potential gegenüber der unausgelenkten Lage $\alpha = 0$:

$$\Pi = Q\left(\frac{a}{2}\sin\alpha + \frac{a}{2}\cos\alpha\right) + G\left(-\frac{a}{6}\sin\alpha - \frac{a}{6}\cos\alpha\right) .$$

Hieraus folgt die Gleichgewichtsbedingung

$$\begin{aligned}\frac{\mathrm{d}\Pi}{\mathrm{d}\alpha} &= Q\,\frac{a}{2}\,(\cos\alpha - \sin\alpha) - G\,\frac{a}{6}\,(\cos\alpha - \sin\alpha)\\ &= \frac{a}{2}\left(Q - \frac{G}{3}\right)(\cos\alpha - \sin\alpha) = 0 .\end{aligned}$$

Daraus ergeben sich folgende Gleichgewichtslagen:

1) $Q - \dfrac{G}{3} = 0 \quad \leadsto \quad \underline{\underline{Q = \dfrac{G}{3}}}\,,$

2) $\cos\alpha - \sin\alpha = 0 \quad \leadsto \quad \tan\alpha = 1 \quad \leadsto \quad \underline{\underline{\alpha_1 = \dfrac{1}{4}\pi}}\,,$

$\underline{\underline{\alpha_2 = \dfrac{5}{4}\pi}}\,.$

Zur Untersuchung der Stabilität bilden wir die zweite Ableitung (und, sofern nötig, die höheren Ableitungen) von Π.
Im ersten Fall verschwinden die zweite und alle höheren Ableitungen von Π. Daher ist das Gleichgewicht bei diesem speziellen Gewichtsverhältnis indifferent, d.h. Gleichgewicht ist in jeder beliebigen Lage möglich (siehe Beispiele):

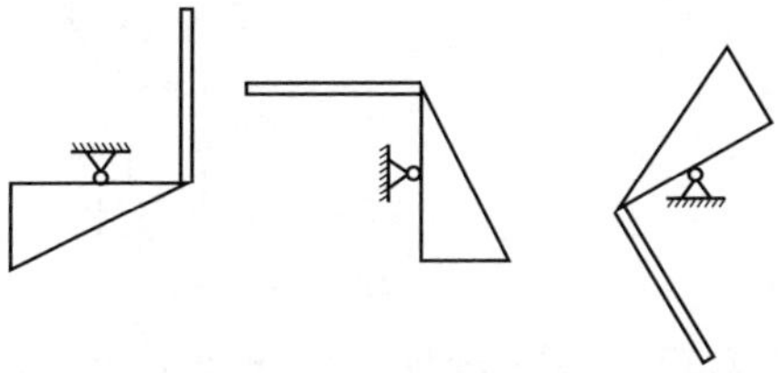

Im zweiten Fall finden wir

$$\Pi'' = \frac{\mathrm{d}^2\Pi}{\mathrm{d}\alpha^2} = -\frac{a}{2}\left(Q - \frac{G}{3}\right)(\sin\alpha + \cos\alpha)\,.$$

Das Vorzeichen dieses Ausdrucks hängt von α und dem Verhältnis der Gewichte ab. Man erhält:

a) $\alpha_1 = \dfrac{\pi}{4}$:

$$Q > \frac{G}{3} \quad \rightsquigarrow \quad \Pi''(\alpha_1) < 0 \quad \rightsquigarrow \quad \text{labil}\,,$$

$$Q < \frac{G}{3} \quad \rightsquigarrow \quad \Pi''(\alpha_1) > 0 \quad \rightsquigarrow \quad \text{stabil}\,,$$

b) $\alpha_1 = \dfrac{5}{4}\pi$:

$$Q > \frac{G}{3} \quad \rightsquigarrow \quad \Pi''(\alpha_1) > 0 \quad \rightsquigarrow \quad \text{stabil}\,,$$

$$Q < \frac{G}{3} \quad \rightsquigarrow \quad \Pi''(\alpha_1) < 0 \quad \rightsquigarrow \quad \text{labil}\,.$$

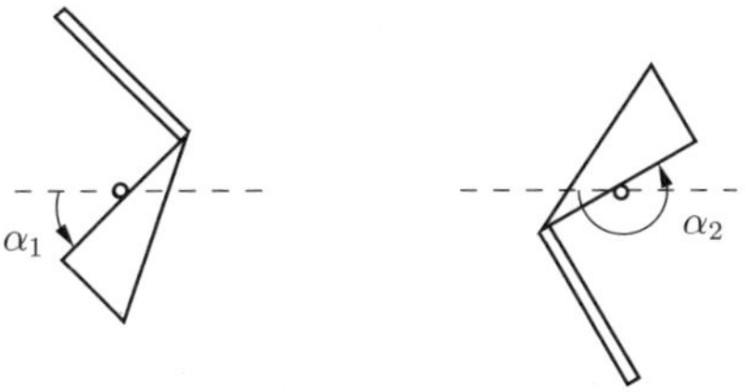

A7.12

Aufgabe 7.12 Für das dargestellte System bestimme man die Gleichgewichtslage $\alpha = \alpha_0$ und diskutiere Grenzfälle.
Die Rollenradien seien vernachlässigbar klein, und das Seil habe die Länge l.

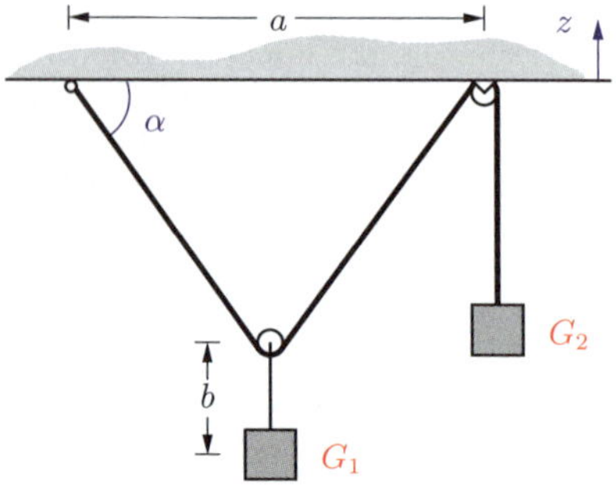

Lösung Gewichtskräfte sind konservative Kräfte und besitzen dementsprechend ein Potential. Mit der Koordinate z (senkrecht nach oben!) folgt aus der Geometrie für die Lage der Gewichte

$$z_1 = -b - \frac{a}{2}\tan\alpha\,,$$

$$z_2 = -\Big(l - 2\,\frac{a}{2}\,\frac{1}{\cos\alpha}\Big) = -\Big(l - \frac{a}{\cos\alpha}\Big)\,.$$

Damit lässt sich das Gesamtpotential des Systems formulieren

$$\Pi = G_1 z_1 + G_2 z_2 = -G_1\Big(b + \frac{a}{2}\tan\alpha\Big) - G_2\Big(l - \frac{a}{\cos\alpha}\Big) = \Pi(\alpha)\,.$$

Die Gleichgewichtslage folgt aus der Bedingung

$$\frac{\mathrm{d}\Pi}{\mathrm{d}\alpha} = 0 \quad \leadsto \quad -G_1\,\frac{a}{2}\,\frac{1}{\cos^2\alpha} + G_2\,\frac{a\sin\alpha}{\cos^2\alpha} = 0$$

zu

$$\underline{\underline{\sin\alpha_0 = \frac{1}{2}\,\frac{G_1}{G_2}}}\,.$$

Grenzfälle:

$G_1 > 2\,G_2$	$\leadsto$	kein Gleichgewicht möglich (wegen $\sin\alpha_0 \leq 1$),
$G_1 = 2G_2$	$\leadsto$	$\alpha_0 = \pi/2$, d.h. bei endlicher Seillänge muss $a = 0$ sein,
$G_1 = 0$	$\leadsto$	$\alpha_0 = 0$.

Anmerkung: Die Seillänge l und der Abstand b haben keinen Einfluss auf die Lösung.

Aufgabe 7.13 Eine drehbar gelagerte Scheibe (Radius r) trägt an zwei Armen (Länge a) zwei Gewichte. Um die Scheibe ist ein Seil gewickelt, an dem eine zusätzliche Last Q hängt. **A7.13**

Gesucht sind die Gleichgewichtslagen und deren Stabilität.

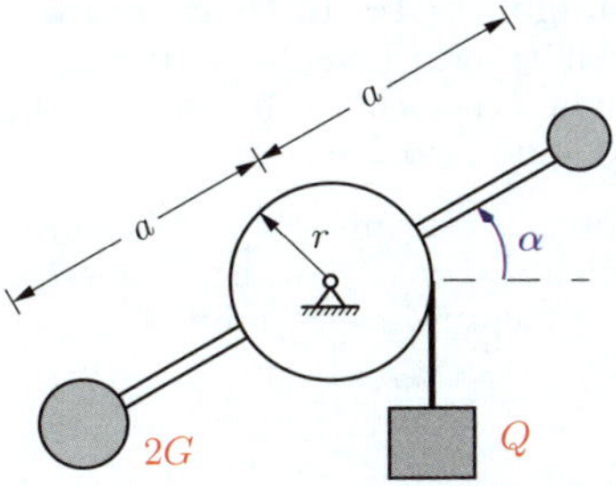

Lösung Da alle eingeprägten Kräfte Gewichtskräfte sind, handelt es sich um ein konservatives System. Wenn wir die abgewickelte Seillänge mit l bezeichnen und das Nullniveau mit $\alpha = 0$ festlegen, dann gilt für das Gesamtpotential bei einer Auslenkung um den Winkel α

$$\Pi = -2\,Ga \sin\alpha + Ga \sin\alpha - Q\,(l - r\alpha)$$

oder

$$\Pi = -Ga \sin\alpha - Q\,(l - r\alpha) = \Pi(\alpha)\,.$$

Die Gleichgewichtslagen folgen aus

$$\frac{\mathrm{d}\Pi}{\mathrm{d}\alpha} = 0\ :\quad -Ga\cos\alpha + Q\,r = 0 \quad \rightsquigarrow \quad \underline{\underline{\cos\alpha = \frac{Q\,r}{Ga}}}\,.$$

Wegen der Mehrdeutigkeit der Kreisfunktionen gibt es zwei Lösungen:

$$\alpha_1 = \arccos\frac{Q\,r}{G\,a}\,, \qquad \alpha_2 = -\alpha_1\,.$$

Das Stabilitätsverhalten wird durch die 2. Ableitung

$$\Pi'' = \frac{\mathrm{d}^2\Pi}{\mathrm{d}\alpha^2} = Ga\ \sin\alpha$$

festgelegt. Man erhält

$$\Pi''(\alpha_1) = Ga\ \sin\alpha_1 > 0\,,$$

$$\Pi''(\alpha_2) = -Ga \sin\alpha_1 < 0\,,$$

d.h. die Lage α_1 ist stabil und die Lage $\alpha_2 = -\alpha_1$ ist instabil.

Anmerkung: Wegen $\cos\alpha \leq 1$, existieren diese Lösungen nur für $Q\,r < G\,a$. Im Grenzfall $Q\,r = G\,a$ wird $\cos\alpha = 1$, d.h. das System ist dann mit waagrechten Armen im Gleichgewicht.

A7.14

Aufgabe 7.14 In einem halbkugelförmigen Glas liegt ein Strohhalm (Gewicht G, Länge $2a$). Die Wände sind ideal glatt.

Man bestimme die Gleichgewichtslage $\alpha = \alpha_0$ und untersuche sie auf ihre Stabilität.

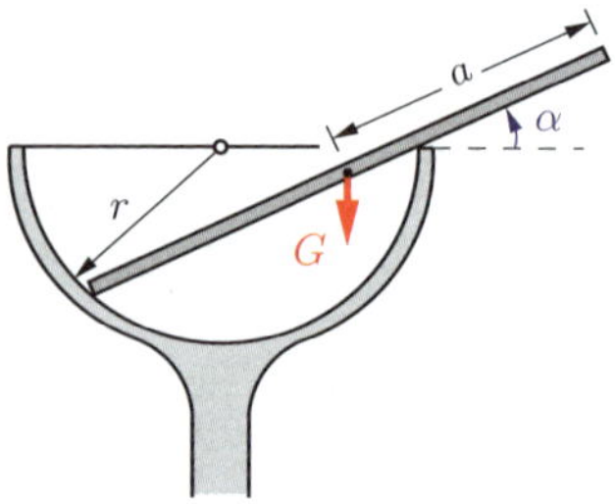

Lösung Wir legen das Nullniveau auf den festen Rand des Glases und führen die Koordinate z (nach unten) ein. Dann beträgt der Schwerpunktsabstand des Strohhalms

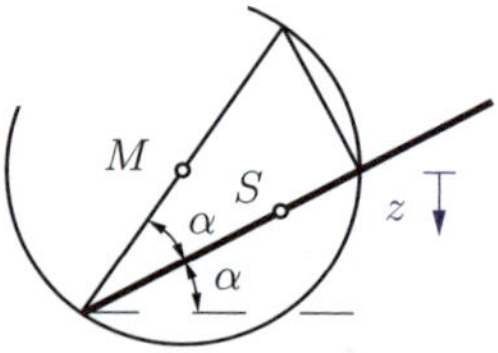

$$z = r\sin 2\alpha - a\sin\alpha\,,$$

und das Potential wird

$$\Pi(z) = -G\,z = -G\,(r\,\sin 2\alpha - a\,\sin\alpha)\,.$$

Die Gleichgewichtsbedingung führt auf

$$\Pi' = \frac{\mathrm{d}\Pi}{\mathrm{d}\alpha} = G\,(-2r\,\cos 2\alpha + a\,\cos\alpha) = 0\,.$$

Mit $\cos 2\alpha = 2\cos^2\alpha - 1$ folgt daraus für die Gleichgewichtslage

$$4\,r\,\cos^2\alpha - a\,\cos\alpha - 2\,r = 0$$

oder

$$\underline{\underline{\cos\alpha_0 = \frac{a + \sqrt{a^2 + 32\,r^2}}{8\,r}}}\,,$$

wobei nur Winkel $\alpha > 0$ sinnvoll sind.
Aus der zweiten Ableitung

$$\Pi'' = G\,(4\,r\sin 2\alpha - a\,\sin\alpha) = G\,(8\,r\,\cos\alpha - a)\,\sin\alpha$$

erhält man nach Einsetzen von α_0

$$\Pi''(\alpha_0) = G\sqrt{a^2 + 32\,r^2}\,\sin\alpha_0\,.$$

Da dieser Ausdruck für $0 < \alpha_0 < \pi/2$ positiv ist, ist das Gleichgewicht stabil.

Aufgabe 7.15 Ein Garagentor CD (Höhe $2r$, Gewicht G) wird durch einen in M drehbar gelagerten Hebel BC gehalten. In B ist eine Feder (Steifigkeit c) befestigt, die bei $\alpha = \pi$ entspannt ist.

A7.15

Gesucht sind die Gleichgewichtslagen und deren Stabilität unter der Vereinfachung $a \ll r$.

Gegeben: $Gr/ca^2 = 3$.

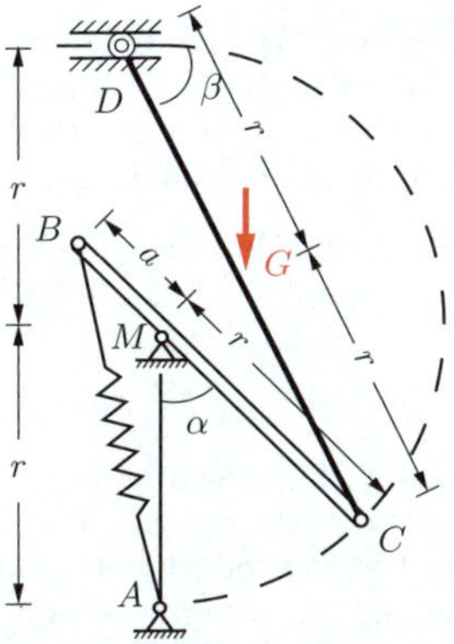

Lösung Die Federverlängerung f folgt nach dem Kosinussatz

$$(r - a + f)^2 = r^2 + a^2 + 2ar\cos\alpha$$

für kleine a (und damit auch kleine f) näherungsweise zu

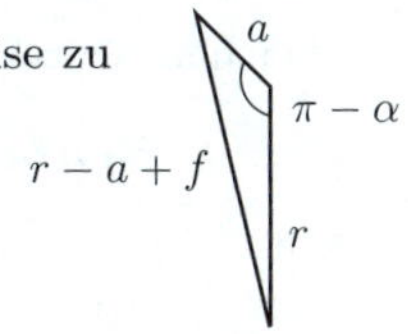

$$f = a\,(1 + \cos\alpha)\,.$$

Damit wird das Potential aus Gewichtskraft (Nullniveau bei M) und Federenergie

$$\Pi = G\,(r\sin\beta - r\cos\alpha) + \frac{1}{2}\,c\,f^2\,.$$

Mit der geometrischen Beziehung $2r\sin\beta - r\cos\alpha = r$ bzw. $\sin\beta = (1 + \cos\alpha)/2$ ergibt sich

$$\Pi = \frac{G\,r}{2}(1 - \cos\alpha) + \frac{1}{2}ca^2(1 + \cos\alpha)^2 = \Pi(\alpha)\,.$$

Gleichgewicht folgt unter Beachtung von $Gr/ca^2 = 3$ aus

$$\Pi' = \frac{G\,r}{2}\sin\alpha - c\,a^2(1 + \cos\alpha)\sin\alpha = c\,a^2\sin\alpha\left(\frac{1}{2} - \cos\alpha\right) = 0\,.$$

Die Lösungen lauten

$$\underline{\underline{\alpha_1 = 0}}\,,\qquad \underline{\underline{\alpha_2 = \pi}}\,,\qquad \underline{\underline{\alpha_3 = \frac{\pi}{3}}}\,.$$

Das Stabilitätsverhalten ergibt sich aus

$$\Pi'' = \frac{G\,r}{2}\cos\alpha - c\,a^2(\cos\alpha + \cos 2\alpha)$$

und liefert für die Gleichgewichtslagen α_1 bis α_3

$$\Pi''(\alpha_1) < 0 \quad \text{labil}\,,\qquad \Pi''(\alpha_2) < 0 \quad \text{labil}\,,\qquad \Pi''(\alpha_3) > 0 \quad \text{stabil}\,.$$

A7.16 **Aufgabe 7.16** Eine Vollwalze (Radius a) ist in der Mitte drehbar gelagert und hat zwei Kreisbohrungen (Radien r_1 und r_2) im Abstand b vom Lager.

Man ermittle die Gleichgewichtslagen und deren Stabilität für $r_1 = \sqrt{2}\, r_2$.

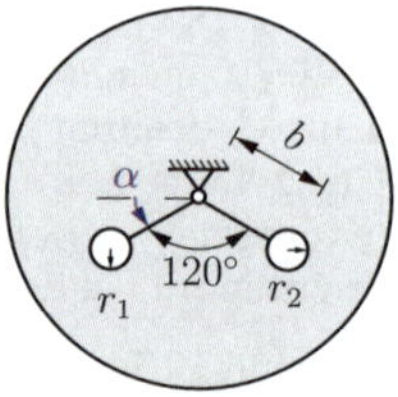

Lösung Da die ungebohrte Vollwalze in jeder Lage im Gleichgewicht ist, brauchen wir nur den Einfluss der Bohrungen zu berücksichtigen. Wir betrachten sie als „negative" Gewichte, die zur Vollwalze hinzu „addiert" werden müssen. Wenn wir als Nullniveau das feste Lager wählen, dann gilt für das Potential

$$\Pi = G_1 b \sin\alpha + G_2 \sin(180^o - 120^o - \alpha) = \Pi(\alpha)\,.$$

Gleichgewichtslagen erhält man aus der Bedingung

$$\Pi' = G_1 b \cos\alpha - G_2 b \cos(60^o - \alpha) = 0\,.$$

Mit

$$G_1 = \pi r_1^2 \rho g = 2\pi r_2^2 \rho g\,, \qquad G_2 = \pi r_2^2 \rho g$$

folgt

$$\Pi' = \pi r_2^2 \rho g [2\cos\alpha - \cos(60^o - \alpha)] = 0$$

oder

$$2\cos\alpha - \frac{1}{2}\cos\alpha - \frac{\sqrt{3}}{2}\sin\alpha = 0 \quad \rightsquigarrow \quad \tan\alpha = \sqrt{3}$$

$$\rightsquigarrow \quad \underline{\underline{\alpha_1 = 60^o}}\,, \qquad \underline{\underline{\alpha_2 = 240^o}}\,.$$

Die Stabilitätsaussage ergibt sich aus

$$\Pi'' = -G_1 b \sin\alpha - G_2 b \sin(60^o - \alpha)$$

zu

$$\underline{\underline{\Pi''(\alpha_1)}} = -G_1 b\,\frac{\sqrt{3}}{2} < 0 \quad \rightsquigarrow \quad \underline{\underline{\text{labil}}}\,,$$

$$\underline{\underline{\Pi''(\alpha_2)}} = +G_1 b\,\frac{\sqrt{3}}{2} > 0 \quad \rightsquigarrow \quad \underline{\underline{\text{stabil}}}\,.$$

Anmerkung: Die Aussage über die Stabilität ist anschaulich verständlich, da bei α_1 der Gesamtschwerpunkt der gelochten Walze *über* dem Lager, bei α_2 *unter* dem Lager liegt.

Aufgabe 7.17 Ein Stab vom Gewicht G lehnt gegen eine vertikale glatte Wand. Das untere Ende steht auf glattem Boden und wird durch ein Seil (Länge L) gehalten, an dem die Last Q hängt. **A7.17**

Wie groß muss Q bei gegebenem Winkel α sein, damit das System in Ruhe bleibt? Ist das Gleichgewicht stabil?

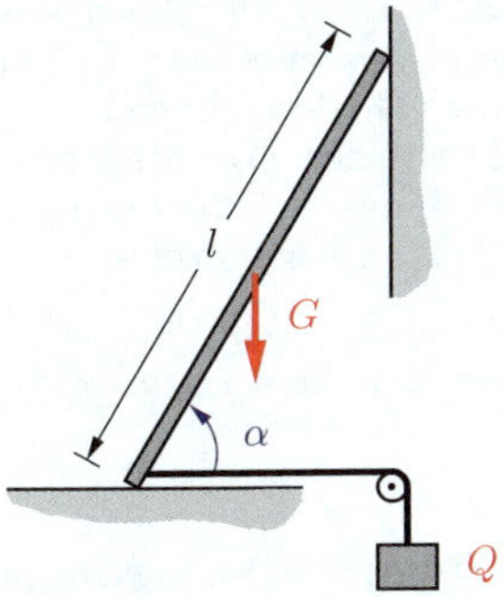

Lösung Gegenüber dem Boden hat das System ein Potential

$$\Pi = G\,\frac{l}{2}\sin\alpha - Q\,(L - l\cos\alpha)\,.$$

Die Gleichgewichtsbedingung

$$\frac{\mathrm{d}\Pi}{\mathrm{d}\alpha} = G\,\frac{l}{2}\cos\alpha - Ql\,\sin\alpha = 0$$

liefert die erforderliche Last Q:

$$\underline{\underline{Q = G\,\frac{\cot\alpha}{2}}}\,.$$

Aus der 2. Ableitung

$$\frac{\mathrm{d}^2\Pi}{\mathrm{d}\alpha^2} = -G\,\frac{l}{2}\sin\alpha - Q\,l\,\cos\alpha$$

folgt durch Einsetzen

$$\frac{\mathrm{d}^2\Pi}{\mathrm{d}\alpha^2} = -G\,\frac{l}{2}\sin\alpha - G\,\frac{l}{2}\cot\alpha\cos\alpha = -\frac{G\,l}{2\sin\alpha}\,.$$

Dementsprechend ist für

$$0 \le \alpha \le \frac{\pi}{2}$$

das Gleichgewicht stets labil.

Anmerkung: Die Seillänge L geht in die Ergebnisse zur Gleichgewichtslage und zur Stabilität nicht ein!

A7.18 **Aufgabe 7.18** Ein System aus starren, gewichtslosen Balken, einer Feder (Federsteifigkeit c) und einer Drehfeder (Drehfedersteifigkeit c_T) befindet sich in der skizzierten Lage im Gleichgewicht.

Gesucht ist die kritische Last F_{krit}, bei der diese Lage instabil wird.

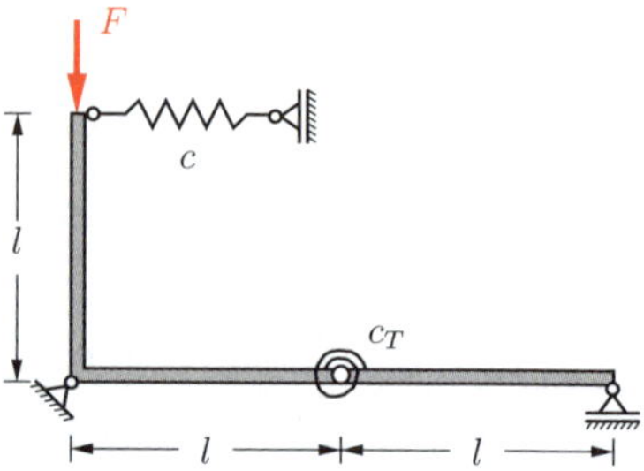

Lösung Das Gesamtpotential in der um den Winkel φ ausgelenkten Lage setzt sich aus dem Potentialen Π_F der Kraft, Π_c der Feder und Π_{c_T} der Drehfeder zusammen:

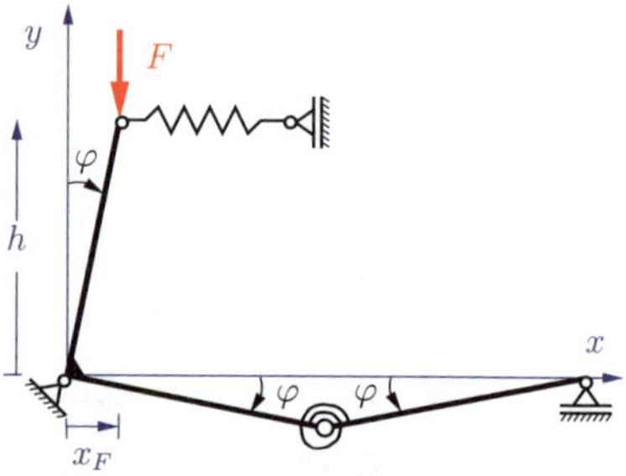

$$\begin{aligned}\Pi &= \Pi_F + \Pi_c + \Pi_{c_T}\\ &= F\,h + \frac{1}{2}\,c\,x_F^2 + \frac{1}{2}\,c_T\,(2\varphi)^2\\ &= F\,l\,\cos\varphi + \frac{1}{2}\,c\,(l\,\sin\varphi)^2\\ &\quad + \frac{1}{2}c_T\,(2\,\varphi)^2 = F\,l\,\cos\varphi + \frac{1}{2}\,c\,l^2\sin^2\varphi + 2\,c_T\,\varphi^2\,.\end{aligned}$$

Die Gleichgewichtslagen folgen aus

$$\frac{\mathrm{d}\Pi}{\mathrm{d}\varphi} = -F\,l\,\sin\varphi + c\,l^2\,\sin\varphi\,\cos\varphi + 4\,c_T\,\varphi = 0\,.$$

Neben der Gleichgewichtslage $\varphi = 0$ existieren weitere Gleichgewichtslagen, die man bei Bedarf aus der transzendeten Gleichung numerisch ermitteln kann.

Aus der 2. Ableitung des Potentials

$$\frac{\mathrm{d}^2\Pi}{\mathrm{d}\varphi^2} = -F\,l\,\cos\varphi + c\,l^2\,\cos 2\varphi + 4\,c_T$$

folgt für die hier zu untersuchende Lage $\varphi = 0$

$$\left.\frac{\mathrm{d}^2\Pi}{\mathrm{d}\varphi^2}\right|_{\varphi=0} = -F\,l + c\,l^2 + 4\,c_T\,.$$

Die Lage wird instabil, wenn die zweite Ableitung negativ ist. Die kritische Last folgt damit aus $\Pi'' = 0$ zu

$$\underline{\underline{F_{\text{krit}} = c\,l + 4\,\frac{c_T}{l}\,.}}$$

Aufgabe 7.19 An zwei Seiltrommeln (Radius r) hängt eine homogene Dreiecksscheibe vom Gewicht G. Die Trommeln sind über Zahnräder (Radius R) miteinander verbunden. In A und B ist eine Feder (Steifigkeit c) befestigt, die für $\alpha = 0$ entspannt sei.

A7.19

Für welche Winkel α herrscht bei $G\,r/c\,R^2 = 1$ Gleichgewicht? Ab welchem Verhältnis $G\,r/c\,R^2$ ist kein Gleichgewicht möglich?

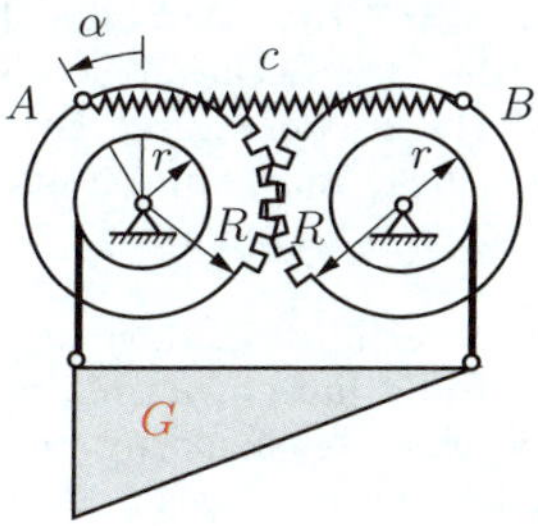

Lösung Bei einer Auslenkung um α erfährt die Feder eine Verlängerung $x_F = 2R\sin\alpha$. Das Dreieck wird dabei um die Strecke $x_G = r\alpha$ nach unten verschoben. Damit lautet das Potential des Systems

$$\Pi = \frac{1}{2}\,c\,x_F^2 - G\,x_G = \frac{1}{2}\,c\,(2R)^2\sin^2\alpha - G\,r\,\alpha\,.$$

Die Gleichgewichtsbedingung

$$\frac{\mathrm{d}\Pi}{\mathrm{d}\alpha} = \frac{1}{2}\,c\,(2R)^2\,2\sin\alpha\,\cos\alpha - G\,r = 0$$

liefert

$$\sin 2\alpha = \frac{G\,r}{2\,c\,R^2}\,.$$

Mit dem gegebenen Zahlenwert erhält man die Gleichgewichtslagen

$$\sin 2\alpha = \frac{1}{2} \quad \leadsto \quad \underline{\underline{\alpha_1 = 15^\circ}}\,, \quad \underline{\underline{\alpha_2 = 75^\circ}}\,, \quad \underline{\underline{\alpha_3 = 195^\circ}}\,, \quad \underline{\underline{\alpha_4 = 255^\circ}}\,.$$

Aus der 2. Ableitung

$$\Pi'' = \frac{\mathrm{d}^2\Pi}{\mathrm{d}\alpha^2} = 4\,c\,R^2\cos 2\alpha$$

folgt für die Stabilität der Gleichgewichtslagen

$$\Pi''(\alpha_1) > 0 \quad \text{stabil}\,, \qquad \Pi''(\alpha_2) < 0 \quad \text{instabil}\,,$$

$$\Pi''(\alpha_3) > 0 \quad \text{stabil}\,, \qquad \Pi''(\alpha_4) < 0 \quad \text{instabil}\,.$$

Gleichgewicht ist wegen $\sin 2\alpha \leq 1$ nur möglich, solange $G\,r/c\,R^2 \leq 2$ ist.

A7.20 **Aufgabe 7.20** Auf einer Halbkreisscheibe der Dicke t aus Kupfer ist ein gleichschenkliges Dreieck gleicher Dicke aus Aluminium befestigt (Dichten ρ_{Cu}, ρ_{Al}).

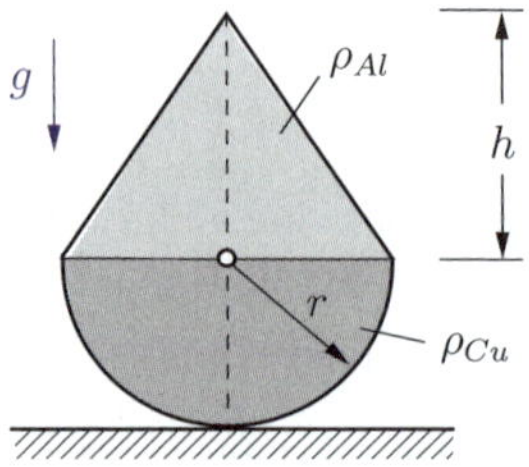

Welche Höhe h darf das Dreieck höchstens haben, damit der Körper nach einer Auslenkung um $|\varphi| \leq 90°$ wieder in seine Ausgangslage zurückkehrt?

Lösung Wir führen den Abstand a des Gesamtschwerpunktes S vom Halbkreismittelpunkt ein. Damit lautet die potentielle Energie der Scheibe für eine beliebige Lage $(-90° \leq \varphi \leq 90°)$

$$\Pi = -(G_{Cu} + G_{Al})\, a\, (1 - \cos\varphi)\,,$$

mit dem Eigengewicht des Halbkreisscheibe

$$G_{Cu} = g\, m_{Cu}\,, \quad m_{Cu} = \rho_{Cu}\, t \frac{r^2\pi}{2}$$

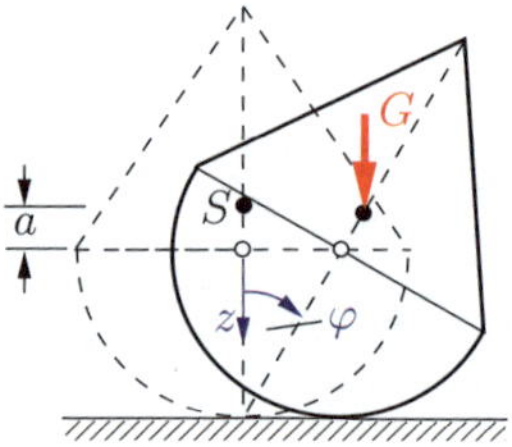

und dem Eigengewicht der Dreiecksscheibe:

$$G_{Al} = g\, m_{Al}\,, \quad m_{Al} = \rho_{Al} g\, t\, r\, h\,.$$

Die Gleichgewichtslagen ergeben sich aus

$$\frac{d\Pi}{d\varphi} = 0 \quad \leadsto \quad -(G_{Cu} + G_{Al})\, a\, \sin\varphi = 0\,.$$

Offensichtlich liefert nur $\varphi^* = 0$ eine Gleichgewichtslage. Diese Gleichgewichtslage ist stabil für

$$\left.\frac{d^2\Pi}{d\varphi^2}\right|_{\varphi^*} > 0 \quad \leadsto \quad -(G_{Cu} + G_{Al})\, a > 0\,.$$

Diese Bedingung ist erfüllt für $a < 0$, d.h. der Gesamtschwerpunkt muss unterhalb des Halbkreismittelpunktes liegen:

$$z_S = \frac{m_{Cu}\, z_{Cu} + m_{Al}\, z_{AL}}{m_{Cu} + m_{Al}} > 0 \quad \leadsto \quad m_{Cu}\, z_{Cu} > -m_{Al}\, z_{AL}\,.$$

Mit den Schwerpunkten der Teilkörper $z_{Cu} = \frac{4}{3\pi} r$ und $z_{Al} = -\frac{h}{3}$ folgt

$$\rho_{Cu}\, t \frac{r^2\pi}{2} \frac{4}{3\pi} r > \rho_{Al}\, t\, r\, h \frac{h}{3} \quad \leadsto \quad \underline{\underline{h < r\sqrt{2\frac{\rho_{Cu}}{\rho_{Al}}}}}\,.$$

Kapitel 8

Haftung und Reibung

8

Haftung (Haftreibung)

Aufgrund der Oberflächenrauigkeit bleibt ein Körper im Gleichgewicht, solange die Haftkraft H kleiner ist als der Grenzwert H_0. Der Wert H_0 ist proportional zur Normalkraft N:

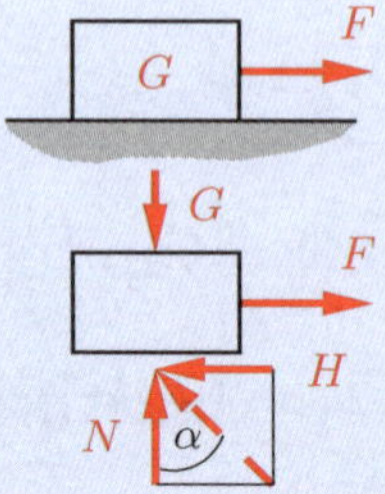

$$|H| < H_0\,, \qquad H_0 = \mu_0 N$$

μ_0 = Haftungskoeffizient.

Die Haftungskraft ist eine *Reaktionskraft*; sie kann bei statisch bestimmten Systemen aus den Gleichgewichtsbedingungen bestimmt werden.

Haftungswinkel: Für die Richtung der Resultierenden aus N und H_0 (Grenzhaftkraft) gilt

$$\tan\rho_0 = \mu_0 = \frac{H_0}{N}\,, \qquad \rho_0 = \text{Haftungswinkel}\,.$$

Reibung (Gleitreibung)

Auf den bewegten Körper wirkt infolge der Oberflächenrauigkeit die Reibkraft R. Die Reibkraft ist eine *eingeprägte Kraft* und proportional zur Normalkraft N (COULOMBsches Reibungsgesetz):

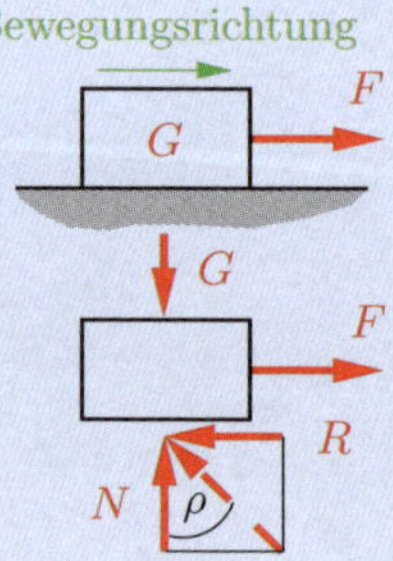

$$R = \mu\, N$$

μ = Reibungskoeffizient.

Reibungswinkel: Für die Richtung der Resultierenden aus N und R gilt:

$$\tan\rho = \mu = \frac{R}{N}\,, \qquad \rho = \text{Reibungswinkel}\,.$$

D. Gross et al., *Formeln und Aufgaben zur Technischen Mechanik 1*,
https://doi.org/10.1007/978-3-662-61864-6_8

Problemtypen:

1. Haftung: $H < \mu_0 N$
2. Haftgrenzfall: $H = \mu_0 N$
3. Reibung: $R = \mu N$

Anmerkungen:

- Die Reibkraft (Haftkraft) wirkt in der Berührungsebene der Körper.
- Die Richtung der Reibkraft (Haftkraft) ist entgegengesetzt zur Richtung der Relativbewegung (die entstände, wenn diese nicht durch Haftung verhindert würde).
- Die Größe der Reibkraft (Haftkraft) ist unabhängig von der Berührungsfläche.
- Bei Haftung liegt die Resultierende aus N und H innerhalb des *Haftungskegels* mit dem Öffnungswinkel ρ_0 $(\alpha < \rho_0)$.
- Der Haftungskoeffizient ist in der Regel größer als der Reibungskoeffizient.
- Haftungs-und Reibungskoeffizienten (ungefähr) für trockene Materialien:

Material	μ_0	μ
Stahl auf Stahl	0,15 - 0,5	0,1 - 0,4
Stahl auf Teflon	0,04	0,04
Holz auf Holz	0,5	0,3
Leder auf Metall	0,4	0,3
Autoreifen auf Straße	0,7 - 0,9	0,5 - 0,8

Seilhaftung und Seilreibung:

Haftung: $S_1 \leq S_2 e^{\mu_0 \phi}$

Reibung: $S_1 = S_2 e^{\mu \phi}$

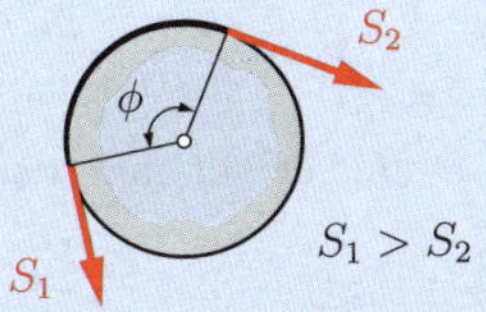

Anmerkungen:
Diese Beziehungen gelten auch für nicht-kreisförmige Scheiben, dann bezeichnet ϕ den Umlenkwinkel.

A8.1 **Aufgabe 8.1** Ein Körper vom Gewicht G befindet sich auf einer rauen schiefen Ebene.

In welchen Grenzen muss die angreifende Kraft F liegen, damit der Körper in Ruhe bleibt?

Lösung Aus den Gleichgewichtsbedingungen

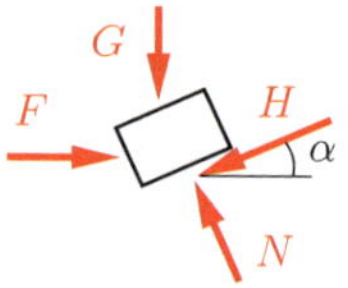

$$\nearrow: \quad F\cos\alpha - G\sin\alpha - H = 0\,,$$

$$\nwarrow: \quad -F\sin\alpha - G\cos\alpha + N = 0$$

folgen

$$H = F\cos\alpha - G\sin\alpha\,, \qquad N = F\sin\alpha + G\cos\alpha\,.$$

Eine *Aufwärtsbewegung* wird verhindert, wenn

$$H < \mu_0 N$$

ist. Einsetzen liefert

$$F < G\,\frac{\sin\alpha + \mu_0\cos\alpha}{\cos\alpha - \mu_0\sin\alpha}$$

oder mit $\mu_0 = \tan\rho_0$ und den Additionstheoremen

$$F < G\tan(\alpha + \rho_0)\,.$$

Bei verhinderter *Abwärtsbewegung* kehrt sich die Richtung von H um. In diesem Fall lautet die Haftbedingung

$$-H < \mu_0 N\,.$$

Hieraus ergibt sich

$$F > G\,\frac{\sin\alpha - \mu_0\cos\alpha}{\cos\alpha + \mu_0\sin\alpha} \quad \rightsquigarrow \quad F > G\tan(\alpha - \rho_0)\,.$$

Damit erhält man das Ergebnis

$$\underline{\underline{\tan(\alpha - \rho_0) < \frac{F}{G} < \tan(\alpha + \rho_0)}}\,.$$

Anmerkung: Die beiden Haftbedingungen lassen sich zu $|H| < \mu_0 N$ zusammenfassen.

A8.2

Aufgabe 8.2 Die Walze vom Gewicht G soll auf der unter dem Winkel α geneigten Ebene ruhen.

Wie groß müssen die Kraft F und der Haftungskoeffizient μ_0 sein?

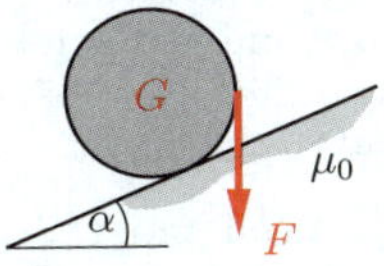

Lösung Aus den Gleichgewichtsbedingungen

$$\nwarrow: \quad N - (G + F)\cos\alpha = 0\,,$$

$$\nearrow: \quad H - (G + F)\sin\alpha = 0\,,$$

$$\overset{\curvearrowright}{A}: \quad Fr - Hr = 0$$

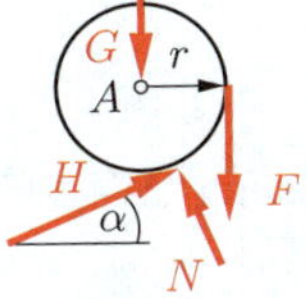

und der Haftbedingung

$$H < \mu_0 N$$

ergeben sich

$$\underline{\underline{F = G\,\frac{\sin\alpha}{1-\sin\alpha}}}\,, \qquad \underline{\underline{\mu_0 > \tan\alpha}}\,.$$

A8.3

Aufgabe 8.3 Wie groß muss die Kraft F sein sein, damit die Walze vom Gewicht G in Bewegung gesetzt wird? Der Haftungskoeffizient μ_0 sei an beiden Berührungspunkten gleich.

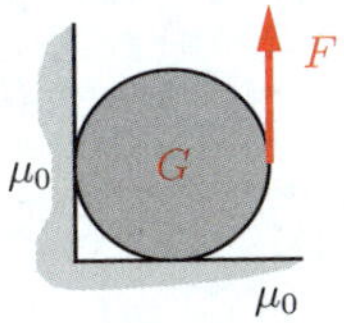

Lösung Die Gleichgewichtsbedingungen

$$\rightarrow: \quad N_2 - H_1 = 0\,,$$

$$\uparrow: \quad N_1 + H_2 + F - G = 0\,,$$

$$\overset{\curvearrowright}{A}: \quad H_1 r + H_2 r - Fr = 0$$

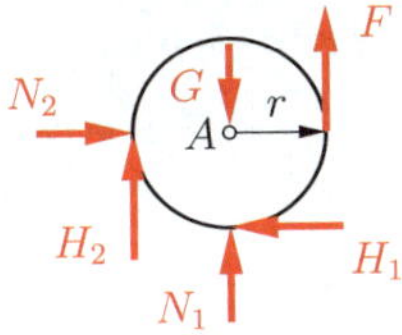

und die Haftgrenzbedingungen

$$H_1 = \mu_0 N_1\,, \qquad H_2 = \mu_0 N_2$$

liefern

$$\underline{\underline{F = G\,\frac{\mu_0(1+\mu_0)}{1+\mu_0+2\mu_0^2}}}\,.$$

Beachte: - Das System ist statisch unbestimmt,
- Im Haftgrenzfall müssen die Kräfte H_1, H_2 entgegen der einsetzenden Bewegung eingezeichnet werden.

A8.4

Aufgabe 8.4 Ein Spannexzenter mit den Abmessungen l und r wird in der Lage mit der Neigung α durch die Kraft F belastet.

Wie groß muss bei gegebener Haftungszahl μ_0 die Exzentrizität e sein, damit im Berührungspunkt B die Anpresskraft N erreicht wird?

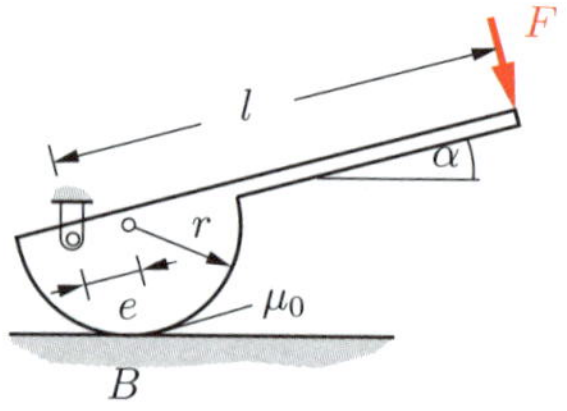

Lösung Wir skizzieren das Freikörperbild:

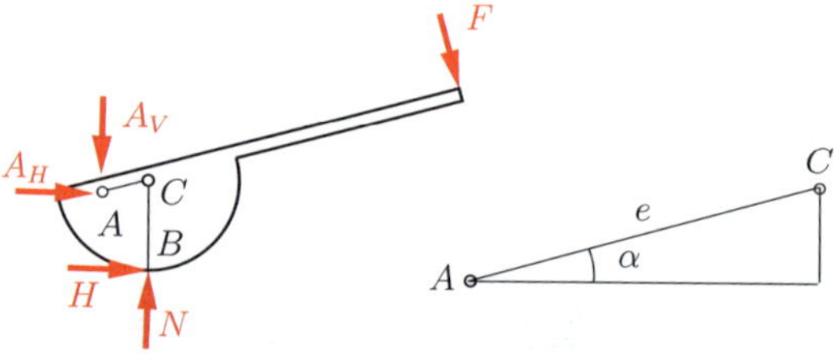

Aus den Gleichgewichtsbedingungen

$$\rightarrow: \quad A_H + H + F\sin\alpha = 0\,,$$

$$\uparrow: \quad -A_V + N - F\cos\alpha = 0\,,$$

$$\overset{\curvearrowright}{C}: \quad F(l-e) - A_H e\sin\alpha - A_V e\cos\alpha - Hr = 0$$

ergibt sich durch Elimination von A_H und A_V

$$H = \frac{F\,l - N\,e\,\cos\alpha}{r - e\,\sin\alpha}\,.$$

Durch Einsetzen in die Haftbedingung

$$|H| < \mu_0 N$$

folgt

$$F\,l - N\,e\,\cos\alpha < \mu_0 N(r - e\,\sin\alpha)\,.$$

Auflösen nach e liefert

$$\underline{\underline{e > \frac{l\,\dfrac{F}{N} - \mu_0\,r}{\cos\alpha - \mu_0\sin\alpha}}}\,.$$

Aufgabe 8.5 Ein Keil vom Gewicht und dem Öffnungswinkel α ruht auf einer horizontalen Ebene. Auf dem Keil befindet sich eine kreiszylindrische Walze vom Gewicht G_2, die durch das Seil S gehalten wird. **A8.5**

Wie groß müssen die Haftungskoeffizienten μ_{01} (zwischen Keil und Ebene) und μ_{02} (zwischen Walze und Keil) sein, damit an keiner Stelle Rutschen eintritt?

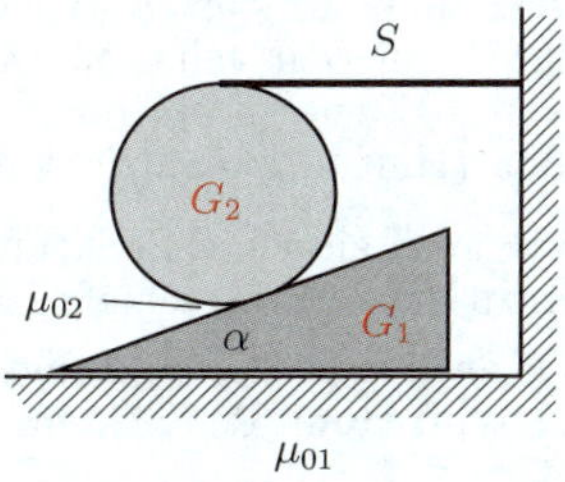

Lösung Aus den Gleichgewichtsbedingungen für die Walze

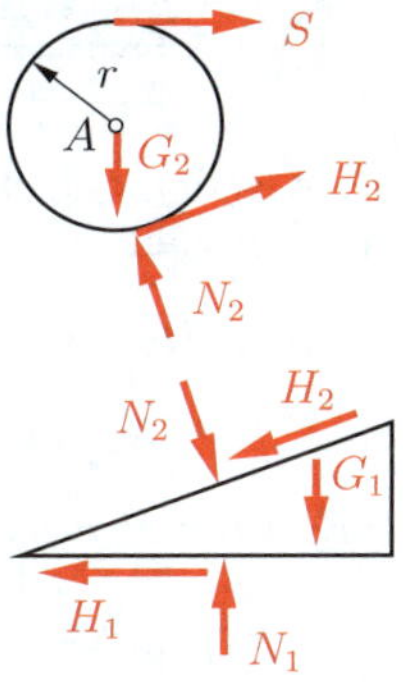

$$\rightarrow: \quad S + H_2 \cos\alpha - N_2 \sin\alpha = 0\,,$$

$$\uparrow: \quad -G_2 + H_2 \sin\alpha + N_2 \cos\alpha = 0\,,$$

$$\overset{\curvearrowright}{A}: \quad S\,r - H_2\,r = 0$$

und den Keil

$$\uparrow: \quad -G_1 + N_1 - H_2 \sin\alpha - N_2 \cos\alpha = 0\,,$$

$$\rightarrow: \quad -H_1 - H_2 \cos\alpha + N_2 \sin\alpha = 0$$

folgen die Kräfte an den Berührstellen

$$N_2 = G_2\,, \qquad H_2 = G_2 \frac{\sin\alpha}{1+\cos\alpha}\,,$$

$$N_1 = G_1 + G_2\,, \qquad H_1 = G_2 \frac{\sin\alpha}{1+\cos\alpha}\,.$$

Einsetzen in die Haftbedingungen

$$H_1 < \mu_{01} N_1\,, \qquad H_2 < \mu_{02} N_2$$

liefert die erforderlichen Haftungskoeffizienten:

$$\underline{\underline{\mu_{01} > \frac{G_2 \sin\alpha}{(G_1+G_2)(1+\cos\alpha)}}}\,, \qquad \underline{\underline{\mu_{02} > \frac{\sin\alpha}{1+\cos\alpha}}}\,.$$

A8.6

Aufgabe 8.6 Eine Kiste vom Gewicht G_2 wird auf einer *glatten* schiefen Ebene durch ein Seil gehalten. Zwischen Kiste und Ebene ist ein *rauer* Keil geschoben (Haftungskoeffizient μ_0).

a) Wie groß sind die Seilkraft S und die Kraft N_1 auf die schiefe Ebene?

b) Wie groß muss der Haftungskoeffizient μ_0 sein, damit das System in Ruhe bleibt?

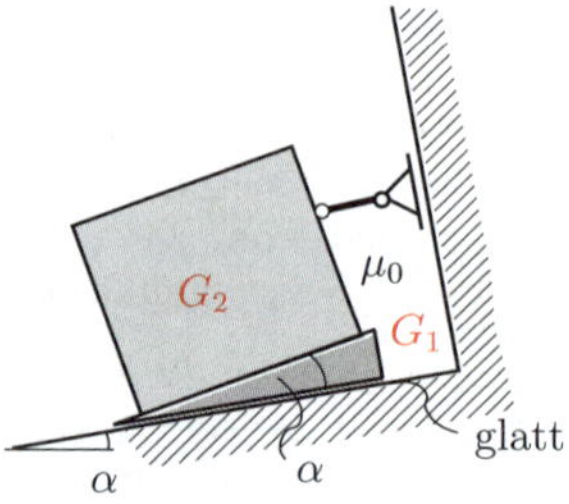

Lösung a) Die Gleichgewichtsbedingungen für das Gesamtsystem liefern

$$\nearrow: \quad \underline{\underline{S = (G_1 + G_2)\sin\alpha}}\,,$$

$$\nwarrow: \quad \underline{\underline{N_1 = (G_1 + G_2)\cos\alpha}}\,.$$

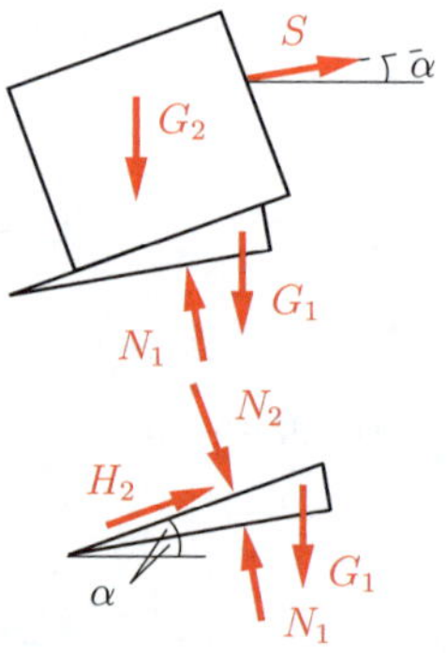

b) Aus den Gleichgewichtsbedingungen für den Keil

$$\nearrow: \quad H_2 - G_1\sin 2\alpha + N_1\sin\alpha = 0\,,$$

$$\nwarrow: \quad -N_2 - G_1\cos 2\alpha + N_1\cos\alpha = 0$$

folgt durch Einsetzen von N_1:

$$H_2 = G_1\sin 2\alpha - (G_1 + G_2)\sin\alpha\cos\alpha = \frac{1}{2}(G_1 - G_2)\sin 2\alpha\,,$$

$$N_2 = (G_1 + G_2)\cos^2\alpha - G_1\cos 2\alpha = \frac{1}{2}(G_1 + G_2) - \frac{1}{2}(G_1 - G_2)\cos 2\alpha.$$

Aus der Haftbedingung

$$|H_2| < \mu_0 N_2$$

ergibt sich damit der erforderliche Haftungskoeffizient

$$\underline{\underline{\mu_0 > \frac{|G_1 - G_2|\sin 2\alpha}{G_1 + G_2 - (G_1 - G_2)\cos 2\alpha}}}\,.$$

Anmerkung: Je nach Werten von G_1, G_2 und α rutscht bei Verletzung dieser Bedingung der Keil nach unten oder nach oben.

Aufgabe 8.7 Eine Klemmvorrichtung besteht aus zwei festen, unter dem Winkel α geneigten Klemmbacken, zwei losen Klemmrollen vom Gewicht G_1 und dem Klemmgut. Alle Oberflächen seien rau und haben den Haftungskoeffizient μ_0. **A8.7**

Wie groß darf das Gewicht G_2 des Klemmgutes sein, damit kein Rutschen eintritt?

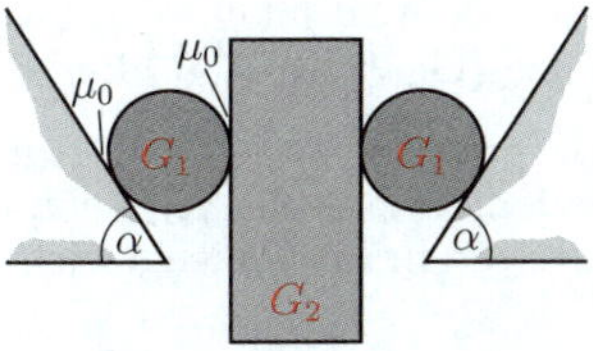

Lösung Die Gleichgewichtsbedingungen für das Klemmgut

$$\uparrow: \quad 2H_2 - G_2 = 0$$

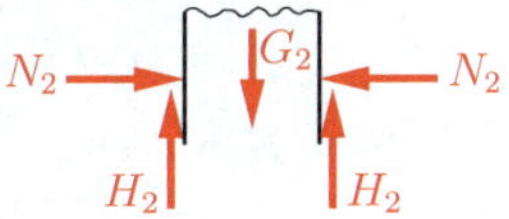

und für eine Klemmrolle

$$\uparrow: \quad N_1 \cos\alpha - H_2 - H_1 \sin\alpha - G_1 = 0\,,$$

$$\rightarrow: \quad N_1 \sin\alpha + H_1 \cos\alpha - N_2 = 0\,,$$

$$\overset{\curvearrowright}{A}: \quad H_2 r - H_1 r = 0$$

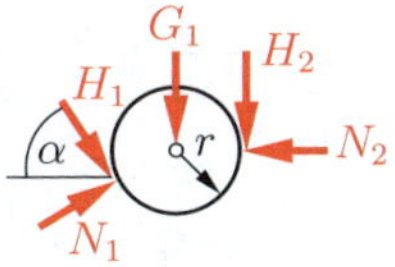

liefern

$$H_1 = H_2 = \frac{G_2}{2}\,,$$

$$N_1 = \frac{G_2(1+\sin\alpha) + 2G_1}{2\cos\alpha}\,,$$

$$N_2 = \frac{G_2(1+\sin\alpha) + 2G_1 \sin\alpha}{2\cos\alpha}\,.$$

Einsetzen in die Haftbedingungen

$$H_1 < \mu_0 N_1\,, \qquad H_2 < \mu_0 N_2$$

ergibt

$$G_2 < \frac{2\mu_0}{\cos\alpha - \mu_0(1+\sin\alpha)}\, G_1\,, \qquad G_2 < \frac{2\mu_0 \sin\alpha}{\cos\alpha - \mu_0(1+\sin\alpha)}\, G_1\,.$$

Wegen $\sin\alpha \leq 1$ folgt daraus

$$\underline{\underline{G_2 < \frac{2\mu_0 \sin\alpha}{\cos\alpha - \mu_0(1+\sin\alpha)}\, G_1\,.}}$$

Anmerkung: Für $\mu_0 = \cos\alpha/(1+\sin\alpha)$ geht die rechte Seite gegen Unendlich. Überschreitet μ_0 diesen Wert, so liegt *Selbsthemmung* vor.

A8.8 **Aufgabe 8.8** Eine in A gelagerte Stange (Länge l, Gewicht Q) lehnt unter dem Winkel α gegen eine Walze (Gewicht G, Radius r).

Wie groß müssen die Haftungskoeffizienten μ_{01} und μ_{02} sein, damit das System im Gleichgewicht ist?

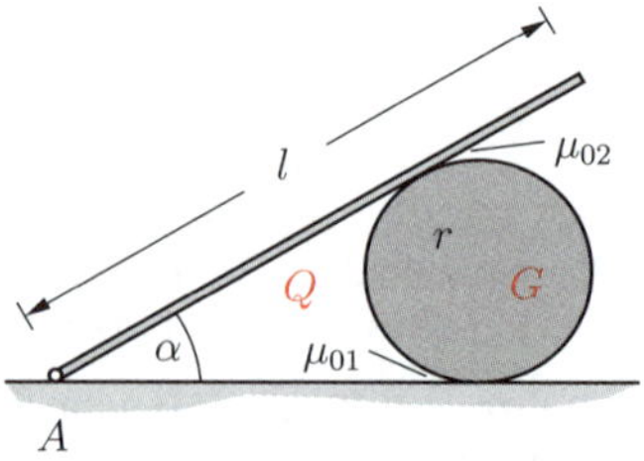

Lösung Die Gleichgewichtsbedingungen für die Walze

$$\rightarrow: \quad -H_1 + N_2 \sin\alpha - H_2 \cos\alpha = 0\,,$$

$$\uparrow: \quad N_1 - G - N_2 \cos\alpha - H_2 \sin\alpha = 0\,,$$

$$\overset{\curvearrowright}{B}: \quad H_1 r - H_2 r = 0$$

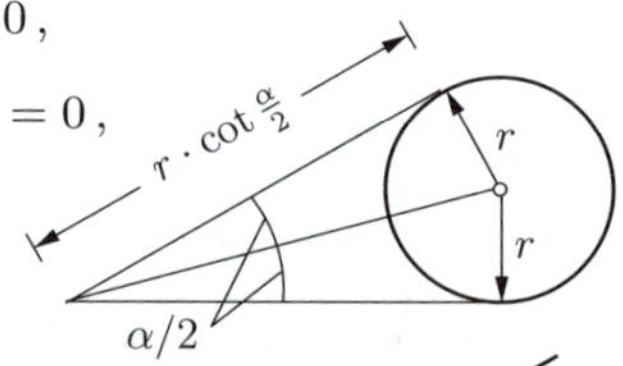

und für den Stab

$$\overset{\curvearrowright}{A}: \quad Q\,\frac{l}{2}\cos\alpha - N_2\, r\cot\frac{\alpha}{2} = 0$$

liefern

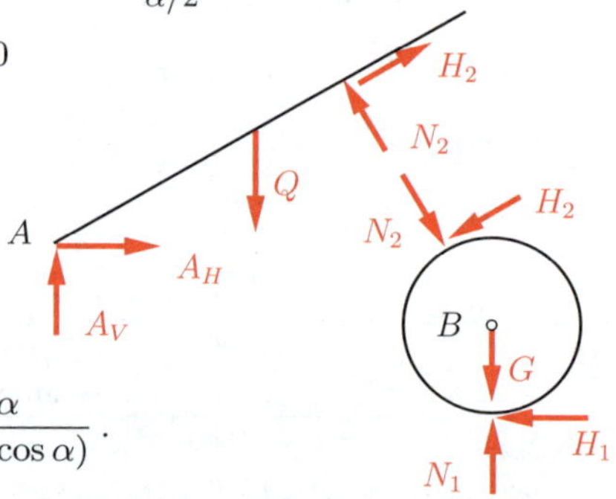

$$N_1 = G + Q\,\frac{l}{2r}\,\frac{\cos\alpha}{\cot(\alpha/2)}\,,$$

$$N_2 = Q\,\frac{l}{2r}\,\frac{\cos\alpha}{\cot(\alpha/2)}\,,$$

$$H_1 = H_2 = Q\,\frac{l}{2r}\,\frac{\sin\alpha\cdot\cos\alpha}{\cot(\alpha/2)\,(1+\cos\alpha)}\,.$$

Einsetzen in die Haftbedingungen

$$H_1 < \mu_{01} N_1\,, \qquad H_2 < \mu_{02} N_2$$

ergibt mit

$$\cot\frac{\alpha}{2} = \frac{1+\cos\alpha}{\sin\alpha}$$

die Ergebnisse

$$\underline{\underline{\mu_{01} > \frac{1}{\dfrac{G}{Q}\,\dfrac{2r}{l}\,\dfrac{\cot^2(\alpha/2)}{\cos\alpha} + \cot(\alpha/2)}}}\,, \qquad \underline{\underline{\mu_{02} > \tan(\alpha/2)}}\,.$$

Aufgabe 8.9 Durch einen Hebel vom Gewicht G_H wird ein rauer Klotz an einer Wand eingeklemmt. Die Haftungskoeffizienten an den Berührungsstellen seien μ_{01} bzw. μ_{02}. **A8.9**

Wie groß darf das Gewicht G des Klotzes sein, damit er nicht rutscht?

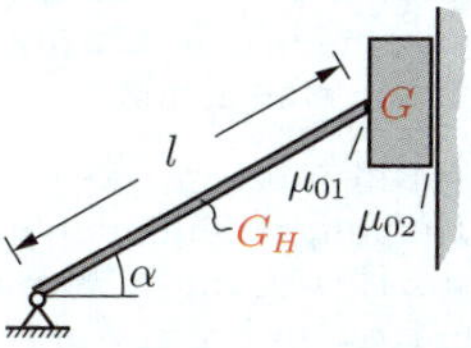

Lösung Aus den Gleichgewichtsbedingungen für den Hebel und für den Klotz

$$\overset{\curvearrowright}{A}: \quad N_1 l \sin\alpha - H_1 l \cos\alpha - G_H \frac{l}{2} \cos\alpha = 0\,,$$

$$\uparrow: \quad H_1 + H_2 - G = 0\,,$$

$$\rightarrow: \quad N_1 - N_2 = 0$$

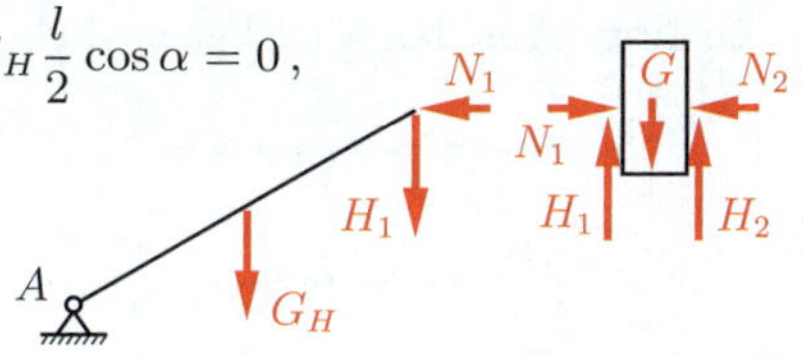

und den Haftbedingungen

$$H_1 < \mu_{01} N_1\,, \qquad H_2 < \mu_{02} N_2$$

ergeben sich durch Eliminieren von H_1, H_2 und N_2 und der Annahme $\mu_{01} < \tan\alpha$ die beiden Ungleichungen

$$N_1 < \frac{G_H}{2(\tan\alpha - \mu_{01})}\,, \qquad \frac{2G + G_H}{2(\tan\alpha + \mu_{02})} < N_1\,.$$

Hieraus folgt

$$\frac{2G + G_H}{2(\tan\alpha + \mu_{02})} < \frac{G_H}{2(\tan\alpha - \mu_{01})}$$

bzw.

$$\underline{\underline{G < \frac{G_H}{2}\,\frac{\mu_{01} + \mu_{02}}{\tan\alpha - \mu_{01}}}}\,.$$

Anmerkungen:

- Für $\mu_{01} = \tan\alpha$ verschwindet der Nenner. Dann kann G beliebig groß werden. Allgemein liegt für $\mu_{01} \geq \tan\alpha$ unabhängig von G_H *Selbsthemmung* vor.
- Das System ist statisch unbestimmt. Daher können die Kräfte H_i, N_i nicht bestimmt werden.
- Setzt man den Haftgrenzfall mit $H_1 = \mu_{01} N_1$ und $H_2 = \mu_{02} N_2$ voraus, so ist im Endergebnis das „<“-Zeichen durch das „=“-Zeichen zu ersetzen.

A8.10 **Aufgabe 8.10** Ein homogener Quader vom Gewicht G ruht auf einer rauen schiefen Ebene.

Wie groß müssen die Kraft F und der Haftungskoeffizient μ_0 sein, damit die Bewegung in Form von Rutschen bzw. in Form von Kippen einsetzt?

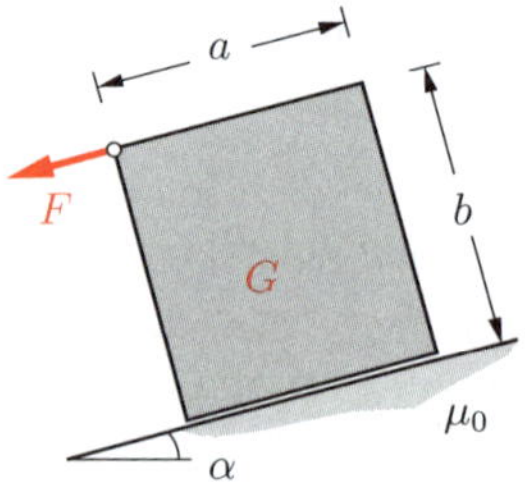

Lösung Aus den Gleichgewichtsbedingungen

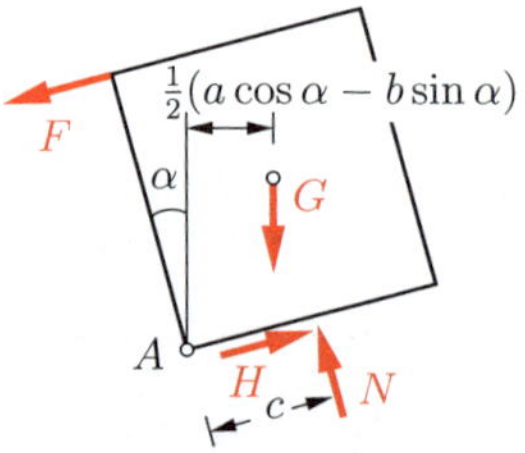

$$\nearrow: \quad H - F - G\sin\alpha = 0\,,$$

$$\nwarrow: \quad N - G\cos\alpha = 0\,,$$

$$\overset{\curvearrowright}{A}: \quad \frac{G}{2}(a\cos\alpha - b\sin\alpha) - Fb - Nc = 0$$

ergibt sich für die Kräfte in der Kontaktfläche und für die Lage von N

$$H = F + G\sin\alpha\,, \qquad N = G\cos\alpha\,, \qquad c = \frac{1}{2}(a - b\tan\alpha) - \frac{Fb}{G\cos\alpha}\,.$$

Damit *Rutschen* einsetzt, muss gelten

$$H = H_0 = \mu_0 N\,, \qquad c > 0\,.$$

Daraus folgen

$$\underline{\underline{F = G(\mu_0\cos\alpha - \sin\alpha)}}\,, \qquad \underline{\underline{\mu_0 < \frac{1}{2}(\frac{a}{b} + \tan\alpha)}}\,.$$

Damit *Kippen* um den Punkt A einsetzt, muss gelten

$$c = 0\,, \qquad H < \mu_0 N\,.$$

Dies liefert

$$\underline{\underline{F = G\,\frac{a\cos\alpha - b\sin\alpha}{2b}}}\,, \qquad \underline{\underline{\mu_0 > \frac{1}{2}(\frac{a}{b} + \tan\alpha)}}\,.$$

D.h. Kippen erfolgt nur bei hinreichend rauer Unterlage.

Aufgabe 8.11 Zwischen zwei schiefen Ebenen ruhen zwei Würfel und eine Walze jeweils vom Gewicht G. An allen Berührungsflächen herrsche der Haftungskoeffizient μ_0. **A8.11**

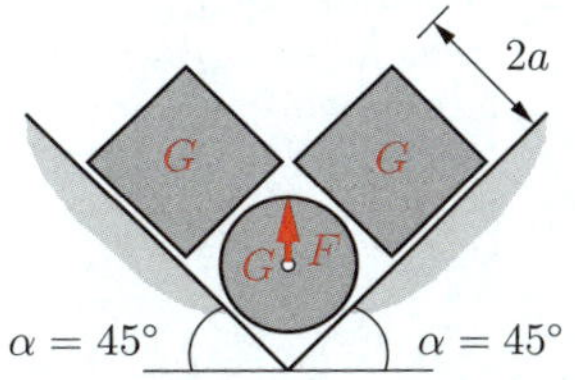

Wie groß ist die erforderliche Kraft F, um die Walze nach oben herauszuziehen? Welcher Bedingung muss μ_0 genügen, damit die Würfel dabei nicht kippen?

Lösung Die Gleichgewichtsbedingungen lauten mit $\sin\alpha = \cos\alpha = \sqrt{2}/2$ unter Beachtung der Symmetrie

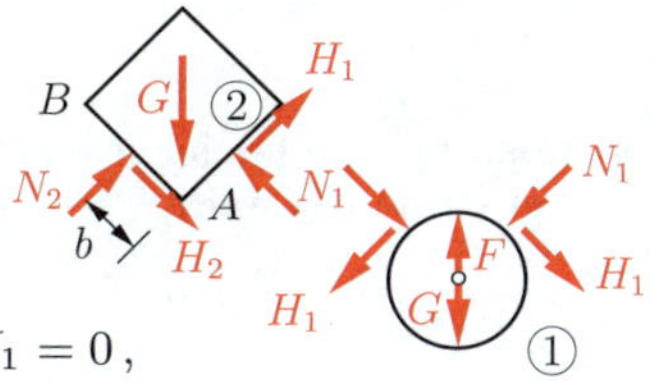

$$① \uparrow: \quad F - G - 2\frac{\sqrt{2}}{2}N_1 - 2\frac{\sqrt{2}}{2}H_1 = 0\,,$$

$$② \rightarrow: \quad \frac{\sqrt{2}}{2}N_2 + \frac{\sqrt{2}}{2}H_2 + \frac{\sqrt{2}}{2}H_1 - \frac{\sqrt{2}}{2}N_1 = 0\,,$$

$$\uparrow: \quad \frac{\sqrt{2}}{2}N_2 - \frac{\sqrt{2}}{2}H_2 + \frac{\sqrt{2}}{2}H_1 + \frac{\sqrt{2}}{2}N_1 - G = 0\,,$$

$$\overset{\curvearrowright}{A}: \quad N_2 b - N_1 a = 0\,.$$

Um die Haftung zu überwinden, muss gelten

$$H_1 = \mu_0 N_1\,, \qquad H_2 = \mu_0 N_2\,.$$

Damit ergibt sich aus den ersten drei Gleichgewichtsbedingungen

$$\underline{\underline{F = 2G\,\frac{1 + \mu_0 + \mu_0^2}{1 + \mu_0^2}}}\,.$$

Die vierte Gleichgewichtsbedingung liefert

$$b = a\,\frac{1 + \mu_0}{1 - \mu_0}\,.$$

Damit kein Kippen um den Punkt B eintritt, muss

$$b < 2a$$

sein. Daraus folgt

$$\frac{1 + \mu_0}{1 - \mu_0} < 2 \quad \rightsquigarrow \quad \underline{\underline{\mu_0 < \frac{1}{3}}}\,.$$

Beachte: Beim Anheben verschwinden die Kontaktkräfte zwischen der Walze und den schiefen Ebenen. Die Haftkräfte müssen richtig (der einsetzenden Bewegung entgegengerichtet) eingezeichnet werden.

A8.12 **Aufgabe 8.12** Wie groß muss bei der Steinzange der Haftungskoeffizient μ_0 sein, damit die Last G gehalten werden kann?

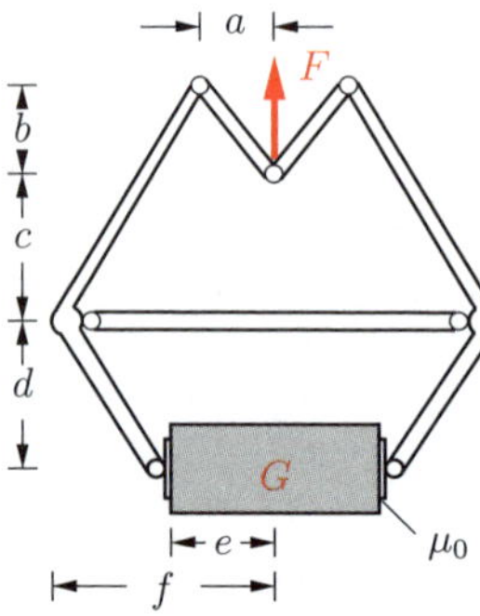

Lösung Die Gleichgewichtsbedingungen am Gesamtsystem

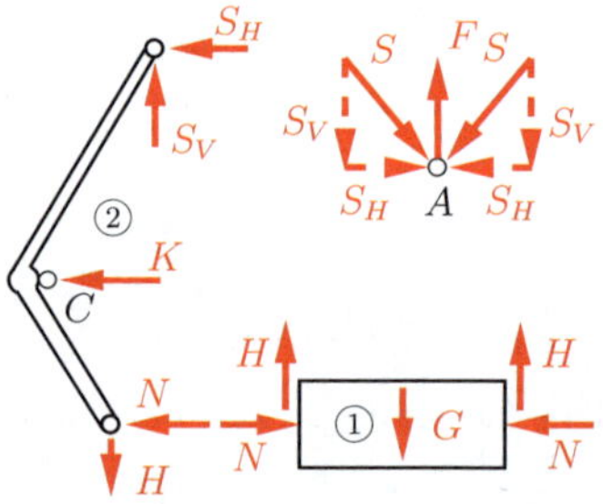

$$\uparrow: \quad F - G = 0\,,$$

am Punkt A

$$\uparrow: \quad F - 2S_V = 0\,,$$

den Körper ①

$$\uparrow: \quad 2H - G = 0$$

und den Körper ②

$$\overset{\curvearrowright}{C}: \quad Nd + H(f-e) - S_V(f-a) - S_H(b+c) = 0$$

ergeben mit

$$\frac{S_H}{S_V} = \frac{a}{b}$$

für die Kräfte H und N:

$$H = \frac{G}{2}\,, \qquad N = \frac{G}{2}\,\frac{ac+be}{bd}\,.$$

Einsetzen in die Haftbedingung

$$H < \mu_0 N$$

liefert

$$\underline{\underline{\mu_0 > \frac{bd}{ac+be}}}\,.$$

Aufgabe 8.13 Ein Steigeisen ist an einem Mast eingeklemmt und wird durch die Kraft F belastet.

A8.13

Wie groß muss μ_0 sein, damit das Steigeisen nicht rutscht?

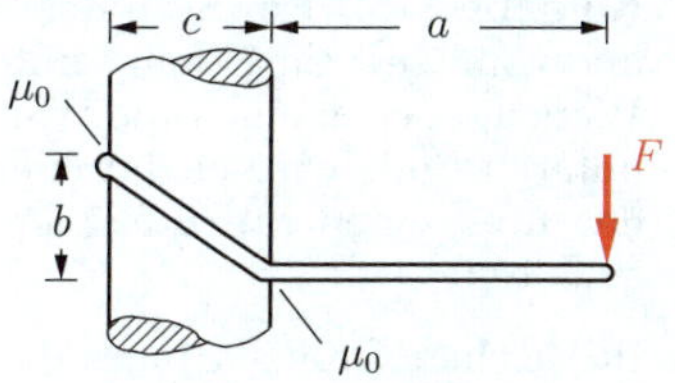

Lösung Aus den Gleichgewichtsbedingungen

$$\rightarrow: \quad N_2 - N_1 = 0\,,$$

$$\uparrow: \quad H_1 + H_2 - F = 0\,,$$

$$\overset{\curvearrowright}{A}: \quad Fa + H_1 c - N_1 b = 0$$

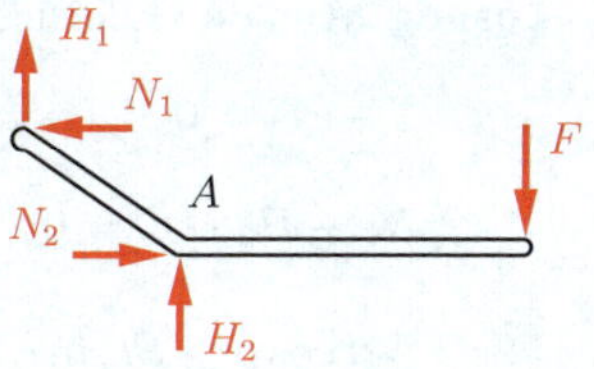

folgen

$$N_2 = N_1\,, \qquad H_1 = N_1 \frac{b}{c} - F\frac{a}{c}\,, \qquad H_2 = F(1 + \frac{a}{c}) - N_1 \frac{b}{c}\,.$$

Einsetzen in die Haftbedingungen

$$H_1 < \mu_0 N_1\,, \qquad H_2 < \mu_0 N_2$$

liefert

$$N_1 \frac{b - c\mu_0}{a} < F \quad \text{und} \quad F < N_1 \frac{b + c\mu_0}{c + a}$$

bzw.

$$\frac{b - c\mu_0}{a} < \frac{b + c\mu_0}{c + a}\,.$$

Auflösen ergibt für den erforderlichen Haftkoeffizienten

$$\underline{\underline{\mu_0 > \frac{b}{c + 2a}}}\,.$$

Anmerkungen:

- Die Kräfte N_1, N_2, H_1, H_2 können nicht bestimmt werden, da das System statisch unbestimmt ist!
- Die Aufgabe kann auch gelöst werden, indem man den Haftgrenzfall betrachtet. Die Ungleichungen werden dann zu Gleichungen, und die Lösung μ_0^* ist die untere Grenze für den Haftkoeffizient.

A8.14 **Aufgabe 8.14** Ein Stab der Länge l und vom Gewicht G lehnt unter dem Winkel α gegen eine raue Wand. Am unteren Ende wird er durch ein Seil, das über einen rauen Zapfen läuft, gehalten.

In welchen Grenzen muss die Kraft F liegen, damit das System im Gleichgewicht ist?

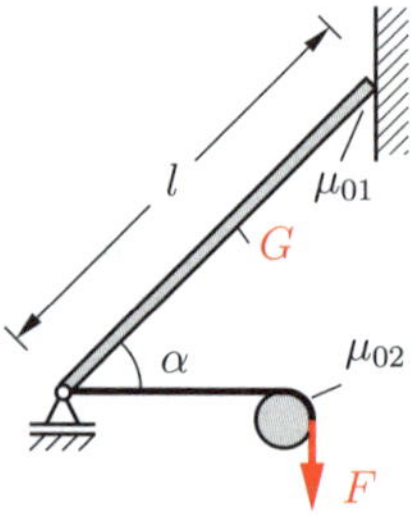

Lösung Aus den Gleichgewichtsbedingungen

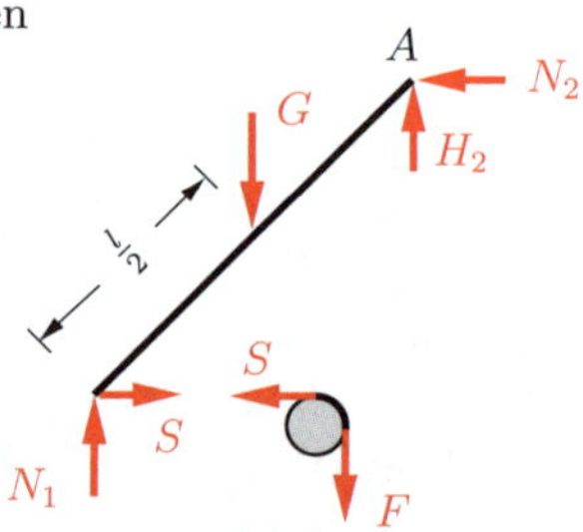

$$\rightarrow: \quad S - N_2 = 0\,,$$

$$\uparrow: \quad N_1 + H_2 - G = 0\,,$$

$$\overset{\curvearrowright}{A}: \quad N_1 l\cos\alpha - Sl\sin\alpha - G\,\frac{l}{2}\,\cos\alpha = 0$$

ergeben sich

$$H_2 = \frac{G}{2} - S\tan\alpha\,, \qquad N_2 = S\,.$$

Einsetzen in die Haftbedingung

$$|H_2| < \mu_{01} N_2$$

liefert je nach Richtung von H_2

$$\frac{G}{2} - S\,\tan\alpha < \mu_{01} S \qquad \text{bzw.} \qquad -\frac{G}{2} + S\,\tan\alpha < \mu_{01} S\,.$$

Hieraus folgt

$$\frac{G}{2\,(\tan\alpha + \mu_{01})} < S < \frac{G}{2\,(\tan\alpha - \mu_{01})}\,.$$

Seilhaftung am Zapfen liegt vor, wenn gilt

$$S\,\mathrm{e}^{-\mu_{02}\pi/2} < F < S\,\mathrm{e}^{+\mu_{02}\pi/2}\,.$$

Durch Einsetzen der unteren (oberen) Schranke von S in die linke (rechte) Seite folgt

$$\underline{\underline{\frac{\mathrm{e}^{-\mu_{02}\pi/2}}{2\,(\tan\alpha + \mu_{01})} < \frac{F}{G} < \frac{\mathrm{e}^{+\mu_{02}\pi/2}}{2\,(\tan\alpha - \mu_{01})}}}\,.$$

Aufgabe 8.15 Der Körper vom Gewicht G wird durch ein Seil gehalten. Zwischen dem Körper bzw. dem Seil und der Fläche herrsche der Haftungskoeffizient μ_0.

A8.15

In welchen Grenzen muss F liegen, damit der Körper in Ruhe bleibt?

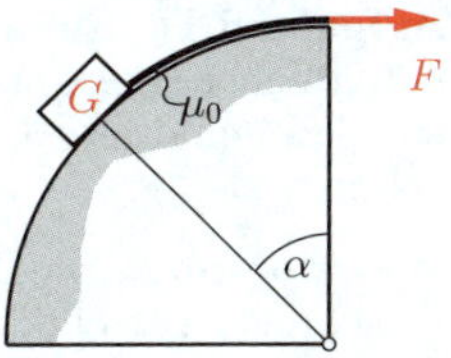

Lösung Aus den Gleichgewichtsbedingungen

$$\nwarrow: \quad N - G\cos\alpha = 0\,,$$

$$\nearrow: \quad H + S - G\sin\alpha = 0$$

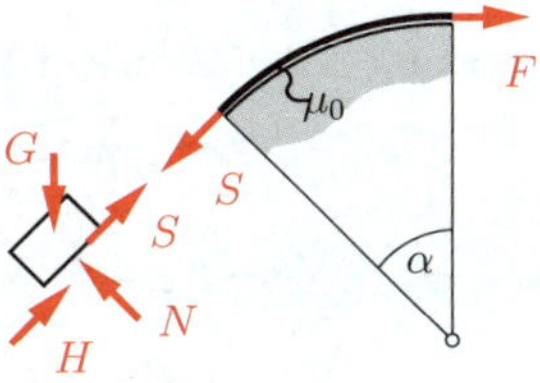

ergeben sich

$$N = G\cos\alpha\,, \qquad H = G\sin\alpha - S\,.$$

Einsetzen in die Haftbedingung

$$|H| < \mu_0 N$$

liefert

$$G(\sin\alpha - \mu_0\cos\alpha) \;<\; S \;<\; G(\sin\alpha + \mu_0\cos\alpha)\,.$$

Mit der Haftbedingung für das Seil

$$S\mathrm{e}^{-\mu_0\alpha} \;<\; F \;<\; S\mathrm{e}^{\mu_0\alpha}$$

folgt

$$\underline{\underline{\mathrm{e}^{-\mu_0\alpha}(\sin\alpha - \mu_0\cos\alpha) \;<\; \frac{F}{G} \;<\; \mathrm{e}^{\mu_0\alpha}(\sin\alpha + \mu_0\cos\alpha)\,.}}$$

Aufgabe 8.16 Welche Strecke x darf das schwere Seil der Länge l herunterhängen, ohne dass es rutscht?

A8.16

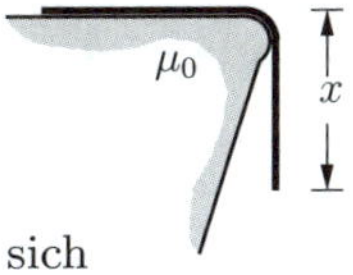

Lösung Aus den Gleichgewichtsbedingungen ergeben sich

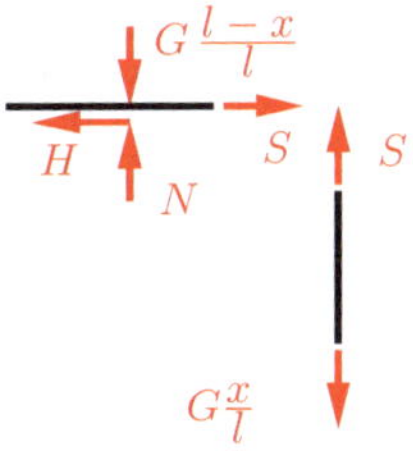

$$N = G\,\frac{l-x}{l}\,, \qquad H = S = G\frac{x}{l}\,.$$

Einsetzen in die Haftbedingung $H < \mu_0 N$ liefert

$$\underline{\underline{\frac{x}{l} < \frac{\mu_0}{1+\mu_0}\,.}}$$

A8.17

Aufgabe 8.17 Ein zwischen glatten Wänden befindlicher Block vom Gewicht G wird durch ein Seil gehalten, das über drei raue Bolzen geführt ist.

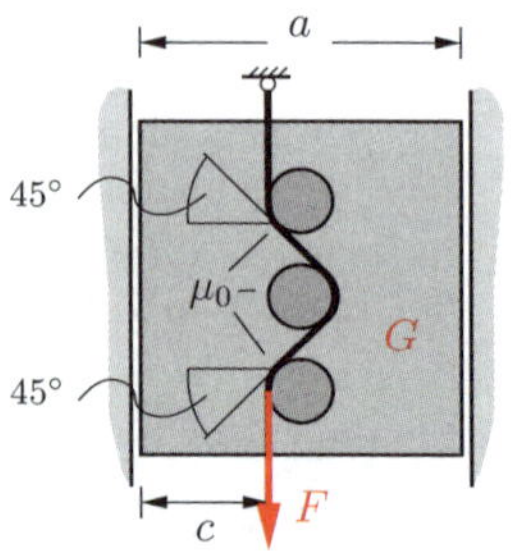

Wie groß muss die Kraft F sein, damit der Block nicht rutscht? Wie groß sind die Kräfte, die von den Wänden auf den Block ausgeübt werden?

Lösung Gleichgewicht am Gesamtsystem

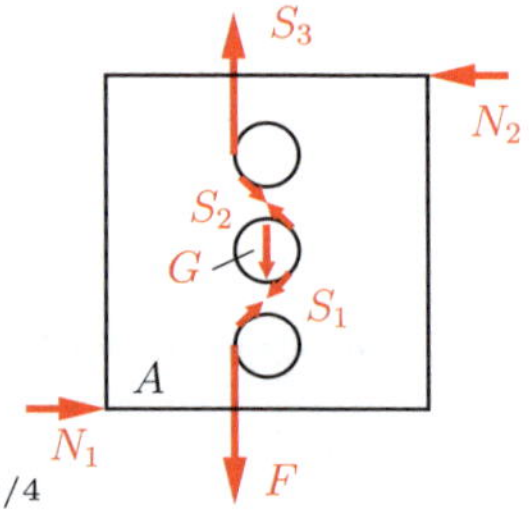

$$\uparrow: \quad S_3 - G - F = 0\,,$$

$$\rightarrow: \quad N_1 - N_2 = 0\,.$$

$$\overset{\curvearrowright}{A}: \quad G\tfrac{1}{2}a + Fc - S_3 c - N_2 b = 0$$

und die Haftbedingungen

$$S_1 < F\mathrm{e}^{\mu_0\pi/4}, \quad S_2 < S_1\mathrm{e}^{\mu_0\pi/2}, \quad S_3 < S_2\mathrm{e}^{\mu_0\pi/4}$$

liefern

$$\underline{\underline{F > \frac{G}{\mathrm{e}^{\mu_0\pi} - 1}}}\,, \qquad \underline{\underline{N_1 = N_2 = G\frac{a-2c}{2b}}}\,.$$

A8.18

Aufgabe 8.18 Wie groß muss die Kraft F sein, damit der Körper vom Gewicht G mit gleichförmiger Geschwindigkeit emporgezogen werden kann? Die Ebene und der Umlenkzapfen seien rau.

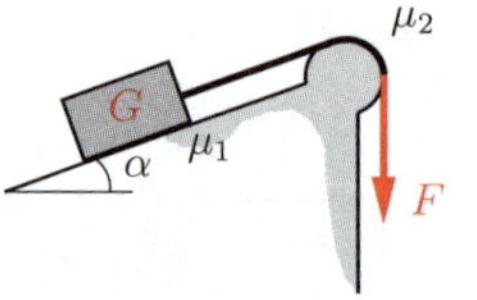

Lösung Aus den Gleichgewichtsbedingungen

$$\nwarrow: \quad N - G\cos\alpha = 0\,,$$

$$\nearrow: \quad S - R - G\sin\alpha = 0$$

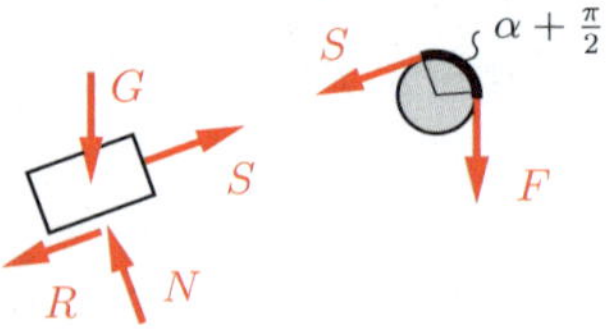

und den Reibgesetzen

$$R = \mu_1 N\,, \qquad F = S\mathrm{e}^{\mu_2(\alpha+\pi/2)}$$

folgt

$$\underline{\underline{F = G\mathrm{e}^{\mu_2(\alpha+\pi/2)}(\sin\alpha + \mu_1\cos\alpha)}}\,.$$

Aufgabe 8.19 Durch die Bandbremse soll auf eine sich drehende Welle das Bremsmoment M_B ausgeübt werden. **A8.19**

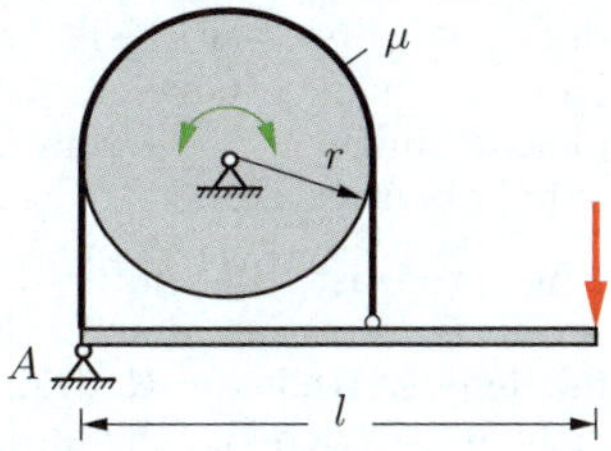

Wie groß ist die dazu erforderliche Kraft F, wenn sich die Welle bei bekanntem Reibungskoeffizient μ

a) rechtsherum oder

b) linksherum dreht?

Lösung Gleichgewicht für den Hebel

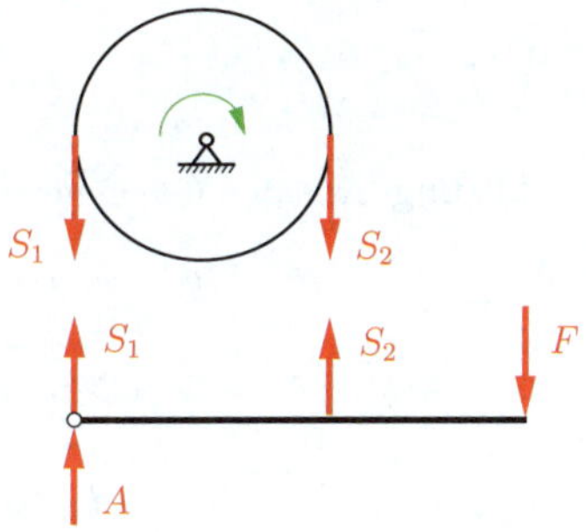

$$\overset{\curvearrowright}{A}: \quad -S_2\, 2r + F\, l = 0$$

liefert

$$S_2 = F\,\frac{l}{2r}\,.$$

Für Rechtsdrehung lautet das Reibungsgesetz

$$S_1 = S_2\,\mathrm{e}^{\mu\pi}\,,$$

und das Bremsmoment wird

$$M_B = S_1\,r - S_2\,r = S_2\,r\,(\mathrm{e}^{\mu\pi} - 1)\,.$$

Einsetzen von S_2 ergibt

$$\underline{\underline{F_R = \frac{2M_B}{l\,(\mathrm{e}^{\mu\pi} - 1)}}}\,.$$

Für Linksdrehung folgt aus dem Reibungsgesetz

$$S_2 = S_1\,\mathrm{e}^{\mu\pi}$$

und dem Bremsmoment

$$M_B = S_2\,r - S_1\,r = S_2\,r\,(1 - \mathrm{e}^{-\mu\pi})$$

durch Einsetzen von S_2

$$\underline{\underline{F_L = \frac{2M_B\,\mathrm{e}^{\mu\pi}}{l\,(\mathrm{e}^{\mu\pi} - 1)}}}\,.$$

Anmerkung: Wegen $\mathrm{e}^{\mu\pi} > 1$ gilt bei gleichem M_B für die Kräfte $F_L > F_R$!

A8.20 **Aufgabe 8.20** Durch Vorschieben des gewichtslosen Keils soll der Körper vom Gewicht G mit gleichförmiger Geschwindigkeit angehoben werden.

Wie groß ist die dafür benötigte Kraft F, wenn an den Berührungsflächen des Keils der Reibungskoeffizient μ_1, an den Berührungspunkten des Stabes der Reibungskoeffizient μ_2 herrscht?

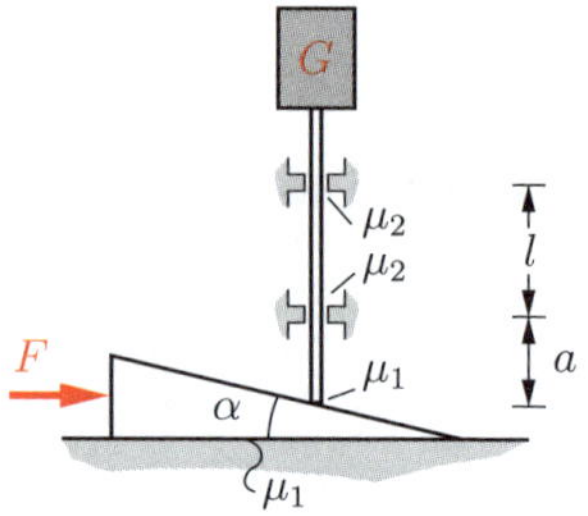

Lösung Aus den Gleichgewichtsbedingungen für den Keil und den Stab

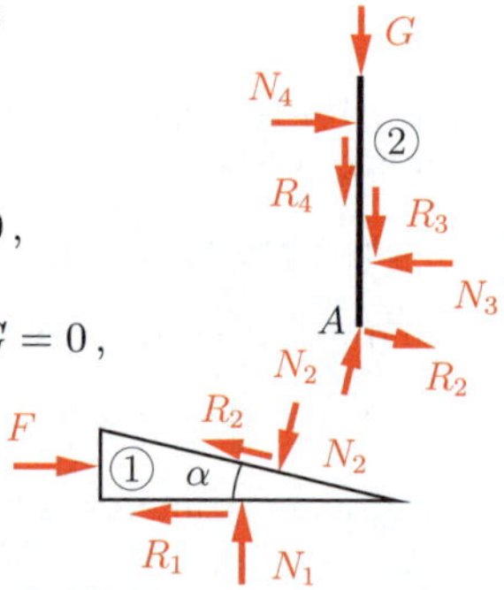

$$① \rightarrow: \quad F - R_1 - R_2 \cos\alpha - N_2 \sin\alpha = 0\,,$$

$$\uparrow: \quad N_1 - N_2 \cos\alpha + R_2 \sin\alpha = 0\,,$$

$$② \rightarrow: \quad N_2 \sin\alpha + R_2 \cos\alpha - N_3 + N_4 = 0\,,$$

$$\uparrow: \quad N_2 \cos\alpha - R_2 \sin\alpha - R_3 - R_4 - G = 0\,,$$

$$\overset{\curvearrowright}{A}: \quad -N_3 a + N_4(l+a) = 0$$

und den Reibungsgesetzen

$$R_1 = \mu_1 N_1\,, \qquad R_2 = \mu_1 N_2\,, \qquad R_3 = \mu_2 N_3\,, \qquad R_4 = \mu_2 N_4$$

ergibt sich durch Auflösen nach F die benötigte Kraft

$$F = G\,\frac{\mu_1(\cos\alpha - \mu_1 \sin\alpha) + (\sin\alpha + \mu_1 \cos\alpha)}{(\cos\alpha - \mu_1 \sin\alpha) - \mu_2\,\dfrac{l+2a}{l}\,(\sin\alpha + \mu_1 \cos\alpha)}\,.$$

Anmerkungen:

- Die Reibkräfte müssen entgegengesetzt zur Bewegungsrichtung eingezeichnet werden.
- Wenn der Nenner Null wird ($F \rightarrow \infty$), ist das System selbsthemmend.

Aufgabe 8.21 Eine rotierende raue Walze drückt durch ihr Gewicht G_1 auf ein keilförmiges Werkstück vom Gewicht G, das auf einer rauen Unterlage ruht. **A8.21**

Wie groß muss bei gebenem Haftungskoeffizienten μ_0 der Reibungskoeffizient μ mindestens sein, damit sich das Werkstück in Bewegung setzt?

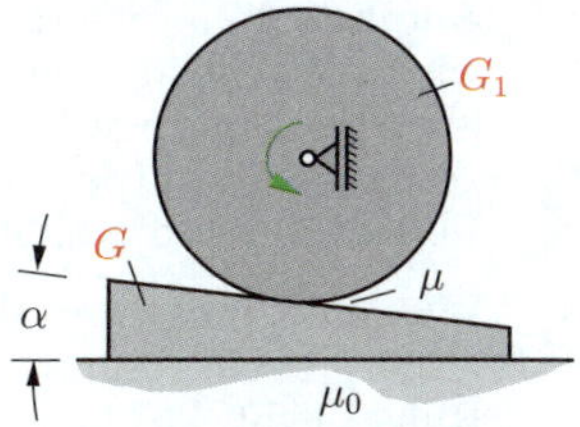

Lösung Da der Schwerpunkt der Welle in Ruhe (Gleichgewicht) ist, gelten für die Welle die Kräftegleichgewichtsbedingungen

$$\rightarrow: \quad N_1 \sin\alpha - R_1 \cos\alpha - A = 0\,,$$

$$\uparrow: \quad N_1 \cos\alpha + R_1 \sin\alpha - G_1 = 0\,.$$

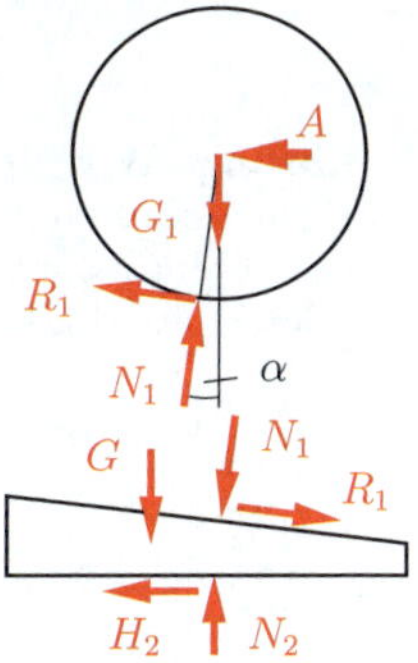

Mit dem Reibgesetz

$$R_1 = \mu N_1$$

folgen hieraus

$$N_1 = \frac{G_1}{\cos\alpha + \mu\sin\alpha}\,, \qquad R_1 = \mu\,\frac{G_1}{\cos\alpha + \mu\sin\alpha}\,.$$

Einsetzen in die Gleichgewichtsbedingungen für das Werkstück

$$\rightarrow: \quad R_1 \cos\alpha - N_1 \sin\alpha - H_2 = 0\,,$$

$$\uparrow: \quad N_2 - N_1 \cos\alpha - R_1 \sin\alpha - G = 0$$

liefert

$$H_2 = G_1\,\frac{\mu\cos\alpha - \sin\alpha}{\cos\alpha + \mu\sin\alpha}\,, \qquad N_2 = G_1 + G\,.$$

Damit die Bewegung gerade einsetzt, muss die Haftgrenzbedingung

$$H_2 = \mu_0 N_2$$

erfüllt sein. Einsetzen und Auflösen nach μ ergibt schließlich

$$\underline{\underline{\mu = \frac{\mu_0(1 + G/G_1) + \tan\alpha}{1 - \mu_0(1 + G/G_1)\tan\alpha}}}\,.$$

Anmerkungen:

- Für $\mu_0 > \cot\alpha/(1 + G/G_1)$ liegt Selbsthemmung vor. Das Werkstück setzt sich dann nicht in Bewegung.
- Für $\alpha = 0$ vereinfacht sich das Ergebnis zu $\mu = \mu_0(1 + G/G_1)$.

A8.22

Aufgabe 8.22 Ein Körper vom Gewicht G liegt auf einer rauen schiefen Ebene und wird über ein schräg gespanntes Seil (parallel zur schiefen Ebene) durch die Kraft F belastet.

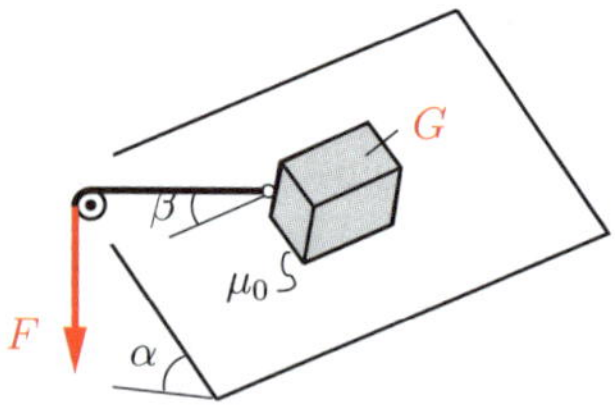

Wie groß muss der Haftungskoeffizient μ_0 sein, damit der Körper in Ruhe bleibt?

Lösung Wir führen ein geeignetes Koordinatensystem ein, skizzieren das Freikörperbild und stellen die Gleichgewichtsbedingungen auf:

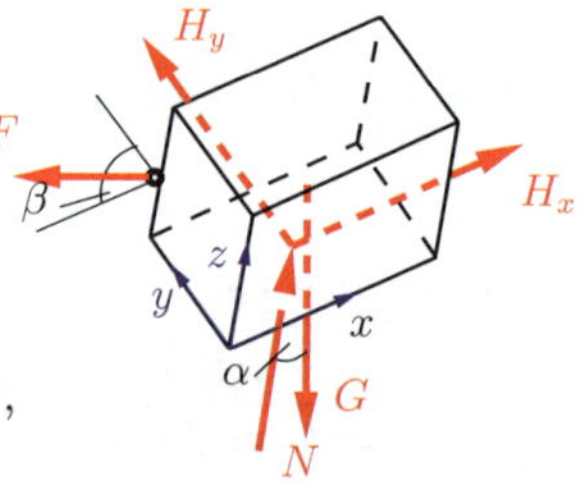

$$\sum F_x = 0 : \quad H_x - F\cos\beta = 0\,,$$

$$\sum F_y = 0 : \quad H_y + F\sin\beta - G\sin\alpha = 0\,,$$

$$\sum F_z = 0 : \quad N - G\cos\alpha = 0\,.$$

Darin sind H_x und H_y die Komponenten der Haftkraft H. Für sie und für N erhält man

$$|H| = \sqrt{H_x^2 + H_y^2} = \sqrt{F^2 - 2FG\sin\alpha\sin\beta + G^2\sin^2\alpha}\,,$$

$$N = G\cos\alpha\,.$$

Einsetzen in die Haftbedingung

$$|H| < \mu_0 N \qquad \text{bzw.} \qquad \mu_0 > \frac{|H|}{N}$$

liefert die erforderliche Größe von μ_0:

$$\underline{\underline{\mu_0 > \frac{\sqrt{F^2 - 2FG\sin\alpha\sin\beta + G^2\sin^2\alpha}}{G\cos\alpha}}}\,.$$

Aufgabe 8.23 Ein starrer Balken (Gewicht G) ist exzentrisch auf zwei Schienen aufgelegt und an einem Ende durch Kräfte belastet (das Lager B sei nur in x-Richtung verschieblich). A8.23

Bei welcher Belastung und an welchem Lager beginnt sich der Balken zu bewegen?

Gegeben: $F_x = F_y = F_z = F$, $a = l$, $\mu_0 = 2/3$.

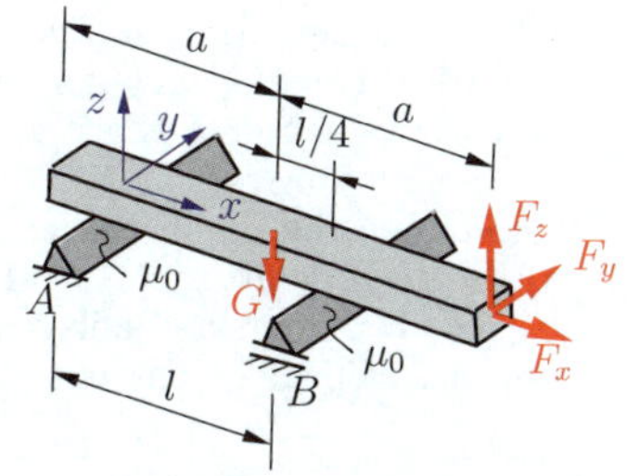

Lösung Aus den Gleichgewichtsbedingungen erhält man die Lagerreaktionen

$$A_x = F\,,$$

$$A_y = -\frac{3}{4}F\,, \qquad B_y = \frac{7}{4}F\,,$$

$$A_z = \frac{G}{4} + \frac{3}{4}F\,, \quad B_z = \frac{3}{4}G - \frac{7}{4}F\,.$$

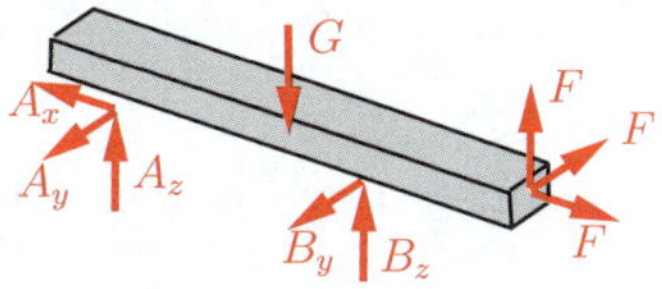

Damit lauten die Normal- und die Haftkräfte bei A und B

$$N_A = A_z = \frac{G}{4} + \frac{3}{4}F\,, \qquad H_A = \sqrt{A_x^2 + A_y^2} = \frac{5}{4}F\,,$$

$$N_B = B_z = \frac{3}{4}G - \frac{7}{4}F\,, \qquad H_B = |B_y| = \frac{7}{4}F\,.$$

Nehmen wir eine einsetzende Bewegung bei A an, dann liefert die Haftgrenzbedingung

$$H_A = \mu_0 N_A \quad \rightsquigarrow \quad F_1 = G\,\frac{\mu_0}{5 - 3\mu_0} = \frac{2}{9}\,G\,.$$

Entsprechend ergibt sich für eine einsetzende Bewegung bei B

$$H_B = \mu_0 N_B \quad \rightsquigarrow \quad \underline{\underline{F_2}} = G\,\frac{3\mu_0}{7(1 + \mu_0)} = \underline{\underline{\frac{6}{35}\,G}}\,.$$

Wegen $F_1 > F_2$ setzt die Bewegung bei der Kraft F_2 am Lager B ein.

A8.24

Aufgabe 8.24 Eine Klemmvorrichtung für ein Seil besteht aus zwei Klemmbacken, die in den Punkten A und B gelenkig gelagert sind. Das Seil wird duch eine Kraft F belastet.

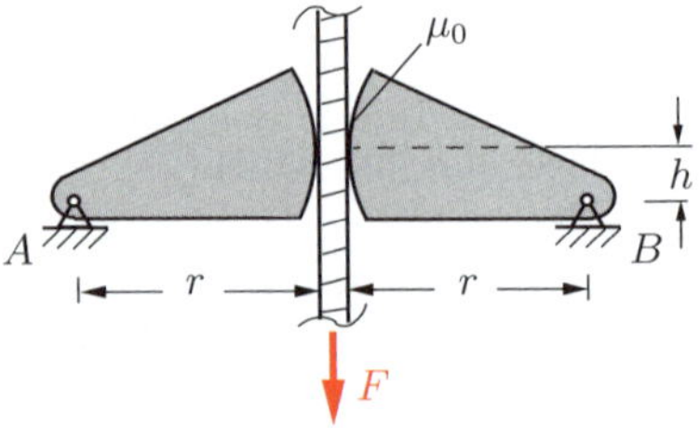

Berechnen Sie
a) die Lagerkräfte in A und B, und
b) den Haftungskoeffizienten μ_0, für den das Seil nicht rutscht.

Lösung a) Zunächst skizzieren wir das Freikörperbild.

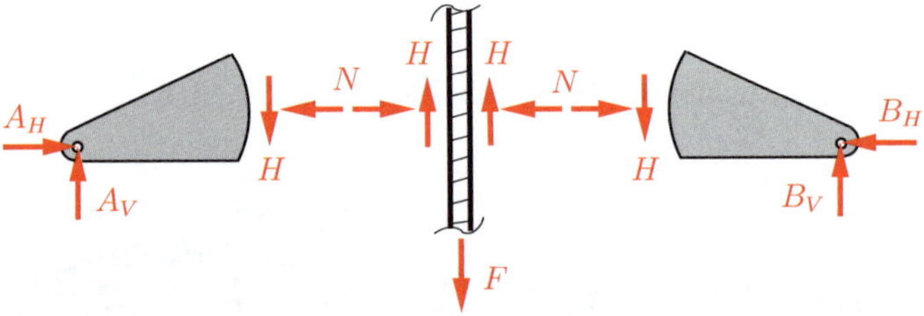

Die Lagerreaktionen ergeben sich aus den Gleichgewichtsbedingungen an den Teilsystemen.

$$\text{Seil} \uparrow: \quad 2H - F = 0 \quad \leadsto \quad \underline{\underline{H = \frac{F}{2}}}$$

Die Gleichgewichtsbedingungen an der linken Klemmbacke liefern

$$\overset{\curvearrowleft}{A}: \quad Nh - Hr = 0 \quad \leadsto \quad N = \frac{r}{h}\,H = \frac{r}{2h}\,F\,,$$

$$\uparrow: \quad A_V - H = 0 \quad \leadsto \quad \underline{\underline{A_V = \frac{1}{2}\,F}}\,,$$

$$\rightarrow: \quad A_H - N = 0 \quad \leadsto \quad \underline{\underline{A_H = \frac{r}{2h}\,F}}\,.$$

Aus Symmetriebetrachtungen folgt: $B_H = A_H$ und $B_V = A_V$.

b) Das Seil rutscht nicht, wenn die Bedingung $|H| < \mu_0 |N|$ erfüllt ist:

$$\frac{F}{2} < \mu_0\, F\, \frac{r}{2h} \quad \leadsto \quad \underline{\underline{\mu_0 > \frac{h}{r}}}\,.$$

Das Ergebnis ist unabhängig von der Kraft F. In diesem Fall sprechen wir von Selbsthemmung.

Aufgabe 8.25 Das gegebene System besteht aus zwei gleich großen fixierten Rollen über die ein Seil gelegt wird, an dem ein Balken aufgehängt ist. Der Balken ist durch eine außermittige Kraft F beansprucht. **A8.25**

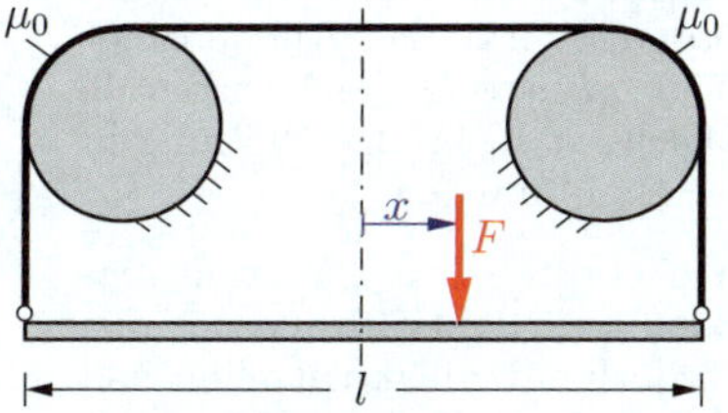

In welchem Bereich x kann die Kraft angreifen, wenn das System in Ruhe bleiben soll?

Gegeben: l, F, μ_0.

Lösung Aus dem Freikörperbld folgt Gleichgewicht für den Balken

$$\stackrel{\curvearrowleft}{A}: -F(\tfrac{l}{2} + x) + Bl = 0 \quad \leadsto \quad B = F(\frac{1}{2} + \frac{x}{l}),$$

$$\uparrow: A + B - F = 0 \quad \leadsto \quad A = F(\frac{1}{2} - \frac{x}{l}),$$

Die Reaktionskraft B ist größer als A für positive Werte von x. Der Balken würde sich daher an seinem rechten Ende nach unten bewegen. Mit $A = S_1$ und $B = S_2$ folgt aus der Seilhaftung $B \leq A e^{\mu_0 \alpha}$. Der zugehörige Umschlingsungswinkel kann

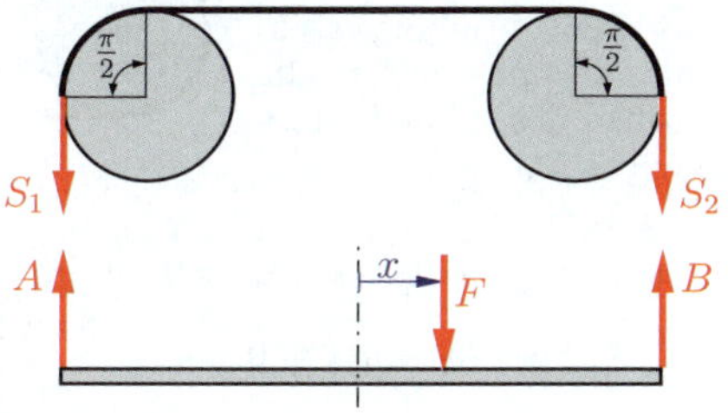

aus der Zeichnung abgelesen werden, es gilt $\alpha = 2\frac{\pi}{2} = \pi$. Setzt man nun das Ergebnis für A und B aus dem Gleichgewicht in die Ungleichung der Seilhaftung ein. so folgt

$$F(\frac{1}{2} + \frac{x}{l}) \leq F(\frac{1}{2} - \frac{x}{l}) e^{\mu_0 \pi} \leadsto \quad x \leq \frac{l}{2} \frac{e^{\mu_0 \pi} - 1}{e^{\mu_0 \pi} + 1},$$

Wenn sich die Last nach links bewegt (negatives x), dann bewegt sich der Balken am linken Ende nach unten. Mit $A \leq B e^{\mu_0 \alpha}$ gilt

$$F(\frac{1}{2} - \frac{x}{l}) \leq F(\frac{1}{2} + \frac{x}{l}) e^{\mu_0 \pi} \leadsto \quad x \geq \frac{l}{2} \frac{1 - e^{\mu_0 \pi}}{e^{\mu_0 \pi} + 1},$$

so dass der Bereich für ein in Ruhe befindlichen Balken durch

$$\underline{\underline{\frac{l}{2} \frac{1 - e^{\mu_0 \pi}}{e^{\mu_0 \pi} + 1} \leq x \leq \frac{l}{2} \frac{e^{\mu_0 \pi} - 1}{e^{\mu_0 \pi} + 1}}} \quad \Longleftrightarrow \quad |x| \leq \frac{l}{2} \frac{e^{\mu_0 \pi} - 1}{e^{\mu_0 \pi} + 1}$$

gegeben ist. Das letzte Ergebnis entspricht der Symmetrie des Systems.

A8.26

Aufgabe 8.26 In einem Bandförderer wirkt das Antriebsmoment M_0 sowie die horizontale Gleichlast q_h infolge Reibung in der Bandführung.

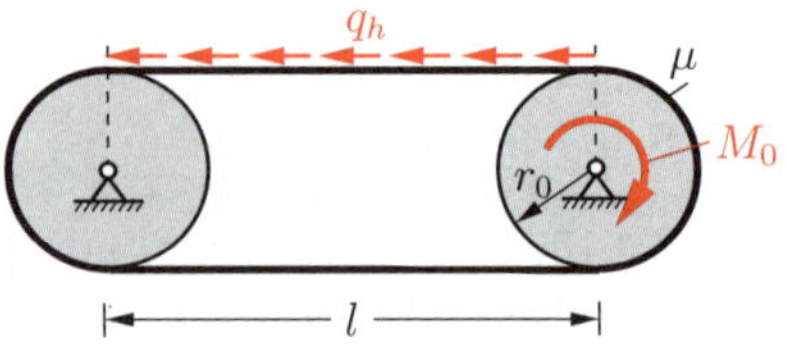

Wie groß sind Antriebsmoment und Seilkräfte, wenn das Förderband nicht rutschen soll und die linke Rolle sich frei drehen kann?

Gegeben: l, r_0, q_h, μ.

Lösung Die Gleichgewichtsbeziehungen für den Balken lassen sich aus dem Freikörperbild ablesen und liefern die Größe des Antriebmomentes M_0

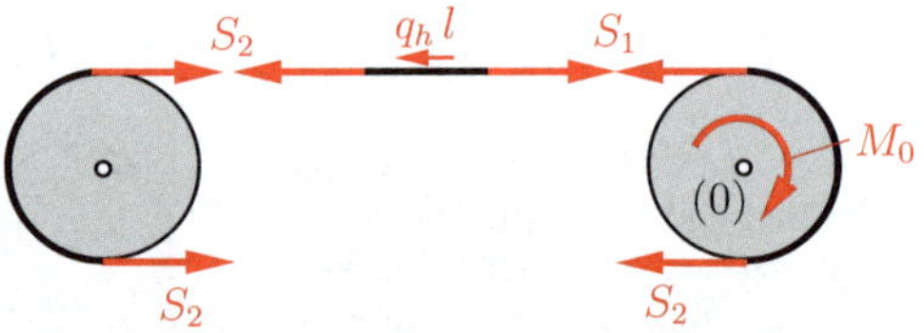

$$\overset{\curvearrowleft}{(0)} : S_1 r_0 - S_2 r_0 - M_0 = 0\,,$$

$$\rightarrow : S_1 - S_2 - q_h l = 0\,, \qquad \leadsto \underline{\underline{M_0 = q_h l r_0}}\,.$$

Infolge der Drehwirkung von M_0 ist S_1 die größere Seilkraft, so dass mit dem Umschlingungswinkel $\alpha = \pi$ gilt: $S_1 = S_2 e^{\mu\pi}$. Aus dem Momentengleichgewicht

$$S_2 e^{\mu\pi} - S_2 - q_h l = 0$$

folgt mit $q_h l = M_0 \,/\, r_0$

$$S_2(e^{\mu\pi} - 1) = \frac{M_0}{r_0} \quad \leadsto \underline{\underline{S_2 = \frac{M_0}{r_0(e^{\mu\pi} - 1)}}}$$

und für die Seilkraft S_1

$$S_1 = S_2 e^{\mu\pi} \leadsto \underline{\underline{S_1 = \frac{M_0}{r_0(1 - e^{-\mu\pi})}}}\,.$$

A8.27

Aufgabe 8.27 Ein Betonbalken mit innenliegendem parabelförmigen Spannglied wird durch eine konstante Gleichstreckenlast beansprucht. Die Vorspannung erfolgt durch Ziehen am Spannseil mit der Kraft V_0 und anschließendem Fixieren des Seils am Balkenende. Zwischen Spannseil und Balken findet Reibung statt.

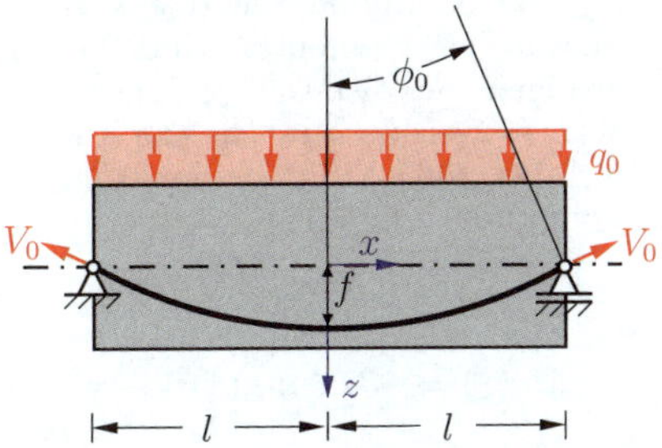

Berechnen Sie

a) die Vorspannkraft V_0, so dass in Balkenmitte das Biegemoment verschwindet, und

b) den dann wirkenden Normalkraft-, Querkraft- und Momentenverlauf im Balken.

Gegeben: l, f, q_0, μ_0, $\xi = \frac{x}{l}$.

Lösung Aufgrund der Symmetrie ist es ausreichend das halbe System zu betrachten.

a) Die quadratische Parabel hat die Form $y_P(\xi) = (1 - \xi^2)\, f$ mit der Ableitung $y'_P(\xi) = -\frac{2f}{l}\xi$. Da der Umlenkwinkel ϕ_0 gleich der Neigung der Tangente an die Parabel ist, lässt sich aus der Zeichnung ablesen:

$$\phi_0 = -y'_P(1) = \frac{2f}{l}\ .$$

Das fixierte vorgespannte Seil erzeugt am rechten Rand ($\xi = 1$) die Druckkraft D_0 auf den Balken. Infolge der Seilreibung wirkt in Balkenmitte die horizontale Druckraft

$$D(0) = D_0\, e^{-\mu_0\, \phi_0} = D_0\, e^{-\mu_0\, \frac{2f}{l}}\, .$$

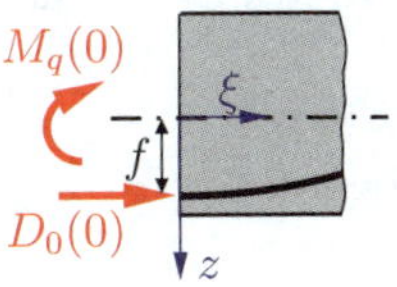

Die Vorspannung ruft bei statisch bestimmten Systemen keine äußeren Reaktionen hervor. Deshalb müssen in einem beliebigen Schnitt durch den Balken, die Schnittkräfte aus Gleichlast (M_q) und Vorspannung (M_v) im Gleichgewicht stehen. Daraus folgt in Balkenmitte die gesuchte Vorspannkraft

$$\overset{\curvearrowright}{(0)} : M_q(0) - D(0) f = \frac{q_0 (2l)^2}{8} - f\, D_0\, e^{-\mu_0\, \frac{2f}{l}} = 0 \rightsquigarrow \underline{\underline{D_0 = \frac{q_0 l^2}{2f} e^{+\mu_0\, \frac{2f}{l}}}}\, .$$

b) Die Komponenten der Vorspannkraft können an einer beliebigen Schnittstelle ξ ausgewertet werden und liefern die Schnittgrößen infolge der Vorspannung

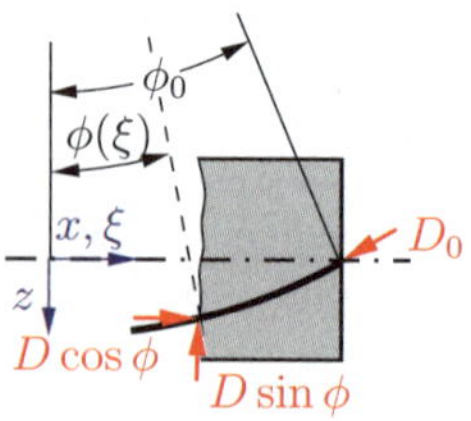

$$M_v(\xi) = -D(\xi)y_P(\xi) \quad \rightsquigarrow \quad M_v(\xi) = -f\,(1-\xi^2)\,D_0\,e^{-\mu_0\,\frac{2f}{l}(1-\xi)}\,,$$

$$Q_v(\xi) = D(\xi)\sin\phi(\xi) \quad \rightsquigarrow \quad Q_v(\xi) = D_0 e^{-\mu_0\,\frac{2f}{l}(1-\xi)}\sin(\frac{2f}{l}\xi)\,,$$

$$N_v(\xi) = -D(\xi)\cos\phi(\xi) \quad \rightsquigarrow \quad \underline{\underline{N_v(\xi) = -D_0 e^{-\mu_0\,\frac{2f}{l}(1-\xi)}\cos(\tfrac{2f}{l}\xi)}}\,.$$

Zur Berechnung des Momentenverlaufs ist das Moment aus der Gleichstreckenlast M_q und der Vorspannung M_v zu überlagern:

$$M(\xi) = M_q(\xi) - D(\xi)\cos\phi(\xi)\,y_p(\xi)\,.$$

Mit $M_q = \frac{1}{2}q_0 l^2(1-\xi^2)$, $y_P(\xi)$ und unter Beachtung von $D(\xi) = D_0 e^{-\mu_0\frac{2f}{l}(1-\xi)}$ folgt

$$\underline{\underline{M(\xi) = \frac{q_0 l^2}{2}(1-\xi^2)\left[1 - \cos(\frac{2f}{l}\xi)\frac{e^{\mu_0\frac{2f}{l}}}{e^{\mu_0\frac{2f}{l}(1-\xi)}}\right]}}\,.$$

Die Addition der Querkraft aus der Gleichlast $Q_q(\xi) = -q_0 l\xi$ mit Q_v ergibt

$$Q(\xi) = D_0 e^{-\mu_0\,\frac{2f}{l}(1-\xi)}\sin(\frac{2f}{l}\xi) - q_0 l\xi = \underline{\underline{q_0 l\left[\frac{l}{2f}\sin(\frac{2f}{l}\xi)\frac{e^{\mu_0\frac{2f}{l}}}{e^{\mu_0\frac{2f}{l}(1-\xi)}} - \xi\right]}}\,.$$

Die Momenten- und Querkraftverläufe sind in den nächsten Abbildungen für $q_0 = 1$ kN/m, $l = 10$ m, $f = 0.2$ m und $\mu_0 = 0,3$ dargestellt.

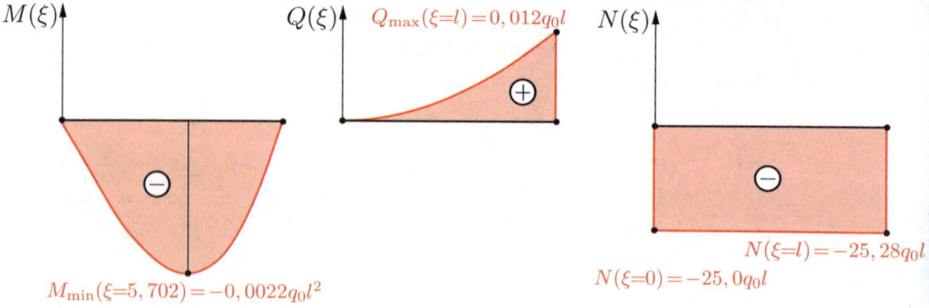

Anmerkungen:

- Die Momenten- und Querkraftverläufe liefern sehr kleine Werte gegenüber dem maximalen Moment aus Gleichlast ($M_q = 50$ kNm) und der maximalen Querkraft am rechten Auflager ($Q = 10$ kN) für die gegebenen Daten. Die Vorspannung eliminiert M_q und Q_q fast vollständig. Damit geht eine Beanspruchung des Balkens durch eine fast konstante Normalkraft (Druck) einher.
- Für kleine Umlenkwinkel ($2f/l \ll 1$) gilt $\cos\phi \approx 1$, $\sin\phi \approx \phi$ und $e^{\pm x} \approx 1 \pm x$, was bei Vernachlässigung von Thermen höherer Ordnung zu den Vereinfachungen führt:

$$M(\xi) = -\mu_0\, f\, q_0 l(1-\xi^2)\xi\,,$$

$$Q(\xi) = 2\mu_0\, f\, q_0\, \xi^2\,,$$

$$N(\xi) = -\frac{q_0 l^2}{2f}\left(1+\mu_0\frac{2f}{l}\xi\right)\,.$$

- Aus den vereinfachten Gleichungen folgt, dass für reibungsfreie Vorspannung Moment und Querkraft im Balken verschwinden und die Normalkraft konstant ist. Dies ist jedoch nur für die Näherungen korrekt, für die exakte Lösung verbleiben Querkraft und Moment

$$M(\xi) = M_q(\xi)\left[1-\cos(\frac{2f}{l}\xi)\right] \quad \text{und } Q(\xi) = q_0 l\left[\frac{l}{2f}\sin(\frac{2f}{l}\xi)-\xi\right]\,.$$

Sie sind aber verschwindend klein.

Kapitel 9

Flächenträgheitsmomente

9

Flächenträgheitsmomente werden in der Balkentheorie benötigt (vgl. Band 2). Die Flächenmomente 2. Ordnung einer Fläche (zum Beispiel der Querschnittsfläche eines Balkens) sind wie folgt definiert:

$$I_y = \int_A z^2 \mathrm{d}A$$

$$I_z = \int_A y^2 \mathrm{d}A$$

$$I_{yz} = I_{zy} = -\int_A yz \mathrm{d}A$$

$$I_p = I_y + I_z = \int_A r^2 \mathrm{d}A$$

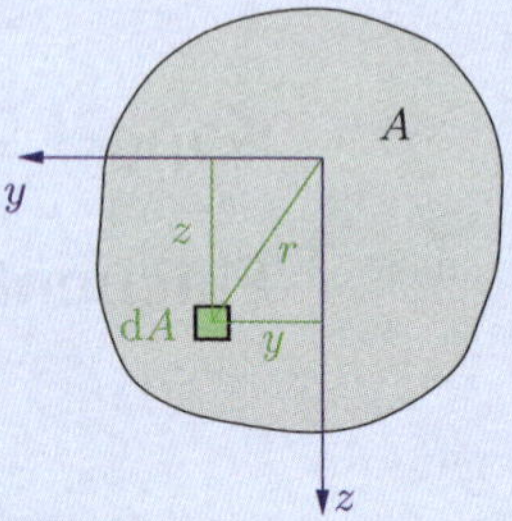

I_y, I_z : axiale Flächenträgheitsmomente bezüglich y- bzw. z-Achse,
I_{yz} : Deviationsmoment (Zentrifugalmoment),
I_p : polares Flächenträgheitmoment.

Beachte: Flächenträgheitsmomente sind von der Lage des Koordinatenursprungs und der Orientierung der Achsen abhängig.

Trägheitsradius: = „Abstand“ i der Fläche A, aus dem mit A das Flächenträgheitsmoment folgt:

$$I_y = i_y^2\, A\,, \quad I_z = i_z^2\, A\,, \quad I_p = i_p^2\, A\,.$$

Parallelverschiebung der Achsen (Satz von Steiner)

$$I_{\bar y} = I_y + \bar z_S^2 A\,,$$

$$I_{\bar z} = I_z + \bar y_S^2 A\,,$$

$$I_{\bar y \bar z} = I_{yz} - \bar y_S \bar z_S A\,.$$

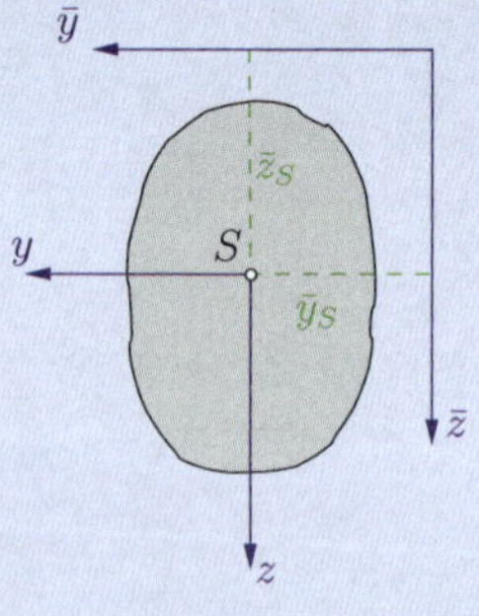

S = Flächenschwerpunkt,
y, z = Schwerachsen.

D. Gross et al., *Formeln und Aufgaben zur Technischen Mechanik 1*,
https://doi.org/10.1007/978-3-662-61864-6_9

Drehung des Achsensystems (Transformationsbeziehungen)

$$I_\eta = \frac{I_y + I_z}{2} + \frac{I_y - I_z}{2}\cos 2\varphi + I_{yz}\sin 2\varphi\,,$$
$$I_\zeta = \frac{I_y + I_z}{2} - \frac{I_y - I_z}{2}\cos 2\varphi - I_{yz}\sin 2\varphi\,,$$
$$I_{\eta\zeta} = -\frac{I_y - I_z}{2}\sin 2\varphi + I_{yz}\cos 2\varphi\,.$$

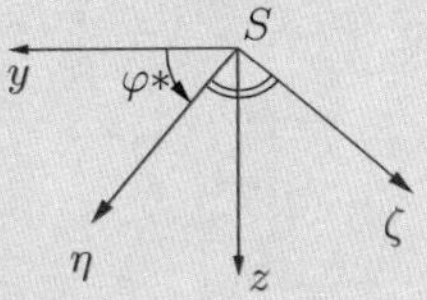

Hauptträgheitsmomente: Für jede Fläche gibt es zwei aufeinander senkrecht stehende Achsen (*Hauptachsen*), für die die Trägheitsmomente I_η und I_ζ Extremwerte (*Hauptträgheitsmomente*) annehmen und für die das Deviationsmoment $I_{\eta\zeta}$ verschwindet.

Hauptträgheitsmomente:

$$I_{1,2} = \frac{I_y + I_z}{2} \pm \sqrt{\left(\frac{I_y - I_z}{2}\right)^2 + I_{yz}^2}\,.$$

Hauptachsenrichtung:

$$\tan 2\varphi^* = \frac{2I_{yz}}{I_y - I_z}\,.$$

Anmerkungen:

- Bei einer symmetrischen Fläche sind die Symmetrieachse und die dazu senkrechte Achse Hauptachsen.
- Flächenträgheitsmomente sind Komponenten eines Tensors (*Trägheitstensor*).
- Trägt man die Wertepaare $(I_\eta\,, I_{\eta\zeta})$ bzw. $(I_\zeta\,, I_{\eta\zeta})$ für alle möglichen Winkel in einem Koordinatensystem (Abszisse = axiales Flächenträgheitsmoment, Ordinate = Deviationsmoment) auf, so ergibt sich der *Trägheitskreis*. Die Konstruktion des Trägheitskreises erfolgt analog zum MOHR*schen Spannungskreis* (siehe Band 2).
- Die Größen $I_\eta + I_\zeta = I_p$ und $I_\eta I_\zeta - I_{\eta\zeta}^2$ sind *Invarianten,* d.h. sie sind unabhängig vom Winkel φ.

Rechteck

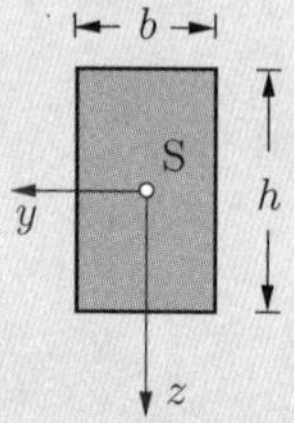

$$I_y = \frac{b\,h^3}{12}\,, \qquad i_y = \frac{\sqrt{3}}{6}\,h\,,$$
$$I_z = \frac{h\,b^3}{12}\,, \qquad i_z = \frac{\sqrt{3}}{6}b\,,$$
$$I_{yz} = 0\,,$$
$$I_p = I_y + I_z = \frac{b\,h}{12}(h^2 + b^2)\,.$$

Quadrat

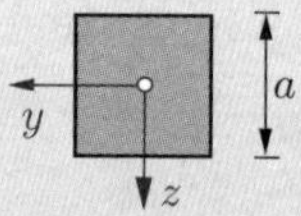

$$I_y = I_z = \frac{a^4}{12}\,, \qquad i_y = i_z = \frac{\sqrt{3}}{6}\,a\,,$$
$$I_p = \frac{a^4}{6}\,.$$

Kreis

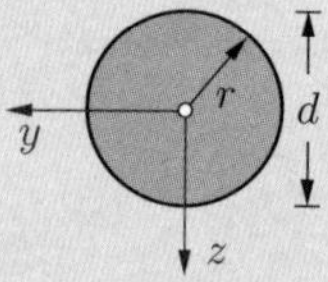

$$I_y = I_z = \frac{\pi\,r^4}{4} = \frac{\pi\,d^4}{64}\,, \qquad i_y = i_z = \frac{r}{2}\,,$$
$$I_p = \frac{\pi\,r^4}{2} = \frac{\pi\,d^4}{32}\,, \qquad i_p = \frac{\sqrt{2}}{2}r\,.$$

Kreisring

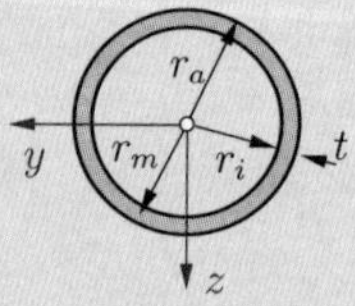

$$I_y = I_z = \frac{\pi}{4}(r_a^4 - r_i^4)\,, \qquad i_y = i_z = \frac{1}{2}\,\sqrt{r_a^2 + r_i^2}\,,$$
$$I_p = 2\,I_y, \qquad i_p = \frac{\sqrt{2}}{2}\,\sqrt{r_a^2 + r_i^2},$$

mit $t = r_a - r_i$ und $r_m = (r_a + r_i)/2$ folgt für den dünnwandigen Ring ($t \ll r_m$)

$$I_y = I_z \approx \pi r_m^3 t\,, i_y = i_z \approx \frac{\sqrt{2}}{2}\,r_m\,.$$

Gleichschenkliges Dreieck

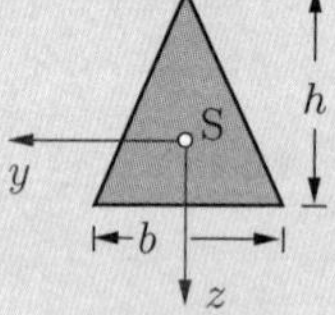

$$I_y = \frac{b\,h^3}{36}\,, \qquad i_y = \frac{h}{3\sqrt{2}}\,,$$
$$I_z = \frac{h\,b^3}{48}\,, \qquad i_z = \frac{b}{2\sqrt{6}}\,.$$

Aufgabe 9.1 Für einen Viertelkreis vom Radius a ermittle man: **A9.1**

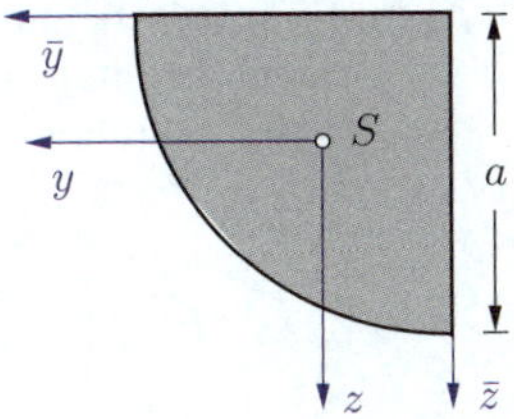

a) $I_{\bar{y}}$, $I_{\bar{z}}$, $I_{\bar{y}\bar{z}}$,
b) I_y, I_z, I_{yz} (y,z Schwerachsen)
c) die Richtung der Hauptachsen,
d) die Hauptträgheitsmomente.

Lösung **a)** Wir verwenden zweckmäßig Polarkoordinaten. Dann ergeben sich mit dem Flächenelement

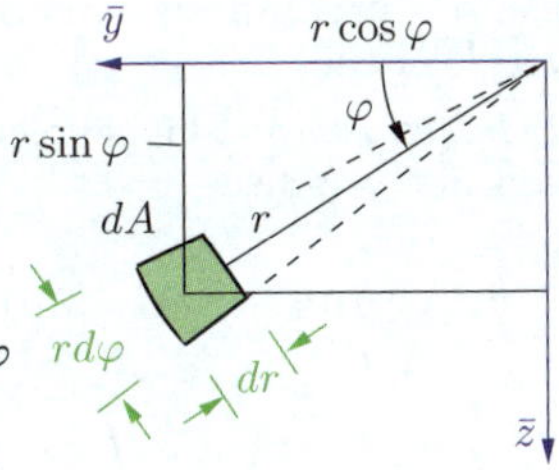

$$\mathrm{d}A = r\mathrm{d}r\mathrm{d}\varphi$$

die Ergebnisse

$$\underline{\underline{I_{\bar{z}}}} = \int_A \bar{y}^2 \mathrm{d}A = \int_0^{\pi/2}\int_0^a (r^2\cos^2\varphi) r\mathrm{d}r\mathrm{d}\varphi$$

$$= \frac{r^4}{4}\bigg|_0^a \left(\frac{\varphi}{2} + \frac{1}{4}\sin 2\varphi\right)\bigg|_0^{\pi/2} = \underline{\underline{\frac{\pi\, a^4}{16}}},$$

$$\underline{\underline{I_{\bar{y}}}} = \underline{\underline{I_{\bar{z}}}} \qquad \text{(Symmetrie !)},$$

$$\underline{\underline{I_{\bar{y}\bar{z}}}} = -\int_0^{\pi/2}\int_0^a (r\cos\varphi)(r\sin\varphi)\, r\,\mathrm{d}r\,\mathrm{d}\varphi = -\frac{a^4}{4}\,\frac{1}{2} = \underline{\underline{-\frac{a^4}{8}}}.$$

b) Nach dem STEINERschen Satz wird mit $\bar{y}_S = \bar{z}_S = 4a/3\pi$ (vgl. Schwerpunkt, S.32)

$$\underline{\underline{I_y = I_z}} = I_{\bar{y}} - \bar{z}_S^2 A = \frac{\pi\, a^4}{16} - \left(\frac{4\,a}{3\pi}\right)^2 \frac{\pi\, a^2}{4} = \underline{\underline{\left(\frac{\pi}{16} - \frac{4}{9\pi}\right)a^4}},$$

$$\underline{\underline{I_{yz}}} = I_{\bar{y}\bar{z}} + \bar{y}_S\bar{z}_S A = \underline{\underline{\left(-\frac{1}{8} + \frac{4}{9\,\pi}\right)a^4}}.$$

c) Wegen der Symmetrie ist

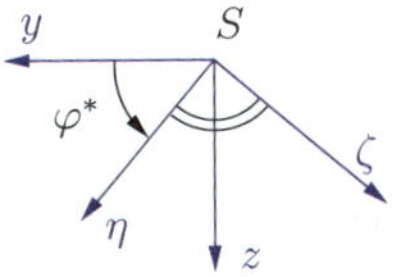

$$\underline{\underline{\varphi_1^* = \pi/4}} \quad \leadsto \quad \underline{\underline{\varphi_2^*}} = \varphi_1^* + \pi/2 = \underline{\underline{3\,\pi/4}}$$

d) Mit $I_y = I_z$ ergibt sich

$$\underline{\underline{I_1}} = I_y + I_{yz} = \underline{\underline{\left(\frac{\pi}{16} - \frac{1}{8}\right)a^4}},$$

$$\underline{\underline{I_2}} = I_y - I_{yz} = \underline{\underline{\left(\frac{\pi}{16} - \frac{8}{9\,\pi} + \frac{1}{8}\right)a^4}}.$$

A9.2

Aufgabe 9.2 Für ein rechtwinkliges Dreieck ermittle man die Flächenträgheitsmomente I_y, I_z, I_{yz}.

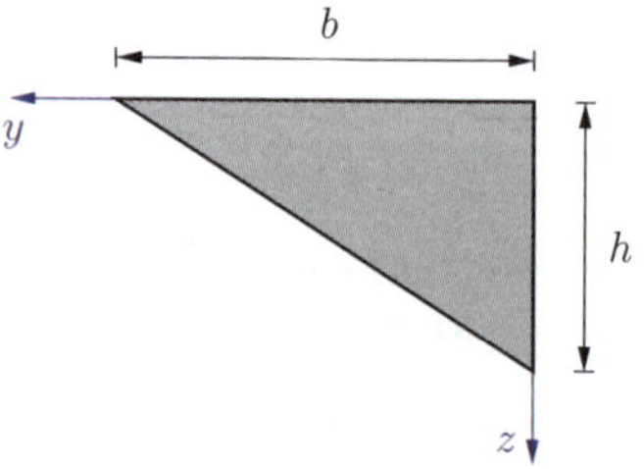

Lösung Die Integration lässt sich durch Wahl geeigneter Flächenelemente durchführen. Am Beispiel von I_y wollen wir drei Möglichkeiten vergleichen.

1. Lösungsweg: Flächenelement dA (Breite y, Höhe dz) im Abstand z von der y-Achse.

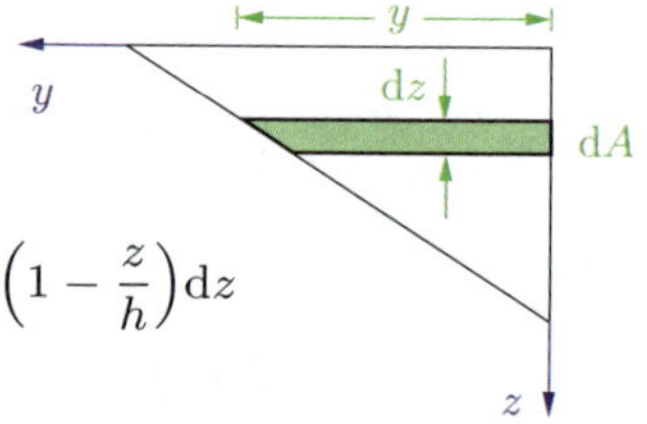

$$\mathrm{d}A = y\,\mathrm{d}z\,, \qquad y = b\Big(1 - \frac{z}{h}\Big)\,,$$

$$\underline{\underline{I_y}} = \int z^2 \mathrm{d}A = \int z^2 (y\,\mathrm{d}z) = \int_0^h z^2 b\Big(1 - \frac{z}{h}\Big)\mathrm{d}z$$

$$= b\left(\frac{z^3}{3} - \frac{z^4}{4h}\right)\Bigg|_0^h = \underline{\underline{\frac{b\,h^3}{12}}}\,.$$

2. Lösungsweg: „Summation" (=Integration) der Flächenträgheitsmomente infinitesimaler Rechtecke (Höhe z, Breite dy).

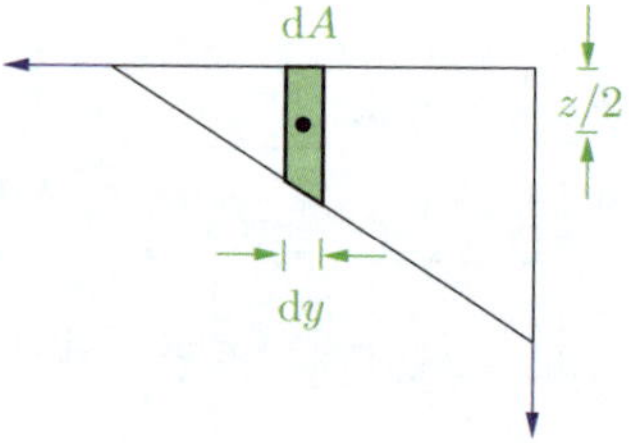

$$\mathrm{d}A = z\,\mathrm{d}y\,, \quad \mathrm{d}y = -\,\frac{b}{h}\,\mathrm{d}z\,.$$

Da die Schwerachse des Elementes dA nicht mit der y-Achse zusammenfällt, muss der STEINERsche Satz angewendet werden. Mit

$$\mathrm{d}I_y = \frac{\mathrm{d}y\ z^3}{12} + \Big(\frac{z}{2}\Big)^2 z\ \mathrm{d}y = \frac{1}{3}\ z^3\mathrm{d}y$$

erhält man

$$\underline{\underline{I_y}} = \int_0^b \mathrm{d}I_y = -\frac{b}{3\,h}\int_h^0 z^3\mathrm{d}z = -\frac{b}{3\,h}\ \frac{z^4}{4}\Bigg|_h^0 = \underline{\underline{\frac{b\,h^3}{12}}}$$

(wegen der Integration über y von 0 bis b muss über z von h bis 0 integriert werden!).

3. Lösungsweg: Flächenelement $\mathrm{d}A$ (Breite $\mathrm{d}y$, Höhe $\mathrm{d}z$) im Abstand z von der y-Achse.

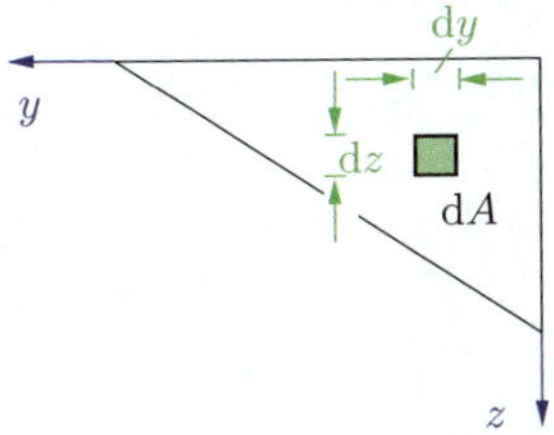

$$\mathrm{d}A = \mathrm{d}y\,\mathrm{d}z\,,$$

Die Integration liefert

$$\underline{\underline{I_y}} = \int\int z^2\,\mathrm{d}y\,\mathrm{d}z$$

$$= \int\limits_0^b \left\{ \int\limits_0^{z(y)} z^2 \mathrm{d}z \right\} \mathrm{d}y$$

$$= \int\limits_0^b \left\{ \frac{z^3}{3}\bigg|_0^{h-\frac{h}{b}y} \right\} \mathrm{d}y = \frac{1}{3}\int\limits_0^b \left\{ h^3 - 3\frac{h^3}{b}y + 3\frac{h^3}{b^2}y^2 - \frac{h^3}{b^3}y^3 \right\} \mathrm{d}y$$

$$= \frac{1}{3}\left[h^3 b - \frac{3}{2}h^3 b + h^3 b - \frac{1}{4}h^3 b \right] = \underline{\underline{\frac{1}{12}bh^3}}\,.$$

Man erkennt, dass der 1. Lösungsweg am einfachsten ist, weil hier das gesamte Element gleichen Abstand von der Bezugsachse hat.

Das Flächenträgheitsmoment I_z folgt aus I_y durch Vertauschung der beiden Dreiecksseiten:

$$\underline{\underline{I_z = \frac{hb^3}{12}}}\,.$$

Das Deviationsmoment wird mit dem Flächenelement aus dem 1. Lösungsweg berechnet. Da das Deviationsmoment bezüglich der Schwerachsen des Elementes verschwindet, bleibt nur der STEINERsche Anteil:

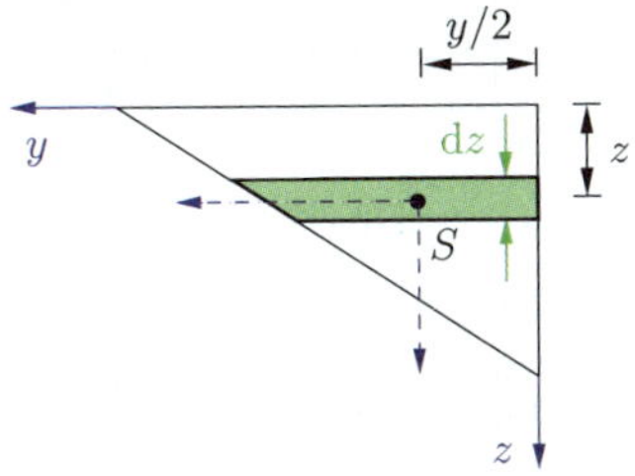

$$\underline{\underline{I_{yz}}} = -\int\int \frac{y}{2}\, z(y\,\mathrm{d}z)$$

$$= -\int\limits_0^h \frac{1}{2}zb^2\left(1 - 2\frac{z}{h} + \frac{z^2}{h^2}\right)\mathrm{d}z$$

$$= -\frac{1}{2}b^2\left(\frac{h^2}{2} - \frac{2h^2}{3} + \frac{h^2}{4}\right) = \underline{\underline{-\frac{b^2h^2}{24}}}\,.$$

A9.3 **Aufgabe 9.3** Für das nebenstehende Profil konstanter Wanddicke t sind die Hauptachsen und die Hauptträgheitsmomente zu bestimmen.

Gegeben: $a = 10$ cm, $t = 1$ cm.

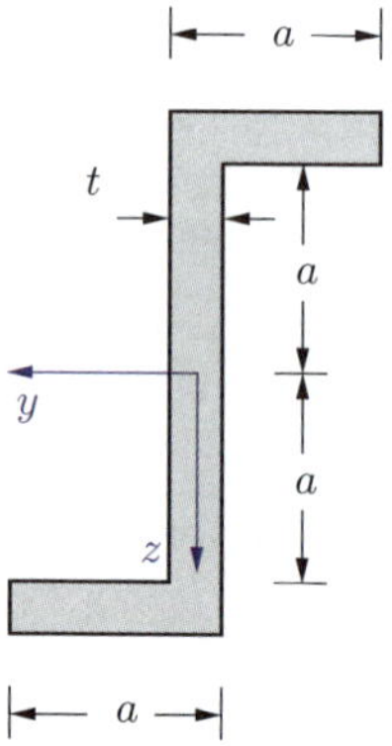

Lösung Wir ermitteln zunächst die Trägheitsmomente bezüglich der y- und der z-Achse. Dazu zerlegen wir das Profil in drei Rechtecke. Das Trägheitsmoment jedes Rechtecks setzt sich nach dem STEINERschen Satz aus dem Flächenmoment bezüglich der eigenen Schwerachse und dem STEINERschen Anteil zusammen:

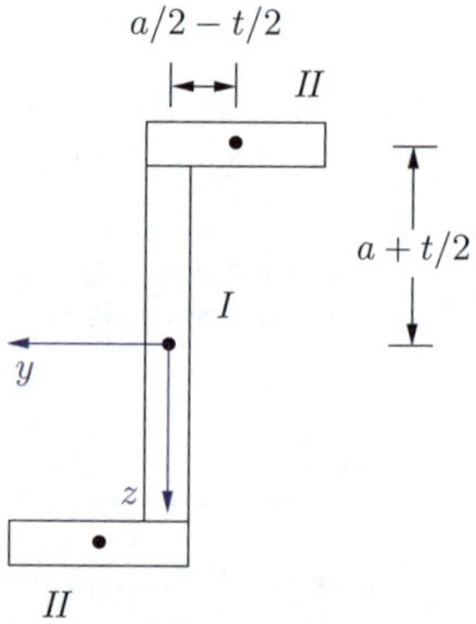

$$I_y = \frac{t(2a)^3}{12} + 2\left\{\frac{at^3}{12} + \left(a + \frac{t}{2}\right)^2 at\right\}$$
$$= 2873 \text{ cm}^4 ,$$

$$I_z = \frac{(2a)t^3}{12} + 2\left\{\frac{ta^3}{12} + \left(\frac{a}{2} - \frac{t}{2}\right)^2 at\right\}$$
$$= 573 \text{ cm}^4 .$$

Die Deviationsmomente der Teilflächen bezüglich der eigenen Schwerachsen sind Null. Demnach folgt I_{yz} nur aus den STEINER-Anteilen der Flächen II :

$$I_{yz} = -2\left[\left(a + \frac{t}{2}\right)\left(\frac{a}{2} - \frac{t}{2}\right) at\right] = -945 \text{ cm}^4 .$$

Die Richtung der Hauptachsen folgt aus

$$\tan 2\varphi^* = \frac{2I_{yz}}{I_y - I_z} = \frac{2 \cdot (-945)}{2873 - 573} = -0,822$$

zu

$$2\varphi^* = -39,4^\circ \quad \rightsquigarrow \quad \underline{\underline{\varphi_1^*}} = \underline{\underline{-19,7^\circ}}\,,$$

$$\underline{\underline{\varphi_2^*}} = \varphi_1^* + 90^\circ = \underline{\underline{70,3^\circ}}\,.$$

Für die Hauptträgheitsmomente ergibt sich

$$I_{1,2} = \frac{2873 + 573}{2} \pm \sqrt{\left(\frac{2873 - 573}{2}\right)^2 + 945^2} = 1723 \pm 1488$$

$$\rightsquigarrow \quad \underline{\underline{I_1 = 3211 \text{ cm}^4}}\,, \qquad \underline{\underline{I_2 = 235 \text{ cm}^4}}\,.$$

Welches Hauptträgheitsmoment zu welcher Hauptrichtung gehört, lässt sich *formal* nur durch Einsetzen in die Transformationsbeziehungen oder am „Trägheitskreis“ entscheiden. Anschaulich ist im Beispiel jedoch klar, dass zu φ_1^* das größte Trägheitsmoment I_1 gehört, da die Flächenabstände in diesem Fall größer sind als bei der Richtung φ_2^*.

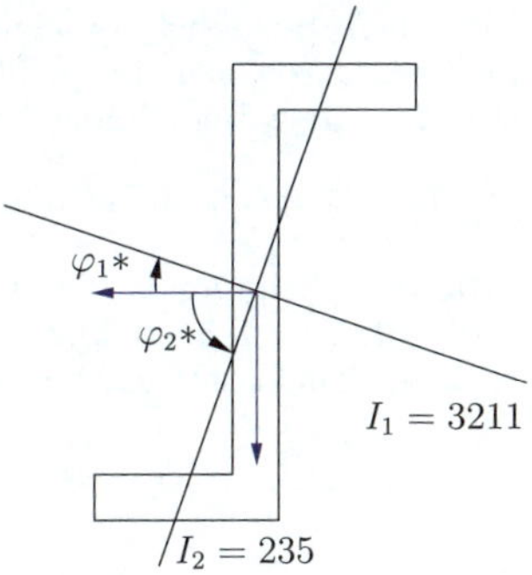

Anmerkungen:

- Im Zahlenbeispiel lassen sich leicht die beiden *Invarianten* überprüfen:
  a) $I_y + I_z = I_1 + I_2 = 3446 \text{ cm}^4\,,$
  b) $I_y I_z - I_{yz}^2 = I_1 I_2 = 7,5 \cdot 10^5 \text{ cm}^8\,.$

- Für ein dünnwandiges Profil ($t \ll a$) kann man Glieder kleiner Größenordnung vernachlässigen. Dann werden

$$I_y \simeq \frac{8}{3} t a^3 = 2667 \text{ cm}^4, \qquad I_z \simeq \frac{2}{3} t a^3 = 667 \text{ cm}^4,$$

$$I_{yz} \simeq -t a^3 = -1000 \text{ cm}^4, \qquad \varphi^* \simeq -22.5^\circ\,,$$

$$I_1 \simeq 3080 \text{ cm}^4, \qquad I_2 \simeq 252 \text{ cm}^4.$$

Im Zahlenbeispiel liefern diese Näherungen ungenaue Ergebnisse, da hier die Bedingung $t \ll a$ nicht erfüllt ist.

A9.4 **Aufgabe 9.4** Für den dünnwandigen Querschnitt ($t \ll a$) sollen die Hauptachsen sowie die Hauptträgheitsmomente bezüglich der Schwerachse bestimmt werden.

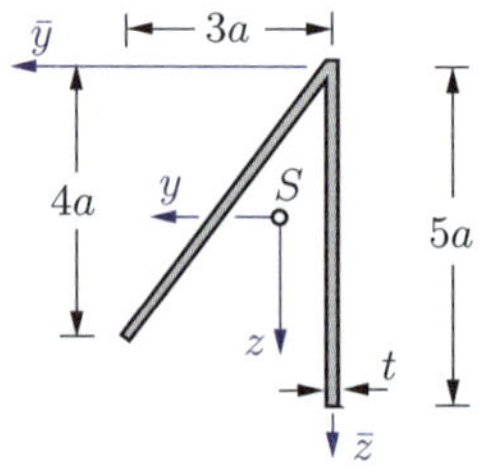

Lösung Wir bestimmen zunächst die Schwerpunktskoordinaten:

$$\bar{y}_s = \frac{\frac{3}{2}a\,5at}{2\cdot 5at} = \frac{3}{4}a\,, \qquad \bar{z}_s = \frac{2a\,5at + \frac{5}{2}a\,5at}{2\cdot 5at} = \frac{9}{4}a\,.$$

Die Trägheitsmomente des schrägen Schenkels bezüglich der eigenen Schwerachsen lassen sich mit Einführung der Koordinate s berechnen. Es gilt

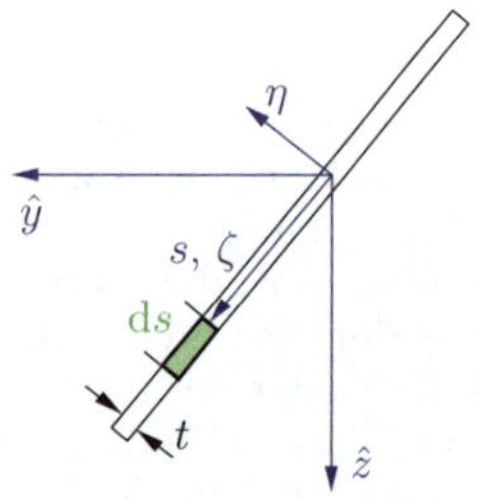

$$\mathrm{d}A = t\,\mathrm{d}s \quad \text{und} \quad s^2 = \hat{y}^2 + \hat{z}^2\,.$$

Mit der Steigung m des Querschnittsteils gilt $\hat{z} = m\,\hat{y}$, so dass $\hat{y}$ und $\hat{z}$ durch s ausgedrückt werden können:

$$\hat{y}^2 = \frac{1}{1+m^2}\,s^2\,, \quad \hat{z}^2 = \frac{m^2}{1+m^2}\,s^2\,.$$

Damit ergeben sich die Trägheitsmomente zu

$$I_{\hat{y}} = \int \hat{z}^2\,\mathrm{d}A = \int_{-2,5a}^{2,5a} \frac{m^2}{1+m^2}\,s^2\,t\,\mathrm{d}s = \frac{m^2}{1+m^2}\,\frac{125}{12}\,a^3\,t\,,$$

$$I_{\hat{z}} = \int \hat{y}^2\,\mathrm{d}A = \int_{-2,5a}^{2,5a} \frac{1}{1+m^2}\,s^2\,t\,\mathrm{d}s = \frac{1}{1+m^2}\,\frac{125}{12}\,a^3\,t\,,$$

$$I_{\hat{y}\hat{z}} = -\int \hat{y}\hat{z}\,\mathrm{d}A = \int_{-2,5a}^{2,5a} \frac{m}{1+m^2}\,s^2\,t\,\mathrm{d}s = -\frac{m}{1+m^2}\,\frac{125}{12}\,a^3\,t\,.$$

Für den gegebenen Querschnitt ist die Steigung $m = \frac{4}{3}$, so dass man erhält:

$$I_{\hat{y}} = \frac{20}{3}\,a^3\,t\,, \qquad I_{\hat{z}} = \frac{15}{4}\,a^3\,t\,, \qquad I_{\hat{y}\hat{z}} = -5\,a^3\,t\,.$$

Dieses Ergebnis hätte man auch durch Anwendung der Transformationsgleichungen ermitteln können. So folgt für die gegebene Geometrie zum Beispiel für $I_{\hat{y}}$ mit $\varphi = -\arctan\frac{3}{4} = -36,87°$ und den Trägheitsmomenten $I_\eta = (5a)^3\,t\,/\,12, \quad I_\zeta = I_{\eta\zeta} = 0$

$$I_{\hat{y}} = \frac{I_\eta + I_\zeta}{2} + \frac{I_\eta - I_\zeta}{2}\cos 2\varphi + I_{\eta\zeta}\sin 2\varphi$$
$$= \frac{1}{2}\,[1 + \cos(-73.74°)]\,\frac{(5a)^3\,t}{12} = \frac{20}{3}\,a^3\,t\,.$$

Zur Berechnung der Trägheitsmomente des gesamten Querschnitts bezüglich des Schwerachsensystems sind noch bei beiden Schenkeln die STEINER Anteile hinzuzunehmen. Man erhält

$$I_y = \frac{20}{3}a^3\,t + 5at\,(\frac{9}{4}a - 2a)^2 + \frac{(5a)^3\,t}{12} + 5at\,(\frac{5}{2}a - \frac{9}{4}a)^2 = \frac{425}{24}\,a^3\,t,$$
$$I_z = \frac{15}{4}a^3\,t + 5at\,(\frac{3}{2}a - \frac{3}{4}a)^2 + 0 + 5at\,(\frac{3}{4}a)^2 = \frac{225}{24}\,a^3\,t\,,$$
$$I_{yz} = -5\,a^3\,t - 5at\,(\frac{3}{2}a - \frac{3}{4}a)(2\,a - \frac{9}{4}a) - 5at\,(-\frac{3}{4}a)(\frac{5}{2}a - \frac{9}{4}a)$$
$$= -\frac{25}{8}\,a^3\,t\,.$$

Die Hauptachsenrichtungen ergeben sich damit zu

$$\tan 2\,\varphi^* = \frac{2\,I_{yz}}{I_y - I_z} = \frac{-\frac{25}{4}\,a^3\,t}{\frac{425-225}{24}\,a^3\,t} = -\frac{3}{4} \quad \rightsquigarrow \quad \underline{\underline{\varphi_1^* = -18,43°}}\,, \quad \underline{\underline{\varphi_2^* = \;\; 71,57°}}\,.$$

Dieses Ergebnis lässt sich auch aus der Symmetrie des Querschnittes bezüglich der Achse 2–2 ablesen. Die Steigung der Achse 2–2 beträgt

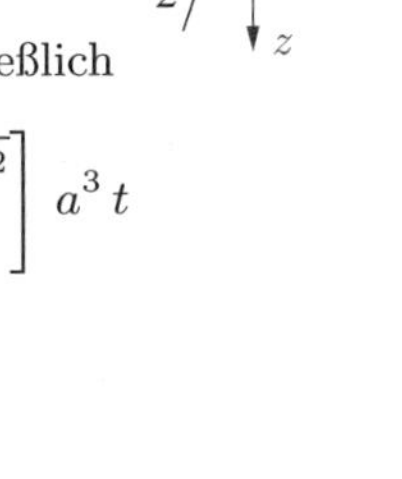

$$m_{2-2} = 3\,,$$

was auf $\varphi_2^* = 71,57^o$ führt.

Für die Hauptträgheitsmomente erhält man schließlich

$$I_{1,2} = \left[\frac{425+225}{48} \pm \sqrt{\left(\frac{425-225}{48}\right)^2 + \left(\frac{25}{8}\right)^2}\,\right]\,a^3\,t$$
$$= \left[\frac{325}{24} \pm \frac{125}{24}\right]\,a^3\,t$$
$$\rightsquigarrow \quad \underline{\underline{I_1 = \frac{75}{4}\,a^3\,t}}\,, \qquad \underline{\underline{I_2 = \frac{25}{3}\,a^3\,t}}\,.$$

A9.5 **Aufgabe 9.5** Für das unsymmetrische Z-Profil ($t = \text{const}$) bestimme man die Trägheitsmomente I_y, I_z und das Deviationsmoment I_{yz} für kleine t ($t \ll h, b$).

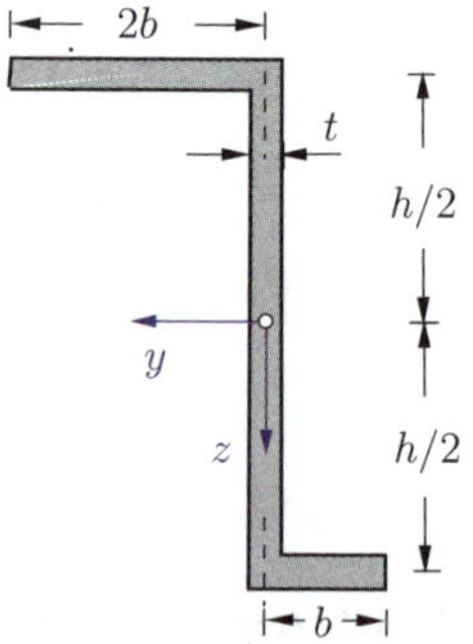

Lösung Wir zerlegen die Fläche in 3 Rechtecke und wenden den STEINERschen Satz an:

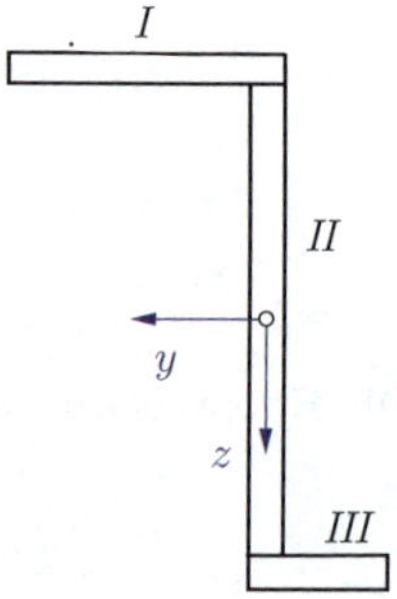

$$I_y = \overbrace{\left(2b + \frac{t}{2}\right)\frac{t^3}{12} + t\left(2b + \frac{t}{2}\right)\left(\frac{h}{2}\right)^2}^{I} + \overbrace{\frac{t(h-t)^3}{12}}^{II} + \overbrace{\left(b + \frac{t}{2}\right)\frac{t^3}{12} + t\left(b + \frac{t}{2}\right)\left(\frac{h}{2}\right)^2}^{III}.$$

Mit $t \ll h, b$ vereinfacht sich dieser Ausdruck zu

$$\underline{\underline{I_y}} = \overbrace{2bt\,\frac{h^2}{4}}^{I} + \overbrace{t\,\frac{h^3}{12}}^{II} + \overbrace{bt\,\frac{h^2}{4}}^{III} = \underline{\underline{b\,th^2\left(\frac{3}{4} + \frac{1}{12}\,\frac{h}{b}\right)}}.$$

Wenn wir bei I_z und I_{yz} die kleinen Glieder sofort vernachlässigen, folgt

$$\underline{\underline{I_z}} = \overbrace{\left[\frac{t(2b)^3}{12} + (2bt)b^2\right]}^{I} + \overbrace{\left[\frac{tb^3}{12} + bt\left(\frac{b}{2}\right)^2\right]}^{III} = \underline{\underline{3\,t\,b^3}},$$

$$\underline{\underline{I_{zy}}} = -\overbrace{\left[b\left(-\frac{h}{2}\right)2\,b\,t\right]}^{I} + \overbrace{\left[\left(-\frac{b}{2}\right)\frac{h}{2}\,b\,t\right]}^{III} = \underline{\underline{\frac{5}{4}\,t\,b^2 h}}.$$

Anmerkungen:

- y, z gehen in diesem Beispiel *nicht* durch den Schwerpunkt.
- I_{yz} wird nur durch die STEINER-Glieder gebildet.

Aufgabe 9.6 Die Trägheitsmomente der Fläche in Bezug auf die Achsen $\bar{y}$, $\bar{z}$ sollen im Verhältnis 1:5 stehen.

Wie groß muss die Seitenlänge b des herausgeschnittenen kleinen Quadrates gewählt werden?

A9.6

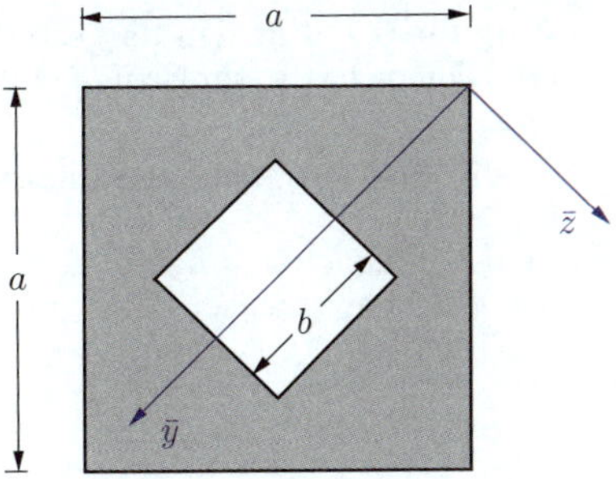

Lösung Für ein Quadrat (Seitenlänge a) folgt aus den Transformationsbeziehungen mit den Trägheitsmomenten bezüglich der Schwerachsen

$$I_y = I_z = \frac{a^4}{12}\,, \qquad I_{yz} = 0$$

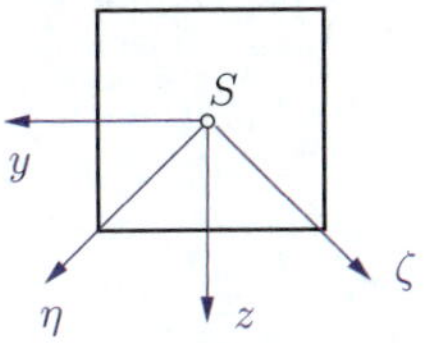

für die gedrehten Achsen η, ζ

$$I_\eta = I_\zeta = \frac{a^4}{12}$$

(beim Quadrat sind alle Achsen durch den Schwerpunkt Hauptachsen!). Daher wird für die gegebene Fläche

$$I_{\bar{y}} = \frac{a^4}{12} - \frac{b^4}{12} = \frac{1}{12}\,(a^2+b^2)(a^2-b^2)\,.$$

Mit dem STEINERschen Satz ergibt sich

$$I_{\bar{z}} = \frac{1}{12}\,(a^4-b^4) + \left(\frac{\sqrt{2}}{2}a\right)^2 (a^2-b^2)\,.$$

Aus der Forderung

$$\frac{I_{\bar{z}}}{I_{\bar{y}}} = 5$$

erhält man damit die gesuchte Seitenlänge b :

$$5 = \frac{\frac{1}{12}(a^4-b^4) + \frac{a^2}{2}(a^2-b^2)}{\frac{1}{12}(a^4-b^4)} = 1 + \frac{6}{1+\left(\frac{b}{a}\right)^2}$$

$$\leadsto \quad 1+\left(\frac{b}{a}\right)^2 = \frac{6}{4} \quad \leadsto \quad \left(\frac{b}{a}\right)^2 = \frac{1}{2} \quad \leadsto \quad \underline{\underline{b = \frac{1}{2}\sqrt{2}\,a}}\,.$$

A9.7

Aufgabe 9.7 Für den dargestellten Querschnitt sind zu ermitteln:

a) die Schwerpunktskoordinaten $\bar{y}_S$, $\bar{z}_S$,

b) die Trägheitsmomente bezüglich der Schwerachsen y, z.

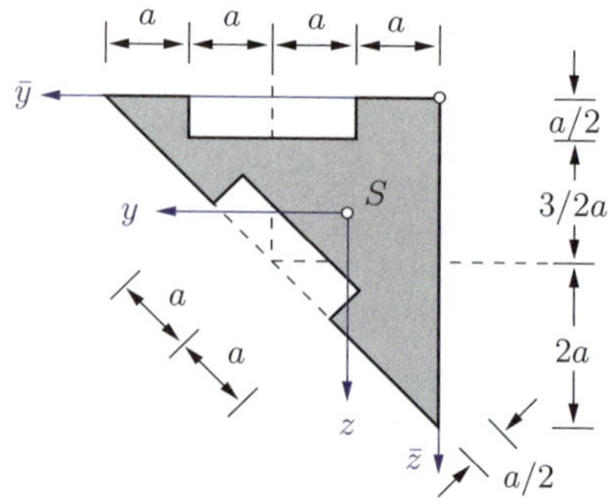

Lösung a) Die Berechnung der Schwerpunktskoordinaten erfolgt mittels der bekannten Schwerpunktslagen der einzelnen Teilflächen:

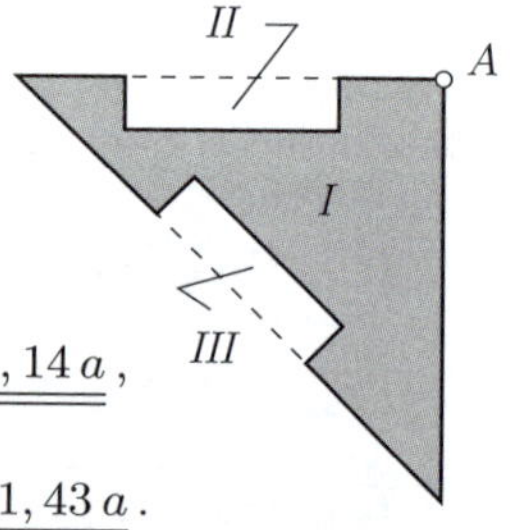

$$\underline{\underline{\bar{y}_S}} = \frac{(\frac{4}{3}a)\,8\,a^2 - (2\,a)\,a^2 - (2\,a - \frac{1}{4\sqrt{2}}\,a)a^2}{8\,a^2 - a^2 - a^2} \approx \underline{\underline{1,14\,a}}\,,$$

$$\underline{\underline{\bar{z}_S}} = \frac{(\frac{4}{3}a)\,8\,a^2 - (\frac{1}{4}\,a)\,a^2 - (2\,a - \frac{1}{4\sqrt{2}}\,a)\,a^2}{6\,a^2} \approx \underline{\underline{1,43\,a}}\,.$$

b) Aus den bekannten Werten für das Rechteck bestimmen wir durch Drehung um 45° zunächst das Trägheitsmoment der Teilfläche *III* bezüglich der Achsen $\hat{y}$, $\hat{z}$:

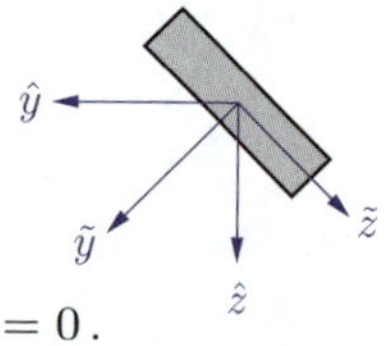

$$I_{\tilde{y}} = \frac{(2a)^3\,\frac{1}{2}a}{12} = \frac{a^4}{3}\,, \qquad I_{\tilde{z}} = \frac{\left(\frac{1}{2}a\right)^3 2\,a}{12} = \frac{a^4}{48}\,, \qquad I_{\tilde{y}\tilde{z}} = 0\,.$$

$$\leadsto \quad I_{\hat{y}} = I_{\hat{z}} = \frac{1}{2}\,(I_{\tilde{y}} + I_{\tilde{z}}) = \frac{17}{96}\,a^4, \quad I_{\hat{y}\hat{z}} = \frac{1}{2}\,(I_{\tilde{y}} - I_{\tilde{z}}) = \frac{5}{32}\,a^4.$$

Nun ermitteln wir die Trägheitsmomente bezüglich der Achsen durch den Punkt A, indem *II* und *III* als negative Teilflächen betrachtet werden:

$$I_{\bar{y}} = \frac{(4\,a)^4}{12} - (\frac{a^4}{48} + \frac{a^4}{16}) - (\frac{17}{96}\,a^4 + (2\,a - \frac{a}{4\sqrt{2}})^2 a^2) \approx 17,75\,a^4\,,$$

$$I_{\bar{z}} = \frac{(4\,a)^4}{12} - (\frac{a^4}{3} + 4\,a^4) - (\frac{17}{96}\,a^4 + (2\,a - \frac{a}{4\sqrt{2}})^2 a^2) \approx 13,50\,a^4\,,$$

$$I_{\bar{y}\bar{z}} = -\frac{(4\,a)^4}{24} - (0 - \frac{a^4}{2}) - (\frac{5}{32}\,a^4 - (2\,a - \frac{a}{4\sqrt{2}})^2 a^2) \approx -7,00\,a^4\,.$$

Durch Anwendung des STEINERschen Satzes erhält man schließlich die gesuchten Trägheitsmomente bezüglich der Schwerachsen:

$$\underline{\underline{I_y}} = I_{\bar y} - \bar z_S^2\,A \approx 17{,}75\,a^4 - (1{,}43\,a)^2\;6\,a^2 \approx \underline{\underline{5{,}48\,a^4}}\,,$$

$$\underline{\underline{I_z}} = I_{\bar z} - \bar y_S^2\,A \approx 13{,}50\,a^4 - (1{,}14\,a)^2\;6\,a^2 \approx \underline{\underline{5{,}70\,a^4}}\,,$$

$$\underline{\underline{I_{yz}}} = I_{\bar y\bar z} + \bar z_S\,\bar y_S\,A \approx -7{,}00\,a^4 + (1{,}43\,a)\,(1{,}14\,a)\;6\,a^2 \approx \underline{\underline{2{,}78\,a^4}}\,.$$

Aufgabe 9.8 Für den dargestellten Querschnitt sollen ermittelt werden: A9.8

a) I_y, I_z, I_{yz},
b) die Hauptachsenrichtungen,
c) die Hauptträgheitsmomente.

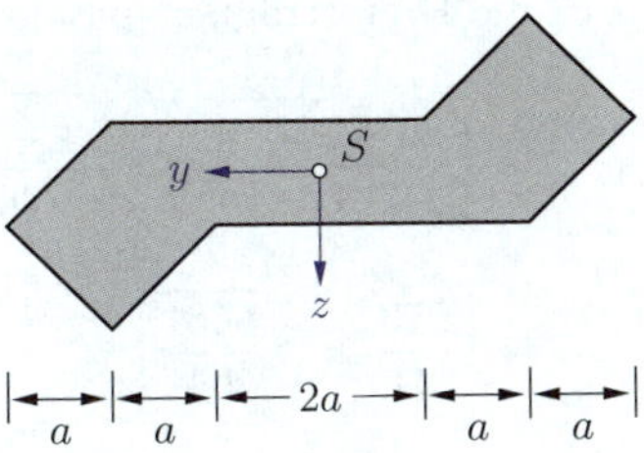

Lösung a) Der Querschnitt wird in 5 Teilflächen unterteilt. Da die Fläche punktsymmetrisch bezüglich S ist, sind die Anteile an den Gesamtflächenträgheitsmomenten aus den Teilflächen I und $\bar I$ bzw. II und $\overline{II}$ gleich groß:

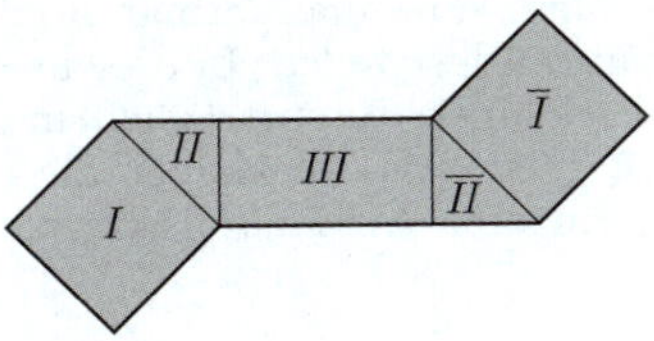

$$\underline{\underline{I_y}} = \overbrace{2\left[\frac{a^4}{3} + \left(\frac{a}{2}\right)^2 2\,a^2\right]}^{I \text{ und } \bar I} + \overbrace{2\left[\frac{a^4}{36} + \left(-\frac{a}{6}\right)^2\frac{a^2}{2}\right]}^{II \text{ und } \overline{II}} + \overbrace{\frac{2\,a^4}{12}}^{III} = \underline{\underline{\frac{23}{12}\,a^4}}\,,$$

$$\underline{\underline{I_z}} = \overbrace{2\left[\frac{a^4}{3} + (2\,a)^2\;2\,a^2\right]}^{I \text{ und } \bar I} + \overbrace{2\left[\frac{a^4}{36} + \left(\frac{4\,a}{3}\right)^2\frac{a^2}{2}\right]}^{II \text{ und } \overline{II}} + \overbrace{\frac{a\,(2\,a)^3}{12}}^{III} = \underline{\underline{\frac{115}{6}\,a^4}}\,,$$

$$\underline{\underline{I_{yz}}} = \overbrace{2\left[0-(2\,a)\left(\frac{a}{2}\right)2\,a^2\right]}^{I \text{ und } \overline{I}} + \overbrace{2\left[\frac{a^4}{72}-\left(\frac{4\,a}{3}\right)\left(-\frac{a}{6}\right)\frac{a^2}{2}\right]}^{II \text{ und } \overline{II}} + \overbrace{0}^{III}$$

$$= \underline{\underline{-\frac{15}{4}\,a^4}}\,.$$

b) Damit ergeben sich die Hauptachsenrichtungen:

$$\tan 2\,\varphi^* = \frac{2\,I_{yz}}{I_y - I_z} = \frac{90}{207} \quad\rightsquigarrow\quad \underline{\underline{\varphi_1^* = 11,75^\circ}}\,,\quad \underline{\underline{\varphi_2^* = 101,75^\circ}}\,.$$

c) Für die Hauptträgheitsmomente erhält man

$$I_{1,\,2} = \left[\frac{23+230}{24} \pm \sqrt{\left(\frac{23-230}{24}\right)^2 + \left(-\frac{15}{4}\right)^2}\,\right] a^4$$

$$= \left[\frac{253}{24} \pm \sqrt{\frac{5661}{64}}\right] a^4$$

$$\rightsquigarrow\quad \underline{\underline{I_1 \approx 19,95\,a^4}}\,,\quad \underline{\underline{I_2 \approx 1,14\,a^4}}\,.$$

Anmerkung: Welches Hauptträgheitsmoment zu welcher Hauptachse gehört, kann man formal durch Einsetzen in die Transformationsbeziehungen feststellen. In diesem Fall ist es anschaulich einleuchtend, dass das kleinere Hauptträgheitsmoment I_2 zur Hauptachse mit dem Winkel φ_1^* gehört. Von ihr haben die Flächenelemente im Mittel einen deutlich geringeren Abstand als von der Hauptachse mit dem Winkel φ_2^*.

A9.9 **Aufgabe 9.9** Für die drei Querschnitte sind die Flächenträgheitsmomente um die y-Achse zu berechnen.

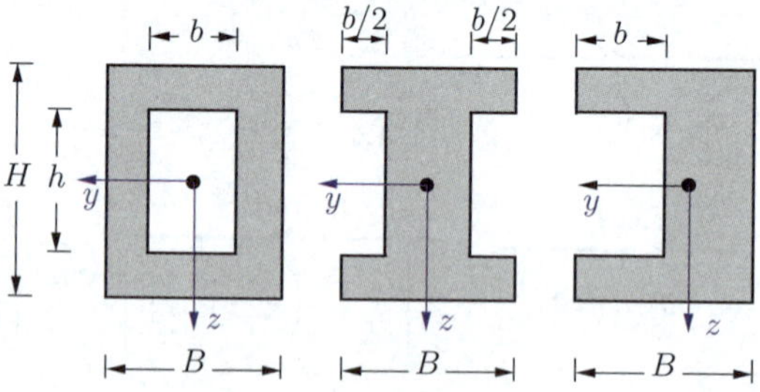

Lösung Wir zerlegen die Querschnitte in Teilflächen, wobei wir die Aussparungen als negative Flächen auffassen. Das Flächenträgheitsmoment ergibt sich somit aus dem Trägheitsmoment des Rechtecks $B \times H$ abzüglich des Trägheitsmomentes der Aussparung $b \times h$. Da die Schwerpunktskoordinaten der Aussparungen in z-Richtung identisch sind, ergibt sich für alle drei Querschnitte

$$\underline{\underline{I_y = \frac{B\,H^3}{12} - \frac{b\,h^3}{12}}}\,.$$

Aufgabe 9.10 Für den quadratischen Querschnitt mit einer quadratischen Aussparung sind die Flächenträgheitsmomente bezüglich des angegebenen Koordinatensystems zu berechnen. **A9.10**

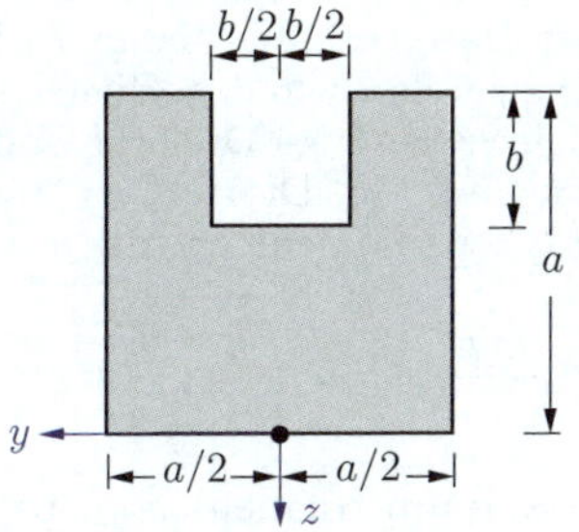

Lösung Da der Querschnitt symmetrisch zur z-Achse ist, verschwindet das Deviationsmoment: $I_{yz} = 0$. Für die Berechnung des Flächenträgheitsmoments I_y zerlegen wir den Querschnitt in drei Rechtecke. Das Trägheitsmoment jedes Rechtecks setzt sich aus dem Flächenträgheitsmoment bezüglich der eigenen Schwerachse und dem STEINERschen Anteil zusammen:

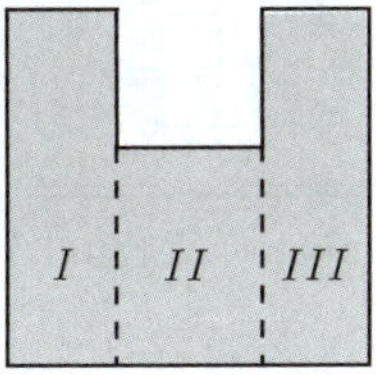

$$I_y = 2\left[\frac{(a-b)}{2}\frac{a^3}{12} + \frac{(a-b)}{2}\,a\left(\frac{a}{2}\right)^2\right] + \frac{b(a-b)^3}{12} + b(a-b)\left(\frac{a-b}{2}\right)^2,$$

$$\underline{\underline{I_y = (a-b)\,\frac{a^3}{3} + b\,\frac{(a-b)^3}{3}}}\,.$$

Analog, jedoch mit einer Zerlegung des Profils in zwei Quadrate ergibt sich das Flächenträgheitsmoment um die $z-$Achse zu

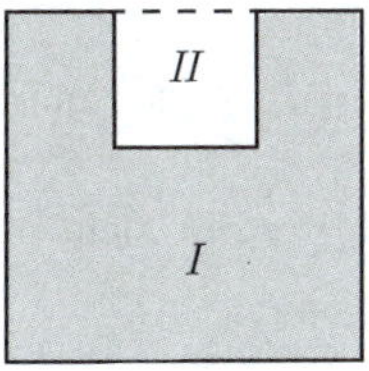

$$\underline{\underline{I_z}} = \frac{a\,a^3}{12} - \frac{b\,b^3}{12} = \underline{\underline{\frac{a^4 - b^4}{12}}}\,.$$

A9.11 **Aufgabe 9.11** Für den dargestellten Querschnitt sind die Flächenträgheitsmomente bezüglich des $\bar{y},\bar{z}$-Koordinatensystems zu ermitteln.

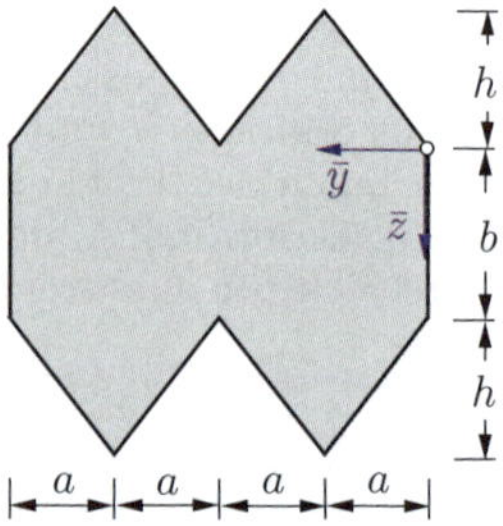

Lösung Es ist zweckmäïg zunächst die Flächenträgheitsmomente bezüglich des y,z-Hauptachsensystems zu bestimmen. Dazu teilen wir den Querschnitt in vier gleichschenklige Dreiecke und ein Rechteck auf. Je Dreieck ist das Flächenträgheitsmoment um die y-Achse

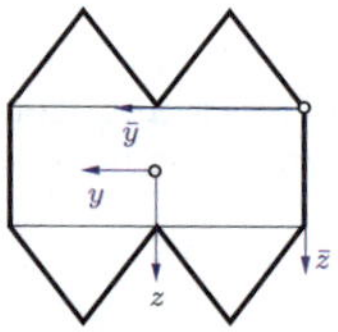

$$\frac{2a\,h^3}{36} + ah\left(\frac{h}{3}+\frac{b}{2}\right)^2 .$$

Das Hauptträgheitsmoment I_y ergibt sich damit nach Addition des Flächenträgheitsmomentes des Rechtecks zu

$$I_y = 4\left(\frac{2a\,h^3}{36} + ah\left(\frac{h}{3}+\frac{b}{2}\right)^2\right) + \frac{4a\,b^3}{12} .$$

Mit der Querschnittsfläche $A = 4a(h+b)$ gilt mit dem STEINERschen Anteil $I_{\bar{y}} = I_y + (b/2)^2 A$ und wir erhalten

$$\underline{\underline{I_{\bar{y}} = 4\left(\frac{2a\,h^3}{36} + \left(\frac{h}{3}+\frac{b}{2}\right)^2 ah\right) + \frac{4a\,b^3}{12} + 4a(h+b)\left(\frac{b}{2}\right)^2}} .$$

In analoger Art und Weise erhalten wir

$$I_z = 4\left(\frac{h\,(2a)^3}{48} + ah\,a^2\right) + \frac{b\,(4a)^3}{12} ,$$

und mit dem STEINERschen Anteil folgt

$$\underline{\underline{I_{\bar{z}}}} = I_z + (2a)^2 A = \underline{\underline{\frac{14}{3}a\,h^3 + \frac{16}{3}b\,a^3 + 4a(h+b)\,(2a)^2}} .$$

Für $I_{\bar{y}\bar{z}}$ ergibt sich mit $I_{yz} = 0$

$$\underline{\underline{I_{\bar{y}\bar{z}}}} = I_{yz} - \frac{b}{2}2aA = \underline{\underline{-4a^2b\,(h+b)}} .$$